Baumann/Leeder
Einführung in die Auflichtmikroskopie

Von Prof. Dr. rer. nat. habil. LUDWIG BAUMANN und

a.o. Doz. Dr. rer. nat. habil. OTTO LEEDER

Unter Mitarbeit von Dr. rer. nat. NORBERT VOLKMANN

Mit 271 Bildern und 50 Tabellen

Deutscher Verlag für Grundstoffindustrie GmbH · Leipzig

Einführung in die

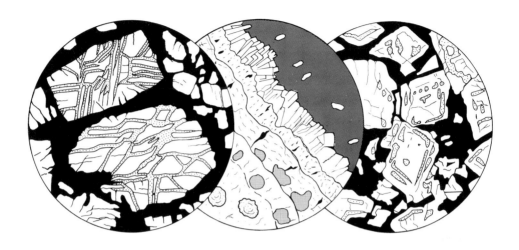

Auflichtmikroskopie

Annotation

Baumann, Ludwig:

Einführung in die Auflichtmikroskopie/von Ludwig Baumann u. Otto Leeder. – 1. Aufl. – Leipzig: Dt. Verl. für Grundstoffind., 1991. – 408 S.: 271 Bild., 50 Tab.
NE: 2. Verf.:

Das Lehrbuch »Einführung in die Auflichtmikroskopie« vermittelt zunächst in einem »allgemeinen Teil« einen Überblick über die präparativen, optischen, apparativen und methodischen Grundlagen sowie die wichtigsten Diagnoseverfahren. In einem »speziellen Teil« erfolgt deren Anwendung auf Erze, Kohlen und andere opake Untersuchungsobjekte. Im Mittelpunkt der Betrachtungen stehen die Erze und erzbegleitenden Minerale, die sowohl aus methodischer Sicht als auch unter lagerstättengeologisch-paragenetischen Aspekten hohe Anforderungen an den Mikroskopiker stellen. Es werden die wichtigsten Mineralparagenesen hinsichtlich genetischer Stellung, Mineralisation und Mikrogefüge näher behandelt.
Das Buch soll als Grundlage für die Hochschulausbildung und für die berufsspezifische Weiterbildung auf den Gebieten der Erz- und Kohlenmikroskopie dienen sowie die Verbindung zwischen den verschiedenen Zweigen der Polarisations-/Auflichtmikroskopie herstellen. Es wendet sich deshalb in erster Linie an Mineralogen, Geologen, Lagerstätten- und Rohstoffwissenschaftler sowie an Kohlepetrographen. Das Buch wird aber darüber hinaus auch für Metallographen, Werkstoff- und Silikattechniker, Verfahrenstechniker, Chemiker, Plastographen und Vertreter anderer Disziplinen von Interesse sein.

ISBN 3-342-00501-7

1. Auflage
© Deutscher Verlag für Grundstoffindustrie GmbH, Leipzig 1991
VLN 152-915/45/91
Printed in Germany
Gesamtherstellung: Druckhaus »Thomas Müntzer« GmbH, O-5820 Bad Langensalza
Redaktionsschluß: 28. 2. 1991

Vorwort

Ein modernes Lehrbuch für die Auflichtmikroskopie fehlt bereits seit vielen Jahren. Das führte die Autoren zu dem Entschluß, eine Einführung in dieses wichtige Wissenschafts- und methodische Untersuchungsgebiet zu schreiben. Nicht zuletzt war es auch der dringende Wunsch unserer Studenten nach einem solchen Lehrbuch für die unmittelbare Ausbildung sowie für die Weiterbildung und fortführende Qualifikation am Arbeitsplatz, der diesen Schritt als notwendig erscheinen ließ. Die Tatsache, daß die Auflichtmikroskopie durch andersartige Untersuchungsverfahren in ihrer Bedeutung nicht zu ersetzen ist, wurde durch die Entwicklung der letzten Jahre voll bestätigt. Die Auflichtmikroskopie stellt heute einerseits eine selbständige, vielseitige und aussagekräftige Methode dar, deren Anwendung zur Lösung zahlreicher Probleme einer modernen Industrie unerläßlich ist, und andererseits leistet sie entscheidende Vorarbeiten für weiterführende Untersuchungen, wie z. B. mit Mikrosonden und Bildanalysegeräten. Für die moderne Bearbeitung von Erzlagerstätten und -rohstoffen ist und bleibt sie die wichtigste Untersuchungsmethode; ihre Ergebnisse sind die entscheidende Grundlage aller weiteren Erzuntersuchungsverfahren.
Die Anwendung der Auflichtmikroskopie, deren grundlegende Besonderheit in der Strahlenführung zur Objektbeleuchtung und -abbildung besteht, ist heute so umfangreich geworden, daß eine gemeinsame Behandlung der unterschiedlichen Zielsetzungen im Rahmen eines »normalen« Lehrbuches nicht mehr möglich ist. Dem Aufbau des vorliegenden Buches liegt deshalb u. a. die Absicht zugrunde, anhand der komplizierten Bestimmungsprobleme, der umfangreichen Methodik und der spezifischen Gerätetechnik, die sich aus der Untersuchung von opaken Objekten ergeben, die Querbeziehungen zu anderen Anwendungsmöglichkeiten (z. B. Keramographie, Plastographie, Mikroskopie von Halbleitern, Wafern, Masken u. ä.) herzustellen, ohne jedoch deren spezielle Interessen zu vertreten.
Der Lehrbuchcharakter bleibt insofern gewahrt, als in gedrängter Form *Wissen* über die theoretischen, methodischen und gerätetechnischen Grundlagen, *Fähigkeiten* durch Anleitung zur praktischen Durchführung und *Kenntnisse* durch Hinweise auf gleichartige oder abweichende Probleme und Handhabungen in anderen Disziplinen vermittelt werden. Neben der Erzmikroskopie wurde auch Wert auf die Einbeziehung der modernen Kohlenmikroskopie gelegt.

Die Gliederung des vorliegenden Lehrbuches in einen »allgemeinen Teil«, der theoretische, methodische, gerätetechnische und physiographische Grundlagen behandelt (Kap. 2 bis 4), und in einen »speziellen Teil« mit der eingehenden Behandlung der wichtigsten Mineralparagenesen (Kap. 5 und 6) knüpft an das Vorbild SCHNEIDERHÖHNS an, der mit seinem »Lehrbuch« [57] und seinem »Praktikum« [58] die Grundlage für eine erfolgreiche Arbeit vieler Generationen von Erzmikroskopikern und die Anregung für eine Weiterentwicklung der auflichtmikroskopischen Methoden geschaffen hat. Diese Gliederung verbindet aber auch den genannten Aspekt mit den Vorteilen spezieller physiographischer Werke, wie sie vor allem durch RAMDOHR [52], UYTENBOGAARDT und BURKE [77], PICOT und JOHAN [48], OELSNER [46] und andere (s. auch [17], [88], [93], [100], [104], [105]) geschaffen wurden. Die Autoren sind besonders letzterem durch ihr Verhältnis zum akademischen Lehrer, zum fachlichen Vorbild und zur Wahrung einer Freiberger Tradition verpflichtet. In Fortsetzung dieser Tradition wurde im vorliegenden Lehrbuch nicht nur das Einzelmineral, sondern die Paragenese selbst in ihrer Bedeutung als Bestimmungsindikator in den Vordergrund gestellt. Ihre Kenntnis bedeutet durch die Einengung auf eine bestimmte Mineralgruppe bei der Untersuchung eine wesentliche Hilfe zur Einzelmineralbestimmung. Des weiteren werden den genetisch wichtigen Mineralgefügen, den paragenetischen Beziehungen sowie der lagerstättengenetischen Stellung der Mineralisation besondere Aufmerksamkeit gewidmet. Damit werden die Querverbindungen der auflichtmikroskopischen Untersuchungen zur Lagerstätten- und Paragenesenlehre, zur Strukturgeologie und zur Metallogenie-Minerogenie deutlicher hervorgehoben, als es bisher in den auflichtmikroskopischen Lehr- und Handbüchern der Fall gewesen ist. Der »spezielle Teil« wurde damit zunehmend zu einer »Lagerstättenlehre im auflichtmikroskopischen Bild«.

Es ist den Autoren ein Bedürfnis, an dieser Stelle einer Reihe von Fachkollegen, Spezialisten anderer Disziplinen und Mitarbeitern für Beratungen und vielfältige Formen der Unterstützung zu danken. Ein besonderer Dank gilt Herrn Dr. rer. nat. NORBERT VOLKMANN, Fachbereich Geowissenschaften der Bergakademie Freiberg, der die Ausarbeitung des Kapitels »Mikroskopie von Kohlen und Koks« übernahm.

Für die kritische Durchsicht des Manuskriptes, fachliche Beratung und wertvolle Hinweise schulden wir den Herren Prof. Dr. rer. nat. habil. H. J. BAUTSCH (Humboldt-Universität Berlin) und Prof. em. Dr. rer. nat. habil. H. J. RÖSLER (Freiberg) Dank. Aus gleichen Gründen danken wir zahlreichen Herren aus Fachbereichen der Bergakademie Freiberg: Doz. Dr.-Ing. habil. H. OETTEL, Dr. rer. nat. H. BAUM (FB Werkstoffwissenschaften), Dr.-Ing. habil. J. OHSER, Dr.-Ing. H. L. STEYER (FB Metallurgie und Gießereitechnik), Dr. rer. nat. B. ULLRICH (FB Verfahrens- und Silikattechnik) und Dipl.-Min. M. MAGNUS (FB Geowissenschaften). Entsprechende Unterstützung fanden wir auch bei Vertretern der Mikroskophersteller, insbesondere bei den Herren Phys.-Ing. J. BERGNER und Dr. rer. nat. P. MORITZ von der Carl Zeiss JENA GmbH sowie Dipl.-Math. H. KNÜPFFER und Dr.-Ing. W. LORENZ aus den Rathenower Optischen Werken GmbH Rathenow. Dank schulden wir nicht zuletzt auch den Herren Dr. sc. nat. H.-J. HUNGER (Saxonia AG Freiberg), Dr. rer. nat. A. TIMMLER (Moritzburg) und Dipl.-Ing. J. TREMPLER (Technische Hochschule Merseburg) sowie dem Akademie-Verlag Berlin und Herrn Prof. Dr. rer. nat. G. C. AMSTUTZ und Familie R. RAMDOHR (Heidelberg) für die freundliche Unterstützung. Für die Bereitstellung von Gerätefotos sind wir der Carl Zeiss GmbH in Jena und der Struers GmbH in Erkrath zu Dank verpflichtet.

Im eigenen Bereich gilt unser Dank vor allem Frau MARGOT SEYFFERTH für die umfangreiche Unterstützung bei der technischen Fertigstellung des Manuskriptes. Des weiteren danken wir Frl. Dr. rer. nat. U. HEYNKE und Frl. M. GEHMLICH für Foto- und Schreibarbeiten.

Unser Dank gilt weiterhin dem Verlag für die gute Zusammenarbeit.

Prof. Dr. rer. nat. habil. L. BAUMANN
Doz. Dr. rer. nat. habil. O. LEEDER

Inhaltsverzeichnis

1.	**Einleitung**	15
1.1.	Stellung, Spezifik und Bedeutung der Auflichtmikroskopie	15
1.2.	Abriß der Entwicklung von Methoden und Geräten der Auflichtmikroskopie	17
2.	**Grundlagen auflichtmikroskopischer Untersuchungen**	21
2.1.	Präparative Grundlagen	21
2.1.1.	Anforderungen an Auflichtpräparate	21
2.1.2.	Herstellung von Anschliffen	22
2.1.2.1.	Probenahme und -vorbehandlung	22
2.1.2.2.	Herstellung von Metallanschliffen	26
2.1.2.3.	Herstellung von Anschliffen mineralischer Proben	28
2.1.2.4.	Herstellung von Kohleanschliffen	31
2.1.3.	Einfluß der Schliffqualität auf die Untersuchungsergebnisse	32
2.2.	Optische Grundlagen	39
2.2.1.	Beziehungen zwischen Licht, Objekt, Gerät und Beobachter	39
2.2.1.1.	Licht und Farbe	39
2.2.1.2.	Wechselwirkung zwischen Licht und Festkörperoberflächen	43
2.2.1.3.	Zur Physiologie des Sehens	49
2.2.1.4.	Zur Entstehung des mikroskopischen Bildes	52
2.2.2.	Strahlengänge für auflichtmikroskopische Untersuchungen	54
2.2.2.1.	Grundelemente des Strahlenganges im Auflichtmikroskop	54
2.2.2.2.	Optische Systeme und Funktionen spezieller Auflichtmikroskope	57
2.3.	Apparative Grundlagen	58
2.3.1.	Gebräuchliche Typen von Auflichtmikroskopen	58
2.3.2.	Zubehör (Grundausrüstung, Erweiterung)	63
2.3.3.	Empfehlungen zu Gebrauch und Pflege von Mikroskopen	68

3. Mit dem Auflichtmikroskop bestimmbare Mineraleigenschaften ... 72

3.1. Allgemeine Grundsätze der Mikroskopie, speziell opaker Substanzen 72

3.2. Reflektanz und Farbe ... 75
    3.2.1. Begriffsbestimmung und Einteilung ... 75
    3.2.2. Untersuchungsmethoden ... 78
    3.2.2.1. Visuell vergleichende Abschätzungen von Reflektanz und Farbe ... 78
    3.2.2.2. Objektive Messung der Reflektanz ... 81
    3.2.2.3. Quantitative Farbanalyse ... 87

3.3. Bireflektanz ... 91
    3.3.1. Begriffsbestimmung und Einteilung ... 91
    3.3.2. Untersuchungsmethodik ... 92

3.4. Anisotropieeffekte und optische Konstanten ... 97
    3.4.1. Begriffsbestimmung und Einteilung ... 97
    3.4.2. Untersuchungsmethodik ... 99
    3.4.2.1. Visuell vergleichende Untersuchungen ... 99
    3.4.2.2. Messungen an Anisotropieeffekten ... 100
    3.4.2.3. Bestimmungen der kristalloptischen Konstanten ... 104

3.5. Innenreflexe ... 107

3.6. Härte (Mikrohärte) ... 110
    3.6.1. Begriffsbestimmung und Einteilung ... 110
    3.6.2. Methoden der Härtebestimmung ... 112
    3.6.2.1. Qualitative Härteabschätzung ... 112
    3.6.2.2. Quantitative Härtemessung ... 112

3.7. Gefüge ... 119
    3.7.1. Begriffsbestimmung und Einteilung ... 119
    3.7.2. Gefüge von Erzen ... 120
    3.7.3. Gefüge von anderen Auflichtobjekten ... 124

3.8. Identifikationssysteme ... 128

4. Weitere Methoden zur Untersuchung von Anschliffen ... 131

4.1. Elektronenmikroskopie ... 131

4.2. Mikrosonden ... 133

4.3. Stereometrie und Bildanalyse ... 137

4.4.	Ätz- und Abdruckverfahren		139
	4.4.1. Mikrochemische Reaktionen		139
	4.4.2. Strukturätzungen		139
4.5.	Sonstige Untersuchungen an Anschliffen		141

5. Mineralparagenesen im auflichtmikroskopischen Bild 143

5.1.	Intramagmatische Paragenesen		143
	5.1.1.	**Chromit**-Paragenesen	143
	5.1.1.1.	Genetische Stellung	143
	5.1.1.2.	Mineralisation	144
	5.1.1.3.	Mikrogefüge der wichtigsten Minerale	146
	5.1.1.4.	Vertiefende Literatur	148
	5.1.2.	**Ni-Pyrrhotin-Chalkopyrit**-Paragenesen	149
	5.1.2.1.	Genetische Stellung	149
	5.1.2.2.	Mineralisation	149
	5.1.2.3.	Mikrogefüge der wichtigsten Minerale	150
	5.1.2.4.	Vertiefende Literatur	155
	5.1.3.	**Ilmenit-Magnetit**-Paragenesen	155
	5.1.3.1.	Genetische Stellung	155
	5.1.3.2.	Mineralisation	156
	5.1.3.3.	Mikrogefüge der wichtigsten Minerale	157
	5.1.3.4.	Vertiefende Literatur	159
5.2.	Pegmatitisch-pneumatolytische Paragenesen		159
	5.2.1.	**Wolframit-Molybdänit**-Paragenesen	159
	5.2.1.1.	Genetische Stellung	159
	5.2.1.2.	Mineralisation	160
	5.2.1.3.	Mikrogefüge der wichtigsten Minerale	160
	5.2.1.4.	Vertiefende Literatur	165
	5.2.2.	**Kassiterit**-Paragenesen	166
	5.2.2.1.	Genetische Stellung	166
	5.2.2.2.	Mineralisation	166
	5.2.2.3.	Mikrogefüge der wichtigsten Minerale	168
	5.2.2.4.	Vertiefende Literatur	172
	5.2.2.5.	**Skarn**paragenesen	172
	5.2.2.6.	Vertiefende Literatur	175
5.3.	Hydrothermale Paragenesen (intrakrustal)		175
	5.3.1.	**Au-(Ag-)**Paragenesen	175
	5.3.1.1.	Genetische Stellung	175
	5.3.1.2.	Mineralisation	176
	5.3.1.3.	Mikrogefüge der wichtigsten Minerale	178
	5.3.1.4.	Vertiefende Literatur	182

	5.3.2.	**Cu-(Fe−As-)**Paragenesen	182
	5.3.2.1.	Genetische Stellung	182
	5.3.2.2.	Mineralisation	182
	5.3.2.3.	Mikrogefüge der wichtigsten Minerale	185
	5.3.2.4.	Vertiefende Literatur	190
	5.3.3.	**Pb−Zn−Ag**-Paragenesen	190
	5.3.3.1.	Genetische Stellung	190
	5.3.3.2.	Mineralisation	190
	5.3.3.3.	Mikrogefüge der wichtigsten Minerale	195
	5.3.3.4.	Vertiefende Literatur	204
	5.3.4.	**U-(Fe−Se-)**Paragenesen	204
	5.3.4.1.	Genetische Stellung	204
	5.3.4.2.	Mineralisation	205
	5.3.4.3.	Mikrogefüge der wichtigsten Minerale	205
	5.3.4.4.	Vertiefende Literatur	208
	5.3.5.	**Bi−Co−Ni−Ag-(U-)**Paragenesen	209
	5.3.5.1.	Genetische Stellung	209
	5.3.5.2.	Mineralisation	210
	5.3.5.3.	Mikrogefüge der wichtigsten Minerale	212
	5.3.5.4.	Vertiefende Literatur	217
	5.3.6.	**Sb−Hg**-Paragenesen	218
	5.3.6.1.	Genetische Stellung	218
	5.3.6.2.	Mineralisation	218
	5.3.6.3.	Mikrogefüge der wichtigsten Minerale	219
	5.3.6.4.	Vertiefende Literatur	221
5.4.	Hydrothermal-sedimentäre Paragenesen		221
	5.4.1.	**Fe−Mn**-Paragenesen	221
	5.4.1.1.	Genetische Stellung	221
	5.4.1.2.	Mineralisation	222
	5.4.1.3.	Mikrogefüge der wichtigsten Minerale	224
	5.4.1.4.	Vertiefende Literatur	229
	5.4.2.	**Cu−Zn−Pb**-Paragenesen	229
	5.4.2.1.	Genetische Stellung	229
	5.4.2.2.	Mineralisation	230
	5.4.2.3.	Mikrogefüge der wichtigsten Minerale	231
	5.4.2.4.	Vertiefende Literatur	235
5.5.	Sedimentäre Paragenesen		235
	5.5.1.	**Au−U-Konglomerat**-Paragenese	235
	5.5.1.1.	Genetische Stellung	235
	5.5.1.2.	Mineralisation	236
	5.5.1.3.	Mikrogefüge der wichtigsten Minerale	238
	5.5.1.4.	Vertiefende Literatur	244
	5.5.2.	**Cu−Co/U−V/Pb−Zn**-Paragenesen	244
	5.5.2.1.	Genetische Stellung	244
	5.5.2.2.	Mineralisation	247

5.5.2.3.	Mikrogefüge der wichtigsten Minerale	248
5.5.2.4.	Vertiefende Literatur	254
5.5.3.	**Fe – Mn-Oolith**-Paragenesen	254
5.5.3.1.	Genetische Stellung	254
5.5.3.2.	Mineralisation	256
5.5.3.3.	Mikrogefüge der wichtigsten Minerale	258
5.5.3.4.	Vertiefende Literatur	262
5.6.	Metamorphe Paragenesen	262
5.6.1.	**Oxidische Fe- und Mn**-Paragenesen	263
5.6.1.1.	Genetische Stellung	263
5.6.1.2.	Mineralisation	264
5.6.1.3.	Mikrogefüge der wichtigsten Minerale	264
5.6.1.4.	Vertiefende Literatur	268
5.6.2.	**Sulfidische Polymetall**-Paragenesen	269
5.6.2.1.	Genetische Stellung	269
5.6.2.2.	Mineralisation	272
5.6.2.3.	Mikrogefüge der wichtigsten Minerale	272
5.6.2.4.	Vertiefende Literatur	277

6. Mikroskopie von Kohlen und Koks ... 279

6.1.	Vorbemerkungen	279
6.2.	Grundlagen der Kohlenpetrographie	280
6.2.1.	Voraussetzungen für die Kohlenbildung	280
6.2.1.1.	Klima und Florenentwicklung	281
6.2.1.2.	Moorfazies – Petrographie – Rohstoff	282
6.2.2.	Die biochemische und geochemische Phase der Inkohlung	284
6.3.	Kohlenaufbauende Mikrokomponenten	285
6.3.1.	Grundzüge der mikropetrographischen Nomenklatur	285
6.3.2.	Kohlen niederen Ranges	288
6.3.2.1.	Maceralgruppen und Macerale	288
6.3.2.2.	Die Mikrolithotypen der Weichbraunkohlen	291
6.3.3.	Kohlen mittleren und hohen Ranges	300
6.3.3.1.	Maceralgruppen, Macerale und Mikrolithotypen	300
6.3.3.2.	Inkohlungsbedingte Veränderungen des Mikrobildes	306
6.4.	Kohlenpetrographische Untersuchungsverfahren	307
6.4.1.	Quantitative Maceral- und Mikrolithotypen-Analyse	307
6.4.1.1.	Analytik von Kohlen mittleren und hohen Ranges	307
6.4.1.2.	Maceralanalyse von Kohlen niederen Ranges	308
6.4.1.3.	Weichbraunkohlen-Mikrolithotypen-Analyse	309
6.4.1.4.	Lumineszenzmikroskopische Faziesdiagnose	311
6.4.2.	Photometrie	312

| | 6.4.2.1. | Reflexionsphotometrie | 312 |
| | 6.4.2.2. | Lumineszenzphotometrie | 315 |

6.5. Mikroskopie natürlicher und technischer Kokse ... 318
    6.5.1. Petrographische Besonderheiten ... 318
        6.5.1.1. Naturkoks ... 319
        6.5.1.2. Braunkohlen-Hochtemperatur-Koks ... 319
        6.5.1.3. Steinkohlen-Hochtemperatur-Koks ... 320
        6.5.1.4. Petrolkoks ... 321

6.6. Vertiefende Literatur ... 323

7. Tabellen der erzbildenden und -begleitenden Minerale ... 325

Literaturverzeichnis ... 378

Sachwörterverzeichnis ... 383

Verzeichnis von Mineralen, Paragenesen und Gesteinen ... 397

Ortsverzeichnis ... 404

1. Einleitung

1.1. Stellung, Spezifik und Bedeutung der Auflichtmikroskopie

Es gehört zu den Verdiensten H. SCHNEIDERHÖHNS, als erster auf der Grundlage seiner umfangreichen Kenntnisse und Erfahrungen der geschichtlichen Entwicklung sowie der Tendenzen der industriellen Revolution auf die Vielseitigkeit der Einsatzmöglichkeiten der Auflichtmikroskopie hingewiesen zu haben [57], [58]. Sehr ausführlich befaßten sich H. FREUND und sein Autorenkollektiv mit den Möglichkeiten und Aufgaben der Auflichtmikroskopie im Rahmen der gesamten »Mikroskopie in der Technik« [20]. Nachdem zunächst aufgrund ihrer Eigenschaften die Erze im Vordergrund standen, erweiterte sich der Blick zunehmend über die Lagerstättenforschung hinaus auf die Herstellung und Begutachtung anderer opaker Objekte. Bei den Lagerstättenuntersuchungen bilden die metallführenden Minerale mit den sie begleitenden Nutz- und Schadkomponenten sowie den Nichterzen eine Einheit. Der logische Zusammenhang führt weiter zu den Metallen selbst, zu den Legierungen, zu den Reaktionsprodukten im metallurgischen Prozeß und zu den Schlacken.

Die Auflichtmikroskopie findet heute Anwendung auf metallische Rohstoffe und ihre Verarbeitungsprodukte, auf Anfallstoffe und Erzeugnisse der Glas-, Porzellan-, Keramik- und Email-Industrie sowie bei der Lösung von Problemen der Papier-, Textil-, Leder- und Plastindustrie. Sie spielt eine maßgebliche Rolle bei der Untersuchung der Grundstoffe der Elektronik-Industrie und greift in viele Aufgaben der Biowissenschaften ein. Eine Sonderstellung mit eigener Spezifik nimmt die Kohlenpetrographie ein, die in ihrer Breite die Stufen von der Erkundung über die Rohstoffbewertung und Abbauführung bis hin zu den Produkten und Anfallstoffen der Kohleveredlung (Kohletyp, Briketts, Koks, Aschen usw.) umfaßt. Aus dem Bereich der wissenschaftlichen Forschung, insbesondere der Geowissenschaften, seien noch Gesteine, Fossilien, Meteoriten und verschiedene Opakminerale außerhalb der Erze genannt.

Faßt man die Schwerpunktaufgaben zusammen, die mit Hilfe der Auflichtmikroskopie bearbeitet werden, so ergibt sich ihre dominierende Rolle bei der Lösung volkswirtschaftlich wichtiger Probleme in den Bereichen der Grundstoff- und Energieindustrie sowie in wichtigen Schlüsseltechnologien. Die Auflichtmikroskopie vermag wesentliche Beiträge zur Suche, Erkundung und Nutzung mineralischer Rohstoffe sowie bei deren komplexer, rationeller, rückstandsarmer und umweltfreundlicher Verarbeitung zu leisten.

Die Auflichtmikroskopie selbst ist eine verhältnismäßig junge Methode, die trotz weit zurückreichender historischer Bezüge einen stürmischen Aufschwung erst zu Beginn des 20. Jahrhunderts genommen hat. In komplizierter Wechselwirkung zwischen Aufgabenstellung, Entwicklung von Geräten und Methoden sowie Lösung theoretischer Probleme hat sie einen Grad von Differenziertheit erreicht, der die Wurzeln in der klassischen Erzmikroskopie oft nicht mehr erkennen läßt. Häufig ist zu beobachten, daß die auflichtmikroskopischen Methoden in die Gesamtheit der zweigspezifischen Methodik (Metallographie, Kohlenpetrographie, Plastographie u. a.) integriert werden.

Allen Disziplinen sind jedoch drei Gemeinsamkeiten eigen, die sich wie folgt darstellen lassen:

— Das Auflichtmikroskop dient der Erkennung, Bestimmung und spezifischen Untersuchung von festen, meist opaken Phasen, die sich am Aufbau des Objektes beteiligen und in Form von Anschliffen — sowohl von Mineralen, Gesteinen und Erzen als auch von technischen Produkten — vorliegen.
— Die Strahlenführung der Beleuchtungs- und Beobachtungseinrichtungen gehorcht dem gleichen Grundprinzip und ist von speziellen Ausrüstungsvarianten und Aufgabenstellungen unabhängig.
— Die Methoden der Auflichtmikroskopie werden eingesetzt, um anhand von Gefügen und Gefügeveränderungen der beteiligten Phasen (Minerale) Erkenntnisse über Entstehung, Entstehungsbedingungen, Altersbeziehungen sowie Tendenz und Intensität der Wirkung von natürlichen oder technischen Einflüssen zu erhalten.

Für die Diagnostik im Bereich mineralischer Festkörper i. w. S. ist es dabei gleichgültig, ob z. B. der Magnetit in einem Gestein, einem Erz, einem Aufbereitungsprodukt, einer Hüttenschlacke oder in einer Kraftwerksasche bestimmt werden muß, da er in jedem Fall seine physiographischen Eigenschaften zeigt. In ähnlicher Weise können die Analogien in der Gefügekunde behandelt werden, wo strukturelle Fragen der Korngröße, der Kornklassenverteilung, der Formanalyse und der Flächen- und Volumenberechnung sowie die Bestimmungen und Bewertungen von Texturen nahezu stoffunabhängige Probleme darstellen.

Diese genannten Gemeinsamkeiten berechtigen zur Behandlung der Auflichtmikroskopie in einem speziellen Lehrbuch, auch wenn nicht alle Aspekte der unterschiedlichen Anwendungsbereiche behandelt werden können. Die Betonung der Gemeinsamkeiten spiegelt sich auch in den Konzeptionen der Mikroskopentwicklung wider, wo universell einsetzbaren Geräten hoher Qualität vor spezialisierten Einrichtungen der Vorrang gegeben wird. Das gilt auch für eine Reihe von Zusatzgeräten und -einrichtungen, die der Erkennung und näheren Bestimmung der einzelnen Mineral- und Gefügeeigenschaften dienen, wie z. B. Polarisationseinrichtung, Photometer, Mikrohärtemesser, Integrationseinrichtungen u. a.

Im folgenden werden Grundlagen, Geräte, Methoden und Anwendungsmöglichkeiten der Auflichtmikroskopie insbesondere am Beispiel der Erze unter Hinweis auf Spezifika anderer Anwendungsmöglichkeiten dargestellt. Gegenwärtig sind über 500 Erzminerale bekannt und beschrieben, die jedoch am Aufbau der wirtschaftlichen Kategorie »Erz« in sehr unterschiedlichem Maße beteiligt sind. Einige von ihnen werden jährlich in Hunderten von Millionen Tonnen bergmännisch gewonnen und weiterverarbeitet, während andere bisher nur in seltenen Fällen gefunden wurden und daher mit ihren Eigenschaften noch nicht durchgängig bekannt sind.

Unabhängig von der mineralischen Eigenart und der wirtschaftlichen Bedeutung von Erzen werden diese in der Regel von Nichterzmineralen begleitet. Erze und Nichterze bilden in Form der Paragenese ein gesetzmäßiges Miteinander, welches auf gleiche Entstehungsbedingungen zurückzuführen ist. Die Nichterzminerale können neben den opaken Erzmineralen noch mit Hilfe der Durchlichtmikroskopie (im Dünnschliff) untersucht werden, so daß damit zusätzliche genetische Informationen gewonnen werden können. Eine vollständige Beschreibung und wissenschaftliche Nutzung einer Paragenese ist nur möglich, wenn die Eigenschaften und Aussagen möglichst aller Bestandteile weitgehend bekannt sind.

Die Behandlung dieser Tatsache erfolgt in der Fachliteratur sehr unterschiedlich. Selbst moderne Werke treffen oftmals willkürliche Auswahlen unter den Erz- und Begleitmineralen. Der Aufbau des »speziellen Teils« versucht dem praktischen, auf Lagerstättenparagenesen orientierten Aspekt gerecht zu werden, in dem er die Erzminerale und Nichterzbegleiter unabhängig von ihrer Häufigkeit und wirtschaftlichen Bedeutung berücksichtigt. Die Darlegungen im »speziellen Teil« folgen dabei, in Anlehnung an OELSNER [46], dem lagerstättenformationellen Prinzip (magmatogene, sedimentogene und metamorphe Erzformationen, s. Kap. 5). Paragenesespezifische Bestimmungstabellen fassen die wichtigsten Bestimmungskriterien der Haupt- und Begleitminerale einschließlich der Nichterzminerale (»Gangarten«) zusammen (s. Tab. 5.1 bis 5.15). Erläuterungen zu den Mikrogefügen der wichtigsten Minerale sowie Ausführungen zur genetischen Stellung der Paragenese mit Lagerstättenbeispielen stellen die Paragenese in einen metallogenetisch-minerogenetischen Rahmen. Damit wird die Aussagefähigkeit der Bestimmungsergebnisse natürlich um ein Wesentliches erweitert.

Das Lehrbuch wird zusätzlich noch durch eine alphabetische Mineralbestimmungstabelle ergänzt. Diese enthält alle z. Zt. bekannten Erz- und Begleitminerale mit ihren wichtigsten physiographischen Merkmalen, die den Standardwerken von RAMDOHR [52], UYTENBOGAARDT und BURKE [77], ŠUMSKAJA [68] u. a. entnommen wurden. Die Hinweise auf die beiden erstgenannten Werke sollen den Leser zusätzlich anregen, die vielfältigen Details zu den jeweiligen Mineralen im Hinblick auf Phänomenologie, Diagnose, Physiochemie, Gefüge u. a. mit zu nutzen.

1.2. Abriß der Entwicklung von Methoden und Geräten der Auflichtmikroskopie

Die Auflichtmikroskopie ist eine verhältnismäßig junge Methode, auch wenn ihre Wurzeln bis an und vor den Beginn des 19. Jahrhunderts zurückreichen. Die Geschichte läßt sich in drei wichtige Abschnitte untergliedern. Sie umfaßt eine Periode der ersten tastenden und unsystematischen Versuche (etwa bis 1860), die Hauptentwicklungsperiode (Mitte des 19. Jahrhunderts bis in die dreißiger Jahre des 20. Jahrhunderts) und die gegenwärtige Periode der universellen Anwendung und Verfeinerung. Der erste Abschnitt ist durch die bevorzugte Anwendung auf Meteoriten und Metalle gekennzeichnet (A. v. WIDMANNSTÄTTEN, 1808; C. v. SCHREIBERS, 1820; H. C. SORBY, ab 1860), deren Untersuchung auch in den folgenden Jahren fortgesetzt wurde (G. Tschermak, 1874; A. Brezina und E. Cohen, 1887 bis nach 1900, sowie A. Martens, 1878; F. Osmond u. a., ab 1885). Die erste Empfehlung zur Untersuchung von Erzen mit Hilfe eines Auflichtmikroskopes geht auf den schwedischen Chemiker J. J. v. Berzelius zurück, die aber viele Jahre kaum beachtet wurde.

Einen wesentlichen Einschnitt stellt die Entwicklung von brauchbaren Opakilluminatoren dar, die 1860 mit der Einführung eines Spiegels (»Wenham-Spiegel«) durch Hartig und Hewitt begann und 1865 mit dem Einbau eines Gaussschen Planplättchens durch Beck vervollständigt wurde. Um die gleiche Zeit erfolgten erste Untersuchungen an Mineralen oder Mineralgruppen (W. Haidinger, 1852, zu Reflexionseigenschaften; A. Reuss, 1860, zu As—Sb-Verwachsungen; A. Knop, 1861, zu afrikanischen Cu-Erzen, H. Baumhauer, 1885, zu BiCoNi-Mineralen und zur Anwendung der Ätzmethoden). Die bis zu diesem Zeitpunkt gewonnenen Erkenntnisse wurden von H. Fischer (1871) zusammengefaßt und mit der Ausarbeitung eines ersten Programmes der Erzmikroskopie verbunden.

Um die Jahrhundertwende setzte die Periode der stürmischen Entwicklung der Auflichtmikroskopie ein, die durch die Wechselwirkung von Anwendung, Anforderung, Entwicklung von Geräten und Methoden sowie theoretischer Fundierung und Durchdringung gekennzeichnet ist. Die Verbreitung der Anwendungsgebiete läßt sich sowohl stofflich (Minerale, Gesteine, Kohlen, Produkte der Kohleveredlung, Metalle und Legierungen, Hüttenprodukte usw.) als auch regional durch zunehmende internationale Beteiligung verfolgen. Bemerkenswert ist die Entwicklung zur systematischen Untersuchung von Erzlagerstätten im In- und Ausland, die mit der Entdeckung und physiographischen Beschreibung vieler neuer Minerale verbunden ist. Es erscheint sinnvoll, einige wichtige Ereignisse der Entwicklung der Auflichtmikroskopie in chronologischer und stichwortartiger Form aufzuführen.

1897 »Umgekehrtes« Mikroskop (Le Chatelier)
1900 Totalreflektierendes Prisma (Nachet)
1904 Arbeit über Ti—Fe-Lagerstätten (Hussak)
1905 Arbeiten über Cu-Paragenesen (Lindgren)
1906 Planmäßige Lagerstättenuntersuchung von Sudbury, Begründung der modernen Erzmikroskopie (Campbell, Knight)
1907 Arbeit über Pt-Erze des Urals (Beck)
1908 Anwendung der Anisotropieeffekte (Königsberger)
1912 Systematische Erzmikroskopie in Deutschland (Klockmann)
1913 Erste Physiographie der Erzminerale (Graton, Murdoch)
     Erste Kohleuntersuchung im Auflicht (Winter)
1915 Übersicht über Arbeitsmethoden (Granigg)
1916 Erstes Lehrbuch in den USA (Murdoch)
1919 Beginn der Bearbeitung polarisationsoptischer theoretischer Grundlagen (Berek)
1921 Untersuchung der Schliffoberflächen (Beilby)
1922 Erstes deutsches Lehrbuch (Schneiderhöhn)
     Einführung des Spaltphotometers (Berek)
1923 Herstellung von Kohleanschliffen (Duparque)
     Entwicklung der Kohlenpetrographie (Seyler)
1924 Untersuchung seltener Minerale (Ramdohr)

1.2. Entwicklung von Methoden und Geräten

1925 Entwicklung der Schleif- und Poliertechnik, Mikrophotographie (VAN DER VEEN)
Einführung der Ritzhärte (TALMAGE)
1926 Einführung der Photozelle (ORCEL)
1927 Reliefschliff an Kohlen (STACH)
Mikroskopie von Braunkohlen (JURASKY)
1928 Erste Schleifautomaten (VANDERWILT)
Graphit- und Koks-Untersuchung (RAMDOHR)
1929 Systematisierung der Kohlenmikroskopie (Brennstoffinstitut Freiberg: STÜTZER)
um/ab
1930 Umfangreiche und grundlegende Arbeit zur Theorie der Optik anisotroper opaker Medien (BEREK, KÖNIGSBERGER, DRUDE, VOIGT, MACCULLAGH u. a.)
Kohle unter Ölimmersion (STACH)
Entwicklung der Interferenzmikroskopie (LEBEDEV, TOLANSKY u. a.)
Reflexionsmessungen an Kohlen (HOFFMANN)
1931 Einführung des Photometerokulars (BEREK)
Tabellen optischer Konstanten (CISSARZ)
1932 Vorschlag der Einführung des Phasenkontrastes (ZERNICKE)
Polierte Dünnschliffe von Kohlen (HSIEH)
1934 Lehrbuch der Ätzverfahren (SHORT)
Zweibändiges deutsches Lehrbuch (SCHNEIDERHÖHN, RAMDOHR)
1936 Systematische Reflexionsmessung (MOSES)
1939 Erster Mikrohärteprüfer (KNOOP)
1940 VICKERS Mikrohärteprüfer (HANEMANN)
1943 Fluoreszenzmikroskopie von Kohlen (SCHOCHARDT)
1947 Erzpolitur mit Holzscheiben (TROJER)

In der Zeit des 2. Weltkrieges und danach hat sich die Auflicht- bzw. Erzmikroskopie so entwickelt und allgemein durchgesetzt, daß die folgende Periode in erster Linie durch Verfeinerung und Modernisierung der Grundlagen, Geräte und Methoden charakterisiert ist. Die nachfolgenden Daten sind aus einer Fülle von Ereignissen ausgewählt, um einige Tendenzen der Entwicklung aufzuzeigen.

1949 Grundlagen der quantitativen Reflektanzmessung (FOLINSBEE)
Quantitative Härtemessung (TAYLOR)
1950 Konoskopie im Auflicht (CAMERON)
Handbuch »Die Erzmineralien und ihre Verwachsungen« (RAMDOHR)
U-Tisch bei Reflektanzmessung (EHRENBERG)
Zentralblenden für Kohlen (STACH)
1951 Atlas der Kohlenpetrographie (STACH)
Klassifikation von Erzgefügen (SCHWARTZ)
1959 Reflektanz-Härte-Diagramme in der Diagnostik (NAKHLA, BOWIE, TAYLOR)
1960 Röntgen-Gefügeanalyse (V. GEHLEN)

Eine Reihe von wichtigen Entwicklungen vollzog sich ohne strenge Zeitmarken und z. T. parallel in verschiedenen Ländern. Das betrifft in erster Linie die Einführung der Elektronenstrahl-, Fernseh- und Rechentechnik in die Substanz- und Gefügeanalytik, wie sie durch die Methoden der

- quantitativen Photometrie (PILLER, V. GEHLEN u. a., nach 1964), [89], [94],
- Elektronenstrahl-Mikrosonden [13], [29], [83], [87], [97],
- Bildverarbeitungs-Systeme [29], [102] und
- quantitative Farbmetrik und Colorimetrie (HTEIN, PHILIPS [28], VJALSOV [80], ŠUMSKAJA [68] u. a., nach 1973), [91], [92], [94], [98], [101]

vertreten werden. Sie erlauben die Anfertigung präziser quantitativer Analysen mit hoher Geschwindigkeit, so daß sich der Auflichtmikroskopie völlig neue Möglichkeiten eröffnen.

Die Entwicklung der Elektronenstrahl-Mikrosonden geht auf Arbeiten von PHILIBERT und CASTAING an der Universität Paris (um 1950) zurück. Das erste kommerzielle Gerät (MICROSCAN) wurde von der Firma Cambridge Instruments (Metals Research) im Jahr 1960 angeboten. Das erste Fernsehsystem zur Bildverarbeitung wurde zu Ende der fünfziger Jahre in Großbritannien zur Blutbildanalyse eingesetzt. Aus diesem leitete sich das QUANTIMET B ab, das ebenfalls von der Firma Cambridge Instruments als erstes handelsübliches Gerät, jedoch noch mit analoger Signalverarbeitung, auf den Markt gebracht wurde. Seit Beginn der siebziger Jahre erfolgt die Ablösung durch die digital arbeitenden Systeme (QUANTIMET 360, QTM 720 und Geräte anderer Hersteller), die zunehmend rechnergestützt und softwareorientiert sind.

Euphorische Einschätzungen über eine Ablösung der klassischen Mikroskopie durch moderne Methoden sind jedoch fehl am Platz und insofern sogar falsch und gefährlich, als gediegene Kenntnisse und sorgfältige Anwendung der visuellen Mikroskopie einen rationellen und erfolgreichen Einsatz der elektronischen Mittel erst ermöglichen.

2. Grundlagen auflichtmikroskopischer Untersuchungen

2.1. Präparative Grundlagen

2.1.1. Anforderungen an Auflichtpräparate

Die erste und wichtigste Voraussetzung für erfolgreiche Untersuchungen an opaken Medien (Metalle, Erze, Kohlen, technische Produkte usw.) sind geeignete *Anschliffe*. Auflichtpräparate müssen so hergestellt sein, daß sie völlig eben und hochreflektierend sind und dem Untersuchenden alle physiographischen Eigenschaften der beteiligten und für die jeweilige Probenart charakteristischen *Phasen* und *Gefüge* möglichst unverfälscht wiedergeben. Im einzelnen lassen sich diese Anforderungen wie folgt umreißen:

— Es müssen alle Phasen einschließlich der mikroheterogenen Anteile, Korngrenzen, Intergranularfilme usw. entwickelt sein und mit entsprechenden optischen Mitteln sichtbar gemacht werden können. In dieser Forderung ist eingeschlossen, daß keine Phasen durch mechanische (Ausbruch, Ausschleifen, Verschmieren u. a.), chemische (Lösung, Umwandlung u. a.) oder thermische (Zerfall, Modifikationswechsel u. ä.) Einflüsse verändert werden oder verlorengehen dürfen.

— Alle Phasen müssen ihre materialspezifischen, physiographisch-diagnostischen Eigenschaften beibehalten. Das betrifft sowohl die qualitativen Besonderheiten als auch ihre quantitativ meßbaren Parameter (vgl. Tab. 3.2) bei
  - Reflektanz und Farbe,
  - Härte und Tenazität sowie
  - anisotropen Eigenschaften.

— Gefügemerkmale, insbesondere Korngrößen, Translation, Zwillinge, Anisotropien, Heterogenitäten (Einschlüsse, Entmischungen), dürfen durch den Herstellungsprozeß der Anschliffe nicht verdeckt, verfälscht bzw. erst erzeugt worden sein.

— Visuelle Untersuchungen und quantitative Messungen dürfen durch oberflächliche Spuren der mechanischen Bearbeitung (Risse, Kratzer, Ausbrüche usw.) möglichst nicht beeinträchtigt werden.

Die Voraussetzungen für hochwertige Untersuchungsergebnisse sind deshalb *ebene*, bis an den Präparatrand *ausgeschliffene, saubere* und *unveränderte* Schliffe, die von qualifizierten Präparatoren angefertigt wurden.

Wie schwer diese Forderungen zu erfüllen sind, zeigt sich bei der Betrachtung der Unterschiede allein innerhalb der großen Gruppen der Auflichtpräparate:

— Jedes Metall- oder Mineralkorn reagiert bereits in Abhängigkeit von Zusammensetzung, Schnittlage, Entstehungsgeschichte u. a. m. unterschiedlich auf die entsprechende Behandlung.
— In den meisten natürlichen oder technischen Proben liegen Phasen mit unterschiedlichen Eigenschaften (Härte, Spaltbarkeit, Reaktionsfähigkeit usw.) nebeneinander und beeinflussen das Schleif- und Polierverhalten; gleiches gilt für unterschiedliche Korngrößen.
— Sowohl technische als auch natürliche Proben enthalten Poren, Risse, Reaktionshohlräume u. a., die sich störend auf Präparation (Ausbröckeln, Aufnahme von Bruchstücken oder Schleifmitteln, Härtedifferenzen u. a. m.) und Beobachtung auswirken.
— Viele natürliche Proben sind in ihrer Konsistenz durch Oxydations-, Verwitterungs-, Zersetzungsprozesse und andere Einflüsse beeinträchtigt, so daß z. T. unkontrollierbare Einwirkungen in Kauf genommen werden müssen.
— Unvermeidbare Veränderungen der Phaseneigenschaften treten durch jeden Schleif-, Läpp- und Polierprozeß bei Verwendung von oxidischen Schleifmitteln insofern ein, als sich ein spezieller Oberflächenfilm (BEILBY-Schicht) bildet, der eine Reihe von Besonderheiten besitzt (s. Abschn. 2.1.3.).

Insgesamt kann eingeschätzt werden, daß es möglich ist, gute Auflichtpräparate von allen zu untersuchenden Substanzen herzustellen, die den eingangs genannten Anforderungen genügen. Unzulänglichkeiten, die bei speziellen Untersuchungen stören, müssen durch material- oder methodenspezifische Kunstgriffe beseitigt werden, deren Behandlung das Anliegen der Darlegungen überschreitet.

Universelle Methoden der Anschliffherstellung für alle Materialarten gibt es nicht und kann es nicht geben. Im Verlauf der Geschichte der Auflichtmikroskopie wurden sehr viele Präparations-, Schleif- und Polierverfahren entwickelt, die sich einerseits aus den spezifischen Anforderungen des jeweiligen Probenmaterials ergaben und andererseits mit bestimmten Erfahrungen, technischen und methodischen Fortschritten und kommerziellen Fragen zusammenhängen. Die Beziehungen zwischen Probenmaterial, Präparation und schleiftechnischen Besonderheiten sollen im folgenden Abschnitt kurz behandelt werden.

2.1.2. Herstellung von Anschliffen

2.1.2.1. Probenahme und -vorbehandlung

Bereits die *Probenahme* kann einen großen Einfluß auf den Erfolg nachfolgender mikroskopischer Untersuchungen haben. Es muß vorausgesetzt werden, daß die an-

2.1. Präparative Grundlagen

schließend aufgeführten Gesichtspunkte bereits vor der Anfertigung des Anschliffes gebührende Beachtung finden:

- Die Probe ist für das zu untersuchende Problem repräsentativ.
- Die Probe wurde durch Entnahme, Transport, Lagerung usw. nicht verändert oder in ihrer Aussagekraft beeinträchtigt.
- Die Probe wurde eindeutig dokumentiert (Probegut und -ort, Bearbeiter, Zuordnung, Aufgabenstellung usw.).
- Die Vorbehandlung der Probe aufgrund der Konsistenz, stofflichen und strukturellen Besonderheit ist geklärt.

In der Regel liegen Proben vor, die zu einem größeren Kollektiv von Belegstücken gehören und nach systematischen Gesichtspunkten entnommen wurden (z. B. Paragenese, Gangprofil, Flözprofil, Bohrkern, Gußform, Charge usw.). Sie sind meistens größer als das anzufertigende Präparat, so daß eine weitere Formatreduzierung in Abhängigkeit von Form und Konsistenz erfolgt.

Im allgemeinen wird das Probenstück mit Hilfe der rotierenden Diamant- oder Karborundscheibe einer Trennschleifmaschine (Bild 2.1) schonend und unter guter Kühlung abgetrennt, wodurch es bereits mindestens eine glatte, vorgeschliffene Seite

Bild 2.1. Automatische Trennmaschine „EXOTOM" der Fa. Struers, Kopenhagen/ Dänemark, zum Schneiden kompliziert geformter und harter Körper bis 110 mm Durchmesser mit Hilfe einer oszillierenden Diamantscheibe (Exicut-Prinzip)

erhält. Ein Abschlagen und Planschleifen von Probenstücken wird nur noch in seltenen Fällen erfolgen.

Die weitere Vorbehandlung von Präparaten hängt einerseits von der jeweiligen Beschaffenheit der Probe und andererseits von speziellen Untersuchungen ab:

– Bei heterogenem Aufbau von Phasenbestand und/oder Gefüge können sich Serienschnitte, orientierte Schnitte in einer definierten Richtung oder Schnitte in drei Raumebenen erforderlich machen (Bild 2.2).

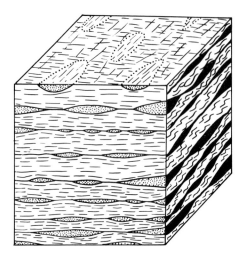

Bild 2.2. Schematisches Raumbild eines stark texturierten Gesteines oder Erzes mit markanten Gefügeunterschieden in drei senkrecht zueinander angeordneten Schnitten

– Bröckeliges, gebrochenes oder körniges Probegut (Lockermaterial, Bohrklein, Aufbereitungsprodukte, Schlich, Seifen u. a.) kann durch Einbetten in geeignete Substanzen, meist kaltpolymerisierende Kunststoffe (z. B. Epoxidharze), verfestigt und wie massiges Material behandelt werden (»Körnerpräparat«, Bild 2.3).

Bild 2.3. Anschliff eines Körnerpräparates von opaken Schwermineralen aus einem tertiären Sand (*weiß* Pyrit, *hellgrau bis dunkelgrau* Quarz); NEOPHOT 2, Hellfeld Vergr. etwa 27 ×

2.1. Präparative Grundlagen

- Körnerpräparate werden auch durch Tablettieren (unter Druck und/oder Hinzufügung von Bindemitteln) hergestellt.
- Brüchiges, zelliges oder poröses Probegut wird imprägniert, indem man gelöste oder angerührte polymerisierende Kunstharze kapillar oder unter Vakuum in die Hohlräume eindringen läßt.

Die bei mineralischen Proben früher übliche Einbettung in Thermoplast-Ringe ist durch ringfreie Fassungen in Epoxidharz abgelöst, deren Abmessungen vom Maschinentyp (z. B. Bilder 2.4 und 2.5) abhängen.

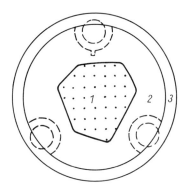

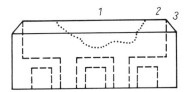

Bild 2.4. Aufbau eines Anschliffpräparates (Maschinenschliff) *1* angeschliffene und polierte Probe; *2* Einbettungsmasse (Epoxidharz); *3* Schliffring (40 mm; Bakelit) mit Lochringen zur Aufnahme auf dem Probenhalter der Schleif- und Poliermaschine

Bild 2.5. Verschiedene Formen und Einbettungen von Auflichtpräparaten
1 Metallanschliff: Schweißnaht in Stahl; *2* Metallanschliff: Messingstange; *3* Kohleanschliff: normal; *4* Kohleanschliff in Panzerwachs; *5* Erzanschliff, handgeschliffen, -poliert; *6* Erzanschliff im Bakelitring; *7* Erzanschliff in Messing- und Bakelitring; *8* Körnerpräparat für Elektronenstrahl-Mikrosonde-Untersuchung; *9* Nichterz-Anschliff für Untersuchungen im ESMA oder Raster-Elektronenmikroskop

Bei der anschließenden Herstellung der Anschliffe muß zwischen spezifischen Methoden für die Anfertigung der *Normal*präparate verschiedener Probengruppen und Besonderheiten für *Spezial*präparate unterschieden werden. Allgemein richten sich die Herstellungsmethoden nach der stofflichen Zusammensetzung der Proben, d. h. nach den Reaktionen bestimmter Phasenkombinationen auf die mechanische Beanspruchung während der Schleif-, Läpp- und Poliervorgänge. Das gilt sowohl für manuelle als auch für maschinelle Bearbeitung, so daß man nach folgenden Proben- bzw. Stoffgruppen und Methoden zu unterscheiden hat:

— Anschliffe von Metallen und Legierungen (s. Abschn. 2.1.2.2.)
— Anschliffe von mineralischem und keramischem Probenmaterial (Erze, Gesteine, Sintermaterial, Schlacken usw.; s. Abschn. 2.1.2.3.)
— Anschliffe von Kohlen und Kohleveredlungsprodukten (s. Abschn. 2.1.2.4.)
— Anschliffe von Kunststoffen [7], [74]
— Anschliffe von sonstigen Stoffen.

Im folgenden sollen einige wichtige Grundzüge der Herstellung von Normal- und Spezialpräparaten in manueller und maschineller Technik beschrieben werden.

2.1.2.2. Herstellung von Metallanschliffen

Trotz der Vielfalt von Eigenschaften der verschiedenen Metalle und Legierungen hinsichtlich Härte, Zähigkeit, Korngefüge usw. hat sich eine weitgehend einheitliche Behandlung des Probegutes durchgesetzt, die sich wesentlich von der mineralischer Stoffe unterscheidet [9], [20], [61]. Die Probenformatisierung erfolgt in der Regel mit Trennschleifmaschinen, die mit Diamantscheiben oder Siliciumkarbidscheiben in Gummi- oder Plastbindung bestückt sind. Bei Schnittgeschwindigkeiten von 30 bis 40 m/s für Naßtrennschleifen oder 60 bis 80 m/s bei Trockenschnitten ergeben sich Schnittleistungen von 100 bis über 400 mm^2/s (Stähle 100 bis 150, Buntmetalle 150 bis 250, Aluminium über 400 mm^2/s). Die durch den Trennschliff entstandene „metallographiegerechte" Schnittfläche wird im weiteren in Naßschliffen auf wasserfesten Papieren mit gebundenem Korn behandelt. Dafür stehen Geräte zur manuellen Durchführung des Feinschleifens sowie Maschinen zur weitgehend automatischen Behandlung zur Verfügung.
Naßschleifgeräte besitzen motorgetriebene rotierende Kunststoff- oder Aluminiumschleifteller in spritzwassergeschützten Boxen, die mit Schleifpapierronden unterschiedlicher Körnung belegt werden können (Tab. 2.1). Die Fixierung der Ronden erfolgt durch das Zentrifugalvakuum infolge des radialen Abschleuderns des Kühl- und Spülwassers. In der Regel bilden vier Scheiben mit abnehmender Körnung eine Bearbeitungseinheit. Die Proben müssen auf rotierenden Polierscheiben mit Hand oder mit Rotationspoliergeräten weiterbehandelt werden. Höhere Ansprüche werden durch selbsttätige Schleif- und Poliermaschinen befriedigt, die durch die folgenden Eigenschaften gekennzeichnet sind (z. B. Bilder 2.6 und 2.7):

— gleichzeitige Bearbeitung mehrerer Proben
— Unabhängigkeit von Probenform
— individueller Probenandruck
— Kompensation von wechselnden Kipp- und Drehmomenten
— auswechselbare Schleif- und Polierteller
— stufenlose Drehzahländerung.

2.1. Präparative Grundlagen

Bild 2.6. Mikroprozessorgesteuerter Präparationsautomat »ABRAMATIC« der Fa. Struers, Kopenhagen/Dänemark, zum Schleifen und Polieren metallischer, keramischer und mineralischer Proben. 3 bis 12 Präparate können mit Hilfe von 6 Fest- und 4 Wahlprogrammen bearbeitet werden

Bild 2.7. Schleif- und Poliersystem PM 2A der Fa. Logitech, Glasgow/GB, zur Herstellung polierter Präparate mit extrem genauer Planheit (± 1 µm auf 80 mm Durchmesser)

Die geordnete komplizierte Bewegung der Anschliffe durch Rotation und Leiteinrichtungen wird beim oft empfohlenen Vibrationspolieren durch statistische zufällige Bewegungsvielfalt ersetzt.

Metallische Proben können aufgrund ihrer Leitfähigkeit auch elektrolytisch oder mit

Hilfe von Kombinationen aus mechanischen und elektrolytischen Verfahren geschliffen, poliert und geätzt werden.

Zur Rationalisierung der Schleif- und Polierprozesse werden zunehmend Diamant-Schleifmittel (Pasten, Spray; s. Tab. 2.1) eingesetzt, für deren Anwendung im Hand- und Maschinenschliff oft spezielle Einrichtungen erforderlich sind. Das betrifft insbesondere die Tuchscheiben, die aufgrund ihres mehrschichtigen Aufbaus die volle Wirksamkeit der Diamantkörner ermöglichen und Verlusten vorbeugen.

Tabelle 2.1. Läpp- (Schleif-) und Poliermittel zur Oberflächenbearbeitung von Anschliffen (Beispiele aus dem Angebot der Firmen Struers GmbH, Erkrath/BR Deutschland, und Logitech Ltd., Glasgow/Scotland, U.K.)

Bearbeitungs-stufen	Material	Korngrößen (in µm)
Grobschliff	geschmolzenes Al_2O_3	20
↓	geschmolzenes Al_2O_3	15
	geschmolzenes Al_2O_3	12
	geschmolzenes Al_2O_3	9
↓	geschmolzenes Al_2O_3	5
Feinschliff	geschmolzenes Al_2O_3	3
Grobschliff	Borkarbid (Körnungen in »mesh«)	(240)
↓	Borkarbid (Körnungen in »mesh«)	(320)
	Borkarbid (Körnungen in »mesh«)	(400)
↓	Borkarbid (Körnungen in »mesh«)	(600)
Feinschliff	Borkarbid (Körnungen in »mesh«)	(1000)
Schneller Abtrag	Diamantpasten, -suspensionen	45
	-sprays, -pulver (Auswahl)	15
↓	-sprays, -pulver (Auswahl)	6
	-sprays, -pulver (Auswahl)	3
Langsamer Abtrag	-sprays, -pulver (Auswahl)	1
	-sprays, -pulver (Auswahl)	0,25

Methodische Anleitungen und spezielle Details der Herstellung metallographischer Präparate sind der einschlägigen Fachliteratur (z. B. [9], [20], [61]) zu entnehmen.

Schleif- und Poliergeräte werden von verschiedenen Firmen (z. B. Rathenower Optische Werke, Wirtz & Dujardin, BR Deutschland; Struers, Kopenhagen/Dänemark; Logitech, Glasgow u. a.) angeboten und unterscheiden sich weniger im Prinzip als in wesentlichen Details.

2.1.2.3. Herstellung von Anschliffen mineralischer Proben

Aufgrund ihrer Zusammensetzung aus überwiegend silikatischen, oxidischen und auch sulfidischen Komponenten (Mineralen) und der dadurch bedingten schleiftechnischen Eigenschaften können Proben aus dem geowissenschaftlichen Bereich (Minerale, Erze, Gesteine) und aus der Mineralaufbereitung sowie keramische und feuerfeste Produkte, Schlacken, Aschen usw. zu einer Probengruppe zusammengefaßt werden. Sie werden —

2.1. Präparative Grundlagen

von geringen spezifischen präparationstechnischen Unterschieden abgesehen – nach weitgehend einheitlichen Verfahren bearbeitet, die von den bei den Metallen beschriebenen abweichen [9], [17], [20], [35], [57], [58], [70], [99].

Bereits beim *Trennschleifen* ist darauf zu achten, daß nur mit Diamantscheiben und bei guter Kühlung geschnitten wird, da sonst mechanisch und besonders thermisch bedingte irreversible Veränderungen an Mineralen und Gefügen auftreten können. Trennschleifgeräte erlauben eine sehr genaue Schnittführung (etwa 0,1 mm), die bei der Herstellung von Spezialpräparaten von Bedeutung sein kann.

Feinschleif- und Polierarbeitsgänge werden in der Regel mit Diamantenpasten oder -suspensionen ausgeführt.

Die *manuelle* Herstellung von Anschliffen mineralischer Proben wird sicher nur noch selten durchgeführt, sollte aber von Präparatoren und Nutzern beherrscht werden. Der Feinschliff erfolgt in wassersuspendierten Läppmitteln auf stationären Glasscheiben unter kreisenden Handbewegungen und geringem Druck. Das Ziel des Feinschliffes – auch auf der Maschine – ist die Abtragung der Verformungszone, die bei der vorangegangenen Bearbeitung (Trenn-, Grobschliff) und bis zu 20 µm betragen kann (s. Abschn. 2.1.3.). Die Abstufung der Läppmittel auf den nacheinander benutzten Glasscheiben sollte zwischen 20 und 2 µm liegen (Tab. 2.1), wobei darauf zu achten ist, daß kein gröberes Schleifkorn auf die nächstfolgende Scheibe übertragen wird. Der Anschliff wird während des Bearbeitens planparallel bewegt (Vermeidung von »Balligkeit«) und nach jeder Arbeitsstufe sorgfältig gereinigt.

Die Handpolitur wird unter Verwendung von Tonerde oder »Magnesia usta« (s. Tab. 2.1) auf einer rasch rotierenden Holzscheibe oder auf einer Tuchscheibe vorgenommen. Bei gutem und sorgfältigem Vorschliff ergeben sich relativ kurze Polierzeiten, die auch vom Druck abhängen. Heterogen aufgebaute Proben sind mit wechselnden Poliermitteln und -scheiben zu behandeln.

Selbst bei sorgfältigster Behandlung und ausreichender Erfahrung sind mit Hand nicht die Präparatqualitäten zu erzielen, wie sie von Maschinenschliffen erwartet werden können.

Eine Ausnahme bildet die manuelle Anfertigung von Anschliffen mit Hilfe von Diamantpasten abgestufter Körnung (s. Tab. 2.1) auf speziellen Tuchscheiben. Die Spezialtücher für Diamantschliff sind mehrschichtig aufgebaut, so daß sie die Abrasiveigenschaften des Diamanten optimal unterstützen, eine Reinigung ermöglichen und Diamantverluste minimieren. Sie werden auf ruhende oder rotierende Metallscheiben aufgeklebt. Als Suspensionsmittel eignen sich Alkohol und verschiedene Öle. Die Schleifdiamanten werden in Form von Pasten (Tuben, Spritzen) oder Suspensionen mit sehr engen Kornspektren oder als Spray geliefert (s. Tab. 2.1). Trotz guter Erfahrungen mit Diamantschliffen hinsichtlich Herstellungskosten und -zeiten sowie Oberflächenqualität der Anschliffe für visuelle Untersuchungen ergeben sich Einschränkungen für photometrische Messungen [3]. Die Diamantpolitur ergibt bei harten Mineralen bessere Ergebnisse als bei weichen, besonders bei einem Nebeneinander von beiden.

Die höchste Qualität bei Anschliffen mineralischer Proben ist durch den Einsatz der Schleif-(Läpp-)Maschinen nach dem Prinzip von VANDERWILT zu erreichen. Sie ermöglichen

— die gleichzeitige Bearbeitung mehrerer Proben (12 bis über 20),
— eine ausreichend lange Feinbearbeitung (s. Abschn. 2.1.3.),

- einen der Probensubstanz entsprechenden Einsatz von Scheibenmaterial (Gußeisen, Aluminium, Blei-Antimon-Legierungen, verschiedene Kunststoffe) und Schleifmitteln verschiedener Körnungen (Normalkorund, Siliciumkarbid, Borkarbid, Diamant; s. Tab. 2.1),
- die individuelle oder gruppenweise Einstellung des Anpreßdruckes für jede Probe durch Gewichte oder Federn im Bereich bis zu 15 N,
- eine stufenlose Regelung der Drehzahl (18 bis 50 bis 1000 U/min) bei optimalen Bewegungsverhältnissen der Proben,
- den unmittelbaren Anschluß des Poliervorganges (mit Tonerde, Magnesiumoxid, Diamant o. a., Tab. 2.1) an den Feinschliff nach Scheiben- und Drehzahlwechsel und Druckerhöhung,
- die automatische und in zuverlässigen Grenzen dosierbare Schleifmittelzufuhr.

Die Bearbeitungszeiten betragen beim Feinschliff etwa anderthalb bis drei Stunden, für jede Körnungsstufe (z. B. 20, 6 und 2 µm Borkarbid) und für die Politur mehrere Stunden.

Mit derartigen Geräten (z. B. Bild 2.8) können die eingangs genannten Forderungen an hochwertige Anschliffe (s. Abschn. 2.1.1.: Repräsentanz, Kratzerfreiheit, Reliefarmut usw.) erfüllt werden. Die wichtigen Voraussetzungen dafür sind Einhaltung der Bedienungsanweisungen, insbesondere über Schleifzeiten, äußerste Sorgfalt und peinliche Sauberkeit. Das gilt auch für die Weiterbehandlung der Präparate (s. Abschn. 2.1.3.).

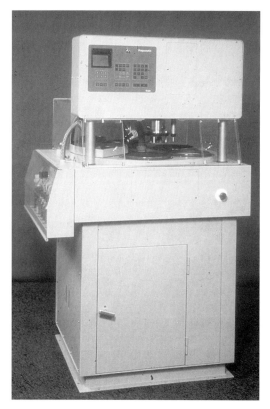

Bild 2.8. Präparationsvollautomat PREPAMATIC der Fa. Struers, Kopenhagen/Dänemark, zum Schleifen, Polieren und Waschen beliebiger Festkörper nach dem Karussellprinzip mit programmierter Abtragungskontrolle (25 feste, 75 freie Programme)

2.1. Präparative Grundlagen

Für die günstigsten Kombinationen von Scheibenmaterial, Schleifmitteln, Anpreßdruck, Drehzahl und Bearbeitungszeiten für bestimmte Proben gibt es keine verbindlichen Festlegungen, jedoch Empfehlungen der Commission of Ore Mineralogy (COM). Details einer erfolgreichen Bearbeitung sind in vielen Fällen der Fachliteratur zu entnehmen oder ergeben sich aus den Erfahrungen der Präparatoren.

Die völlig ebene und langzeitige Bearbeitung von mineralischen Proben führt zu einer Beseitigung des Reliefs, das durch die unterschiedlichen Härten der beteiligten Phasen bedingt ist. Um die relative Härte mit Hilfe der Lichtlinie (s. Abschn. 3.6.2.1.) bestimmen zu können, ist eine kurze Reliefpolitur mit einer weicheren Scheibe (Tuch) zu empfehlen.

Für besondere Anforderungen (Photometrie, Präzisionsphotographie u. ä.) ist es häufig erforderlich, den Poliervorgang den Härte- und Poliereigenschaften der Minerale anzupassen und stufenweise aufzubauen. Die selektive Politur einzelner Minerale erfolgt durch Wechsel von Scheiben, Poliermitteln, Suspensionsmitteln und Andrücken, jedoch ohne verbindliche Festlegungen.

Zur Erreichung einer hohen Politurqualität auf ausgewählten Präparatabschnitten kann die Holzstabpolitur angewandt werden. Sie bedient sich verschiedener Hartholzstäbe, die mit Hilfe einer Handbohrmaschine oder spezieller Konstruktionen in Rotation versetzt und auf die Objektstelle gedrückt werden.

Die Herstellung von Spezialpräparaten mineralischer Proben wird notwendig, wenn Untersuchungen mit Hilfe spezieller Methoden oder Geräte durchgeführt werden sollen. Große Bedeutung haben die Analysen an Elektronenmikroskopen und Mikrosonden erlangt (s. Abschn. 4.1.), die jedoch elektrisch leitende Oberflächen voraussetzen. Die überwiegend aus Nichtleitern aufgebauten Präparate mineralischer Proben müssen deshalb mit einer Kohleschicht bedampft und zu deren Kontaktierung in Metallringe (Kupfer, Messing, Aluminium) unterschiedlicher Durchmesser eingebettet werden (s. Bild 2.5). Die Präparation kann in gleicher Weise erfolgen wie oben beschrieben.

Zur gleichzeitigen oder aufeinanderfolgenden Auf- und Durchlichtuntersuchung von Präparaten mit opaken und transparenten Mineralen werden polierte Dünnschliffe angefertigt. Beidseitig polierte Plättchen, die ebenfalls maschinell bearbeitet werden können, dienen der Untersuchung von Einschlüssen (Mineral-, Schmelz- oder Gas-Flüssigkeits-Einschlüsse [43]) oder Spaltspuren (»fission tracks«).

2.1.2.4. Herstellung von Kohleanschliffen

Für die mikropetrographische Bewertung von Kohlen unterschiedlichen Ranges sowie für die technischen Produkte der Kohleveredlung (Briketts, Koksarten) kommen vorzugsweise Anschliffe von Stücken oder Körnern zum Einsatz. Eine kohlenpetrographische Routine-Analytik auf der Grundlage von Dünnschliffen ist historisch bedingt und auf wenige Länder (z. B. USA, UdSSR) beschränkt.

Zur Gewährleistung von Repräsentanz und Vergleichbarkeit qualitativer und quantitativer Analysen liegen für die Schliffvorbereitung und -herstellung Empfehlungen vor (ILKP 1963), die von der Internationalen Kommission für Kohlenpetrographie (ICCP) erarbeitet wurden. Die Präparation von stückigem Probematerial (lufttrocken, etwa 4 cm^2 Größe) erfolgt durch mehrmaliges Tauchen in geschmolzenes Paraffin, Karnaubawachs oder Kunstharz. Auf eine entsprechende Verfestigung und die vollständige Ausfüllung von Poren, Rissen und Hohlräumen ist besonders bei porösem oder tektonisch stark beanspruchtem Material zu achten. Die Anschliffebene ist stets senkrecht zur Sedimentationsebene bzw. zur Schlagfläche des Brikettpressenstempels angeordnet.

Nach dem Aushärten des Einbettungsmittels ist eine weitere Randstabilisierung durch erneutes Tauchen (Paraffin, »Panzerwachs«) oder durch vollständiges Eingießen in vorgefertigte Plast- oder Silikonkautschukformen zu empfehlen.

Quantitative Analysen von aufbereitetem Probegut, insbesondere von Flöz- und Förderkohlen, werden bevorzugt an Körnerschliff-Präparaten durchgeführt. Als Präparatfläche werden etwa 4 cm² als optimal angesehen, wobei durch die Wahl geeigneter Körnungen die Repräsentanz des Schliffes zu gewährleisten ist. Für die entsprechende Aufbereitung von Weichbraunkohlen werden Korngrößen von 3,15 mm gefordert (bei Vermeidung von Unterkorn), während international für alle Rangstufen Körner über 0,7 mm üblich sind.

Etwa 5 g der geforderten Körnung werden aus dem Probegut herausgeviertelt, mit dem Einbettungsmittel (Kanadabalsam, Karnaubawachs, Kunstharz) vermischt und unter Vakuum in Formen eingegossen (Bild 2.5).

Der Einsatz von Kunstharzen als Einbettungsmittel für Stück- und Körneranschliffe hat sich deshalb durchgesetzt, weil diese sich in der Schleifhärte wenig von Kohlen unterscheiden und durch die gebräuchlichen Immersionsmittel nicht angegriffen werden. Bei der Herstellung von Präparaten für Lumineszenzuntersuchungen sind jedoch nur solche Einbettungsmittel zu verwenden, die lumineszenzfrei sind oder sich von der Hauptemission der Kohlen unterscheiden.

Stück- und Körnerschliffe können als Hand- oder Maschinenschliffe hergestellt werden, wobei Siliciumkarbid in abnehmender Körnung zum Einsatz kommt. Als Suspensions- und Reinigungsmittel wird destilliertes Wasser verwendet, das aber durch Ethylenglykol zu ersetzen ist, wenn das Probegut quellfähige Tonminerale enthält. Der manuelle Vorschliff benutzt die Körnungen unter 25 µm, dem der Feinschliff mit Körnungen zwischen 8 und 5 µm folgt. Die maschinelle Vorbearbeitung erfolgt mit Schleifpapieren der Körnungen 240, 400 und 600 (s. Tab. 2.1). Als Poliermittel dienen Chromoxid (maschinell) oder Poliertonerde (Nr. 1, 2 und 3) bzw. Diamantpasten <1 µm (manuell). Eine relieffreie Politur für die Ansprüche der Photometrie oder Photographie kann durch Verwendung einer Lindenholzscheibe anstelle der üblichen Tuchscheibe erzielt werden.

Verbindliche Richtlinien für die Verwendung von Schleif- und Poliermitteln bestehen nicht, nachdem erwiesen ist, daß ausreichend sorgfältig hergestellte Präparate verschiedener Techniken vergleichbare Werte liefern.

2.1.3. Einfluß der Schliffqualität auf die Untersuchungsergebnisse

Selbst unter Wahrung größtmöglicher Sorgfalt und fachgerechter Behandlung der Proben bei der Präparation müssen die Anschliffe nicht alle Forderungen erfüllen, die eingangs gestellt wurden (s. Abschn. 2.1.1.). Diese Einschränkung hängt mit *objektiven* Bedingungen und unumgänglichen Einflüssen beim Schleifen und Polieren zusammen, und sie ist bei der Beurteilung von Schliffqualitäten und Untersuchungsergebnissen zu berücksichtigen.

Durch die Behandlung der Proben vor Beginn des Feinschleifens (Trennschleifen, Planschleifen) entstehen neben einer beträchtlichen Rauhtiefe der Oberfläche im Bereich

2.1. Präparative Grundlagen

von 1 bis 4 μm vor allem tieferreichende *Deformationen des Kristallgitters* (10 bis über 20 μm). Diese Verformungen stellen Bereiche der Nichtrepräsentanz der Probe dar, enthalten Mikrorisse, atypische Mikrogefüge, Translationen, Zwillingsbildungen sowie andere irreversible Veränderungen und stören Beobachtungen und Messungen. Sie sollen durch den schonenden und zeitlich ausgedehnten Feinschliff (mehrere Stunden, s. Abschn. 2.1.2.3.) weitgehend abgetragen werden (Bild 2.9).

Bild 2.9. Stufen der Schleif-(Läpp-)-Bearbeitung einer Erzprobe (Pyrit, hell, neben Sphalerit und Quarz) im Bild verschiedener auflichtmikroskopischer Verfahren
1 nach einem zwanzigminütigen Vorschleifen mit Läppmittel Korund F7
a) im natürlichen Licht, Hellfeld
Vergr. 2000 ×

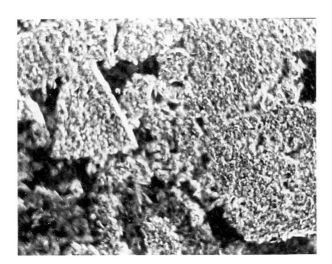

b) im Dunkelfeld
Vergr. 2000 ×

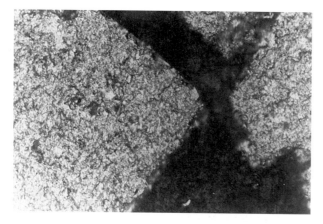

c) im Interferenzbild
   Vergr. 2000×

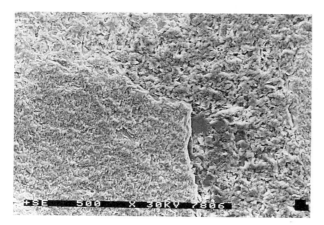

d) im Rasterelektronenmikroskop
   Vergr. 700× (REM)

Bild 2.9
2 nach einer dreißigminütigen manuellen Vorpolitur mit Borkarbid B_4C 1400
a) bis d) wie unter *1*

2.1. Präparative Grundlagen

b)

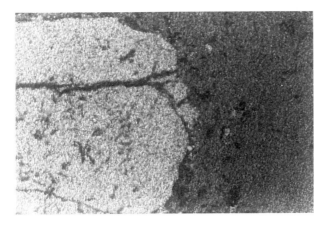

c)

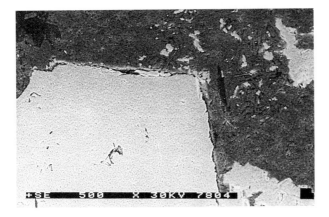

d)

Ein besonderes Problem bei der Feinbearbeitung von Anschliffen stellen einzelne gröbere Körner dar, die durch unsauberes Arbeiten, Schleifmittel schlechter Qualität und ausbröckelnde Schliffsubstanz auf die zu bearbeitende Oberfläche gelangen können. Sie hinterlassen mehr oder minder tiefe Deformationszonen (»Schleifkratzer«), die meistens nicht mehr beseitigt werden können (Bild 2.10).

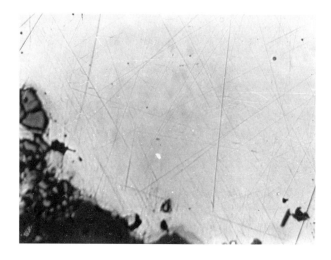

Bild 2.10. Präparations- und Oberflächenfehler in Erzanschliffen (vgl. Seiten 38, 39)
a) Polierkratzer
 (Galenit; Vergr. 140 ×)

b) Spaltausbrüche
 (Galenit; Vergr. 140 ×)

2.1. Präparative Grundlagen

37

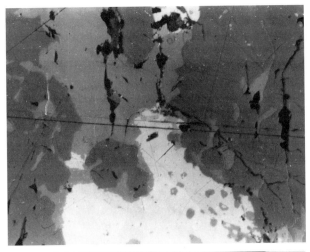

c) grobe Schleifspuren
   (*kb*-Erz; Vergr. 210 ×)

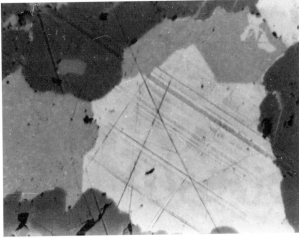

d) mehrfache Schleiffehler durch
   Läppen, Polieren und schlechte
   Lagerung
   (*kb*-Erz; Vergr. 140 ×)

e) Ausbrüche eines harten und sprö-
   den Erzes
   (Kassiterit; Vergr. 180 ×)

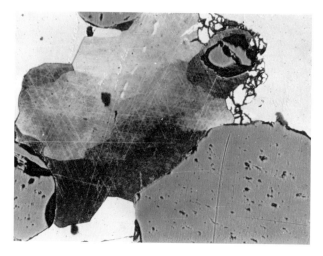

f) Anlauf-(Oxydations-)Film auf einem sulfidischen Erz (Pyrrhotin; Vergr. 180×)

Selbst sorgfältigst feingeschliffene Proben lassen mikroskopische Untersuchungen noch nicht zu. Sie besitzen eine Oberflächenrauhigkeit, die durch die Politur ausgeglichen werden muß (s. Bild 2.9). Bei oxidpolierten Schliffen stellt diese eine dreidimensionale Verformungsschicht dar, deren Eigenschaften ebenfalls von denen der zu untersuchenden Phasen abweichen. Die als BEILBY-Schicht bezeichnete dünne Zone besitzt folgende Eigenschaften [58]:

— Verringerung der Korngrößen bis zum amorphen Zustand;
— Druck- und Translationsveränderungen des Kristallgitters;
— »Verschmieren« von Strukturen oder Deformationen (s. Ätzung, Abschn. 4.4.);
— Erhöhung der Härte und Verringerung der Reflektanz gegenüber Werten, die an Spaltflächen des gleichen Minerals gemessen wurden;
— Erhöhung der Absorptionsneigung und der chemischen Reaktionsfähigkeit;
— Neigung zur spontanen Rekristallisation.

Diese Abweichungen vom Normalzustand der eigentlichen Probe müssen in Kauf genommen und bei der Bewertung der Untersuchungsergebnisse sowie der Behandlung der Anschliffe berücksichtigt werden.

Aufgrund der unterschiedlichen Reaktionen von kristallinen Phasen auf die mechanische Beanspruchung beim Polieren bleiben mitunter »Polierkratzer« zurück, die sich in Form feinster netzartiger oder unregelmäßiger Figuren (s. Bild 2.10) äußern. Neben einer ästhetischen Beeinträchtigung stören sie vor allem die Reflektanzmessung (s. Abschn. 3.2.2.2.), wobei sie eine stärkere negative Wirkung ausüben als einzelne grobe Schleifkratzer.

Im einzelnen werden folgende Fehler durch die Schleif- und Polierwirkung unterschieden [20]:

Grobe Fehler (und ihre Vermeidung)
— Ausbrüche, Auswaschungen (Imprägnieren)
— Kratzer durch Überkorn (Sauberkeit)
— Verschmierungen (bessere Anfeuchtung)
— Balligkeit, Konvexform (Parallelschliff)

2.2. Optische Grundlagen

Geringfügige Fehler (und ihre Vermeidung)
- Relief (länger feinschleifen)
- Narben (sorgfältiger feinschleifen, weniger Druck)
- Polierkratzer (bessere Poliermittelqualität, individuelle Politur)
- Pseudostrukturen (Oxydation vermeiden).

Aus den Ausführungen läßt sich ableiten, daß Anschliffe hochwertige mikroskopische Präparate sind, die nicht nur bei der Bearbeitung, sondern auch bei der Untersuchung und Aufbewahrung entsprechende Sorgfalt verdienen. Die wichtigsten *Pflegehinweise* seien nachfolgend zusammengestellt:

- Oberfläche nicht mit den Fingern berühren (Reaktion der Politur-Schicht!);
- Oberfläche vor mechanischer Beschädigung schützen (Staub, Lagerung, Objektiv usw.);
- Immersionsmedien (und ggf. Ätz- und Reaktionsmittel) sofort nach Gebrauch sorgfältig entfernen;
- empfindliche Schliffe (Cu-, Ag-Sulfide) bei Nichtbenutzung in (evakuiertem) Exsikkator aufbewahren;
- Oberflächen abgelegter oder archivierter Anschliffe mit Schutzlacken (Zapon-, Akryl-, Zellulose-Lacke) überziehen;
- angelaufene Minerale schonend mit MgO auf Batisttuch über harter Unterlage aufpolieren (Hand), bei stärkeren Veränderungen Neupolitur (Maschine, s. o.).

Die quantitativen Auswirkungen von Oberflächeneigenschaften oder -fehlern auf die Ergebnisse von Meßmethoden sind bei der näheren Besprechung dieser aufgeführt (s. Abschn. 3.2.2.2., 3.2.2.3. und 3.6.2.2.).

2.2. Optische Grundlagen

2.2.1. Beziehungen zwischen Licht, Objekt, Gerät und Beobachter

2.2.1.1. Licht und Farbe

Unter *Licht* im optischen Sinne versteht man den Wellenlängenbereich zwischen 10^{-6} und 10^{-2} cm aller elektromagnetischen Schwingungen, die ein Spektrum zwischen 10^{-11} und $3 \cdot 10^{10}$ cm einnehmen. Vom Licht ist nur der Abschnitt mit Wellenlängen zwischen $38 \cdot 10^{-6}$ und $78 \cdot 10^{-6}$ cm (= 380 bis 780 nm) dem menschlichen Auge sichtbar.
Licht kann von Primärquellen ausgehen oder von Oberflächen beleuchteter Körper nach Wechselwirkung mit diesen zurückgestrahlt werden. Einer Primärquelle kann eine bestimmte Leuchtstärke zugeordnet werden, die in »candela« ausgedrückt wird.
Die Lichtstärke der Sonne wird mit $3 \cdot 10^{27}$, die von Glühlampen mit 500 bis 5 und die von Kerzen mit 2 bis 0,5 Candela (cd) angegeben (vgl. Abschn. 2.3.2., Tab. 2.4). Vermittels des Lichtstromes (Lumen, lm = cd sr) verleiht eine primäre Lichtquelle der Oberfläche eines Körpers eine bestimmte Helligkeit, die als Leuchtdichte (cd/m) bezeichnet wird und ebenfalls über mehrere Zehnerpotenzen schwankt. Sie wird für die Sonnenoberfläche

mit etwa $1{,}5 \cdot 10^9$, für die Mondoberfläche mit etwa $2{,}5 \cdot 10^3$ und für eine Filmleinwand mit etwa 10^3 lm bestimmt.

Die bei der Bestrahlung von Körperoberflächen mit weißem Licht entstehenden Helligkeits- und Farberscheinungen (Reflektanz, Farbe) stellen Materialeigenschaften dar, die sowohl für die Erkennung und den qualitativen Vergleich als auch für quantitative Aussagen von Bedeutung sind (vgl. Abschn. 3.1., 3.2. und 3.3.).

Die subjektiven Helligkeits- und Farbeindrücke für einen Beobachter entstehen dementsprechend durch das Zusammenwirken der physikalischen Parameter des Lichtes, der spezifischen optischen Eigenschaften des reflektierenden Körpers sowie der physiologischen Funktionen des Auges und dessen subjektivem Leistungsvermögen.

Die Bezugnahme auf das Licht zum Verständnis mikroskopischer Bilder und Effekte kann unter verschiedenen Aspekten erfolgen, von denen

- der elektromagnetische Schwingungscharakter,
- die Wechselwirkung mit Oberflächen anisotroper absorbierender Substanzen (s. Abschn. 2.2.1.2.),
- die physiologische Wirkung auf die Sinneszellen im Auge (s. Abschn. 2.2.1.3.) und
- die geometrisch-optischen Beziehungen bei der Bildentstehung im Mikroskop (s. Abschn. 2.2.1.4.)

im folgenden näher untersucht werden sollen.

Die von einer Lichtquelle ausgehenden Lichtstrahlen stellen die Richtungen des Energieflusses dar, der in atomaren oder molekularen Prozessen seinen Anfang hat. Jeder (weiße) Lichtstrahl setzt sich aus einer Vielzahl von Lichtquanten (Photonen) zusammen, die als elementare Wellenzüge definierte Wellenlängen und Schwingungsrichtungen sowie endliche Längen und Zeiten (etwa 10^{-8} s) besitzen. Während für jeden Wellenzug Farbe und Schwingungs- bzw. Polarisationsrichtung bestimmt und damit die Kohärenz bestätigt werden können (s. Bild 2.11), ist ein Strahl weißen Lichtes inkohärent, d. h. in Schwingungsrichtung und Farbe nicht definiert. Der Wellenzug schwingt entsprechend den MAXWELLschen Gleichungen entlang der Strahlrichtung transversal mit einem elektrischen ($\mathfrak{E}$) und einem magnetischen ($\mathfrak{H}$) Vektor. Der elektrische Anteil des Wellenzuges tritt mit den Sinneszellen des Auges (s. Abschn. 2.2.1.3.) in Wechselwirkung, erregt die Neuronen und ruft auf diese Weise die Sinnesempfindung »Licht« hervor [6], [9], [17], [18], [27], [54].

Elektrischer und magnetischer Vektor sind senkrecht zueinander angeordnet, wobei die Schnittlinie ihrer jeweiligen Schwingungsebenen die gemeinsame Fortpflanzungsrichtung bildet (Bild 2.11). Die beiden Vektoren verändern sich bei der Wechselwirkung mit Materie in Abhängigkeit von deren Dielektrizitätskonstanten (ε) und magnetischen Permeabilitäten (μ). Die grundsätzliche Richtungs- und Frequenzabhängigkeit der Dielektrizitätskonstante bedingt die optischen Erscheinungen der Brechung, Doppelbrechung, Dispersion usw., so daß bei der Untersuchung des Lichtes die Schwingungsrichtung und -ebene sowie die Polarisationsrichtung und -ebene stets auf den elektrischen Vektor ($\mathfrak{E}$ »Lichtvektor«) bezogen werden. Dieser schwingt senkrecht zur Einfallsebene und ist in dieser polarisiert.

Aus der MAXWELLschen Energiegleichung

$$E_y = Ae^{i\omega}\left(1 - \sqrt{\frac{\varepsilon\mu}{c^2}}x\right) \qquad (1)$$

2.2. Optische Grundlagen

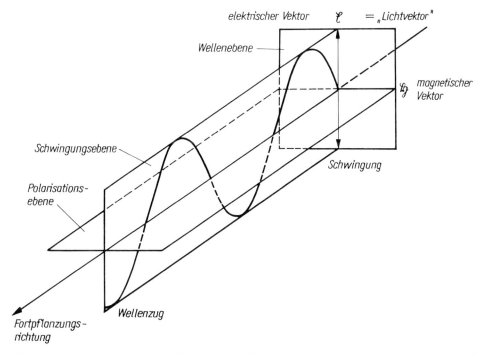

Bild 2.11. Beziehungen zwischen den Richtungen und Ebenen von Schwingung, Vektor, Fortpflanzung und Polarisation einer elektromagnetischen Welle

läßt sich ableiten, daß eine Raumwelle mit periodischen Energieänderungen eine Geschwindigkeit von

$$V = \frac{c}{\sqrt{\varepsilon\mu}} \tag{2}$$

hat, die im Vakuum (mit $\varepsilon = 1$ und $\mu = 1$) zu

$$V = c \tag{3}$$

wird.

In Festkörpern behält zwar μ Werte um 1, jedoch wird die Geschwindigkeit durch ε richtungsabhängig, so daß das Verhältnis

$$\frac{c}{v} = \sqrt{\varepsilon\mu} = n \tag{4}$$

ein Maß für die entsprechenden Brechungserscheinungen (Brechzahl, Brechungsindex) ist [24].

Die periodische Änderung des Lichtvektors in einer bestimmten Richtung und in Abhängigkeit von der Zeit läßt sich am anschaulichsten durch Winkelfunktionen im Kreis darstellen, wobei folgende Beziehungen gelten (Bild 2.12):

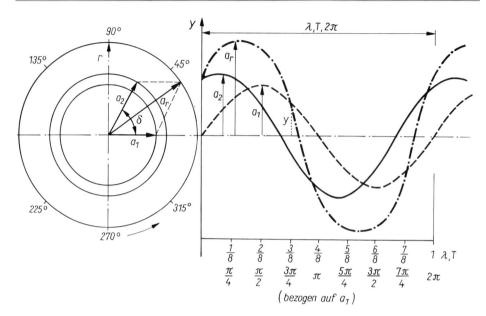

Bild 2.12. Beziehungen zwischen Schwingungszeit, Kreisfrequenz, Wellenlänge, Amplituden und Interferenz sich ausbreitender und überlagernder elektromagnetischer Schwingungen (nach BURRI [14])

ω Kreisfrequenz $= \dfrac{2\pi}{T} = 2\pi\nu$

T Schwingungsdauer $(10^{-15}\,\text{s};\ \lambda = cT)$

ν Frequenz $\left(10^{15}\,\text{s}^{-1};\ \nu = \dfrac{c}{\lambda} = \dfrac{1}{T}\right)$

φ Phase $(0 \leqq \varphi \leqq 360°;\ 360° = 2\pi)$
δ Phasendifferenz $(= \varphi_1 - \varphi_2)$
a_0 Amplitude $(= y;\ -a_0 \leqq a \leqq +a_0)$
a Ausschwingung $(= y';\ \text{»Elongation«})$
α Winkel zwischen zwei Phasen
t Zeit zum Durchlaufen des Winkels α

Aufgrund der Beziehungen zwischen den vorgenannten Größen kann eine Ausschwingung in folgender Weise ausgedrückt werden:

$$y' = a \sin \alpha \tag{5a}$$

$$y' = a \sin \omega t = a \sin \omega t + 2\pi \tag{5b}$$

$$y' = a \sin \omega \left(t + \dfrac{2\pi}{\omega}\right) = a \sin \omega (t + T) \tag{5c}$$

Dementsprechend läßt sich auch eine Phasendifferenz zweier Schwingungen mit unterschiedlichen t_0 als Winkel-Zeit- oder Wegdifferenz ausdrücken.

Kohärente Lichtstrahlen mit Wellenzügen gleicher Schwingungsrichtung und Frequenz können miteinander interferieren. Die resultierende Amplitude a ergibt sich aus (Bild 2.12) [24], [54]:

2.2. Optische Grundlagen

$$a^2 = a_1^2 + a_2^2 + 2a_1a_2 \cos \varphi \tag{6}$$

$$a_x = x_1 - x_2 = a_1 \cos \varphi_1 + a_2 \cos \varphi_2 \tag{7}$$

$$a_y = y_1 - y_2 = a_1 \sin \varphi_1 + a_2 \sin \varphi_2 \tag{8}$$

$$\frac{a_y}{a_x} = \operatorname{tg} \Phi \quad (\Phi \text{ Phasenwinkel}) \tag{9}$$

$$y' = a \sin(\omega t - \Phi) \tag{10}$$

Aufgrund der Amplitudenbeziehungen beider Schwingungen lassen sich folgende Fälle der Interferenz ableiten:

a) $\varphi = 0°, 360°$ Verdopplung
b) $0 \leq \varphi \leq 90°$ Verstärkung
c) $\varphi = 90°$ Gleichheit
d) $90° \leq \varphi \leq 180°$ Schwächung
e) $\varphi = 180°$ Auslöschung

Diese Beziehungen sind sowohl für die Enstehung des mikroskopischen Bildes (s. Abschn. 2.2.1.4.) als auch der Interferenzerscheinungen nach Wechselwirkung mit optisch anisotropen Medien (s. Abschn. 3.3., 3.4.) von Bedeutung.

2.2.1.2. Wechselwirkung zwischen Licht und Festkörperoberflächen

Im Vordergrund der Stoffe, die mittels Auflichtmikroskopie untersucht werden, stehen solche, die sich durch einen definierten Ordnungszustand der Bauteilchen und ein hohes Absorptionsvermögen für sichtbares Licht auszeichnen (Metalle, Erzminerale). Der gesetzmäßige Aufbau der Mineralgitter führt zu den Erscheinungen der physikalischen *Anisotropie*, die sich im optischen Bereich in Form der diagnostisch wichtigen system- und mineralspezifischen polarisationsoptischen Eigenschaften auswirkt. Innerhalb eines anisotropen Körpers treten in Abhängigkeit von Einfalls- oder Durchstrahlungsrichtung viele Dielektrizitätskonstanten und in den kristalloptischen Vorzugsrichtungen die Haupt-Dielektrizitätskonstanten ($\varepsilon_x \neq \varepsilon_y \neq \varepsilon_z$) auf, die jedoch in einer beliebigen Ebene nur mit zwei Komponenten wirken ($\varepsilon'_x; \varepsilon'_z$). Sie bedingen die optische Aniosotropie und *Doppelbrechung* (n_e, n_0 bzw. n_x, n_y, n_z bzw. n'_x, n'_z; $\Delta n = n'_z - n'_x$). Bei metallischen oder homöopolaren Bindungskräften (Leiter, Halbleiter) kommt noch eine richtungs- und frequenzabhängige *Absorptionswirkung* hinzu, die sich aus dem Zusammenwirken von Dielektrizitätskonstante und elektrischer Leitfähigkeit ableiten läßt:

$$n^2 = 2\frac{\pi\mu\sigma}{\omega} \tag{11}$$

$\varkappa$ Absorptionsindex
σ Leitfähigkeit
ω Kreisfrequenz

Die Intensität des durch Absorption geschwächten Lichtes ergibt sich nach der LAMBERTschen Absorptionsgleichung zu

$$I = I_0 \, e^{-(4\pi d/\lambda_0)k} \tag{12}$$

d Dicke
k Absorptionskoeffizient $= n\varkappa$

Neben dem Absorptionskoeffizienten k, der für polarisationsoptische Berechnungen grundsätzlich verwendet wird, und dem Absorptionsindex ($\varkappa = k/n$) wird noch die Absorptionskonstante K verwendet, die sich durch $4\pi n\varkappa/\lambda$ ausdrücken läßt.

Mit den Gesetzmäßigkeiten des Gitteraufbaus und den vektoriellen Eigenschaftsänderungen hängt eine weitere optische Erscheinung zusammen, die in der Material-(Mineral-)Diagnostik eine wichtige Rolle spielt – die *Dispersion* der Lichtschwingungen (s. Abschn. 3.4.). Absorption und Dispersion lassen sich aus Effekten der Resonanz und erzwungener Schwingungen (»Resonanzfrequenzen«) der Lichtquanten mit den Gitterbauteilen erklären, wobei im sichtbaren Bereich besonders die Elektronen wirken, im Infrarot Energiezustände der Schwingungen und Rotationen von Molekülen. Die besonders starke Absorption von Metallen ist auf das Zusammenbrechen des elektrischen Feldes unter dem Einfluß der freien Ladungsträger zurückzuführen.

Stärke und Fortpflanzungsgeschwindigkeit der Absorption hängen von dem Winkel ab, den die Wellennormale mit der »Absorptionsnormalen« bildet, d. h., sie sind stark richtungsabhängig und daher mit der Anisotropie der Lichtbrechung vergleichbar (s. Abschn. 3.4.). Am Beispiel der Metalle Kupfer und Platin sollen Richtungs- und Frequenzabhängigkeit von n und k sowie der bei Reflexion auftretende Phasenwinkel demonstriert werden [6]:

	für 589 nm		für 640 nm					
	n	$n\varkappa$	n	$n\varkappa$	$n_{10°}$	$n_{50°}$	$n_{90°}$	Phasenwinkel
Cu	0,64	2,62	0,48	2,61	0,51	0,89	1,10	140°
Pt	2,06	4,26	1,99	2,03	2,00	2,07	2,12	160°

Die Werte n und $n\varkappa$ (Hauptbrechungsindex, Hauptabsorptionskoeffizient) gelten nur für den Sonderfall des senkrechten Lichteinfalls. Ähnliche Verhältnisse ergeben sich für Minerale.

Aufgrund der komplizierten Beziehungen zwischen n und k in stark absorbierenden Medien ist es nur möglich, die aus durchsichtigen Körpern bekannten Formeln zu übernehmen, wenn man eine komplexe Schreibweise auf der Grundlage von

$$N(\mathfrak{n}) = n(1 - i\varkappa) \tag{13}$$

einführt [54].

Daraus ergibt sich beispielsweise für die Geschwindigkeit

$$\mathfrak{V} = \frac{c}{\mathfrak{n}} = \frac{c}{n(1 - i\varkappa)} = \frac{c(1 + i\varkappa)}{n(1 + \varkappa^2)} \tag{14}$$

Auch die Werte ϱ und σ, die sich aus den Gleichungen von SNELLIUS und FRESNEL für die Lichtbrechung, die Aufspaltung des Lichtes in reflektierte und gebrochene Anteile sowie die Polarisationsverhältnisse ableiten lassen (Bild 2.13), nehmen komplexen Charakter an.

Bereits unter den Bedingungen der Totalreflexion an nichtabsorbierenden Medien tritt *elliptisch polarisiertes* Licht auf, da die Energieanteile ($E_\parallel$, $E_\perp$) zwar phasenstarr gekoppelt sind, aber eine zeitliche Phasendifferenz ($\Delta \neq 0$) wirksam wird. Der Endpunkt des E_t-Vektors beschreibt während der Schwingungsdauer ($1/\nu$) eine vollständige Ellipse um die Strahlrichtung S, während sich die Welle um ein Wegstück $\lambda = c/nr$ weiterschiebt (Bild 2.14). Im allgemeinsten Fall berührt die Ellipse ein umschriebenes Rechteck mit

2.2. Optische Grundlagen

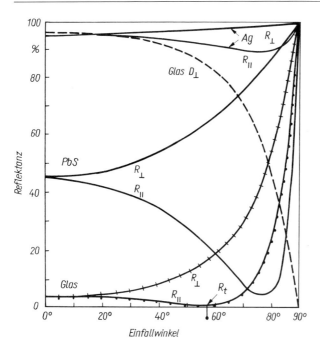

Bild 2.13. Abhängigkeit der Reflektanz verschiedener Medien in Abhängigkeit vom Einfallswinkel, bei Glas auch in Beziehung zum gebrochenen Anteil (nach Rinne-Berek [54])

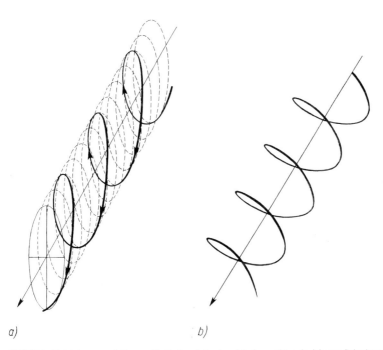

Bild 2.14. Entstehung und Form elliptischer (a) oder zirkularer (b) polarisierter Schwingungen

den Seiten $2|E_\parallel|$ und $2|E_\perp|$ (Bild 3.10). Form und Richtung der Ellipse werden durch

$$\Delta = \sigma_\parallel - \sigma_\perp \qquad (15)$$

bestimmt (Bild 3.9). Aus diesen Beziehungen läßt sich ableiten, daß für elliptisch polarisiertes Licht zwei Sonderfälle eintreten können, bei denen $\Delta = 0$ oder π (linear polarisiertes Licht) oder $= \pm \dfrac{\pi}{2}$ ($|E_\parallel| = |E_\perp|$; $\varphi = \pi/4$; zirkular polarisiertes Licht; s. Bild 3.11) wird.

Messungen von n und $\varkappa$ sind möglich, wenn sie in absorptionsfreien Medien unter den Bedingungen des Haupteinfallwinkels $\left(\Delta = \pm \dfrac{\pi}{2}\right)$ und des Hauptazimuts (ψr) durchgeführt werden. Bei absorbierenden Medien wird jedoch $|\varrho_\parallel|$ nicht Null, sondern durchläuft ein Minimum. Da $\varkappa > 0$ bleibt, entspricht der Haupteinfallwinkel auch nicht dem Polarisationswinkel (Bild 2.15). Für anisotrope und absorbierende Stoffe (Opakminerale, einige Metalle) ergeben sich aufgrund dieser Ausführungen folgende Verhältnisse, die auch für das optische Verhalten unter dem Mikroskop wesentlich sind [21], [27], [54]:

— alle Bezugsflächen (Wellennormalen-, Strahlengeschwindigkeits- und Strahlenflächen) sind komplex;
— unter Beobachtung von realen Zahlen würden sie zu nichtelliptischen Figuren deformiert (Bild 2.15);

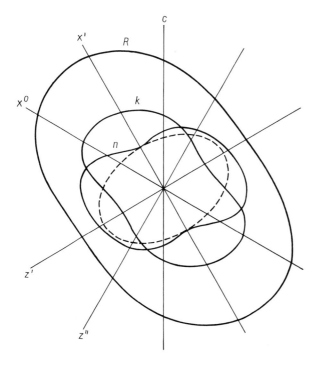

Bild 2.15. Formen der Normalenflächen für Reflektanz, Brechungs- und Absorptionskoeffizienten in einem orthorhombischen opaken Mineral im Vergleich zur Figur der Indexfläche im durchsichtigen Kristall (punktiert) und in Beziehung zu kristallographischen Elementen (aus RINNE-BEREK [54])

2.2. Optische Grundlagen

- von der Oberfläche werden zwei elliptisch polarisierte Wellen reflektiert, deren Achsenverhältnis gleich ist und deren Azimut 90° beträgt;
- in Abhängigkeit von n und $\varkappa$ sowie Symmetrie ändern sich Richtung und Elliptizität der Schwingung in charakteristischer Weise (Tab. 2.2);
- durch Überlagerung der beiden Wellen treten in bevorzugten kristallographischen Richtungen Windungsachsen mit zirkular polarisiertem Licht auf, die den optischen Achsen im Durchlicht entsprechen (s. Bild 2.16); mit Annäherung an diese Windungsachsen wird die Elliptizität zunehmend kreisähnlich (vgl. Bild 3.11).

Die Zusammenhänge zwischen Kristallsymmetrie und Brechungs-, Absorptions- und Dispersionserscheinungen sind sowohl für das Verständnis der auflichtmikroskopischen Beobachtungen als auch für die quantitative Messung optischer Größen von Bedeutung (s. Abschn. 3.2. bis 3.4.; Tab. 2.2).

Bereits im kubischen Kristallsystem tritt bei schrägem Lichteinfall elliptisch polarisiertes Licht auf, da Flächen gleicher Phase nicht mehr mit Flächen gleicher Amplitude

Tabelle 2.2. Zusammenhänge zwischen kristallographischen und kristalloptischen Verhältnissen

Kristalloptik		Kristallsymmetrie				
		kubisch	wirtelig (hexagonal, trigonal, tetragonal)	ortho-rhombisch	monoklin	triklin
Polarisation des Lichtes	in allgemeinen Schnitten	elliptisch	elliptisch	elliptisch	elliptisch	elliptisch
	in Symmetrieebenen		linear	linear	linear	
Form der Indikatrix		Kugel	rotationssymmetrisches Ellipsoid	komplex	komplex	komplex
optische Achsen	Lage		1 parallel c	4 Windungsachsen symmetrisch zur Hauptebene	4 Windungsachsen symmetrisch zu a bis c	4 Windungsachsen, beliebig
	Dispersion	keine	keine	λ-abhängig	λ-abhängig	λ-abhängig
Hauptwerte des Lichtbrechungs- und Absorptionskoeffizienten		gleich	n_ε, n_ω k_ε, k_ω	$n_\alpha, n_\beta, n_\gamma$; $k_\alpha, k_\beta, k_\gamma$; symmetrisch a, b, c	$n_\alpha, n_\beta, n_\gamma$ symmetrisch $k_\alpha, k_\beta, k_\gamma$	$n_\alpha, n_\beta, n_\gamma$ beliebig zu $k_\alpha, k_\beta, k_\gamma$

zusammenfallen. Anstelle des Brechungsindex nach dem SNELLIUSschen Brechungsgesetz gilt hierfür ein vom Einfallswinkel abhängiger Index n_i, der nur für $i = 0$ mit n zusammenfällt:

$$n_i^2 = \tfrac{1}{2}\{n^2 - k^2 + \sin^2 i + \sqrt{4n^2k^2 + (n^2 - k^2 - \sin^2 i)^2}\} \qquad (16)$$

Die als wirtelig bezeichneten Systeme hexagonal, trigonal und tetragonal haben jeweils eine mehrzählige Symmetrieachse als Hauptachse parallel zu c, woraus sich die Rotationssymmetrie in der Zone von c ergibt. Dementsprechend tritt in dieser Richtung auch eine Achse der Isotropie mit linear polarisiertem Licht auf. In den Richtungen senkrecht zu c ergibt sich die Hauptdoppelbrechung zu

$$\Delta n = \sqrt{(n_\varepsilon - n_\omega)^2 + k_\varepsilon - k_\omega)^2} \qquad [24],\ [54] \qquad (17)$$

Im orthorhombischen System bleibt die Bindung der Hauptwerte von n und k an die kristallographischen Achsen a, b und c erhalten, so daß in den Symmetrieebenen linear polarisiertes Licht auftritt. Aufgrund der elliptischen Polarisation in allen anderen Richtungen mit zunehmender Absorption bilden sich jedoch anstelle der beiden optischen Achsen vier zur Hauptsymmetrieebene symmetrisch angeordnete singuläre Windungsachsen aus, die paarweise gegeneinander zirkular polarisiert sind (Bild 2.16).

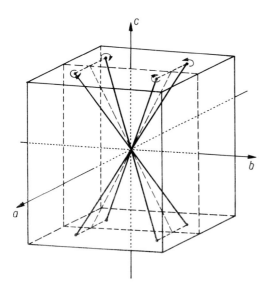

Bild 2.16. Anordnung von Windungsachsen in einem Schnitt im orthorhombischen System (nach RINNE-BEREK [54])

Im monoklinen System kann linear polarisiertes Licht nur noch in der Symmetrieebene senkrecht zu b auftreten. Durch diese wird auch die Lage der vier Windungsachsen festgelegt. Im triklinen System sind Spiegel- und Drehsymmetrie aufgehoben, so daß das Licht grundsätzlich elliptisch, in den vier Windungsachsen zirkular polarisiert ist.

2.2. Optische Grundlagen

2.2.1.3. Zur Physiologie des Sehens

Die neurophysiologischen Prozesse in den Licht-(Helligkeits- und Farb-)Rezeptoren der Netzhaut (Retina) und im Gehirn spielen in mehrfacher Weise eine wichtige Rolle bei der visuellen Untersuchung von Auflichtobjekten. Die Kenntnis einiger Zusammenhänge ist wichtig für die Schaffung optimaler Bedingungen bei der Beobachtung und für das Verstehen bestimmter Effekte [6], [18]. Das Helligkeits- und Farbempfinden wird durch die differentielle Rhodopsinbleichung in den *Stäbchen* und *Zäpfchen* ausgelöst, die sich in der lichtabgewandten Seite der Retina (Sinnesepithel) befinden. Die langen Stäbchen dienen dem Helligkeitssehen, die kurzen dicken Zäpfchen den Farbempfindungen. Der Abstand zwischen den Rezeptoren entscheidet auch über das Bildauflösungsvermögen, das bei Werten um 4 µm bzw. etwa 160000 je Quadratmillimeter im gelben Fleck (fovea centralis) ein Maximum (4 bis 6 Minute entsprechen dem »physiologischen Grenzwinkel«) erreicht. Die Gesamtheit der Rezeptoren ermöglicht einen Empfindlichkeitsbereich von 10^{-7} bis 10^5 cd/m^2 mit einem optimalen Abschnitt zwischen 10^{-2} und 10^3 cd/m^2. Die untere Reizschwelle der Stäbchen liegt bei $3,5 \cdot 10^{-7}$ cd/m^2 (entspricht etwa $2 \cdot 10^{-17}$ J), so daß bereits zwei bis fünf Photonen für die Erzeugung eines Helligkeitseindruckes ausreichen. Allerdings verschiebt sich die spektrale Empfindlichkeit bei geringen Lichtreizen nach Blau (etwa 510 nm, sog. »Dämmerungssehen«), während sie unter normalen Verhältnissen bei 554 nm liegt (Bild 2.17a). Bei Leuchtdichten über $1,6 \cdot 10^5$ cd/m^2 tritt Blendung ein, die subjektiv sehr unangenehm sein kann und zu Nachbildern mit Helligkeitsumkehr und scheinbarem komplementären Farbeindruck führt. Aufgrund der längerwährenden Netzhautüberreizung und -ermüdung sind Blendungen unbedingt zu vermeiden.

Das Farbempfinden der Zäpfchen ist trichromatisch, d. h., es arbeiten nebeneinander drei verschiedene Zäpfchentypen als Rot-, Grün- und Blaumodulatoren. Der Erregungsmechanismus ist aber mit einem Gegenfarben-Effekt verknüpft, der nach Erlöschen des Reizes ein Bild in der Komplementärfarbe hinterläßt. Die Erregungsenergie der Zäpfchen liegt über der der Stäbchen, so daß bei geringer Helligkeit ein »indirektes« Sehen durch die Stäbchen eintritt (»Dämmerungssehen«, »Grausehen«). Die Zusammenhänge zwischen Dämmerungssehen, optimaler Reizung und Blendung sind von besonderer Bedeutung beim raschen Übergang von Beobachtungen der Anisotropieeffekte (gekreuzte Polare; s. Abschn. 3.4.2.1.) zu Beobachtungen im einfach oder nichtpolarisierten Licht (vgl. Abschn. 3.2.2.1., 3.3.2.), besonders bei isotropen oder schwach anisotropen Medien.

Das Zusammenspiel von Stäbchen und Zäpfchen erlaubt es dem Auge, mehrere Zehntausend Farbnuancen nach Farbton, Reinheit und Helligkeit (vgl. Abschn. 3.2.2.3.) zu unterscheiden sowie Hunderte Helligkeitsabstufungen zu empfinden. Die Möglichkeit der Farbunterscheidung liegt im Spektralbereich zwischen Gelb und Hellblau bei etwa 1 nm und nimmt nach den Randbereichen des Spektrums (Rot, Blau) auf etwa 30 nm ab.

Die allgemeine Kenntnis dieser Tatsachen ist wichtig für die Richtigkeit und Vergleichbarkeit der Festlegung von Farben und Farbnuancen bei der visuellen Mikroskopie (vgl. Abschn. 3.2.1., 3.3.1.). Sie kann durch die kolorimetrischen Messungen belegt bzw. unterstützt werden (s. Abschn. 3.2.2.3.).

Die große Empfindlichkeit des Auges für Farb- und Helligkeitsabstufungen ist aber auch für viele *optische Täuschungen* verantwortlich, die sich bei der visuellen Mikroskopie auswirken. Besonders zu erwähnen sind die anscheinend komplementären Färbungen

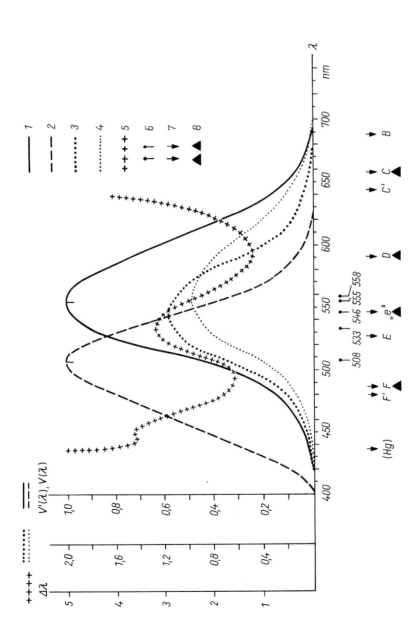

Bild 2.17 a. Verlauf der spektralen Empfindlichkeit im Auge anhand von drei Kurvenzügen (nach BERGMANN-SCHÄFFER [6])
1 spektrale Hellempfindlichkeit bei Tagessehen (»photopisch«, $V(\lambda)$) und 2 Nachtsehen (»skotopisch«, $V'(\lambda)$; 3 spektrale Empfindlichkeit der drei Zäpfchenarten in Einheiten der Grundspektralwerte mit den Erregungskomponenten $\vartheta(\bar{x}(\lambda))$; 4 $\mathfrak{P}(\bar{y}(\lambda))$ und τ (Mittelwert 450 nm); 5 Empfindlichkeit für Wellenlängenunterschiede ($\Delta\lambda$) im Spektrum; 6 Maxima der Kurven 1 bis 5; 7 FRAUNHOFERsche Linien (Wellenlängen); 8 empfohlene Standard-Wellenlängen für Reflektanzmessungen

2.2. Optische Grundlagen

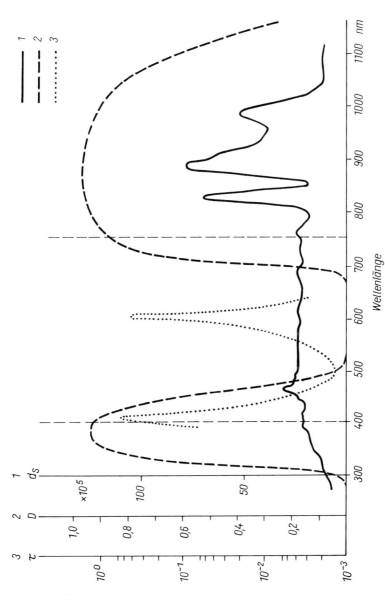

Bild 2.17 b. Spektralkurven von optischen Elementen im Mikroskop
1 Intensitätsverlauf (d_s) einer Xenon-Höchstdruck-Lampe; *2* Durchlässigkeit (*D*) eines Farbfilters (*BG 1*); *3* Extinktion (τ) eines Metallinterferenzfilters für die Wellenlänge 420 nm (das Maximum bei 600 nm wird durch ein Farbfilter vernichtet). Die vertikalen Striche geben den Bereich des sichtbaren Lichtes an

weißer Minerale in der Nachbarschaft stark farbiger oder falsche Helligkeitseindrücke einzelner Körner in viel hellerer (oder viel dunklerer) Umgebung (s. Abschn. 3.2.2.1.). Ein weiterer Einfluß betrifft die sog. Kontrastempfindlichkeit, die sich bei der Auflösung feinster Strukturen auswirkt. Sie hängt von dem Verhältnis von Objekt- zu Umgebungs- (Untergrund-)Helligkeit ab. Sie steigt mit der Helligkeit des Untergrundes an, erreicht Maximalwerte bei 100 bis etwa 300 cd/m² und nimmt bei *Blendung* (s. o.) rapid ab. Einschränkungen für die visuelle Unterscheidung von Mineralen anhand ihrer Farben sowie die damit verbundene Eignung für erzmikroskopische Untersuchungen ergeben sich aus der »Farbenblindheit«, die sich als Rot-Grün-Schwäche oder seltener als Blau-Gelb-Schwäche äußert. Von diesen sind etwa 8% aller Männer, aber nur etwa 0,5% der Frauen betroffen.

2.2.1.4. Zur Entstehung des mikroskopischen Bildes

Die natürliche Größe der eigenschaftstragenden Gefügeelemente von Auflichtobjekten (s. Abschn. 1.1., Kap. 5 und 6) macht es erforderlich, zwischen Probe und Auge ein optisches Vergrößerungssystem — das Mikroskop — einzuschalten. Im folgenden soll das funktionelle Zusammenwirken der optischen Elemente eines Mikroskopes dargestellt werden, ohne zunächst auf gerätetechnische Fragen näher einzugehen (s. Abschn. 2.3.) [9], [14], [20], [24], [54].

Die Theorie der mikroskopischen Bildentstehung geht auf die Arbeiten von ABBE und GAUSS zurück, die sich grundlegend auf Konzeption und Konstruktion von modernen mikroskopisch-optischen Systemen ausgewirkt haben. Von jedem Objektpunkt eines beleuchteten Körpers gehen HUYGENSsche Wellenzüge aus, die durch Beugung des Lichtes an diesem entstehen. Sie durchsetzen das Objektiv nach den Abbildungsgesetzen von Linsen und lassen in der bildseitigen Brennebene (Austrittspupille) des Objektives eine Interferenzfigur entstehen, die sich aus der Überlagerung der Wellenzüge der Lichtquelle — also der direkten — und der am Objekt gebeugten Strahlen ergibt (Zwischenbild, Bild 2.18). Die interferenzoptischen Strukturen und Schwingungsverhältnisse des primären Zwischenbildes sind für die konoskopischen Beobachtungen von Bedeutung (s. Abschn. 3.4.2.).

Von den Strukturen (Interferenzpunkten) des primären Zwischenbildes gehen wiederum Elementarwellen aus, die im Bildraum des Objektives interferieren und in der geometrisch-optisch dem Objekt zugeordneten Bildebene eine dem Objekt ähnliche Interferenzfigur — das sekundäre Zwischenbild (s. Bild 2.19) — erzeugen.

Die Lage dieses Bildes ergibt sich aus der optischen Tubuslänge, die bei älteren Systemen endlich (160 mm, 170 mm) war, bei den meisten modernen Geräten jedoch »unendlich« ist (s. Objektivgravur, Abschn. 2.3.2.).

Das sekundäre Zwischenbild besteht nicht aus planar angeordneten geometrisch-optischen Bildpunkten, sondern aus dreidimensionalen Beugungselementen, deren Anordnung und Überlagerung für die Objekttreue des Bildes verantwortlich ist. Die Ähnlichkeit zwischen Objekt und Bild ist um so größer, je mehr Beugungsordnungen an der Interferenz beteiligt sind. Die mögliche Anzahl der in ein optisches System eintretenden Beugungsmaxima wird durch die geometrischen Verhältnisse und die Wellenlänge bestimmt, so daß man die Apertur (numerische A.) mit dem Auflösungsvermögen in Beziehung setzen kann:

— numerische Apertur $\quad A_{\text{Objektiv}} = n \sin \sigma$ \hfill (18)

2.2. Optische Grundlagen

— Auflösungsgrenze $\quad b_{Gr} \quad = \lambda/n \sin \sigma \quad$ (19)
$\qquad\qquad\qquad\qquad\qquad = \lambda/A_{\text{Objektiv}}$
— Auflösungsvermögen $\qquad = 1/b_{Gr} = A_{\text{Objektiv}}/\lambda \quad$ (20)

Der Grenzwinkel für die Trennung zweier Strukturelemente wird mit 2′ bis 6′ (s. vorn) angegeben. Eine sinnvolle Gesamtvergrößerung eines Mikroskopes, die als »förderliche« Vergrößerung bezeichnet wird, soll den 1000fachen Wert der numerischen Apertur nicht überschreiten (Beispiel: ein Objektiv mit der Vergrößerung 25× und einer numerischen Apertur von 0,40 darf höchstens mit einem Okular 16× kombiniert werden, um den Grenzwert 400 nicht zu überschreiten).

Das sekundäre Zwischenbild wird beim zusammengesetzten Mikroskop mit dem Okular zu einem virtuellen Bild weitervergrößert, das dann mit dem Auge betrachtet wird (Bild 2.19). Somit entsteht auf der Netzhaut des Auges (vgl. Abschn. 2.2.1.2.) ein durch die Lupe (Okular) vergrößertes Bild der Interferenzerscheinungen, die als Beugungsbild von dem zu untersuchenden Gegenstand (Objekt) durch das Objektiv erzeugt wurden. Die Rückschlüsse von dem Interferenzbild auf die realen Objektstrukturen werden durch Störungen verschiedener Art, wie

— verschmutzte oder beschädigte Optik,
— falsche Objektiv-Okular-Kombinationen,
— Nichteinhaltung der optimalen Zentrierung, Justierung und Apertureinstellung u. a.

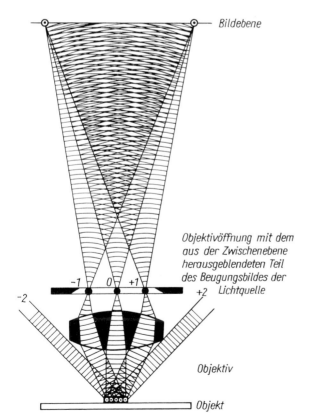

Bild 2.18. Schematischer Strahlengang im Mikroskop-Objektiv unter Berücksichtigung der Beugung am Objekt und Einfluß der Apertur nach der ABBEschen Betrachtungsweise (jedoch ohne Berücksichtigung eines Objektives mit unendlicher Schnittweite; nach MICHEL [45])

erschwert, da diese die Objektähnlichkeit negativ beeinflussen. Die Bildentstehung und -deutung wird bei Untersuchungen an opaken, anisotropen Medien durch die Überlagerung der HUYGENSschen Wellenzüge mit Phasen- und Amplitudeneffekten infolge von Brechung, Dispersion und Absorption sowie durch polarisationsoptische Beeinflussungen der Schwingungszustände des Lichtes kompliziert. Die optimalen Abbildungsbedingungen werden unter Berücksichtigung der dargelegten Kenntnisse über die Bildentstehung durch zwei wichtige Prinzipien erreicht, die im folgenden, jedoch nach verschiedenen Gesichtspunkten getrennt, behandelt werden:

— prinzipielle Strahlenführungen (»Strahlengänge«) zur Erreichung bestimmter Effekte (Abschn. 2.2.2.) und
— Konstruktions-, Ausrüstungs- und Qualitätsmerkmale der angebotenen Mikroskope und Zusatzgeräte (Abschn. 2.3.).

2.2.2. Strahlengänge für auflichtmikroskopische Untersuchungen

2.2.2.1. Grundelemente des Strahlenganges im Auflichtmikroskop

Das Hauptziel einer geregelten Strahlenführung in einem Mikroskop ist die *größtmögliche Übereinstimmung zwischen den Strukturen von Objekt und Bild*.
Sie basiert auf einem sorgfältig berechneten und feinmechanisch-optisch realisierten Zusammenwirken von Linsensystemen (Objektiv, Okular), optischen Zwischensystemen (Tubuslinsen) und Blenden (Bild 2.19). Die Begrenzung der abbildenden Strahlen erfolgt durch die Linsenfassung des Objektives und die Sehfeldblende des Okulars. Der mit der Sehfeldblende korrespondierende Ausschnitt im Objekt heißt Eintrittsluke, ihr vom Okular entworfenes Bild wird als Austrittsluke bezeichnet. Die Öffnungsblende (Apertur-

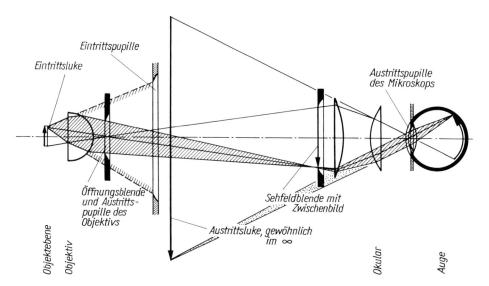

Bild 2.19. Strahlenführung und -begrenzung im zusammengesetzten Mikroskop (jedoch ohne Berücksichtigung eines Objektives mit unendlicher Schnittweite; nach MICHEL [45])

2.2. Optische Grundlagen

blende) der Beleuchtung korrespondiert mit der Austrittspupille des Objektives sowie mit der des Gesamtsystems, die als »Augenkreis« (»RAMSDENscher Kreis«) mit der Augenpupille übereinstimmen muß.

Bei Auflichtmikroskopen übernimmt das Objektiv die Funktion des Kondensors (Bild 2.20). Das vom Objektiv erzeugte Bild der Aperturblende begrenzt die vom Objekt ausgehenden Strahlen und wird als Eintrittspupille bezeichnet.

Diesen geometrisch-optischen Beziehungen trägt eine optimale Strahlenführung der Beleuchtung Rechnung, die als KÖHLERsches Beleuchtungsprinzip bezeichnet wird. Bei diesem korrespondiert die Lichtquelle (Lampenwendel) mit der Aperturblende und den zu ihr konjugierten Ebenen (Austrittspupillen, s. o.), während das Leuchtfeld mit der Leuchtfeldblende, dem Objektfeld, der Ein- und Austrittsluke und dem Netzhautbild übereinstimmt (s. Bilder 2.19 und 2.20).

Die bereits erwähnten optischen Zwischensysteme sind funktionelle Teile zur Bildentstehung oder -verlagerung, die in Abhängigkeit von Ausrüstung oder Spezialisierung des Gerätes im Tubus, Binokulartubus, in Zwischentuben oder in Zusatzeinrichtungen eingebaut sind.

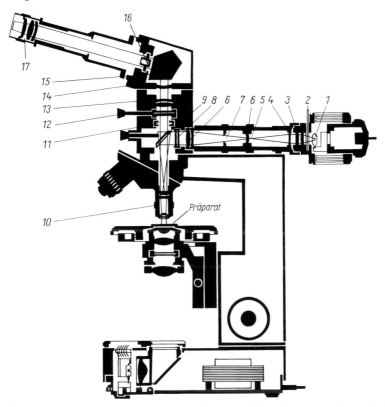

Bild 2.20. Strahlengang im Kurs- und Labormikroskop JENALAB pol u im Auflicht (Werkzeichnung Carl Zeiss JENA)

1 Lampe 6 V/25 W; *2* Streuscheibe; *3* Kollektor; *4* Wärmeschutzfilter; *5* Aperturblende; *6* Beleuchtungsoptik (zwei Systeme); *7* Leuchtfeldblende; *8* Schieber mit Polarisator; *9* Schieber mit Planglasilluminator; *10* achromatisches Objektiv pol; *11* Kompensatoraufnahme; *12* Schieber mit Analysator; *13* Tubuslinse ($F = 0,5 \times$); *14* Tubuslinse ($F = 2 \times$); *15* Pentaprisma mit 15° Ablenkung; *16* Schieber mit BERTRAND-Linse; *17* Okular

Das funktionsgerechte Zusammenwirken der optischen Bauteile wird durch die mechanischen Baugruppen gewährleistet (s. Bild 2.20).

Das *Stativ* ist die tragende Baugruppe, die alle übrigen aufnimmt. Die Fokussiereinrichtung ermöglicht das Scharfstellen des Objektes durch Veränderung des Abstandes zwischen Objekt und Objektiv längs der optischen Achse mit Hilfe von Grob- und Feintrieb. Sie ist im Auflichtstrahlengang identisch mit der Fokussiereinrichtung für den Kondensor (Objektiv). Der *Objekttisch* ermöglicht die Auflage und Halterung des Objektes und kann Vorrichtungen zur Verschiebung, Drehung und Kippung des Objektes enthalten oder aufnehmen (Objektführer, Universaldrehtisch, Statistik-Einheit usw.). Der *Tubus* hat in erster Linie die Aufgabe, Objektiv und Okular in einem bestimmten Abstand zueinander zu fixieren. Er kann Träger weiterer Baugruppen sein, die zwischen Objektiv und Okular angeordnet werden müssen (BERTRAND-Linse, Kompensatoren usw.). Am objektseitigen Ende des Tubus ist die Objektivwechseleinrichtung (Revolver-, Schlitten-Wechsler) angebracht, die einen raschen Austausch von Objektiven unter Beibehaltung von Fokusebene und Zentrierung ermöglicht.

Eine wichtige Baugruppe bei Auflichtmikroskopen ist die *Beleuchtungseinrichtung* (Bild 2.20), die aus der Leuchte, der Beleuchtungsoptik (Kollektor, Linsen zur Blendenabbildung), den Blenden (Apertur- und Leuchtfeldblende) und dem Illuminator besteht. Die optischen Bauelemente, die als Umlenkelemente für das Licht im Abbildungsstrahlengang dienen (Opakilluminatoren i. e. S.), können als *Planglas*, totalreflektierendes *Prisma* oder Kompensations-(BEREK-)Prisma im Hellfeld (Bild 2.21) oder als Ring- und Parabolspiegel für Dunkelfeldbeleuchtung ausgebildet sein (Bild 2.22). In

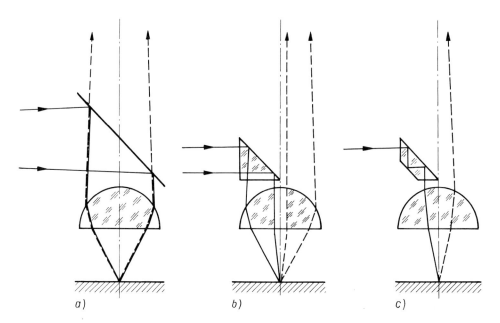

Bild 2.21. Illuminatoren für Auflicht-Hellfeld-Strahlengang
a) Planglas
b) totalreflektierendes Prisma
c) Kompensationsprisma nach BEREK

2.2. Optische Grundlagen

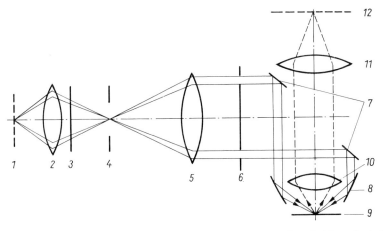

Bild 2.22. Schematische Darstellung einer Dunkelfeldanordnung für allseitig steil-schräge Beleuchtung (aus BEYER [9])
1 Lichtquelle; *2* Kollektor; *3* Mattglas; *4* Leuchtfeldblende; *5* Kollimator; *6* Dunkelfeldblende; *7* Ringspiegel; *8* Parabolspiegel; *9* Objekt; *10* Objektiv (∞); *11* Tubuslinse; *12* Zwischenbildebene

Fluoreszenzmikroskopen erfolgt die Umlenkung mit Hilfe von dichromatischen Teilerspiegeln, die eine Vorselektion von Lichtanteilen unterschiedlicher Wellenlängen (Anregungs- und Fluoreszenzlicht) bewirken. Mit Erfolg werden auch Lichtleiterkabel zur Auflichtbeleuchtung eingesetzt.

2.2.2.2. Optische Systeme und Funktionen spezieller Auflichtmikroskope

Ein erheblicher Teil auflichtmikroskopischer Untersuchungen, insbesondere an mineralischen Objekten, wird mit Hilfe von *Polarisationsmikroskopen* ausgeführt. Es handelt sich um Spezialmikroskope, die eingebaute Einrichtungen zur Erzeugung und Analyse von polarisiertem Licht (Polare: Polarisator und Analysator, früher auch als »Nicols« bezeichnet) besitzen. Objekttisch und Polare sind drehbar ausgeführt, wobei die Drehwinkel an entsprechenden Teilungen abgelesen werden können. Im Tubus befinden sich der Schlitz zur Aufnahme von Kompensatoren (s. Abschn. 2.3.2., Tab. 2.11) und die einschaltbare BERTRAND-Linse, die einen schnellen Wechsel zwischen der Beobachtung der Zwischenbildebene (orthoskopische oder direkte Beobachtung) und der Beobachtung der bildseitigen Objektivbrennfläche (konoskopische oder indirekte B.) ermöglicht (s. Bild 2.18).

Die Richtungen in polarisationsmikroskopischen Bauelementen werden auf ein rechtwinkliges Koordinatensystem und die »Windrose« bezogen, für die folgende Festlegungen gelten:

– X-Achse: Ost-West-Richtung
– Y-Achse: Nord-Süd-Richtung

- Z-Achse: optische Achse des Mikroskopes (in Richtung zum Beobachter)
- Schwingungsrichtung Polarisator: Y = N − S ⎱ Kennzeichnung der Kreuzstellung
- Schwingungsrichtung Analysator: X = E − W ⎰ erfolgt durch P^+ oder N^+
- Kompensatoraufnahme: NW − SE
- n'_γ des Kompensators: NW − SE, E − W, NE − SW

Für spezielle Untersuchungen von Oberflächenqualität oder -veränderungen sowie zur Kontraststeigerung werden Interferenzmikroskope eingesetzt (s. Abschn. 2.3.1.). Mit Hilfe entsprechender Bauelemente wird in diesen der Strahlengang aufgespalten und die entstandenen kohärenten Strahlenanteile zur Interferenz in der Zwischenbildebene gebracht. Das Bild ist dann entweder mit Interferenzstreifen überzogen oder erscheint stärker kontrastiert (Bild 2.9).

Bei der Untersuchung mineralischer Roh- und Werkstoffe sowie bei Kohlen werden häufig die Effekte unterschiedlicher oder spezifischer Lumineszenzerscheinungen ausgenutzt. Die dazu erforderlichen spezialisierten Fluoreszenzmikroskope sind mit geeigneten Lichtquellen (UV-Lampen, s. Abschn. 2.3.1.) und auswechselbaren Filtern ausgerüstet und erlauben die Beobachtung der Fluoreszenzerscheinungen am Objekt (Bild 6.43). Die Grundlage der Fluoreszenzmikroskopie ist in der STOKESchen Regel fixiert, wonach das Fluoreszenzlicht längerwellig ist als die anregende Strahlung. Mit Hilfe von Blau-(oder UV-)Filtern wird ein »hartes«, energiereiches Anregungslicht erzeugt, das die Fluoreszenzstrahlung hervorruft. Durch Sperrfilter wird die Anregungsstrahlung vernichtet, so daß nur das »weiche« Fluoreszenzlicht − allerdings nur mit etwa 0,1 bis 1% Ausbeute − an der Bildentstehung beteiligt ist.

Zur Lösung von Aufgaben, die eine umfangreiche Dokumentation des zu untersuchenden Materials oder besonderer Effekte erforderlich machen, werden zweckmäßigerweise Aufsetzkameras (s. Abschn. 2.3.3.) oder Kameramikroskope eingesetzt. Bei letzteren handelt es sich um Spezialmikroskope mit fest ein- oder angebauten photographischen Einrichtungen und starken Lichtquellen, die einen raschen Übergang von subjektiver Beobachtung zu photographischer Aufnahme ermöglichen (s. Abschn. 2.3.1., Bild 2.31).

2.3. Apparative Grundlagen

2.3.1. Gebräuchliche Typen von Auflichtmikroskopen

Im Weltmaßstab existieren zahlreiche Firmen, die Mikroskope für Auflichtuntersuchungen herstellen. Dazu gehören neben den deutschen Werken Carl Zeiss JENA GmbH, Carl Zeiss Oberkochen und Ernst Leitz, Wetzlar, u. a. die Firmen:

- Reichert AG, Wien/Österreich;
- Swift, Troughton & Simms, Ltd., York/Großbritannien;
- Bausch & Lomb, Rochester/USA;

2.3. Apparative Grundlagen

- Lomo, Leningrad/UdSSR;
- Nippon Kogaku (NIKON), Tokio/Japan.

Die Mikroskope dieser Hersteller folgen im wesentlichen den in den vorangegangenen Abschnitten beschriebenen grundsätzlichen funktionellen Zusammenhängen und Bauprinzipien, unterscheiden sich aber z. T. erheblich in Form, Größe, Komfort, Ausbaufähigkeit, Kompatibilität sowie in Qualität und Preis. Sie werden häufig von Nachfolgemodellen abgelöst.

Es wird als zweckmäßig und verständlich erachtet, wenn als Repräsentanten für die Fülle der auf dem Markt befindlichen Geräte einige Erzeugnisse der Carl Zeiss JENA GmbH vorgestellt werden. Aus der Reihe der Kurs- und Arbeitsmikroskope bietet sich für Auflichtuntersuchungen das JENALAB pol u an (Bilder 2.20 und 2.23; Tab. 2.3). Es erfüllt viele Anforderungen, die seitens der Mineral-, Erz-, Metall- und Kohlemikroskopie an ein Gerät seiner Klasse gestellt werden und läßt sich mit verschiedenen Zusatzgeräten kombinieren. Am Beispiel des JENALAB lassen sich auch die wichtigsten optischen Systeme und Baugruppen demonstrieren (Bilder 2.20 und 2.23). Vergleichbare Geräte mit stärkerer Spezialisierung für die Metall- und Werkstoffkunde sind METAVAL und EPIGNOST 21.

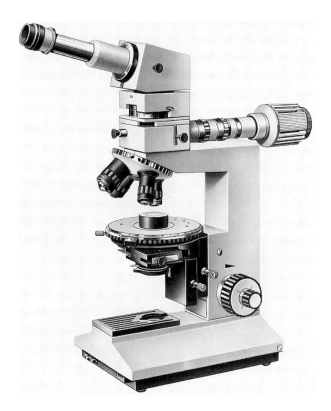

Bild 2.23. Kurs- und Labormikroskop JENALAB pol u in Auflichtausrüstung (Werkfoto Carl Zeiss JENA)

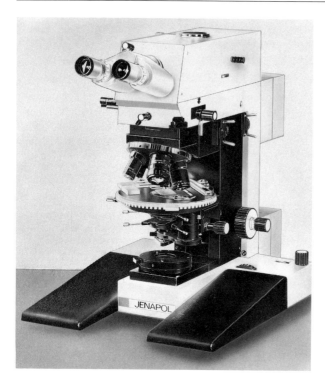

Bild 2.24. Arbeits- und Forschungs-Polarisationsmikroskop JENAPOL u (Werkfoto Carl Zeiss JENA)

In die Kategorie der Forschungsmikroskope ist das JENAPOL u zu stellen, das als kombiniertes Durch- und Auflichtmikroskop die Lösung weitgehend aller Aufgaben im Bereich der Mineral-, Erz-, Metall- und Kohlemikroskopie ermöglicht (Bild 2.24, Tab. 2.3). Der gleichen Leistungsklasse gehört das spezielle Auflichtmikroskop JENA-

Tabelle 2.3. Ausrüstung der Universalmikroskope »pol«

Zubehör/Zusatzgeräte	JENAPOL u	JENALAB pol u
Stativ mit verstellbarem Tischträger	auswechselbar	Klemmschwalbe
– Kondensorführung	Schnellwechsler, Trieb	Klemmschwalbe
– Handauflagen	2	auf Stativfuß
– Filteraufnahme	Filterhaus, fünffach	
Lampen: HLW (6 V), regelbar	2 × 25 W	D 20 W, A 25 W
Xe/25	(+)	
Polarisator, drehbar/Anschläge	360°/jeweils 90°	180°/90° mit Rast
Kondensor pol	0,2	
	0,95/1,3 HI	1,25
Drehtisch, pol; Durchmesser 160 mm	+	+
– 2 Nonien, 0,1° Ablesung, 45°-Rastung	+	+
– Glaseinlagen	+	+
– Objektführer mit Rastung (0,1; 0,2; 0,4 mm)	+	

2.3. Apparative Grundlagen

Tabelle 2.3. (Fortsetzung)

Zubehör/Zusatzgeräte	JENAPOL u	JENALAB pol u
– Objektivrevolver für M $25 \times 0{,}75$	$2 \times$ fünffach	$1 \times$ vierfach
Objektive, einzeln zentrierbar		
– universell ⎫	$1{,}6 \times$; $3{,}2 \times$; $10 \times$	$2{,}5 \times$; $10 \times$
– Durchlicht ⎬ s. Tabelle 2.5	$20 \times$; $50 \times$; $100 \times$	$20 \times$; $50 \times$; $100 \times$
– Auflicht ⎭	$20 \times$; $50 \times$; $100 \times$	$20 \times$; $25 \times$; $50 \times$
Auflichteinrichtung pol	Planglas + K-Prisma	Planglas
Tubusträger mit Winkeltubus	$15°$	$15°$
– Monokulartubus	+	+
– Binokulartubus	+	+
– Fototubus	+	+
Analysator/Ablesung/Genauigkeit	Meß-/innen/3'	$180°$ drehbar/außen/6'
AMICI-BERTRAND-Linse	+ Analysatorablesung	einfach
Okulare/Sehfeldzahl		
– Planokulare/18 oder 19	P 6,3; P 10, stellbar	P 6,3; GF 10
– Großfeld-Planokulare/20	GF 10 Brillenträger	–
Zusatzeinrichtungen, -geräte		
Kompensatoren (s. Tab. 2.11)		
– mit festem Gangunterschied	λ, $\lambda/4$	λ, $\lambda/4$
– Keilkompensatoren	$0 \ldots 4\lambda$	$0 \ldots 4\lambda$
– Dreh-, Kipp-Kompensatoren	$0 \ldots 6\lambda$	$0 \ldots 6\lambda$
	$0 \ldots 130\lambda$	$0 \ldots 130\lambda$
	$\lambda/4 \ldots \lambda/32$	$\lambda/8$
Objektmeßplatten (D, A)	+	+
Objektmarkierer	+	+
Kristalldreheinrichtung – Spindeltisch UT 4	+	+
Universaldrehtisch	UT 1234 UT 124	UT 124
Polarisationsoptischer Digitalkompensator RETARMET	+	+
Mikrophotographische Einrichtung pol/FS-System	+/+	
– mf-AKS 24×36 automatic	+	+
– mf-AKS Codiereinrichtung DATEX	+	+
Phasenkontrasteinrichtung		
– PA (mit Planachromaten)	Objektive $10 \times$; $20 \times$; $40 \times$; $100 \times$	–
– kleine Phasenkontrasteinrichtung	Objektive $10 \times$; $20 \times$; $40 \times$; $100 \times$	Objektive $10 \times$; $40 \times$
Einrichtung für statistische Verfahren	+	
Mikrohärteprüfer mhp 160	+	

VERT an (Bild 2.25), das zusätzlich zur Hellfeldbeobachtung mit Dunkelfeld-Faseroptik, orientierender Polarisation und differentiellem Interferenzkontrast nach NOMARSKI ausgerüstet ist. Aufgrund der Modulbauweise läßt es sich mit vielen Zusatzgeräten zur Lösung der wichtigsten auflichtmikroskopischen Aufgaben kombinieren. Zu den speziellen Forschungsmikroskopen gehört auch das JENALUMAR, das besonders für die Fluoreszenzmikroskopie von Kohlen und Kohleveredlungsprodukten (s. Abschn. 6.4.) geeignet ist. Das Gerät verfügt über verschiedene Möglichkeiten der Anregung und der Auswahl (Ausfilterung) der jeweiligen Anregungsenergie. Die lichtstarke Optik erlaubt es, die oft schwachen Fluoreszenzerscheinungen sichtbar zu machen und in Verbindung mit einem Aufsetzkamera-System zu photographieren.

Die Mikroskope JENAPOL und JENAVERT können in der Ausstattung INTER-PHAKO geliefert werden und sind dann mit einer universellen Interferenzeinrichtung nach BEYER und SCHÖPPE ausgestattet, die Arbeiten im homogenen Interferenzkontrast und mit Interferenzstreifen im Shearing- oder Interphako-Verfahren sowie im Phasenkontrast erlaubt.

Im großen Auflicht-Kameramikroskop umgekehrter Bauart, dem NEOPHOT 32, sind die Ausrüstungen für vielseitige Auflichtuntersuchungen (Hellfeld, Dunkelfeld, orientierende und quantitative Polarisation, differentieller Interferenzkontrast nach NOMARSKI) und die Möglichkeit des Anbaus zahlreicher Zusatzgeräte mit Mikrophotographieein-

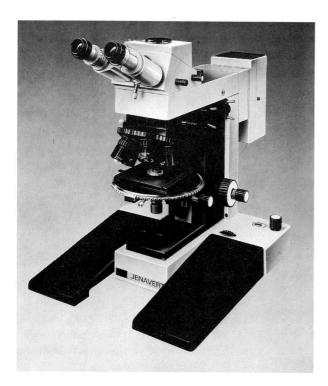

Bild 2.25. Auflicht-Forschungsmikroskop JENAVERT (Werkfoto Carl Zeiss JENA)

2.3. Apparative Grundlagen

Bild 2.26. Großes Auflicht-Kamera-Mikroskop umgekehrter Bauart NEOPHOT 30 (32) (Werkfoto Carl Zeiss JENA)

richtungen (24 × 36 mm, 6 × 9 cm, 9 × 12 cm, TV-Anschluß) an zwei Kameraausgängen, einem 250-mm-Projektionsschirm und lichtstarken Leuchten vereint (Bild 2.26).
Zur Lösung von Präparationsaufgaben und Untersuchungen im Vergrößerungsbereich zwischen 5 × und 250 × (bzw. 320 ×) lassen sich die Stereomikroskope (z. B. TECHNIVAL 2 und CITOVAL 2) einsetzen, die mit einem umfangreichen Sortiment an Zusatzgeräten kombiniert werden können.
Die mehrfach erwähnten Zubehörteile (Standard-, Erweiterungseinrichtungen) und Zusatzeinrichtungen (s. Abschn. 2.3.2.) werden im folgenden behandelt.

2.3.2. Zubehör (Grundausrüstung, Erweiterung)

Aus dem Bereich des Zubehörs sollen die Gruppen behandelt werden, die zur Lösung auflichtmikroskopischer Aufgaben unbedingt erforderlich sind: Leuchten, Objektive, Okulare und Projektive, Filter und Kompensatoren.
Als *Lichtquellen* für Auflichtuntersuchungen eignen sich besonders lichtstarke Lampen, wie sie in Form von Halogen-Glühlampen sowie Quecksilber- oder Xenon-Höchstdrucklampen angeboten werden (Tab. 2.4). Ihr Einsatz ergibt sich aus der Strahlungsleistung, der spektralen Energieverteilung, der zeitlichen Konstanz der Strahlung und der Geometrie des Brenners.
Objektive sind die optischen Systeme, die unter Aufnahme weitgeöffneter Strahlenbündel von einem im Verhältnis zur Brennweite kleinen Flächenstück der Objektebene ein vergrößertes Bild im Unendlichen erzeugen. Vergrößerung, Korrektion und Einsatzmöglichkeiten sind an der Gravur erkennbar (Tab. 2.5, 2.6 und 2.7).

Tabelle 2.4. Lampentypen für (auflicht-)mikroskopische Zwecke (Auswahl, nach [9]; *FT* Farbtemperatur)

Lampentyp	Bezeichnung	Spannung in V	Leistung in W	Leuchtdichte in cd/m²
Glühlampen (*FT* 2800 ... 3200 K)	Niederspannungslampe	6 ... 12	15 ... 100	1000 ... 3000
	Halogenlampe	12	100	
Bogenlampe	kaum noch in Gebrauch			
Gas-Entladungslampen (*FT* 3200 ... 5200 K)	Quecksilber-Höchstdrucklampen		50 ... 500	20000 ... 100000
	Xenon-Höchstdrucklampen		75 ... 450	10000 ... 40000
	Quecksilber-Halogenidlampen			

Tabelle 2.5. Übersicht über die Objektive (∞, 0 – A, M 25 × 0,75; Tab. 2.6), die in Verbindung mit JENA-Mikroskopen 250-CF für Auflichtuntersuchungen geeignet sind

Großfeld	Korrektion	Hell-/Dunkelfeld	Immersion	Vergrößerung	Apertur	Pol	Arbeitsabstand in mm
GF	PA			1,25	0,025		135,6
GF	PA			1,6	0,045		
(GF)	PA			2,5	0,05	+	4,60
GF	PA	HD		3,2	0,06		6,80
	PA	HD		5	0,10		
GF	PA	HD		6,3	0,12		11,50
LD	PApo			8	0,10		39,5
	A			10	0,25	+	9,2
	PA	HD		10	0,20	+	
	PA		VI	12,5	0,33	+	
GF	PA	HD		12,5	0,25	+	3,00
LD	PApo			16	0,20		17,0
	PA	HD		20	0,40	+	
GF	PA	HD		25	0,50	+	1,50
(GF)	PA		HI	25	0,65	+	0,55
	A			50	0,80	+	0,32
(GF)	PA	HD		50	0,80	+	
GF	PApo	HD		50	0,90	+	0,30
	PA		HI	50	1,00	+	0,40
GF	PA			100	0,90		0,25
	PA	HD	HI	100	1,30	+	
GF	PApo	HD	HI	100	1,30/1,35	+	0,11

Erläuterung der Abkürzungen:

LD	System mit großem freiem Arbeitsabstand	HD	Hellfeld-Dunkelfeld-Ausführung
A	Achromat	VI	Variable Ölimmersion
PA	Planachromat	HI	Homogene Ölimmersion
PApo	Planapochromat	pol	spannungsarm

2.3. Apparative Grundlagen

Tabelle 2.6. Objektivgravuren

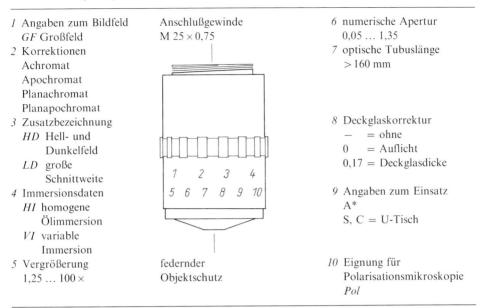

1 Angaben zum Bildfeld
  GF Großfeld
2 Korrektionen
  Achromat
  Apochromat
  Planachromat
  Planapochromat
3 Zusatzbezeichnung
  HD Hell- und Dunkelfeld
  LD große Schnittweite
4 Immersionsdaten
  HI homogene Ölimmersion
  VI variable Immersion
5 Vergrößerung
  1,25 ... 100×

Anschlußgewinde
M 25 × 0,75

federnder
Objektschutz

6 numerische Apertur
  0,05 ... 1,35
7 optische Tubuslänge
  > 160 mm

8 Deckglaskorrektur
  — = ohne
  0 = Auflicht
  0,17 = Deckglasdicke
9 Angaben zum Einsatz
  A*
  S, C = U-Tisch

10 Eignung für Polarisationsmikroskopie
  Pol

* Kombination mit Okularen ohne Kompensationswirkung möglich, da frei von chromatischer Vergrößerungsdifferenz

Tabelle 2.7a. Beziehungen zwischen numerischer Apertur (A), kleinstem noch auflösbarem Strukturabstand (y, bei $\lambda = 550$ μm) und förderlicher Vergrößerung von Mikroskopieobjektiven

A	y in μm	Förderliche Vergrößerungen	
		Untergrenze	Obergrenze
0,05	5,5	25	50
0,10	2,75	50	100
0,20	1,37	100	200
0,25	1,10	125	200
0,30	0,92	125	320
0,40	0,66	200	400
0,50	0,55	250	500
0,60	0,46	320	630
0,70	0,39	320	630
0,80	0,34	400	800
0,90	0,31	400	1000
1,00	0,17	500	1000
1,20	0,15	630	1250
1,40	0,12	630	1250

5 Auflichtmikroskopie

Objektive	Okulare	6,3×		10×	
		Tubusfaktor		Tubusfaktor	
		1	1,6	1	1,6
1,6		10	16	16	25
2,5		16	25	25	40
3,2		20	32	32	50
10		63	100	100	160
20		125	200	200	320
50		320	500	500	800
100		630	1000	1000	1600

Tabelle 2.7b. Vergrößerungstabelle (förderliche Vergrößerung in Abhängigkeit von der numerischen Apertur der Objektive s. Tabelle 2.7a)

Okulare sind optische Systeme, die vergrößerte Bilder des Zwischenbildes in deutlicher Sehweite des Auges erzeugen. *Projektive* erzeugen reelle Bilder des Zwischenbildes für photographische Zwecke. Die Art von Okular und Projektiv hängt von der Korrektion des Objektives und speziellen Aufgaben ab (Tab. 2.8). Stellbare Okulare vom RAMSDEN-Typ können mit Strich- und Meßplatten ausgerüstet werden (Tab. 2.9).

Groß-feld	Korrek-tion	Vergrö-ßerung	Feld-zahl	Zusatz
	P	6,3	19	Brillenträger
GF	P	10	18	
GF	P	10	18	stellbar
GF	*PA*	10	25	Brillenträger
GF	*PA*	10	25	stellbar
GF	*PW*	16	16	
Meßschraubenokular				

Tabelle 2.8. Übersicht über die Okulare zu Auflichtmikroskopen JENA 250-CF (Okular-Meßplatten s. Tabelle 2.9)

Erläuterung der Abkürzungen:
P plan
PA plan, achromatisch
W Weitwinkel

Bezeichnung	Figur	Abmessungen
Meßokular	Gerade	10:100
Netzmeßokular	Quadrat	25/2 × 2 mm
	Quadrat	225/0,5 × 0,5
	Quadrat	400/0,5 × 0,5
Kreismeßokular, konzentrisch	Kreis	0,2 ... 2,2 mm
	Kreis	U 3 ... 45
logarithmische Meßplatte	Gerade	Modul 1,4

Tabelle 2.9. Okularmeßplatten (20,5 mm ⌀)

2.3. Apparative Grundlagen

Filter können verschiedene Aufgaben erfüllen, von denen für die Auflichtmikroskopie

— die Intensitätsverringerung (Dämpfungsfilter),
— die Änderung der Farbtemperatur (Konversionsfilter),
— die Einfarbigkeit des Lichtes (Monochromatfilter) und
— die Schutzfunktion (Sperrfilter, z. B. Wärmeschutzfilter)

genannt werden sollen (Tab. 2.10). Filter sind als Glas- oder Metall-Interferenzfilter ausgeführt und werden in spezielle Filteraufnahmen oder -gehäuse im Strahlengang eingelegt (Bilder 2.2 und 2.27).

Tabelle 2.10. Lichtfilter für Mikroskopie und Mikrophotographie

Benennung Filter/Glassorte	Dicke/ Durchmesser in mm	Farbe	Funktion	Faktor für Filmmaterial
B 223/BO 12	2,0/32	blau	Auflösungsvermögen; Fluoreszenzanregung	10 ... 20
V 232/VG 9	4,0/32	gelbgrün	Minderung des chromatischen Restfehlers; Kontrasterhöhung	16 ... 18
G 246/GG 9	2,0/32	hellgelb	UV-Sperrfilter für Fluoreszenzmikroskopie	
G 249/OG 1	1,0/32	gelb		
R 271/RG 2	2,0/32	rot	Kontrastfilter für Mikrophotographie	140 PC
D 283g/NG 5 bis	0,9/32 bis	grau	neutrale Dämpfungsfilter	2 bis
D 286g/NG 5	4,0/32	grau	neutrale Dämpfungsfilter	16
W 302g/C 9971	4,0/50	farblos	Wärmeschutzfilter	
C 311/FGB 4	3,0/32	blau	Konversionsfilter	B 12
C 312	2,0/32	hellblau	Konversionsfilter	B 3
C 313	2,0/32	hellblau	Konversionsfilter	B 1,5
C 314	2,0/32	hellrötlich	Konversionsfilter	R 3
C 315	2,0/32	rötlich	Konversionsfilter	R 6
C 316	2,0/32	rötlich	Konversionsfilter	R 12

Tabelle 2.11. Kompensatoren für Auflicht-Untersuchungen im polarisierten Licht

Gruppe/Funktion	Bemerkungen	Bereich
mit festem Gangunterschied	subparallel	λ
mit festem Gangunterschied	subparallel	$\lambda/4$
Dreh-Meßkompensator	azimutal	$\lambda/4$
Dreh-Meßkompensator	azimutal	$\lambda/8$
Dreh-Meßkompensator	azimutal	$\lambda/32$
Halbschattenplatte	vierteilig	$3°$

Kompensatoren sind Vorrichtungen aus optisch anisotropen Substanzen mit definierten festen oder meßbar veränderlichen Gangunterschieden. Sie werden bei Polarisationsmikroskopen zur Veränderung oder Messung des vom Objekt erzeugten Gangunterschiedes eingesetzt (Tab. 2.11).

Für die Durchführung (auflicht-)mikroskopischer Untersuchungen sind weiterhin unentbehrlich oder empfehlenswert: Objektmikrometer, Objektführer, Augenmuscheln, Doppelflasche für Immersions- und Lösungsmittel u. a.

Kurs-, Arbeits- und Forschungsmikroskope können durch Zusatzeinrichtungen so ausgebaut werden, daß sie weitere Aufgaben der Mineral-(Material-)Untersuchung lösen können. Diese sind in der Regel an die Anschlußmaße der Mikroskope der jeweiligen Herstellerfirmen gebunden und damit nicht zwischen den Typen austauschbar. Art und Funktion von Zusatzgeräten sind so vielfältig, daß im gegebenen Rahmen nur eine Auswahl vorgestellt werden kann.

Objektmarkierer sind objektivähnliche Gebilde, bei denen eine Stahlspitze mit einstellbarer Exzentrizität durch Heben und Drehen des Außenzylinders einen Kreis in die Objektoberfläche ritzt. Sie werden anstelle eines Objektives in die Wechseleinrichtung geschraubt.

Photometer erlauben die Messung der Reflektanz im weißen Licht und in den Standardwellenlängen C, D, e und F (s. Abschn. 3.2.2.2.). Sie bestehen aus einer starken Lichtquelle, einem Filtergehäuse mit 4 monochromatischen Metall-Interferenzfiltern, der Visiereinrichtung mit auswechselbaren Meßblenden verschiedener Durchmesser, dem Sekundärelektronenvervielfacher und der Steuer- und Meßeinheit. Für die Messung kompletter Spektren muß der Filtersatz gegen einen Monochromator mit einem Arbeitsbereich zwischen 400 und 700 nm ausgewechselt werden.

Härtemessungen an Phasen von Anschliffpräparaten werden mit Hilfe von Mikrohärte-Meßgeräten durchgeführt. Die Prüfkörper der Härtemeßgeräte sind Diamantpyramiden mit unterschiedlicher Geometrie, die mit einer präzis reproduzierbaren Kraft in die Objektoberfläche eingedrückt werden. Der Meß-Eindruck, z. B. in Form eines Quadrates, dessen Diagonale der Härte proportional ist, wird mit einem geeigneten Objektiv und einem Meßschraubenokular (s. Abschn. 3.6.2.2.) ausgemessen (Bild 2.7).

Mikroskope können mit *mikrophotographischen Einrichtungen* kombiniert werden, indem ein spezieller Kameraansatz oberhalb des Okulartubus belegt wird (Bild 2.28). Das Aufsetzkamerasystem ist mit dem Abbildungsteil des Mikroskopes so verbunden, daß der Übergang von Beobachtung zu Photographie mit einem Handgriff möglich ist. Der Phototubus enthält einen Projektivrevolver für verschiedene Vergrößerungen und einen Lichtsensor, der die Messung des Lichtstromes und in Verbindung mit dem Steuergerät die automatische Betätigung des Verschlusses übernimmt. Erweiterungen des Aufsetzkamerasystems sind Filmtransporteinrichtungen, Codieransätze, Polaroid-Rückteile u. a. m.

Für stereometrische Aufgaben (Linear-, Flächen- und Volumenberechnung) stehen Statistik-Einheiten zur Verfügung, die bereits zur Bildanalyse (s. Abschn. 4.3.) überleiten.

2.3.3. Empfehlungen zu Gebrauch und Pflege von Mikroskopen

Mikroskope sind sowohl hinsichtlich ihrer mechanischen und optischen Ausführung und Funktion als auch der wissenschaftlich-technischen Aufgabenstellung Präzisions-Meß-

2.3. Apparative Grundlagen

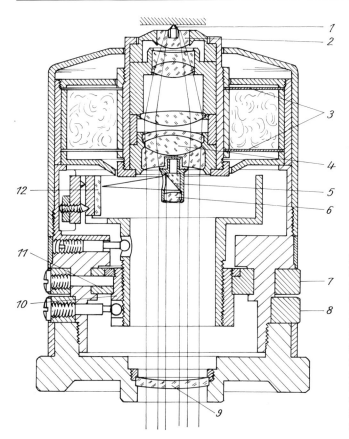

Bild 2.27. Schnitt durch den Mikrohärteprüfer mhp 100 (Werkzeichnung Carl Zeiss JENA)
1 Prüfdiamant; *2* Frontlinse des Objektives; *3* Scheibenringfedern; *4* Hinterglied des Objektives; *5* Spiegel; *6* Hilfsobjektiv; *7* und *8* Ringe mit Stiftlöchern; *9* Korrektionslinse; *10* Mutter der Nullpunkteinstellung; *11* Exzenterring der Scharfstellung; *12* Kraftanzeigeskala

geräte. Die Gewährleistung einer optimalen Arbeitsweise ist nur möglich, wenn beim Gebrauch eine Reihe von Mindestforderungen erfüllt wird. Auf der Grundlage der vorangegangenen Ausführungen zu Bildentstehung, Strahlengang sowie Kombination mit Zubehör und Zusatzgeräten ergeben sich Empfehlungen, die bei der Handhabung der Geräte beachtet werden sollten:

1. Die vom Hersteller mitgelieferten oder angebotenen *Bedienungsvorschriften* bzw. -anleitungen sind sorgfältig zur Kenntnis zu nehmen und strikt zu beachten.
2. Der *Justierzustand* der einzelnen Baugruppen (Leuchten, Blenden, Objektive, Drehtisch, Ablenkelemente u. a. m.) zum Gesamtsystem ist regelmäßig zu überprüfen und in optimaler Qualität zu halten. Das gleiche gilt für den technischen Zustand von mechanisch beanspruchten (Gleitflächen, Kipp- oder Drehelemente, Kabelanschlüsse u. a.) sowie alternde Bauteile (Leuchten, Filter u. a.).
3. Die *optisch wirksamen Flächen* sind — soweit zugänglich — von Staub zu befreien. Dazu gehören
   — Spiegeloberflächen und
   — Linsenflächen der Objektive, Okulare, Projektive, Tubuslinsen, Filtereinsätze usw.
   Die Entfernung des Staubes darf *nur* mit einem weichen, nichthaarenden Pinsel und einem Gummi-Blasball erfolgen. Die Entstehung von Fingerabdrücken auf Glas- oder

70   2. Grundlagen auflichtmikroskopischer Untersuchungen

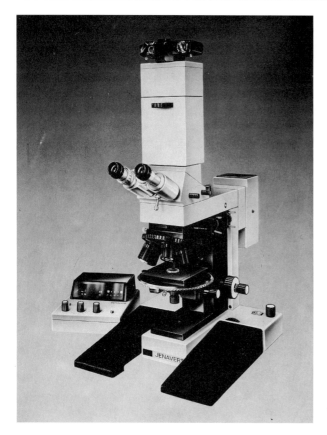

Bild 2.28. Mikrophotographische Einrichtung mit Projektiv-Wechseleinrichtung, Kamerateil und Steuergerät auf dem Forschungs- und Arbeits-Polarisations-Mikroskop JENAPOL u (Werkfoto Carl Zeiss JENA)

Spiegelflächen ist unbedingt zu vermeiden. Fettige Auflagen, z. B. durch Wimpernschlag auf der Okular-Augenlinse, können behutsam mit Hilfe eines nichtfasernden Tuches entfernt werden.

4. Zur *regelmäßigen Pflege* gehören
   - das Reinigen der Lackflächen mit feuchten Tüchern und leichten, nichtscheuernden Haushalts-Reinigungsmitteln,
   - das Säubern der Griffe an Bedienungselementen (Tischverstellung, Objektivrevolver, Blenden u. ä.),
   - das Geschlossenhalten von Staubschutzeinrichtungen (z. B. Kompensatorschlitz) bei Nichtbenutzung,
   - das Abdecken des Gerätes mit einer Staubschutzhülle bei Nichtgebrauch.
5. *Immersionsflüssigkeiten* sind sofort nach Gebrauch von den Objektivfrontlinsen zu entfernen. Als Lösungsmittel dürfen nur Xylen, Toluen oder Leichtbenzin, jedoch niemals Alkohole verwendet werden.
6. Mikroskope und Zubehör sind regelmäßig durch *Fachleute des Herstellerbetriebes* zu warten, wobei
   - das Fetten der Feingewinde und Anlageflächen der Objektive sowie der zugänglichen Gleitflächen,
   - Reinigungsarbeiten an nichtzugänglichen optischen Bauteilen,

2.3. Apparative Grundlagen

- Nachjustierungen an diesen,
- Überprüfungen des Spiels und der Funktionsfähigkeit von Verstellelementen (Dreh-, Kipp- und Gleit-Einrichtungen) sowie das Nachfetten dieser

durchzuführen sind. *Eigene Eingriffe in die werksjustierten Einheiten zu Reparatur- und Reinigungszwecken sind zu unterlassen.*

7. Bei der Kombination von Bauelementen ist auf abgestimmte *Korrektionen* (speziell Objektiv-Okular-Kombinationen) und *Kompatibilität* (insbesondere bei verschiedenartigen Modellen eines Herstellers oder bei Zubehör anderer Firmen) zu achten. *Falsche Kombination kann zu starken Beeinträchtigungen der Abbildungsqualität führen.*

3. Mit dem Auflichtmikroskop bestimmbare Mineraleigenschaften

3.1. Allgemeine Grundsätze der Mikroskopie, speziell opaker Substanzen

Als Hauptaufgabe der Auflichtmikroskopie wurde bereits eingangs der Beitrag zur Lösung wissenschaftlich und wirtschaftlich wichtiger Probleme genannt, die sich aus den Aufgabenstellungen vieler Industriezweige ergeben. Dabei geht es sowohl um systematische Routineuntersuchungen an natürlichen und technischen Produkten mit weitestgehend bekannten Eigenschaften als auch um grundsätzlich neue, unkonventionelle Roh- und Werkstoffe.

Alle Aufgaben lassen sich in *phasen- und gefügeanalytische* Komponenten gliedern, wobei chronologisch in der Regel zuerst die Phasenerkennung, -bestimmung sowie -untersuchung und erst nachfolgend die Gefügeansprache, -messung und -deutung erfolgen. Beide Komponenten spiegeln Eigenschaften wider, die das Probematerial als solches sowie seine Entstehungs- und Veränderungsgeschichte charakterisieren. Dem Mikroskopiker fällt mit der Untersuchung der vielfältigen Eigenschaften eine Verantwortung zu, die sich auf das fachliche Können, die Erfahrung, die Ausschöpfung der Möglichkeiten der modernen Gerätetechnik und Methodik sowie die kritische und aufgabengerechte Einschätzung stützen muß.

Im Vordergrund steht zunächst das *Sehenlernen*, das unvoreingenommene und nicht mit Wunschdenken belastete Erfassen, Registrieren und Differenzieren der mikroskopischen Beobachtung. Die sorgfältige Durchmusterung repräsentativer Präparate, eine zweckentsprechende Dokumentation und eine bewußte Selbstkontrolle sind wichtiger als rasche »Anhiebs«analysen. In der Rangfolge der Schritte mikroskopischer Untersuchungen steht die klare wissenschaftlich-technische Aufgabenstellung an erster Stelle. Ihr schließen sich die Auswahl der Methodik, die Durchführung der Beobachtungen und Messungen, die Prüfung der Zuverlässigkeit der Ergebnisse und zuletzt die Interpretation an.

Unabhängig von der Aufgabenstellung, jedoch unter vorrangiger Berücksichtigung der Erzmikroskopie, sollen einige Empfehlungen zur praktischen Durchführung auflichtmikroskopischer Arbeiten gegeben werden:

3.1. Allgemeine Grundsätze der Mikroskopie

— Die *Arbeitsbedingungen* sollten so eingerichtet werden, daß ein ergonomisch günstiges, ermüdungsfreies und über längere Zeit konstant bleibendes Mikroskopieren möglich ist. Dazu gehören:
  • ruhiger Arbeitsplatz, bequeme Sitzhaltung und günstige Anordnung von Bedienelementen, Schreibplatz, Zusatzgeräten, Beleuchtung usw;
  • ständige Benutzung desselben Gerätes zur Wahrung konstanter (gewohnter) Bedingungen hinsichtlich Allgemeinzustand, Helligkeit, Farbwiedergabe, Lage und Reaktion der Bedienelemente usw;
  • gedämpfte Umgebungsbeleuchtung, abgeschirmtes Seitenlicht und ggf. regelbare Helligkeit am Arbeitsplatz.
— Für ein ermüdungsfreies Mikroskopieren ist zu empfehlen:
  • beide Augen zu öffnen, auch wenn nur ein monokularer Tubus zur Verfügung steht;
  • die Augen zu entspannen, d. h. auf unendlich zu akkomodieren;
  • die Helligkeit des Bildes optimal, auf jeden Fall blendungsfrei einzustellen;
  • auf sorgfältige Justierung der optischen Elemente (Zentrierung von Lampen, Blenden und Objektiven), Ausgleich von Fehlsichtigkeit mit den stellbaren Okularen, Anpassung von Augenabstand und Pupillenlage sowie Kontrasteinstellung zu achten.

Tabelle 3.1. Hinweise zum Gebrauch der Ablenkelemente (nach [9])

Funktion Einflußbereich	Planglas	Kompensations-Prisma
Apertur	volle Apertur	eingeschränkte Apertur
Auflösungsvermögen	volle Auflösung	Auflösung lage- und vergrößerungsabhängig
Beleuchtungsrichtung	in Achsennähe parallel, sonst rotationssymmetrisch schräg	einseitig schräg
Intensität	maximal 23% nutzbar	keine Einschränkung
Polarisation	elliptisch deformiert	homogen, linear
Bildqualität	verschleiert, Verbesserung durch Zentralblenden	Bild klar
Anwendung	bei hochreflektierenden Objekten und nur für qualitative polarisationsoptische Untersuchungen	für alle Objekte, für quantitative polarisationsoptische Untersuchungen allein geeignet

— Die Wahl der Objektive, der Objektiv-Okular-Kombination (vgl. Tab. 2.5), der Ablenkelemente des Opakilluminators (Tab. 3.1), des Lampentyps und der Filter (vgl. Tab. 2.4 und 2.10) ergibt sich aus der jeweiligen Aufgabenstellung und ist von Einfluß auf das Ergebnis. Die kombinierte Nutzung von Trocken- und Immersionsobjektiven ist zu empfehlen, da sie mit Informationsgewinn (graduelle Änderung der Eigenschaften, Kontrast) verbunden ist. Bei ihrer Verwendung ist die Bildung von Luftblasen zu vermeiden (Unruhe, Bildverdeckung, störende Reflexe usw.).
— Vor Beginn der Untersuchungen sollte das Präparat gründlich durchgemustert werden. Dazu empfiehlt sich ein mäanderförmiges Bewegen mit Hilfe des Objekt-

führers (Kreuztisch, Statistik-Einheit) bei gleichzeitigem Notieren der Koordinaten interessanter und wichtiger Objektdetails. Gleichzeitig erfolgt eine Einschätzung der Qualität des Schliffes und seiner Eignung für die Lösung der Aufgabe.
— Besonderer Wert ist auf eine zweckdienliche Dokumentation zu legen, die sowohl Beschreibungen (Protokoll, Tonbandaufzeichnungen o. ä.) als auch bildlich Darstellungen (Skizze, Photographie, Videoaufnahme o. ä.) umfaßt. Die sorgfältige Erfassung, Beschreibung und Darstellung aller Beobachtungen ist eine wichtige Grundlage für Deutung, Beleg, Kontrolle, Revision usw.
— Sowohl die visuellen Diagnosearbeiten als auch objektive Messungen sind möglichst an mehreren Körnern einer Phasenart durchzuführen, um

- die Richtigkeit der Ergebnisse zu bestätigen,
- zufällige Einflüsse zu eliminieren,
- die Spannweite der Erscheinungen und Daten zu erfassen,
- statistische Auswertungen durchführen zu können.

Unsaubere, unklare und nichtcharakteristische Erscheinungen sind nicht zur Diagnose und Interpretation heranzuziehen.
— Alle Ergebnisse sollten auf der Grundlage von Können, Kritikfähigkeit, Sorgfalt und Geduld entstehen.

Die Empfehlungen setzen voraus, daß gute Präparate (s. Abschn. 2.1.3.), geeignete Geräte, Zubehörteile und Zusatzeinrichtungen zur Verfügung stehen (s. Abschn. 2.3.1. bis 2.3.3.) und richtig eingesetzt werden (s. Abschn. 2.3.4.).

Unter Beachtung der präparativen, gerätetechnischen und methodischen Voraussetzungen kann an die Lösung der phasen- und gefügeanalytischen Aufgaben herangegangen werden. Die diagnostischen Merkmale der einzelnen Substanzgruppen unterscheiden sich jedoch erheblich, so daß es empfehlenswert erscheint, die Gruppe mit den umfangreichsten Merkmalen und kompliziertesten Zusammenhängen in den Vordergrund zu stellen — die Minerale. Die Eigenschaften (Tab. 3.2) lassen sich im natürlichen Licht sowie mit einem Polar und unter gekreuzten Polarisatoren bestimmen, wobei qualitative Angaben und quantitative Messungen möglich sind. Sie finden sich bei den anderen Stoffgruppen (Metalle, Kohlen, Plastwerkstoffe u.a.m.) in analoger Weise wieder, so daß sinngemäß auf die folgenden Ausführungen zu den einzelnen Eigenschaften zurückgegriffen werden kann.

In allen Probengruppen unterscheiden sich verschiedene Phasen in *Reflektanz* und *Farben*, so daß auch das Prinzip der quantitativen Messung übertragbar ist (Macerale von Kohlen, Einschlüsse in Metallen, Füllstoffe in Plasten usw.). Die im natürlichen Licht durchzuführenden stereometrischen und bildanalytischen Untersuchungen unterscheiden sich bei keiner Stoffgruppe. Eine Besonderheit stellen die polarisationsoptischen Eigenschaften dar, die besonders bei Erzen und anderen Gesteinen berücksichtigt werden. Sie besitzen aber auch für Anisotropieerscheinungen bei Kohlen und Kohleprodukten (s. Kap. 6), für optisch anisotrope Metalle und Mineraleinschlüsse in Metallen, für ein breites Spektrum von keramischen Produkten und auch für die Plastindustrie Bedeutung. Ebenfalls universell einsetzbar ist die Bestimmung der Mikrohärte, sofern ausreichend große und stofflich homogene Phasenbereiche zur Verfügung stehen. Die Anwendung der Mikrohärtebestimmung dürfte in der Metallographie und Werkstoffprüfung umfangreicher sein als in der Mineral- und Erzforschung.

3.2. Reflektanz und Farbe

Eine besondere Aufmerksamkeit ist auch den *Gefüge*untersuchungen und -beurteilungen zu widmen, da sie aus verschiedenen Gründen für natürliche und technische Produkte von ausschlaggebender Bedeutung sind.

Bei dem Versuch, den universellen Charakter auflichtmikroskopischer Untersuchungen unter besonderer Berücksichtigung der Erzmikroskopie zu demonstrieren, darf die unterschiedliche Zielsetzung in verschiedenen Bereichen der Anwendung nicht verwischt werden. Stehen bei Mineral- und Erzuntersuchungen die Bewertung und Nutzung mineralischer Rohstoffe von der geologischen Suche bis zur Technologie der Aufbereitung im Vordergrund, so liegt das Hauptaugenmerk der Forschung in der Metallurgie, Halbleiter- und Werkstofftechnik, Keramik sowie Plastverarbeitung, in der Erzeugung neuer Strukturen, in der Erzielung neuer Eigenschaften und in der Vermeidung von Defekten sowie in der Verbesserung der Technologien. Dabei verfolgt man vor allem das Ziel, den Bedarf an hochwertigen, mit bestimmten Eigenschaften ausgerüsteten Werkstoffen zu befriedigen und Schäden zu vermeiden.

3.2. Reflektanz und Farbe

3.2.1. Begriffsbestimmung und Einteilung

Unter *Reflektanz* einer festen Phase wird die Eigenschaft verstanden, einen bestimmten, für die jeweiligen Oberflächenverhältnisse charakteristischen Anteil (I_R) des eingestrahlten Lichtes (I_0) zurückzuwerfen. Das Verhältnis der beiden Lichtanteile, in Prozent ausgedrückt, wird als Reflektanz bezeichnet:

$$R = \frac{I_R}{I_0} 100 \quad (\%) \tag{21}$$

Der in der deutschsprachigen Literatur verbreitete Begriff »Reflexionsvermögen« bedeutet sinngemäß das gleiche, sollte aber zugunsten des von der COM empfohlenen Terminus »Reflektanz« aufgegeben werden. Unter Remission ist nur eine diffuse Reflexion zu verstehen.

Bei der mikroskopischen Betrachtung eines Stoffes mit einer beliebigen Reflektanz empfindet das Auge neben der entsprechenden Helligkeit auch einen *Farbeindruck*, der sich aus einer Wellenlängenabhängigkeit der Reflexion (Absorption) erklären läßt. Reflektanz und Farbe bilden sowohl kausal als auch rezeptiv (in Empfindung und Meßmethodik) eine Einheit, so daß ihre gemeinsame Behandlung aus objektiven Gründen gerechtfertigt ist.

Für isotrope nichtabsorbierende Medien und senkrechten Lichteinfall ist die Reflektanz R aufgrund der Ableitung aus den FRESNEL-Gleichungen proportional zu den Brechungsindizes von Probe (n) und Immersionsmedium (n_0), wobei die bereits angeführte Wellenlängenabhängigkeit berücksichtigt wird:

$$R_\lambda = \frac{(n_\lambda - n_0)^2}{(n_\lambda + n_0)^2} \tag{22}$$

Tabelle 3.2. Übersicht über die wichtigsten diagnostischen Merkmale von Opakmineralen (Abkürzungen zu Intensitäten und Farbton s. Tabelle 7.1)

	Reflektanz	Farbe	Bireflektanz
	Stufen nach R in %	Farbnuance, -tönung	Intensitäten
Einteilung	extrem hoch > 60 sehr hoch 60 ... 90 hoch 50 ... 35 ziemlich hoch 35 ... 30 mittel 30 ... 20 gering 20 ... 10 sehr gering 10	stark farbig schwach farbig weiß mit Farbton weiß	extrem stark stark deutlich gering nur an Korngrenzen nicht sichtbar isotrop
subjektive Abschätzung	Helligkeitsvergleich mit bekannten Mineralen Auf Relativität in bezug auf die Umgebung achten!	Farbansprache nach Empfinden und Vergleich mit bekannten Mineralen	Farb- und Helligkeitsvergleich in zwei senkrecht zueinander liegenden Richtungen an Korngrenzen

	ohne Polare	mit Polarisator
methodische Hinweise	— Leuchtfeldblende = Sehfeld — Planglas einschalten — Licht dämpfen; kein Seitenlicht — Aperturblende auf Werte 0,1 ... 0,15 — Wechsel von Trocken- und Immersionsobjektiven	
Meßverfahren	— Reflexionsphotometer mit SEV — Standards: Gläser, SiC, Si, Pt — Meßwellenlängen: 656,3; 589,3; 546,1 und 486,1 nm — Einzelangaben für 546 nm — Dispersionskurven für 4 Wellenlängen oder Kontinuum — für Bireflektanz R_1 und R_2	

Bei allen absorbierenden Stoffen muß der Absorptionskoeffizient in die Rechnung einbezogen werden:

$$R_\lambda = \frac{(n_\lambda - n_0)^2 + k_\lambda^2}{(n_\lambda + n_0)^2 + k_\lambda^2} \tag{23}$$

Noch komplizierter werden die Zusammenhänge für anisotrope Medien, wie sie die meisten Minerale darstellen. Bei ihnen sind die in der jeweiligen Schnittebene wirkenden

3.2. Reflektanz und Farbe

Anisotropieeffekte	Innenreflexe		Härte
Farbigkeit	Intensität	Farbe	Härtestufe/Vergleichsminerale (N/m²)
stark farbig	massenhaft deutlich	einfarbig (weiß, gelb, rot usw.)	A sehr weich (1 ... 60), weicher als Galenit B weich (60 ... 130), Galenit bis Sphalerit
farbig	gering vereinzelt	bunt	C mittel (130 ... 500), Sphalerit bis Ilmenit D hart (500 ... 1000), Ilmenit bis Chromit E sehr hart (>1000), härter als Chromit
nicht farbig			
flächige Farb- und Helligkeitswechsel jeweils im Abstand von 90° — zwei Stellungen maximaler Helligkeit — zwei Stellungen minimaler Helligkeit	unregelmäßige Lichtererscheinungen (Punkte, Flecken, Streifen usw.) im Inneren des Minerals, zum Teil auslöschend		— Intensität und Häufigkeit von Schleif- und Polierspuren — Relief (Kontur) — Lichtlinie: 3-H-Regel heben – höher – hinein
mit gekreuzten Polaren			ohne Polare
— Dämpfungs- und Konversionsfilter entfernen — Aperturblende auf Werte 0,1 ... 1,15 — Adaptation des Auges etwa 1 Minute — indirekte (konoskopische) Beobachtung — Wechsel von Trocken- und Immersionsobjektiven			Bedingungen wie bei Reflektanz und Farbe
— Kompensatormessungen mit elliptischem Kompensator — U-Tisch — Interferenzschichten	keine		— Mikrohärte-Meßgeräte nach VICKERS u. a. — VHN in N/m² (kg/cm²) — Standard-Diagonale 20 ... 25 µm (Standardprüfkraft 100 g)

Brechungsindizes (n_1, n_2) und Absorptionskoeffizienten (k_1, k_2) sowie die Azimute der linear (oder langgestreckt elliptisch, s. Abschn. 2.2.1.2.) polarisierten Schwingungen in bezug auf die Polare des Mikroskopes zu berücksichtigen, so daß im allgemeinen Fall

$$R_{(\lambda)} = \frac{(n_1 - n_0)^2 + k_1^2}{(n_1 + n_0)^2 + k_1^2} \cos^2 \varphi_1 + \frac{(n_2 - n_0)^2 + k_2^2}{(n_2 + n_0)^2 + k_2^2} \cos^2 \varphi_2 \tag{24}$$

wird (s. Abschn. 3.3.1.). Reflektanz und Farbe von Mineralien werden also von den materialspezifischen Größen n und k in Abhängigkeit von Schnittlage und Drehwinkel bestimmt.

Das menschliche Auge vermag Eindrücke von unendlich vielen Helligkeits- und Farbnuancen zu vermitteln (s. Abschn. 2.2.1.3.), ist aber nicht in der Lage, diese quantitativ zu erfassen. Weiße Reflexionseindrücke (achromatische Dispersion) mit Reflektanzwerten unter 40% werden als grau empfunden, während Werte über 60% als strahlend bis blendend hell (weiß) erscheinen. Tritt chromatische Dispersion auf, so ist innerhalb der möglichen Vielfalt zwischen Helligkeit und Farbeindruck (Farbstich, wenig farbig, deutlich farbig; Tab. 3.2) zu unterscheiden. Von diagnostischem Wert ist, daß jedes Mineral einen charakteristischen, spezifischen Reflexionseindruck vermittelt und daran (vom geübten Mikroskopiker) erkannt werden kann. Selbst Glieder isomorpher Mischungsreihen können durch die Veränderungen von Helligkeits- und Farbeindrücken unterschieden werden. Das Materialspezifische von Reflektanz und Dispersion (Helligkeit und Farbe) läßt sich objektiv messen und bestätigen (s. Abschn. 3.2.2.2., 3.2.2.3, 3.3.2.), so daß die häufig zu beobachtende Scheu oder Unsicherheit von Ungeübten hinsichtlich der Reflektanzansprache überwunden werden kann.

3.2.2. Untersuchungsmethoden

3.2.2.1. Visuell vergleichende Abschätzungen von Reflektanz und Farbe

Die Einteilung der Reflektanz kann nach verschiedenen Gesichtspunkten erfolgen, die aber alle inzwischen auf photometrisch bestimmten Werten beruhen. In der Regel wird die Reflektanz innerhalb von mehr oder minder großen Gruppen (Tab. 3.2 und 3.3) auf bekannte und häufig vorkommende Minerale bezogen, so daß entsprechende Angaben in Protokollen (»kleiner als Galenit«; »etwa wie Pyrit«) die Regel sind. In Bestimmungstabellen oder Übersichten (s. Tab. 5.1 bis 5.15) werden Reflektanzprozente, meistens auf 546 nm bezogen, oder auch bereits kolorimetrische Werte (s. Abschn. 3.2.2.3.) angeführt. Die Angaben schließen in der Regel die Reflektanzwerte und Farbkennzeichnungen für Untersuchungen mit Trocken- und Immersionssystemen ein (s. Tab. 7.4).

Tabelle 3.3. Reflektanz und Farbe der wichtigsten Erz- und Gangminerale

Reinweiß bis Grau

$R > 40\%$		(Arsenopyrit)	51
ged. Silber	95 ... 90	(Tetradymit)	51
(Krennerit)	72	Clausthalit	49
ged. Platin	70	(Linneit)	47
ged. Eisen	65	ged. Arsen	45
Rammelsbergit	≈ 60	Galenit	44
Safflorit	57	Bismuthin	≈ 44
Löllingit	≈ 55	(Pentlandit)	44
(Sylvanit)	54	Antimonit	44 ... 30
Skutterudit	53		
(Cobaltin)	53	$R = 40$ bis 20%	
Gersdorffit	51	(Pyrolusit)	41 ... 27

3.2. Reflektanz und Farbe

Tabelle 3.3. (Fortsetzung)

Reinweiß bis Grau

Hessit	40	Malachit	9
(Boulangerit)	40	Coffinit	9
(Berthierit)	40 ... 30	Carnotit	≈ 8
Jamesonit	39	Dolomit	7
(Bournonit)	38	Baryt	6
(Polybasit)	≈ 35	Chamosit-Thuringit	≈ 6
(Miargyrit)	33	Rhodonit	≈ 6
(Tetraedrit)	32	Olivin	≈ 6
Molybdänit	32	Fayalit	≈ 6
Fahlerze	32 ... 29	Calcit	5
Argentit	31	Feldspäte, Paradoxit	5
Franckeit	≈ 30	Glaukonit	≈ 5
(Pyrargyrit)	30	Quarz	4,5
Psilomelane	30 ... 15	Pyroxene, Amphibole	< 4
(Stephanit)	28	Fluorit	3
(Hämatit)	28		
(Proustit)	27	**a) Weiß mit Stich ins Bläuliche**	
(Enargit)	27	(ged. Platin)	70
(Stannin)	26	(Safflorit)	57
(Klockmannit)	24	Boulangerit	40
(Bixbyit-Sitaparit)	23	Bournonit.	38
Rutil	≈ 22	Chalkosin	32
(Magnetit)	21	Pyrargyrit	30
(Braunit)	21	(Psilomelane)	30 ... 15
(Ilmenit)	20	Proustit	27
		Hämatit	28
R < 20%		Cinnabarit	27
Lepidokrokit	20 ... 15	Klockmannit	24
Hausmannit	19	Digenit	21
(Jacobsit)	19		
(Manganit)	18	**b) Weiß mit Stich ins Grünliche (bis Oliv)**	
Sphalerit	18	(Boulangerit)	40
Wurtzit	≈ 18	(Jamesonit)	39
(Ulvit)	≈ 18	(Bournonit)	38
Wolframit	17	Polybasit	≈ 35
Limonit	≈ 17	Naumannit	≈ 35
(Uranpechblende)	≈ 17	Miargyrit	33
Brannerit	≈ 17	(Argentit)	31
(Columbit)	16	Tennantit	29
Thucholith	≈ 15	Stannin	26
(Chromit)	13	(Klockmannit)	24
Kassiterit	11	Jakobsit	19
Scheelit	≈ 10		
Zirkon	≈ 10	**c) Weiß mit Stich nach Cremerosa**	
Spessartin	≈ 10	Osmiridium	80
Karbonspäte	10 ... 5	ged. Wismut	62
Siderit	≈ 10	Cobaltin	56
Rhodochrosit	< 10	Maucherit	48

Tabelle 3.3. (Fortsetzung)

Reinweiß bis Grau

Linneit	47	Tetraedrit, Freibergit	32
(Valleriit)	46	(Eskebornit)	30
(Cubanit)	40	Metacinnabarit	≈25
Pyrrhotin	37	Bixbyit-Sitaparit	23
(Petzit)	37	Magnetit	21
Bravoit	<36	Braunit	21
Schwazit	≈30	Ilmenit	20
Stephanit	28	Manganit	18
Enargit	27	Ulvit	≈18
		Uranpechblende	≈17
d) Weiß mit Stich ins Bläuliche		Columbit	16
Berthierit	40 ... 30	Chromit	13

Cremeweiß bis Gelb

ged. Gold	89 ... 66	(Linneit)	47
Krennerit	72	Chalkopyrit	46
Calaverit	≈64	Valleriit	46
(ged. Wismut)	62	Pentlandit	44
(Cobaltin)	56	Pyrolusit	41 ... 27
Sylvanit	54	Cubanit	40
Pyrit	53	(Pyrrhotin)	37
Markasit	≈50	Eskebornit	30
Arsenopyrit	51	Schwazit	≈30
Tetradymit	51	Melnikovitpyrit	<30 ... 50
(Gersdorffit)	51	(Luzonit)	27

Rosa, Rot bis Braun-Violett

Nickelin	51	(Bravoit)	<36
ged. Kupfer	43	Luzonit	27
Breithauptit	42	Bornit	19
Petzit	37	Umangit	14

Bläulichweiß bis Blau

(Chalkosin)	32	Covellin	24 ... 19
(Cinnabarit)	27	(Digenit)	21

Anmerkung: Reflektanz R in %; Minerale in ( ) befinden sich auch noch unter einer anderen Farbgruppe.

3.2. Reflektanz und Farbe

Problematischer ist die subjektive *Farbansprache* (Tab. 3.3), da die meist zarten Farben und komplizierten Tönungen von jedem Betrachter individuell unterschiedlich empfunden werden. Die Unsicherheit der Farbansprache läßt sich durch Training (beharrliches Mikroskopieren bekannter Paragenesen) und Selbstdisziplin (Sehenwollen der bekannten und objektiv bedingten Farbe) überwinden. Es gehört zu den schönen Erlebnissen in der Erzmikroskopie, wenn der Lernende erstmalig ein Mineral beispielsweise als »cremerosa« sowie mit mittlerer Reflektanz und damit richtig als Pyrrhotin bestimmen kann. Wie schwierig das oftmals ist, weiß der Lehrende zu sagen, der das gleiche Mineral durch zehn oder zwanzig verschiedene Mikroskope sieht.

In enger Wechselbeziehung mit Intensität (und Qualität) der Reflexionserscheinungen steht ihre Relativität in bezug auf ihre Umgebung und das individuelle Empfindungsvermögen (insbesondere für Farben, vgl. Abschn. 2.2.1.3.). So erscheinen

— weiße Minerale in der Komplementärfarbe in der unmittelbaren Umgebung zu stark gefärbten Mineralen (Galenit bläulich gegen Chalkopyrit),
— schwach farbige Minerale blasser in der Umgebung von kräftig gefärbten (Arsenopyrit weiß neben Pyrit) oder
— Minerale mit mittlerer Reflektanz heller in der Umgebung geringer reflektierender (Magnetitkörner weiß in silikatischer Matrix).

Zur sicheren Reflektanz- und Farbansprache bei visuell-vergleichenden Mineraluntersuchungen sollten folgende Hinweise Berücksichtigung finden:
1. Die Helligkeit des Bildes ist durch Neutralgraufilter (s. Tab. 2.10) oder durch Regelung der Lampenhelligkeit so einzustellen, daß ein maximaler Kontrast und keine Blendung eintritt.
2. Die Leuchtfeldblende ist (nach Zentrierung und Fokussierung) so weit zu schließen, daß sie gerade mit dem Rand der Sehfeldblende des Okulars übereinstimmt. Bei zu großer Öffnung tritt eine Verschleierung der Bildmitte ein, insbesondere bei geringreflektierenden Objekten. Dieser Vorgang ist bei jedem Objektivwechsel zu wiederholen.
3. Die Aperturblende ist auf Werte von 0,1 bis 0,15 zu schließen, um das schräg einfallende Licht achsnah zu bündeln und damit den Kontrast zu erhöhen (vgl. Bild 2.20).
4. Zur Erkennung und Differenzierung geringer Helligkeits- und Farbunterschiede ist der abwechselnde Einsatz von Trocken- und Immersionsobjektiven empfehlenswert. Die Wirkung beruht auf dem Einfluß des Immersionsmediums (n_0) auf R bzw. R_λ entsprechend den Formeln von FRESNEL (s. Formeln 23 und 24; Bild 3.1).
5. Bei stark anisotropen Mineralen werden Helligkeits- und Farbeindrücke bereits bei ausgeschalteten Polaren von den Effekten der Bireflektanz (s. Abschn. 3.3.) überlagert, da durch die Reflexion in den Ablenkelementen eine merkliche Polarisation eintritt. Diese Effekte sind nicht vermeidbar.

3.2.2.2. Objektive Messung der Reflektanz

Reflektanzwerte werden mit *Mikroskopphotometern* gemessen (s. Abschn. 2.3.3.), deren Aufbau und Funktion vom Aufgabenbereich und den Herstellerkonzeptionen abhängen. Im Verlauf der Geschichte der Reflektanzmessungen, die in den Anfängen auf die Arbeiten von BEREK (vgl. Abschn. 1.2.; [5], [54]) zurückgehen, wurden unterschiedliche Verfahren

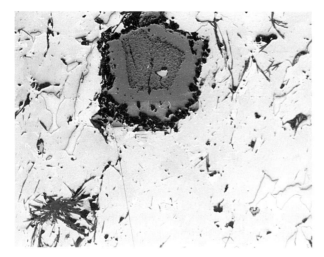

Bild 3.1. Wirkung der Ölimmersion: Verstärkung von Reflektanz und Bireflektanz bei ähnlichen Mineralen
a) Nickelmagnetkies-Präparat mit Pyrrhotin (*pyrr*, hellgrau), Pentlandit (*pent*, weiß), Chalkopyrit (*chal*, weißgrau) und Magnetit (*magn*, grau/schwarz, zonar) in Luft
Vergr. 20×

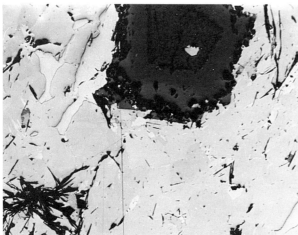

b) dsgl. unter Immersion
Vergr. 30×

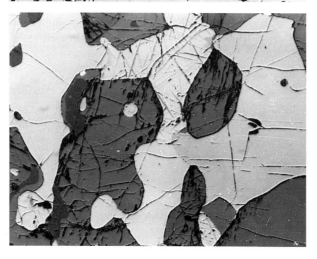

c) Titanomagnetit-Präparat mit Magnetit (*magn*, grauweiß, mit Ilmenit-Lamellen), Ilmenit (*ilme*, hellgrau/grau, bireflektierend) und Silikaten (dunkelgrau)
Vergr. 20×

3.2. Reflektanz und Farbe 83

d) desgl. unter Immersion
Vergr. 30×

und Modelle entwickelt, von denen Visual-, Spalt- und Kompensationsphotometer sowie Photozellen erwähnt werden sollen. Derzeit sind einstrahlige Geräte mit Sekundärelektronenvervielfachern im Gebrauch (s. Bilder 2.27, 2.28).

Die Reflektanzbestimmung unterscheidet sich von einfachen Farbmessungen (s. Abschn. 3.2.2.3.) nur insofern, als zur Charakterisierung der Reflektanz die Angabe des Wertes für eine Wellenlänge, in der Regel für 546 nm, genügt, während die Farben durch die *R-Werte* für vier Wellenlängen (s. u.) oder die *Dispersionskurven* (Bilder 3.2 und 3.3) charakterisiert werden.

Reflektanzmessungen bedürfen einer *Standardisierung*, d. h. der Bezugnahme auf Minerale genau bekannter Reflektanzen. Als Standardproben werden Minerale oder technische Produkte eingesetzt, die sich durch folgende Eigenschaften auszeichnen (Tab. 3.4):

Tabelle 3.4. Standardminerale und -substanzen für Reflektanzmessungen in Luft und Ölimmersion (nach [21], [35])

Wellenlänge in nm	Schwarzes Glas/Luft	SiC unter Immersion	SiC in Luft	Si in Luft	Pyrit in Luft
420			21,8		
440	4,50	7,94	21,6	42,9	41,2
460	4,40	7,83	21,3	41,2	44,4
480	4,47	7,74	21,1	39,9	47,8
500	4,45	7,66	20,9	38,8	50,3
520	4,44	7,59	20,7	37,9	52,1
540	4,42	7,53	20,6	37,1	53,7
560	4,41	7,48	20,5	36,5	54,3
580	4,40	7,43	20,4	35,9	54,7
600	4,39	7,39	20,3	35,5	54,7
620	4,38	7,36	20,2	35,0	54,8
640	4,37	7,33	20,1	34,7	55,2
660	4,36	7,30	20,0	34,4	55,8
680			19,9		

84   3. Mineraleigenschaften

– einfache chemische Zusammensetzung und Stabilität gegenüber Atmosphärilien;
– hohe Härte und gute Polierfähigkeit;
– Einkristalle oder monomineralische, grobkristalline Aggregate;
– flache, möglichst horizontale Dispersionskurven (s. Bild 3.2);
– möglichst hohe Opazität.

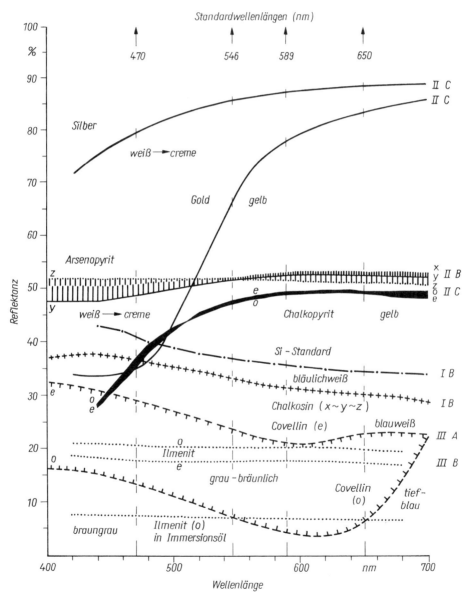

Bild 3.2. Dispersions-(R-λ-)Kurven von weißen und farbigen Mineralen im Vergleich zu Si-Standard und Standard-Meßwellenlängen (Kurventyp s. Bild 3.3)

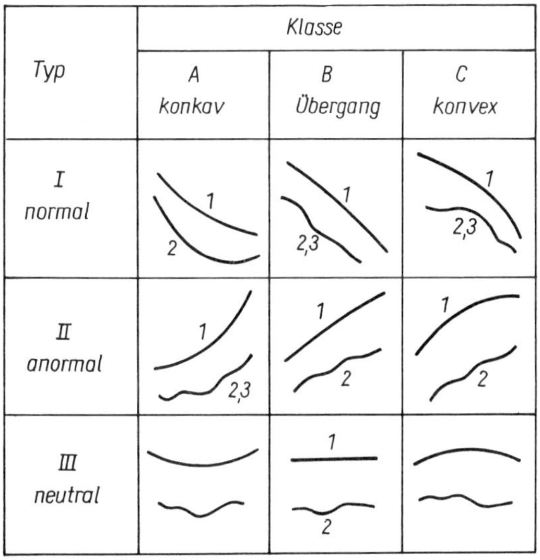

3.2. Reflektanz und Farbe

Typ	Klasse		
	A konkav	B Übergang	C konvex
I normal			
II anormal			
III neutral			

Bild 3.3. Typen von Dispersionskurven zur Klassifikation oder Identifikation von Mineralen (nach VOLYNSKIJ [80], ČVILEVA u. a. [18] und ŠUMSKAJA [68])
1 einfache Formen; *2* und *3* komplizierte Formen

Zur Messung sollten mehrere Standards zur Verfügung stehen, da die Vergleichswerte in der Nähe des zu erwartenden Meßwertes liegen sollen. Bei der Durchführung der Messungen sind folgende *Bedingungen* einzuhalten:

1. Sorgfältigste Justierung und Abstimmung der Mikroskop- und Photometeroptik vom Kollimator bis zur Eintrittsblende des SEV.
2. Beachtung der Vorschriften und Besonderheiten zur Nutzung der Meßgeräte hinsichtlich Einbrennzeit, Spannungskonstanz, Nullpunkt- und Dunkelstromkorrektur usw.
3. Begrenzung der Aperturblende auf Werte zwischen 0,1 und 0,15.
4. Die Wahl der Vorblendendurchmesser ergibt sich aus der erforderlichen Vergrößerung und der Größe der homogenen Bezirke in den zu messenden Mineralkörnern. Objektivvergrößerungen sollten in den Grenzen zwischen $10\times$ und $20\times$ liegen.
5. Die Vorblende ist scharf auf die Objektoberfläche zu fokussieren.
6. Besondere Sorgfalt ist auf saubere und exakt senkrecht zum Strahlenverlauf justierte Präparate zu legen. Die Kontrolle der senkrechten Montage erfolgt durch Drehen des Objektes bei konoskopischer Beobachtung.
7. Die zu messende Stelle ist auf Freiheit von Innenreflexen (s. Abschn. 3.5.) zu prüfen; Objektstellen mit Innenreflexen sind ungeeignet.
8. Probe und Standard werden nacheinander mit Hilfe eines entsprechenden Dreh-, Schwenk- oder Kipptisches in Meßposition gebracht und im Licht mit der vereinbarten Wellenlänge gemessen.
9. Die Messungen sind mehrfach und an mehreren Körnern durchzuführen und statistisch auszuwerten.
10. Bei anisotropen Mineralen wird der Polarisator eingeschaltet; die Messungen sind in den beiden Richtungen senkrecht zur Hauptschwingungsrichtung auszuführen.

Die Berechnung der Reflektanz erfolgt aus den Werten für die Lichtströme, die an Probe (I_P) und Standard (I_S) gemessen wurden, wobei Reflexionen an optischen Elementen (I_0) zu berücksichtigen sind:

$$R = \frac{I_P - I_0}{I_S - I_0} 100 \quad (\%) \tag{25}$$

Die Formel vereinfacht sich, wenn die Optik-Reflexionen vernachlässigbar oder bekannt sind oder elektrisch eliminiert werden können, zu

$$R = \frac{I_P}{I_S} 100 \quad (\%) \tag{26}$$

In einem vereinfachten Verfahren kann der Reflektanzwert der Probe direkt am Meßgerät abgelesen werden, wenn dieses bei eingeschaltetem Standard auf dessen Reflektanz eingestellt wurde [9].

Bei Reflektanzmessungen werden in der Regel Mineralkörner in beliebigen, durch den Zufall der Schnittführung bei der Probenpräparation bedingten Orientierungen untersucht. Eine unter kristallographisch-kristalloptischen Gesichtspunkten definierte Orientierung von Proben ist nur Spezialuntersuchungen vorbehalten. Die Möglichkeit, Brechungs- und Absorptionskoeffizienten (entsprechend Formel 24) aus Reflektanzmessungen zu ermitteln, wird im Abschnitt 3.4.2.3. behandelt. Somit ergeben Reflektanzmessungen quantitative und reproduzierbare Werte, obwohl die im Mineral oder im jeweiligen Anschnitt wirkenden Lichtbrechungs- und Absorptionsverhältnisse nicht bekannt sind (s. Tab. 7.2).

Die gerätetechnisch und methodisch bedingte Genauigkeit der Messung ist in der Regel höher, als sie für die Mineralcharakterisierung sinnvoll erscheint. Durch Änderungen des Chemismus und der Orientierung bei Körnern einer Mineralart können Spannweiten von mehreren Prozenten auftreten, die Meßwerte mit Angaben der ersten oder gar zweiten Dezimale wertlos machen (Bild 3.23).

Unabhängig von Äußerungen enttäuschter Hoffnungen vom diagnostischen Wert photometrischer Messungen (z. B. [52]) stellen Reflektanzmessungen weiterhin ein wichtiges Mittel zur Bestimmung (oder Ausschließung) von Mineralen in Erzen, in der Kombination mit kolorimetrischen Berechnungen sogar zur Identifikation einzelner Phasen dar. Zur realistischen Einschätzung der Meßergebnisse sollten aber auch die *Fehlerquellen* bekannt sein, die sich — meistens unvermeidbar — auf diese negativ auswirken [3], [50]:

— Justierfehler, insbesondere der senkrechten Ausrichtung des Schliffes, sollten unter 0,1% (absolut) zu halten sein.
— Fehler aus Justierung, Sauberkeit und Konstanz der Bedingungen können im Langzeitbetrieb von etwa 0,1 bis 0,3% auf über 1% steigen.
— Erhebliche Fehler (0,4 bis über 1% absolut) können durch zu große Hochspannungen am SEV auftreten.
— Die Streuung der Meßwerte ist in den Randbereichen des Spektrums (blau, rot) erheblich größer als im mittleren Abschnitt, bleibt aber unter 1% (relativ).
— Grobe Kratzer auf Präparatoberflächen lassen sich meistens gut eliminieren, während eine schlechte Politur mit absoluten Fehleranteilen von 1 bis 5% zur Hauptquelle unzuverlässiger Reflektanzwerte wird (vgl. Abschn. 2.1.1., 2.1.3.).
— Reflektanzwerte für frische Spaltflächen sind stets höher als solche für selbst gut polierte Oberflächen (etwa 1 bis 3% absolut).
— Flächenabschnitte mit Anteilen natürlicher Inhomogenitäten (Einschlüsse, Ent-

3.2. Reflektanz und Farbe

mischungen u. a.) über 5% sollten gemieden werden, da sie die Meßergebnisse in unkontrollierbarer Weise verändern.
- Spannweiten von Meßwerten (bzw. Streuungen um den Mittelwert) sind bei Mineralen mit variabler Zusammensetzung erheblich größer (bis über 2% absolut) als bei solchen mit konstantem Chemismus (max. 0,5% absolut).
- Bei anisotropen Mineralen mit deutlicher Bireflektanz (s. Abschn. 3.3.) bleibt die Streuung der Mittelwerte für R_1 und R_2 trotz der oft erheblichen Differenz beider klein (meist unter 1,5% relativ).
- Unkontrollierbar hohe Abweichungen ergeben sich durch die Überlagerung von Reflektanz und Innenreflexen, insbesondere im Bereich der Eigenfarbe, so daß solche Objektbereiche unbedingt zu meiden sind.

Zusammenfassend kann festgestellt werden, daß Reflektanzmessungen unter Berücksichtigung entsprechender Sorgfalt und möglicher Fehlerquellen mit einer Genauigkeit von 1 bis 2% (relativ) möglich sind. Die Anwendung derartiger Werte zur Mineralcharakterisierung (z. B. Mineralkarteien) und im internationalen Vergleich wird jedoch durch die unterschiedliche Gerätetechnik und Methodik in verschiedenen Laboratorien beeinträchtigt. Ein internationaler Vergleich von Reflektanzmessungen an synthetischem PbS in 40 Laboratorien im Spektralbereich zwischen 400 und 700 nm ergab allein für R_{546} eine Spannweite zwischen 40,7 und 43,6% (entsprechend $\pm 7\%$ relativ), während die Streuungen der jeweiligen Mittelwerte 1,5% (relativ) nicht überschritten [3].

Als Konsequenz ergibt sich die Notwendigkeit einer verstärkten internationalen Information, Kooperation und Abstimmung (Standardisierung), die Präparations-, Meß- und Auswertetechnik umfassen sollte.

Eine interessante Methode der Reflektanzuntersuchung und -veränderung mit vielfältigen Anwendungsmöglichkeiten ergibt sich aus dem Bedampfen von Mineral- und Metalloberflächen mit dünnen lichtdurchlässigen Schichten im Vakuum [9], [47]. Als Bedampfungsmedien werden ZnS, CdS, ZnTe, ZnSe, InP, TiO_2 u. a. eingesetzt. Interferenzen in den aufgedampften Schichten führen zu differentiellen Veränderungen der Reflektanz in Abhängigkeit von der Trägerphase, so daß folgende Anwendungsgebiete in Betracht gezogen werden können:
- Schaffung oder Verstärkung von Reflektanzunterschieden bei benachbarten Phasen unterschiedlicher Zusammensetzung für qualitative Zwecke;
- Erzeugung eindeutig unterscheidbarer Reflektanzniveaus ähnlicher Phasen bei der Anwendung der Bildanalyse (s. Abschn. 4.3.);
- Bestimmung von Lichtbrechungs- und Absorptionskoeffizienten durch Ableitungen der Beziehungen zwischen Reflektanzwerten natürlicher und bedampfter Oberflächen für verschiedene Wellenlängen (Methode nach PEPPERHOFF [47]; s. Abschn. 3.4.2.3.).

Weitere Möglichkeiten der Reflektanzuntersuchungen ergeben sich aus dem Einsatz von Infrarot- und RAMAN-Spektrometern.

3.2.2.3. Quantitative Farbanalyse

Alle quantitativen Untersuchungen zur Farbe von Feststoffen unter dem Mikroskop beruhen auf photometrischen Messungen der Reflektanz, wie sie im Abschnitt 3.2.2.2. beschrieben wurden, jedoch unter Berücksichtigung des Lichtes mehrerer Wellenlängen im sichtbaren Spektralbereich.

Bereits aus dem Verhältnis der Reflektanzwerte zweier Farben (z. B. $R_{rot} : R_{grün}$ [58]) lassen sich Vergleiche von Farben anstellen. Über lange Zeit fanden sich in Standardwerken und Tabellen die Reflektanzwerte für die Farben Rot, Orange und Grün (z. B. [52], [57]). Mit der Einführung leistungsstarker Photometer (s. Abschn. 2.3.3.1., 2.3.3.) gelang es, die Reflektanz mit monochromatischen Metallinterferenzfiltern, Verlauffiltern oder Monochromatoren (Gitter-, Prismen-) zu messen, so daß Aussagen zur Reflektanz im Bereich der Wellenlängen der Spektrallinien bzw. FRAUENHOFERschen Linien möglich werden. Im Rahmen der internationalen Abstimmung und den Empfehlungen der COM wurden folgende Wellenlängen für Reflektanzmessungen festgelegt (oder zugelassen, s. Bild 3.2; [26]):

$$\frac{C}{656{,}3} \quad \frac{C'}{643{,}8} \quad \frac{D}{589{,}3} \quad \frac{e}{546{,}1} \quad \frac{F}{486{,}1} \quad \frac{F'}{480{,}0} \quad \frac{-}{470}$$

Dem Anliegen entsprechend werden lichtelektrische Spezial-Photometer für Auflichtmikroskope von den Herstellern mit Filtern der angegebenen Wellenlängen so ausgerüstet, daß ein rasches Umschalten von einem Bereich zum anderen möglich ist. Meßprinzip, methodische Durchführung und Fehlermöglichkeiten entsprechen also völlig dem in Abschnitt 3.2.2.2. beschriebenen Photometern.

In zunehmendem Maß werden von Erzmineralen, Metallen und anderen Stoffen vollständige Spektralkurven (Dispersionskurven) aufgenommen und zu Charakterisierung und Vergleich (z. B. [25], [49], [78]), aber auch zu kolorimetrischen *Farbanalysen* herangezogen (z. B. [4], [18], [27], [28], [79]). Im einfachsten Fall wird der Filtersatz der oben beschriebenen Photometer durch ein Spektral-Verlauffilter ersetzt, so daß Messungen im Wellenlängenbereich zwischen 400 und 700 nm möglich werden. Geräte für höhere Ansprüche gehorchen zwar dem gleichen Grundprinzip, sind aber mit leistungsfähigen Monochromatoren, empfindlicheren Sekundärelektronenvervielfachern, hochstabilisierter Meßelektronik, automatisierten Vorschub- und Registriereinheiten sowie Rechentechnik ausgerüstet (z. B. [18], [50], [68]). Sie dienen in erster Linie den im folgenden zu besprechenden Farbanalysen.

Farben werden im kolorimetrischen Sinn durch Farbigkeit (Farbton und -reinheit) und Helligkeit bestimmt. Sie können als Gemisch von drei beliebigen, voneinander unabhängigen Grundfarben untereinander und mit Weiß oder einer Spektralfarbe mit Weiß definiert werden. Die kolorimetrische Analyse von Farben geht auf die Systeme von MAXWELL-HELMHOLTZ, OSTWALD, YOUNG u. a. zurück, die auch in den Verfahren der höheren Farbmetrik (nach SCHRÖDINGER, LUTHER u. a.) ihren Niederschlag finden ([6], [27], [68] u. a.).

Die Grundvorstellung über Farben wird durch die Parameter

— Helligkeit (B: 1 für Weiß, 0 für Schwarz),
— Farbton (λ Wellenlänge oder dominierende Farbe von Gemischen),
— Reinheit (p Anteil des monochromatischen Lichtes: 1 für eine Spektralfarbe, 0 für »Grau«).

bestimmt, obwohl diese für Berechnungen nicht geeignet sind. Sie sind Ausdruck dafür, daß identische subjektive Farbempfindungen das Ergebnis unterschiedlicher Lichterscheinungen mit ungleichen Farbanteilen und Intensitäten sein können.

3.2. Reflektanz und Farbe

Mit der Einführung des »Dreifarbensystems« in die Kolorimetrie durch den Internationalen Beleuchtungskongreß (1931) wurde der Grundstein für Berechnungen in der *höheren Farbmetrik* gelegt. Das System geht von den spektralen Lichtströmen und relativen Sichtbarkeiten dreier definierter Spektralfarben (Rot = 700,0; Grün = 546,1; Blau = 435,8 nm) aus, deren Beziehungen in der Farbgraphik (Dreieck R–G–B) durch die Koordinaten der Farbe (Farbigkeit, $r + g + b = 1$) bestimmt sind. Eine erhebliche Vereinfachung ergab sich durch die Einführung des kolorimetrischen X–Y–Z-Systems, das auf dem R–G–B-System aufbaut, aber keine negativen Koordinaten kennt. In einem rechtwinkligen Dreieck ergeben sich folgende Beziehungen (Bild 3.4):

- $x + y + z = 1$;
- y ist das einzige Helligkeitsmaß;
- alle Farben befinden sich innerhalb des Dreiecks, ebenso alle Spektrallinien;
- Weiß bildet den Mittelpunkt des Dreiecks (für »E«: $x = y = 1/3$), wobei allerdings der »Ursprung« des weißen Lichtes (Farbtemperatur, A, B oder C) berücksichtigt werden muß;
- das Grundnetz in der Dreiecksfläche wird aus den Geraden (x/y) und den Kurven (λ und p) unter Berücksichtigung von »Weiß« gebildet;
- die Geraden (Radialen) verbinden den Ursprungspunkt (E) mit den Fußpunkten auf der Umhüllenden (Spektralfarben; $\Delta\lambda = 10$ nm) und drücken den Farbton (λ) aus;
- die Kurven zwischen dem Ursprung (E bzw. A, B oder C) und der Umhüllenden repräsentieren die »Reinheit« (p) der Farbe ($\Delta p = 0,05$);
- die »Purpur«farben (Rot bis Violett) werden durch ihre Komplementärfarben (400′ bis 700′) entlang der Basislinie ausgedrückt.

Die Berücksichtigung der Quellen des weißen Lichtes ist erforderlich, um bei Berechnungen von Farbkoordinaten nicht selbstleuchtender Körper mit standardisiertem »Weiß« arbeiten zu können:

- E ($x = y = 1/3$) entspricht dem geometrischen Mittelpunkt des Dreiecks, läßt sich aber mit Farbfiltern realisieren;
- A ($x = 0,4476$; $y = 0,4075$) entspricht einer Glühlampe (Schutzgasfüllung, Wolfram-Faden) oder einem Schwarzen Strahler bei 2854 K;
- B ($x = 0,3484$; $y = 0,3516$) entspricht direktem Sonnenlicht oder einem Schwarzen Strahler bei 4800 K;
- C ($x = 0,3484$; $y = 0,3162$) entspricht gestreutem Tageslicht oder einem Schwarzen Strahler bei 6500 K.

Die Weißstandards B und C werden aus A durch Zuschalten von Spektralfiltern (Konversionsfilter) realisiert. Alle Farbwerte lassen sich auf unterschiedliche Ursprungskoordinaten umrechnen. Bei kristallinen Medien (Mineralen) sind aber auch die Anisotropien von Lichtbrechungs- und Absorptionswerten sowie polarisationsoptische Verhältnisse zu berücksichtigen (s. Abschn. 3.4.2.3.). Reale Körperfarben, d. h. auch solche von Mineralen im reflektierten Licht, werden in der Farbgraphik als Punkte dargestellt, während sich für Farbschwellen (d. h. minimal unterscheidbare Farbwechsel) Ellipsen (»MAC ADAM-Ellipsen«) ergeben, deren Halbmesser aus den Radien (λ; $\Delta\lambda$) und den Vektoren (p; Δp) gebildet werden. Jede Körperfarbe erhält damit ihren unverwechselbaren Ort, womit eine objektive und eindeutige Unterscheidung von subjektiv gleichen Farbeindrücken möglich ist (Bild 3.5).

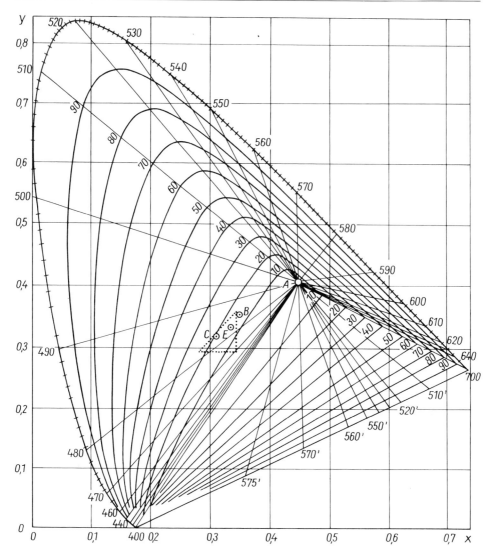

Bild 3.4. Farbdreieck für die Koordinaten x und y mit Angabe der Ursprungspunkte des weißen Lichtes (A, B, C und E; aus Šumskaja [68])

Durch die Arbeiten von MacAdam, Munsell u. a. und die Einführung der CIE – »uniform chromaticity scale« (UCS) – in die Kolorimetrie sowie die spezifischen mineralphotometrischen und -kolorimetrischen Beiträge von Htein und Philipps [28], Piller [49], Galopin und Henry [21] u. a. ist die eindeutige Farbmessung an den wichtigsten Mineralen möglich geworden. Sehr umfangreiche kolorimetrische Daten und Rechengrößen für 159 Erze sind von Čvileva, Klejnbok und Bezsmertnaja [18] zusammengestellt worden, während das Werk von Šumskaja [68] bereits die Farbkoordinaten von 556 Mineralen enthält. Die Aufnahme in die COM-Unterlagen (»Data-File« [25]) wurde angeregt.

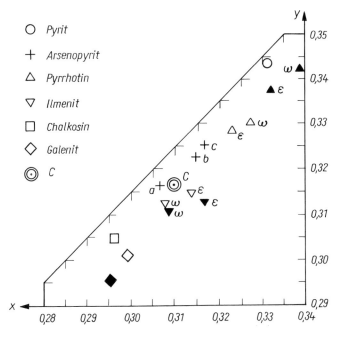

Bild 3.5. Ausschnitt aus dem Farbdreieck (Bild 3.4) mit Eintragung der Farbpunkte für isotrope Minerale und für verschiedene Schnittlagen anisotroper Minerale in Luft (lichte Symbole) und Ölimmersion (dunkle Symbole) (nach ČVILEVA u. a. [18])

Die quantitative Farbanalyse eröffnet die Möglichkeit, mit Hilfe einer Gerätekombination aus Photometer (Spektrometer), Stelltisch, Rechner und Drucker automatische Identifikations-, Integrations- und Gefügeanalysen an Metallen, Erzen und anderen Auflichtobjekten durchzuführen. Mit Hilfe der quantitativen Farbanalyse ist es erstmals möglich, die von den erfahrenen Erzmikroskopikern aufgrund subjektiver Eindrücke und Vergleiche beschriebenen Farben und Farbnuancen objektiv zu bestätigen (vgl. Abschn. 3.2.2.1.).

3.3. Bireflektanz

3.3.1. Begriffsbestimmung und Einteilung

Unter *Bireflektanz* (Bireflexion) ist in bezug auf die Begriffsbestimmung der Reflektanz (s. Abschn. 3.2.1.) eine richtungsabhängige Dispersion des reflektierten Lichtes unter dem Einfluß von Lichtbrechungs- und Absorptionsverhältnissen in einer bestimmten Schnittlage zu verstehen. Sie ist dementsprechend eine Eigenschaft optisch anisotroper Medien.

Dem Begriff der Bireflektanz sollte — folgt man den Empfehlungen der COM — der Vorzug vor dem in der deutschsprachigen Literatur eingebürgerten Terminus »Bireflexion« gegeben werden. Die mitunter in der Literatur auch anzutreffenden Begriffe »Reflexionspleochroismus« oder »-dichroismus« sind sachlich falsch und sollten grundsätzlich vermieden werden.

Die Bireflektanz äußert sich in einem vierfachen *Helligkeits-* und/oder *Farbwechsel* beim Drehen des Präparates unter dem Mikroskop um 360° bei eingeschaltetem *Polarisator* (Bild 3.6). Die Einteilung der Bireflektanz erfolgt nach subjektiven Eindrücken analog zur Reflektanz und Farbe (s. Abschn. 3.2.) oder aufgrund von photometrischen Messungen (s. Abschn. 3.2.2., 3.3.2.).

3.3.2. Untersuchungsmethodik

Zur visuellen Untersuchung von Mineralen auf Bireflektanz unter dem Mikroskop wird der Polarisator eingeschaltet und mit seiner Schwingungsebene exakt parallel zur Hauptreflexionsebene des BEREK-Kompensationsprismas (oder Planglases) orientiert. Bei einer Volldrehung des Objekttisches treten im 90°-Rhythmus paarweise vier gleiche Intensitätswechsel auf, die sich jeweils in Reflektanz (Helligkeit) und Dispersion (Farbeindruck) unterscheiden.

Bild 3.6. Starke Bireflektanz von Covellin (neben Pyrit, weiß) in zwei senkrecht zueinander angeordneten Richtungen (a), (b); Vergr. 30×. Der Effekt wurde durch Ölimmersion verstärkt. Die Bireflektanz von Covellin ist so stark, daß sie aufgrund der Polarisationswirkung des Prismas auch ohne Polarisator festgestellt werden kann (c) Vergr. 90×

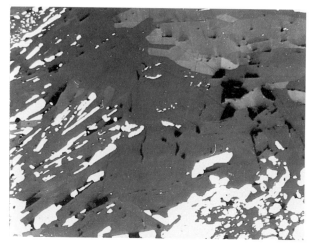

b)

3.3. Bireflektanz

c)

Tabelle 3.5. Die Bireflektanz der wichtigsten Erz- und Gangminerale

Bireflektanz trotz Anisotropie nicht sichtbar

| Anglesit | Ferberit | Osmium | Scheelit |
| Baryt | Maucherit | Quarz | Wurtzit |

Bireflektanz nur an Korngrenzen oder unter Öl erkennbar

weiß/hell	*grünlich*	*bläulich*	*rosa/bräunlich*
Rammelsbergit	Akanthit	Chalkosin	Bornit
Zirkon		Rammelsbergit	Columbit
			Stannin (III)

Schwache Bireflektanz

weiß/hell	*bläulich*	*gelblich/creme*	*rötlich/bräunlich*
Antimon	Cinnabarit	Arsenopyrit	Cobaltin
Bismuthinit	Hämatit	Wismut	Manganit
Franckeit	Iridosmium	Löllingit	Wolframit
Glimmer	Safflorit	Tetradymit	
Goethit			
Hessit			
Lepidokrokit			
Wolframit			

Deutliche Bireflektanz

weiß/hell	*grünlich/bläulich*	*gelblich/creme*	*rötlich/bräunlich*
Arsen	Stannin (*gnl*)	Calaverit	Realgar (*rs-vi*)
Azurit		Pyrolusit	

Tabelle 3.5. (Fortsetzung)

Deutliche Bireflektanz

Hausmannit	Boulangerit	Pyrrhotin	Braunit
Hübnerit	Bournonit	Sylvanit	Kassiterit
Kryptomelan	Kermesit		Cubanit
Realgar	Pyrargyrit		Enargit
Rhodochrosit	Rutil		Ilmenit
Rutil			Manganit
Stephanit			Pyrrhotin
			Stannin
			Sylvanit

Starke Bireflektanz

weiß/hell	*grünlich/bläulich*	*gelblich/creme*	*rötlich/bräunlich*
Ankerit	*gnl:*	Markasit	*rs-vi:*
Antimonit	Jamesonit	Nickelin	Luzonit
Calcit	Klockmannit	Proustit	Umangit
Cerussit	Markasit		
Dolomit			*rs-bnl:*
Malachit	*bll:*		Antimonit (*bnl*)
Psilomelan	Klockmannit		Berthierit
Siderit	Miargyrit		Breithauptit
Valleriit	Proustit		Nickelin
	Psilomelan		Proustit
			Valleriit

Extrem starke Bireflektanz

weiß/hell	*bläulich*		*bräunlich*
Graphit	Covellin		Graphit
Molybdänit	(Molybdänit)		

Anmerkung: Abkürzungen s. Tabelle 7.1

Die Bireflektanz ist nur in seltenen Fällen nicht farbig (Tab. 3.5), so daß in der Regel zarte, mitunter nur mit Mühe erkennbare Farb- und Nuancenwechsel sichtbar werden. Ihre Erkennung bedarf einer entsprechenden Schulung des Auges. Die Intensität der Bireflektanz läßt sich für visuell-vergleichende Zwecke nach folgenden Stufen untergliedern (s. Tab. 3.5):

— nicht sichtbar (d. h. trotz Anisotropie)
— nur an Korngrenzen sichtbar
— gering
— deutlich
— stark
— extrem stark.

3.3. Bireflektanz

Die Stufen lassen sich quantitativ (ΔR) unterlegen.
Zur sicheren Erkennung der Bireflektanz können folgende *Empfehlungen* gegeben werden:

— Einhaltung der Bedingungen für eine optimale und ermüdungsfreie Mikroskopie (s. Abschn. 3.1.);
— Dämpfung des Lichtes zur Objektbeleuchtung (Filter, Lampenregelung) unter Einhaltung der günstigsten Farbtemperatur;
— Beobachtung an mehreren Körnern in möglichst günstiger Position hinsichtlich Größe, Ausbildung, Nachbarschaft usw.;
— Einstellung von benachbarten Körnern mit stark unterschiedlichen kristallographischen Schnittlagen mit Hilfe der Anisotropieeffekte (s. Abschn. 3.4.2.1.), d. h. maximaler Unterschiede in Helligkeit und Farbe unter gekreuzten Polaren sowie Beobachtung der Bireflektanzeffekte an den Korngrenzen nach Ausschalten des Analysators;
— Wechsel von Trocken- und Immersionsobjektiven unter Einhaltung der o. g. Empfehlungen sowie Gebrauch von monochromatischem Licht geeigneter Wellenlängen.

Die letztgenannte Empfehlung leitet bereits zu den objektiven photometrischen Methoden der Bestimmung der Bireflektanz über, die im folgenden behandelt werden soll. Für quantitative Untersuchungen von Helligkeits- und Farbunterschieden der Bireflektanz gelten die Grundzusammenhänge und methodischen Richtlinien der Reflektanz- und Farbmessungen (s. Abschn. 3.2.2.2., 3.2.2.3.), jedoch mit eingeschaltetem Polarisator. Entsprechend den Ausführungen zum Erscheinungsbild der Bireflektanz durchlaufen Helligkeit und Farbeindruck je zwei Maxima bzw. Minima mit jeweils gleitenden Übergängen bei einer Volldrehung. Von Interesse für die Messung der Bireflektanz sind die beiden Extremwerte, die sich aus Formel 24 ableiten lassen. Sie stellen sich ein, wenn die Schwingungsrichtung des Polarisators mit einer der Strahlenkomponenten in der Präparatebene (zu n'_α oder n'_γ) übereinstimmt. Definitionsgemäß wird einer der Winkel (φ_1, φ_2) gleich 90° und der andere gleich 0°, so daß die zugehörigen $\cos^2 \varphi_1$ oder 0 werden und eines der beiden Glieder wegfällt. Die beiden Reflektanzwerte R_1 und R_2 dieser sog. »uniradialen Reflexion« werden zur Bewertung der Bireflektanz herangezogen:

$$\bar{R} = \frac{R_1 + R_2}{2} \qquad (27)$$

$$\Delta R = R_1 - R_2 \qquad (28)$$

Die »mittlere Reflektanz« ($\bar{R}$) entspricht etwa der Reflektanz schlechthin (s. Abschn. 3.2.2.1.), die ohne Polarisator beobachtet wird. Sie darf nicht mit einer wellenlängenbezogenen Reflektanz (z. B. $\bar{R}_\lambda = 1/2 (R_{\lambda_1} + R_{\lambda_2})$) verwechselt werden.

Die von BEREK [54] als »Doppelreflexion« bezeichnete Differenz der Reflektanzwerte der uniradialen Reflexionen (ΔR) ist ein Maß für die Bireflektanz und wird in den Tabellen mancher Lehrbücher angeführt (z. B. [34], [80]). Es ist natürlich zweckmäßig, bei Messungen von ΔR im monochromatischen Licht (ΔR_λ) unter Angabe der Wellenlänge sowie im Wechsel von Trocken- und Immersionsobjektiven zu arbeiten.

Abschließend ist zur Intensität der Bireflektanz zu bemerken, daß sie um so flauer wird, je kreisähnlicher die Elliptizität der Lichtschwingungen ist. Andererseits nimmt die Bireflektanz bei kleinen Absorptionskoeffizienten mitunter hohe Werte an, so daß auffällig starke Erscheinungen bei durchsichtigen (z. B. Calcit, Bild 3.7) oder durchscheinenden Mineralen (z. B. Auripigment) zu beobachten sind. Extreme Bireflektanzen sind allerdings an opake Minerale (Graphit, Covellin, Molybdänit u. a.; s. Tab. 3.5) gebunden.

Bild 3.7. Bireflektanz von Calcit (Zwillingslamellen) in einem chloritisch-magnetischen Eisenerz (Büchenberg)
Vergr. 20 × ;
a)

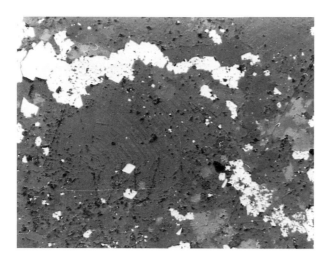

Polarisator gegenüber a)
b) um 90° gedreht

3.4. Anisotropieeffekte und optische Konstanten

3.4.1. Begriffsbestimmung und Einteilung

Anisotropieeffekte sind Helligkeits- und Farberscheinungen, die unter *gekreuzten* Polaren beobachtet werden. Ihr Auftreten ist an allgemeine Schnittlagen optisch anisotroper Minerale gebunden. Anisotropieeffekte sind das Ergebnis von Dispersionsvorgängen des Lichtes in Abhängigkeit von Doppelbrechung, Absorptionseigenschaften und Polarisationszuständen in den jeweiligen Richtungen des Kristallgitters (der Schnittlage). Anisotropieeffekte äußern sich in einem *vierfachen* Wechsel von Helligkeit und Farbe mit Auslöschungen beim Drehen des Präparates unter dem Mikroskop um 360° (Bild 3.8). Trotz phänomenologischer Ähnlichkeit dürfen sie ursächlich nicht mit den Interferenzerscheinungen kristalliner Präparate unter gekreuzten Polaren im Durchlicht identifiziert werden.

Bild 3.8. Anisotropie-Effekte bei Pyrrhotin (a), (b). Deutlich sichtbar sind die unterschiedlichen Aufhellungen bzw. Dunkelstellungen einzelner Körner sowie Zwillingsgrenzen (a) 0°, (b) 90°; Vergr. 180×. Anisotropieeffekte im Covellin (c), (d) bei gleichbleibender Orientierung des Schliffes und Drehung der Polare um 90°, Vergr. 30×

b)

c)

d)

Anisotropieeffekte sind in der Regel sehr lichtschwach und bedürfen bei ihrer Beobachtung und Messung der Erfüllung einiger methodischer und gerätetechnischer Voraussetzungen. Die Helligkeit von Anisotropieeffekten beträgt gegenüber mikroskopischen Bildern im natürlichen Licht nur zwischen 0,1 und max. 2%, so daß sie auch an das Leistungsvermögen des Auges hohe Anforderungen stellen (vgl. Abschn. 2.2.1.3.).

Die Anisotropieeffekte nehmen eine breite Skala von Erscheinungen ein, die sich hinsichtlich der Intensität von »kaum erkennbar« bis »extrem stark« und bezüglich der Dispersionseffekte zwischen »nicht farbig« und »stark farbig« (s. Tab. 3.2 und 7.4) erstrecken. Die Helligkeits-Farbigkeits-Kombinationen sind mitunter so charakteristisch, daß man einzelne Minerale daran erkennen kann (im Gegensatz zu den Interferenzfarben im Durchlicht). Anisotropieeffekte werden visuell beobachtet und bewertet oder photometrisch gemessen. Aus Messungen ergeben sich Möglichkeiten der quantitativen Bewertung (s. Abschn. 3.4.2.2.) und der Ableitung der Lichtbrechungs- und Absorptionskoeffizienten (s. Abschn. 3.4.2.3.).

3.4. Anisotropieeffekte und optische Konstanten

3.4.2. Untersuchungsmethodik

3.4.2.1. Visuell vergleichende Untersuchungen

Der bereits erwähnte starke Wechsel der Bildhelligkeit beim Übergang vom natürlichen Licht zu gekreuzten Polaren und umgekehrt ist mit einer kurzzeitigen Überforderung der Reizempfindlichkeit des Auges verbunden (Dunkelheit, Blendung; s. Abschn. 2.2.1.3.). Nach dem Kreuzen der Polare ist eine kurze Zeitspanne (0,5 bis 2 Minuten) der Dunkeladaption einzuhalten, bevor Helligkeits- und Farbverhältnisse richtig eingeschätzt werden können. Rasche Wechsel von Öffnung und Kreuzung der Polare sind zu vermeiden.

Bei der Beobachtung von Anisotropieeffekten, insbesondere von schwachen, sollten einige *methodische Hinweise* Berücksichtigung finden:

1. Entfernen von Dämpfungsfiltern und Verstärkung der Lichtleistung der Lampe. Bei der elektrischen Regelung des Lampenstromes sollte sich die Farbtemperatur des Lichtes nicht verändern (Halogenlampen).
2. Optimierung der Apertur der Beleuchtungsstrahlen durch Betätigung der Aperturblende bis zur Erreichung prägnanter Effekte. Je größer die Apertur (die Neigung der Strahlen), desto flauer erscheinen die Anisotropieeffekte. Der Vorgang ist bei Objektivwechseln zu wiederholen.
3. Einsatz von Immersionsobjekten. Neben den jeweiligen Lichtbrechungs- und Absorptionskoeffizienten (n, Δn; k, Δk) wirkt sich auch der Brechungsindex des Immersionsmediums (n_0) auf die Helligkeit und Prägnanz der Anisotropieeffekte (Formel 24) aus.
4. Indirekte Beobachtung durch Einrichten des konoskopischen Strahlenganges (BERTRAND-Linse, s. Abschn. 2.2.2.2.). In der Austrittspupille des Objektives (s. Bild 2.18; Abschn. 2.2.1.4.) entsteht unabhängig von der Apertur ein Bild von Strahlenschnittpunkten, die gleichen Reflexionswinkeln entsprechen. Je größer die homogene Fläche des betrachteten Objektes ist, desto deutlicher zeichnen sich Aufhellung und Auslöschung im konoskopischen Bild ab, die gegenüber dem aperturabhängigen orthoskopischen Bild deutlich verstärkt sind.
5. Geringfügige Verstellung des Analysators um 2 bis 4° aus der exakten Kreuzung der Polare. Dieser Kunstgriff führt zu einer Aufhellung und Verstärkung der Anisotropieeffekte, aber auch zu einer erheblichen Verfälschung der Farben. Er ist also nicht zulässig bei diagnostischen Farbbeurteilungen und -vergleichen sowie bei quantitativen Arbeiten (s. Abschn. 3.4.2.3.).

Ein wichtige Voraussetzung für erfolgreiche diagnostische Arbeiten mit den Anisotropieeffekten ist eine gute *Zentrierung* und *Justierung* des Mikroskopes. Neben den allgemeinen Hinweisen (s. Abschn. 2.3.4.) sind die Kontroll- und Justierschritte für die exakte Orientierung und Kreuzung der Polare zu berücksichtigen:

— Einschalten des Kompensationsprismas, da dessen Azimutalfehler kleiner sind als die des Planglases (vgl. Tab. 3.1);
— Kreuzung der Polare über einem isotropen Mineral (Galenit) bis zur maximalen Dunkelheit (unter konoskopischer Kontrolle);
— Prüfung der Auslöschungsintervalle mit einem anisotropen Testmineral (Nickelin); mit Hilfe der Gradeinteilung und Nonien des Drehtisches wird die Winkeldifferenz

und -symmetrie der Auslöschungslagen festgestellt — sie soll genau 90° (±2°) bzw. ±45° betragen;
— bei Abweichungen wird der Polarisator geringfügig korrigiert, der Analysator bis zur Dunkelstellung (PbS) nachgekreuzt und die Prüfung bis zur Erreichung maximaler Genauigkeit wiederholt.

Nach der Justierung stimmen die Schwingungsrichtung des Polarisators mit der Reflexionsebene des Prismas und die Kreuzstellung beider Polare mit einer Genauigkeit von etwa 0,1° überein. Das ist erforderlich, da sich Fehler in der Übereinstimmung von $n \cdot 0{,}1°$ in Abweichungen der Auslöschungsintervalle (»Verschlagen«) von $n \cdot 10°$ bemerkbar machen.

3.4.2.2. Messungen an Anisotropieeffekten

Alle quantitativen Arbeiten an den Anisotropieeffekten setzen sorgfältigste Justierungen voraus:

— streng linear polarisiertes Licht,
— senkrechte Inzidenz (Schlifflage) und
— exakte Kreuzung der Polare (s. o.).

Die Messungen an Anisotropieeffekten basieren auf den mathematischen Zusammenhängen der Winkelbeziehungen zwischen den Schwingungsrichtungen der Lichtwellen und im Kristall, der Elliptizität und dem Umlaufsinn des reflektierten Lichtes (s. Abschn. 2.2.1.2., 3.4.2.3.) sowie den kristalloptischen Konstanten in der jeweiligen Schnittlage. Sie verfolgen zwei Ziele, die sich mit

1. quantitativen Aussagen zu den Anisotropieeffekten und zur Analyse der Schwingungszustände und
2. Bestimmung der kristalloptischen Größen der Lichtbrechungs- und Absorptionskoeffizienten (s. Abschn. 3.4.2.3.)

näher erläutern lassen.
Beide setzen gründlichere Kenntnisse der Schwingungszustände von elliptisch polarisiertem Licht voraus, das als allgemeiner Fall der Auswirkung von Phasendifferenzen zweier Schwingungen bereits behandelt wurde (s. Abschn. 2.2.1.2.).
Zu den Schwingungen S_1 und S_2 gehören die Schwingungsebenen SE_1 (in X) bzw. SE_2 (in Y), die senkrecht aufeinanderstehen, sowie die gemeinsame Fortpflanzungsrichtung Z (Bild 3.9). Die im allgemeinen Fall unterschiedlichen Amplituden sollen x und y sein, so daß sich folgende geometrische Beziehungen ableiten lassen:

$$x = a \cdot \sin \omega^t \tag{29}$$

$$y = b \cdot \sin (\omega^t - \varphi) \tag{30}$$

Die Umrechnung auf eine resultierende Amplitude ergibt mit

$$\frac{x^2}{a^2} + \frac{y^2}{b^2} - 2\frac{xy}{ab} \cos \varphi - \sin^2 \varphi = 0 \tag{31}$$

eine Ellipsenformel.

3.4. Anisotropieeffekte und optische Konstanten

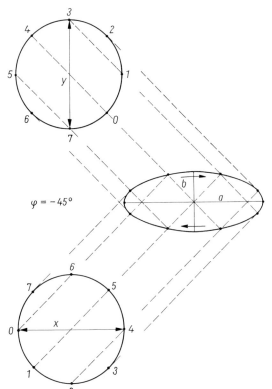

Bild 3.9. Überlagerung zweier linearpolarisierter Schwingungen gleicher Amplituden (x, y) aber unterschiedlicher Phasen zu einer elliptischen Schwingung mit den Halbachsen a und b (nach GALOPIN u. a. [21])

Die Geometrie der Ellipse ist durch ihre beiden Halbachsen (a, b) und die Halbmesser des umschriebenen Rechteckes (x, y) nur bedingt festgelegt, da das Achsenverhältnis $a:b$ und der Drehsinn variabel bleiben. Die Halbmesser x und y können die Werte $-a \ldots 0 \ldots +a$ bzw. $-b \ldots 0 \ldots +b$ annehmen, womit sich zwangsläufig die Werte für die Winkel (Bild 3.10)

ψ Azimut der Ellipsenachse $(x:a)$
χ Azimut der linearen Schwingung $(x:y)$

und der Drehsinn der Ellipse ändern.

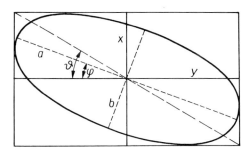

Bild 3.10. Achsen- und Winkelbeziehungen in Ellipse und umschriebenem Dreieck (nach RINNE-BEREK [54])

Daraus lassen sich folgende Fälle ableiten (Bild 3.11):
- rechte oder linke lineare Schwingungen,
- rechte (positive) oder linke (negative) Schwingungsellipsen verschiedener Achsenverhältnisse und
- rechte (positive) oder linke (negative) zirkulare Schwingungen.

Die geometrischen Beziehungen zwischen den Winkeln und Phasendifferenzen der Schwingungen lassen sich auch aus dem sphärischen Dreieck ableiten, in dem die Katheten durch 2ϑ und 2ψ, die Hypothenuse durch 2χ und der Winkel zwischen 2ψ und χ von $\Delta (= \Phi_x - \Phi_y)$ gebildet werden (Bild 3.12). Daraus ergeben sich als weitere Zusammenhänge:

- Die Werte für a und y werden stets größer angenommen als für b bzw. x.
- Die Halbachsen des Rechteckes (x, y) stellen die Amplituden der sich überlagernden Schwingungen dar, deren Phasendifferenz Δ ist.
- Die Phasendifferenz Δ bestimmt gleichzeitig den Umlaufsinn des elliptisch (oder zirkular) polarisierten Lichtes, wobei $\Delta > 0$ einen linkssinnigen und $\Delta < 0$ einen rechtssinnigen Umlauf bedeuten.

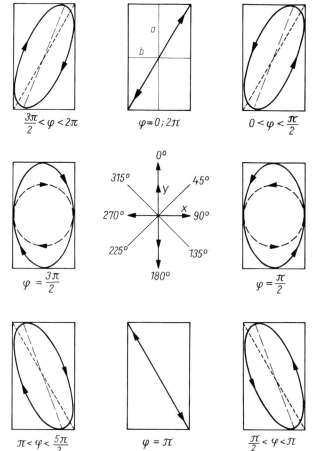

Bild 3.11. Mögliche Fälle linearer, elliptischer und zirkularer Schwingungen durch Überlagerung linearpolarisierter Wellen in Abhängigkeit von der Phasendifferenz

3.4. Anisotropieeffekte und optische Konstanten

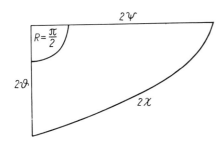

Bild 3.12. Beziehungen zwischen den Seiten (2ϑ, 2ψ und 2χ) und den Winkeln (R, Δ) im Sphärischen Dreieck (nach RINNE-BEREK [54])

- Die Elliptizität wird — unabhängig von x und y — durch das Verhältnis von $b:a = \tan \vartheta$ ausgedrückt.
- Der Wert von χ gibt den Winkelbetrag der wiederhergestellten linearen Schwingung ($\Delta = 0$; Rechteckdiagonale schief zur Ellipsenhauptachse) an, so daß $\tan \chi = y:x$ wird.

Eine Ellipse ist durch zwei der vier angeführten Parameter (Δ, ϑ, ψ, χ) bestimmt. Deren Größe ist jedoch von den Lichtbrechungs- und Absorptionskoeffizienten in den jeweiligen Schnittrichtungen sowie von den Winkeln zwischen den Schwingungsrichtungen abhängig, so daß durch Messung der Richtung und Elliptizität der Schwingungen (ψ, ϑ, χ) eine Bestimmung der optischen Konstanten (n, k) möglich wird (s. Abschn. 3.4.2.3.).
Die Helligkeitsveränderungen beim Drehen des Präparates unter gekreuzten Polaren hängen von der Höhe der Doppelbrechung (Δn_v: $n_2 - n_1$) und des Dichroismus (Δk_v: $k_2 - k_1$) sowie dem Brechungsindex des Immersionsmediums (n_0) ab, so daß sich die anisotrope Aufhellung, d. h. die Differenz zwischen der maximalen Aufhellung in der Diagonalstellung und der minimalen Aufhellung in der Normalstellung durch die Beziehungen der optischen Größen in Form eines Anisotropie- oder Aufhellungskoeffizienten ausdrücken läßt:

$$A_+ = n_0^2 \frac{(n_1 - n_2)^2 + (k_1 - k_2)^2}{[(n_0 + n_1)^2 + k_1^2][(n_0 + n_2)^2 + k_2^2]} \tag{32}$$

Bezogen auf Ellipsenparameter ergibt sich

$$A_+ = \tfrac{1}{2}(1 - \cos 2\psi \cos 2\vartheta)\bar{R} = s_a \bar{R} \tag{33}$$

Unter Zugrundelegung des Anisotropiekoeffizienten kann das Intensitätsverhältnis des eingestrahlten Lichtes (I_0) zum reflektierten Anteil (I_+) berechnet werden:

$$\frac{I_+}{I_0} = (\sin^2 2\psi_v + \tan^2 2\vartheta_v) A_+ \tag{34}$$

Die anisotrope Aufhellung ist Null, wenn

- das Medium isotrop ist oder
- der Schnitt senkrecht zur optischen Achse wirteliger (hexagonaler, trigonaler oder tetragonaler) Kristalle geführt wurde oder
- die Beobachtung in Richtung einer der vier Windungsachsen optisch zweiachsiger Minerale erfolgt.

Die Werte der »Anisotropiekoeffizienten« (A_+, ΔR_+) oder der »spezifischen Anisotropie« (s_a) werden in einigen Werken tabellarisch erfaßt ([15], [54]).
Die Möglichkeit, aus den Anisotropieeigenschaften auf die Kristallsymmetrie zu schließen, ergibt sich aus Kompensatormessungen in Verbindung mit Anisotropiebestimmungen nach BEREK (s. Abschn. 3.4.2.3.). Mineralspezifische Anisotropie-Merkmale (Winkel, Dispersion) können durch direkte Messungen des Winkels A_R zwischen der Schwingungsrichtung der einfallenden Welle und Ellipsen-Halbachse (a) mit Hilfe einer Halbschattenplatte und einem WRIGHTschen Okular bestimmt werden [54].
Ein aufwendig untersuchter, aber für diagnostische Zwecke als ungeeignet erklärter Effekt unter gekreuzten Polaren ist die Drehung der Polarisationsebene durch eine spezifische optische Aktivität des jeweiligen Minerals. Die optische Aktivität wird in vielen älteren Werken erwähnt und z. T. sogar tabellarisch erfaßt. Die Zahl der optisch aktiven Minerale ist durchaus häufig (Tab. 3.6). Einer Empfehlung der COM folgend soll die Erscheinung jedoch nicht weiter behandelt werden.

Tabelle 3.6. Optisches Drehvermögen der Auslöschung in Abhängigkeit von der Wellenlänge für sechs ausgewählte Minerale (nach [48])

Mineral	2,9 470 nm	2,9 546 nm	2,9 589 nm	2,9 650 nm
Arsenopyrit	−2,4°	−2,1°	−1,2°	1,3°
Nickelin	0°	−4,8°	−1,9°	na
Kassiterit	0,9°	1,4°	0,9°	na
Cinnabarit	4,0°	1,8°	1,2°	na
Antimonit	12,0°	2,8°	2,2°	0,4°
Covellin	−6,4°	−4,6°	−5,6°	−15,0°

Erläuterung der Abkürzung: na nicht angegeben

3.4.2.3. Bestimmungen der kristalloptischen Konstanten

Im Zuge der mathematischen Erschließung der Zusammenhänge zwischen Anisotropieeigenschaften, Polarisationszuständen und kristalloptischen Konstanten wurde eine Reihe von Verfahren entwickelt, um aus spezifischen Messungen *Lichtbrechungs- und Absorptionskoeffizienten* von Mineralen *bestimmen* zu können. Sie basieren durchweg auf der Messung von Winkeln bzw. Richtungen mit Hilfe des Analysators und verschiedener Kompensatoren, z. T. auch unter Anwendung von weiteren Hilfsmitteln.
Eine ausführliche Beschreibung aller Verfahren kann nicht Gegenstand eines einführenden Lehrbuches sein, so daß nach einem allgemeinen Überblick auf die spezielle Fachliteratur verwiesen wird (z. B. [9], [19], [36], [54]).

Die Berek-Methode

Die Anisotropiemessung nach BEREK wird im monochromatischen Licht unter exakt gekreuzten Polaren ausgeführt. Mit ihrer Hilfe wird aus der Rückführung elliptisch

3.4. Anisotropieeffekte und optische Konstanten

polarisierten Lichtes in linearpolarisierte Schwingungen mittels geeigneter Kompensatoren (s. Tab. 2.12; Meßkompensator mit azimutaler Drehung, Glimmerkompensator) der Winkel ψ bestimmt. Da die Azimute der ursprünglichen Schwingung (große Halbachse der Ellipse) und der wiederhergestellten linearen Schwingung nicht übereinstimmen, muß durch Nachdrehung des Analysators (Winkel ϑ) die Auslöschung korrigiert werden. Die Folge der einzelnen Schritte ergibt sich logischerweise zu:

- exakte Einstellung der Auslöschungslage unter indirekter (konoskopischer) Beobachtung;
- Drehung des Präparates in die Diagonalstellung (45°), Überlagerung mit dem Kompensator ($n_\gamma : n_\gamma$) und Drehung des Kompensators bis zur optimalen Dunkelstellung;
- Nachführung des Analysators und abwechselnde Betätigung von Kompensator und Analysator bis zur maximalen Verdunkelung;
- Ablesen der Winkelwerte an Kompensator (K_1) und Analysator (A_1);
- Wiederholung der Messungen an der zweiten Diagonalstellung und Ablesen von K_2 und A_2.

Mit Hilfe von Formeln lassen sich die Ellipsenparameter wie folgt berechnen:

$$\vartheta = \left(\frac{A_1 - A_2}{2} - \frac{K_1 - K_2}{2} \right) S \tag{35}$$

$$\psi = \left(\frac{A_1 - A_2}{2} - \frac{K_1 - K_2}{2} \right) C + \frac{K_1 - K_2}{2} \tag{36}$$

Die Korrekturglieder S bzw. C ergeben sich aus den Kompensatorkonstanten (-gangunterschieden, R_K) und der Wellenlänge (λ) des verwendeten monochromatischen Lichtes:

$$S = \sin 2\pi(R_K/\lambda) \tag{37}$$

$$C = \cos 2\pi(R_K/\lambda) \tag{38}$$

Aus den erhaltenen Werten für ψ und ϑ können die Lichtbrechungs- und Absorptionskoeffizienten n und k sowie die zur Charakterisierung der Anisotropie herangezogenen Größen A_+, s_a u. a. (s. Abschn. 3.4.2.2.) bestimmt werden. Die Berechnung von n und k setzt voraus, daß photometrische Messungen der Reflektanz (R, R') in zwei Medien (Luft, Öl) mit unterschiedlichen Lichtbrechungskoeffizienten (n_0, n_0') sowie in den uniradialen Reflexionen (R_1, R_2) bei anisotropen Mineralen vorliegen (s. Abschn. 3.2.2.2. und 3.3.2.). Das Verhältnis der uniradialen Reflexionen (R_2/R_1) läßt sich mit Hilfe der Ellipsenparameter ausdrücken, wonach

$$R_2/R_1 = \frac{1 - \sin 2\psi \cos 2\vartheta}{1 + \sin 2\psi \cos 2\vartheta} \tag{39}$$

ist. Aus diesem Wert und der mittleren Reflektanz ($\bar{R}$) lassen sich die Größen R_1 und R_2 berechnen

$$R_1 = \frac{2\bar{R}}{1 + (R_2/R_1)} \tag{40}$$

$$R_2 = \frac{2\bar{R}}{1 + (R_2/R_1)} (R_2/R_1) \tag{41}$$

die in die folgenden Formeln eingehen

$$n_{1,2} = \frac{n_0'^2 - n_0^2}{2\left(n_0 \dfrac{1 + R'_{1,2}}{1 - R'_{1,2}} - n_0 \dfrac{1 + R_{1,2}}{1 - R_{1,2}}\right)} \tag{42}$$

$$k_{1,2} = \frac{(n_{1,2} + n_0)^2 R'_{1,2} - (n_{1,2} - n_0')^2}{1 - R'_{1,2}} \tag{43}$$

Zur Abschätzung der Symmetrie der untersuchten Minerale werden die Werte für $\dfrac{A_1 + A_2}{2}$ bzw. $\dfrac{K_1 + K_2}{2}$ zu entsprechenden Messungen an anisotropen Vergleichsmineralen in Beziehung gesetzt. Bleiben die Differenzen unter 0,3, so liegen Minerale mit wirteliger Symmetrie (oder spezielle Richtungen mindersymmetrischer) vor, bei Werten über 0,3 aber »zweiachsige«, also orthorhombische, monokline oder trikline Kristalle [9], [54].

Aus dem Verhältnis $\vartheta : \psi$ ($= \tan \tau$) kann ebenfalls eine Unterscheidung di- und trimetrischer Minerale ermöglicht werden, da erstere Vorzeichen und Größenordnung in allen Schnitten beibehalten, während für letztere die Werte zwischen $+90°$ und $-90°$ schwanken [9], [54].

Die Methode nach KÖNIGSBERGER und WRIGHT bildete die Grundlage für die eben beschriebene Methode nach BEREK und spiegelt die geometrischen Verhältnisse zwischen Schwingungsrichtungen und Elliptizität wider. Aufgrund der allgemein geringen Elliptizität wird aber ein sehr empfindlicher Kompensator benötigt, so daß die Methode störanfälliger ist.

Auch die Methode nach SENARMONT, bei der die Kompensatorschwingungsrichtungen parallel zu den Ellipsenachsen ausgerichtet werden, spielt die langgestreckte Ellipsenform neben der Wellenlängenabhängigkeit des Kompensators eine einschränkende Rolle.

Im Gegensatz zu der Methode nach JAMIN, die den Kompensator zum Polarisator orientiert, erfährt der Kompensator nach der Methode von McCULLAGH keine bevorzugte Orientierung. Die Auslöschung erfolgt durch azimutale Drehung eines Glimmerplättchens unter gleichzeitiger Analysatordrehung. Bei der Berechnung müssen die jeweils gegensinnigen Ablesungen von Analysator und Glimmerplatte berücksichtigt werden.

Die nach DRUDE benannte Methode der Bestimmung von n und k aus dem Haupteinfallswinkel bei schräger Inzidenz wurde durch BEREK zu einer mikroskopischen Methode unter Einsatz eines speziellen Universaldrehtisches ausgebaut. Das mit seiner Oberfläche unter $45°$ zur Mikroskopachse geneigte Präparat wird senkrecht zur Mikroskopachse mit linear polarisiertem monochromatischem Licht mit bekanntem Azimut (meist $45°$) bestrahlt. Die beiden Schwingungsrichtungen des zu untersuchenden Minerals werden nacheinander parallel zur Einfallsebene gestellt und mit dem Analysator zur Auslöschung gebracht. Durch abwechselnde Betätigung von Kompensator ($\leq \lambda/4$) und Analysator bis zur maximalen Dunkelheit erhält man wieder 2 Wertepaare (K_1, K_2 bzw. A_1, A_2), aus denen sich $\cos 2\vartheta_{1,2}$ und $\cos 2\psi_{1,2}$ und aus entsprechenden Formeln $n_{1,2}$ und $k_{1,2}$

berechnen lassen [9], [54]. Die Methode ist universell, d. h. auch für transparente und isotrope Minerale anwendbar.

Die Methode nach Pepperhoff

Die Bestimmung von n und k nach dieser Methode beruht auf der Reflektanzmessung an Probenoberflächen, die mit nichtabsorbierenden Schichten bedampft werden (vgl. Abschn. 3.2.2.2.). Zwischen den beiden begrenzenden Flächen der Schicht, deren Lichtbrechungskoeffizient genau bekannt sein muß, kommt es zu Mehrfachreflexionen und Interferenzen und damit zu wellenlängenabhängigen Veränderungen der Reflektanz. Von Bedeutung für die Berechnung von n und k sind die Reflektanzwerte für die nichtbedampfte Probe und für die Wellenlänge, bei der R einen minimalen Wert durchläuft. Die Berechnung selbst erfolgt anhand der Schnittpunkte von Kreisen gleicher Reflektanz in einem n-k-Diagramm nach Auflösung der FRESNELschen Gleichung (Formel 24) in Kreisgleichungen für die beiden genannten Fälle entsprechend

$$k^2 + \left(n - n_0 \frac{1+R}{1-R}\right)^2 = 4R\left(\frac{n_0}{1-R}\right)^2 \quad \text{bzw.} \tag{44}$$

$$k^2 + \left(n - n_s \frac{1+r_1^2}{1-r_1^2}\right)^2 = r_1^2 \left(\frac{2n_s}{1-r_1^2}\right) \tag{45}$$

in denen n_0 und R zu den natürlichen und n_s bzw. r_1 zu den beschichteten Proben gehören [9], [47].

3.5. Innenreflexe

Innenreflexe sind *Leuchterscheinungen in einem Mineralkorn* unter dem Mikroskop, die durch kombinierte Vorgänge der Brechung, Beugung, Streuung und Reflexion des eingestrahlten Lichtes im Inneren eines Objektes bedingt sind. Sie sind dementsprechend an Stoffe mit *geringem* Absorptionsvermögen gebunden. Innenreflexe werden in der Regel unter *gekreuzten* Polaren beobachtet und überlagern sich mit den Anisotropieeffekten.

Tabelle 3.7. Farben von Innenreflexen* der wichtigsten Erz- und Gangminerale

Weiß, Hell	Grünlich	Rot, Rötlich	Bräunlich
Anglesit	**Malachit**	Boulangerit	Alabandin
Baryt	———	Braunit	Ankerit
Calcit	Gelblich	**Cinnabarit**	Brannerit
Cerussit	———	Cuprit	Chromit
Dolomit	Kassiterit	(Enargit)	(Coffinit)
Feldspäte	ged. Schwefel	Franklinit	Columbit
Fluorit		Hämatit	(Freiberit)
Glimmer		(Hausmannit)	Goethit
Jarosit		Hübnerit	Hauerit

Tabelle 3.7. (Fortsetzung)

Weiß, Hell	Gelbrot	Rot, Rötlich	Bräunlich
Korund	Kassiterit	Jakobsit	Ilmenit
Mikrolith	Franckeit	(Jamesonit)	Ludwigit
(Niob-Rutil)	**Realgar**	Kermesit	Maghemit
Olivin	Sphalerit	Lepidokrokit	Uranpechblende
Quarz	Titanit	(Manganit)	(Psilomelan)
Rhodochrosit	Wulfenit	Miargyrit	Siderit
Rutil		Pearceit	Sphalerit
Scheelit		Polybasit	(Tantalit)
Spinelle		Proustit	(Thorianit)
Zirkon		Pyrargyrit	Wurtzit
		Stibioenargit	Uraninit
Bläulich		Tennantit	
		Tetraedrit	
Anatas		Wolframit	
Azurit		Zinkenit	
		Zinkit	

* **stark,** deutlich, (schwach)

Bei massenhaftem Auftreten beeinflussen sie diese bis zur Nichtidentifizierbarkeit. In einigen durchsichtigen Mineralen sind sie bereits im natürlichen Licht oder bei Untersuchungen mit eingeschaltetem Polarisator zu beobachten. In diesen Fällen können sie photometrische Messungen (s. Abschn. 3.2.2.) erheblich stören.

Untersuchungen von Innenreflexen werden vorteilhaft bei erhöhter Lichtintensität, vergrößerter Apertur, Einsatz von Ölimmersions-Objektiven oder im Dunkelfeld durchgeführt. Innenreflexe äußern sich in Form von punkt- oder flächenförmigen, meist unscharfen Lichteffekten (Bild 3.13) und unterscheiden sich dadurch wesentlich von den flächenhaften Anisotropie-Effekten (s. Bild 3.8).

Bild 3.13. Innenreflexe in verschiedenen Mineralen
a) Kassiterit und Quarz
Vergr. 140 ×

3.5. Innenreflexe

b) Olivin
   Vergr. 140×

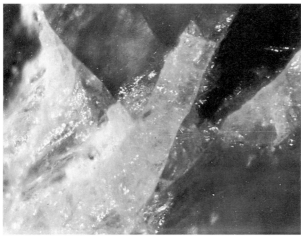

c) Auripigment
   Vergr. 140×

d) Cinnabarit (c) und (d) mit
   Anisotropieeffekten
   Vergr. 140×

Das Erscheinungsbild der Innenreflexe hängt mit deren Entstehung zusammen, die sich auf

- Reflexion (und Brechung) an Korngrenzen, Spaltrissen, Mikroklüften, Zwillingsgrenzen und anderen flächigen Inhomogenitäten,
- Streuung an Einschlüssen und Trübungen sowie den o. g. Inhomogenitäten und
- Absorptions- und Dispersionseffekte in Abhängigkeit von den optischen Eigenarten des Minerals

zurückführen lassen (s. Bild 3.13).
Innenreflexe treten stets in der *Eigenfarbe* des Minerals auf, so daß diese auch bestimmt werden kann (Tab. 3.7 und 7.4). Vertreter von isomorphen Mischungsreihen (Fahlerze, Proustit-Pyrargyrit, FeS-Gehalte in Sphalerit u. a.) zeigen gleitende Übergänge zwischen den Endgliedern. In Fällen guter Spaltbarkeit oder von Ablösungsflächen in Mineralen können auch bunte Innenreflexe entstehen, die auf Interferenzen (»Farben dünner Blättchen«, Bild 3.13) zurückzuführen sind.

3.6. Härte (Mikrohärte)

3.6.1. Begriffsbestimmung und Einteilung

Die *Härte* ist als *Widerstand* definiert, den ein Körper dem *Eindringen* eines anderen Körpers entgegensetzt. Sie hat die Dimension eines Druckes und wird in N/m^2 (N/cm^2; kp/cm^2 in der älteren Literatur) ausgedrückt. Die Härte ist insofern in der Reihe »optisch bestimmbarer Mineraleigenschaften« fehl am Platz, als das Eindringen des Prüfkörpers in den Prüfling durch Druck, Schlag, Stoß, Reißen, Ritzen, Schleifen u. a. mechanische Wirkungen erzielt und makroskopisch festgestellt werden kann. Erst mit der Einführung spezieller Prüfverfahren für die *Mikrohärte* in die metallographische und mineralogische Praxis kann von einer mikroskopischen Methode (im weiteren Sinne) gesprochen werden.
Härteabschätzungen beruhen auf qualitativen Vergleichen von Ergebnissen mechanischer Beanspruchungen (Risse, Kratzer, »Relief«, s. Abschn. 3.6.2.1.), Härtemessungen auf der Anwendung spezieller Zusatzgeräte (s. Abschn. 3.6.2.2.).
Die in der mineralogischen Praxis übliche Härteabstufung nach MOHS, die auf der gegenseitigen Ritzbarkeit beruht, ist für mikroskopische Belange viel zu grob, da sich jeder Stufe (oder Halbstufe) nach MOHS viele Minerale zuordnen lassen. Der Zusammenhang zwischen MOHS- und Mikrohärte ist exponentiell (Bild 3.14). Die in der älteren Literatur ([32], [33], [57]) noch empfohlenen Methoden sind größtenteils überholt und sollen nur der Vollständigkeit halber erwähnt werden. Die Verwendung von Metallnadeln unterschiedlicher Härte zur Erzeugung von Kratzern auf der Mineraloberfläche u. d. M. ist durch die weitaus größere Spannweite der Mineralhärten und durch Manipulationsmöglichkeiten unter dem Objektiv begrenzt. Die Erzeugung von Standard-Ritzbreiten durch variable Auflasten und deren Messung unter dem Mikroskop (z. B. TALMAGE-Härte) läßt auch nur eine grobe Abstufung zu.

3.6. Härte (Mikrohärte) 111

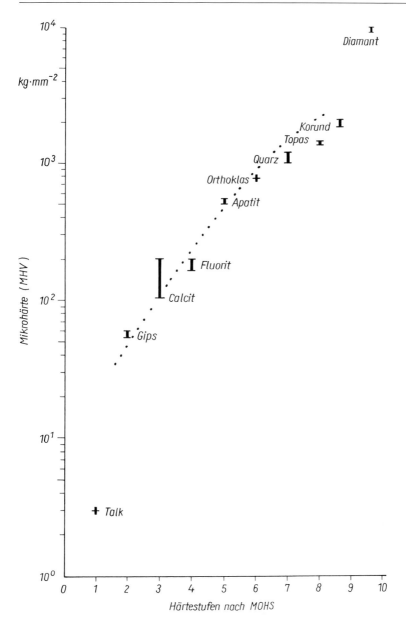

Bild 3.14. Zusammenhang zwischen den Härtestufen nach Mohs (1 bis 10) und den Werten der Mikrohärte (nach Lebedeva [41])

Die Einteilung der Härte erfolgt qualitativ nach »weich«, »mittel« oder »hart« [58], nach relativen Vergleichen mit Bezugsmineralen in verschiedenen Abstufungen oder nach den absoluten Werten in Abhängigkeit von den verschiedenen Verfahren (s. Tab. 3.2, 3.8 und 7.4). Die Mikrohärte spielt in den verschiedenen Identifikationssystemen neben der Reflektanz eine wichtige Rolle (s. Abschn. 3.8.).

3.6.2. Methoden der Härtebestimmung

3.6.2.1. Qualitative Härteabschätzung

Die am mikroskopischen Bild angewandten qualitativen Verfahren beruhen auf Vergleichen von Spuren mechanischer Beanspruchung benachbarter Phasen.

In der Regel ist eine glatte, kratzerfreie Oberfläche ein Zeichen für hohe Härte, während sich weiche Minerale durch zahlreiche feine, unregelmäßig verlaufende Schleif- und Polierspuren auszeichnen (s. Bild 2.10). Moderne Bearbeitungsverfahren (s. Abschn. 2.1.2.) machen es aber möglich, kratzerfreie Präparate herzustellen, so daß diese Unterscheidungsmöglichkeit entfällt.

Wird ein Teil der Oberfläche eines polymineralischen Präparates von einer Kratzspur durchsetzt, so ist deren Breite (bzw. Sichtbarkeit) ebenfalls ein Hinweis auf die relativen Härten der betroffenen Körner (s. Bild 2.10). Hochwertige Polituren schließen die Anwendung der Methode aus.

Einen weitaus höheren Wert für die Härteabschätzung und -vergleiche hat das sog. Relief. Ausgehend von einem einwandfrei bearbeiteten Präparat und einer anschließenden reliefentwickelnden Politur (s. Abschn. 2.1.2.3., 2.1.3.) kann mit Sicherheit festgestellt werden, daß weiche Minerale tiefer ausgeschliffen sind als härtere. Je kräftiger das an einem dunklen Grenzsaum erkennbare »Relief« ausgebildet ist (s. Bild 3.1), desto größer ist der Härteunterschied zum benachbarten Mineral.

Die Grenze zwischen zwei ungleich harten Mineralen ist als schräge, konkav oder konvex abgerundete Kante ausgebildet, die das einfallende Licht unter anderen Winkeln reflektiert als die horizontale Oberfläche des Korns. In Abhängigkeit von der Neigung der Kante und dem Fokussierungszustand des Objektives zeigt sich eine *Lichtlinie* in einem der ungleich harten benachbarten Minerale (Bild 3.15). Durch Bewegen des Tisches (Fokussierbewegung!) wandert die Lichtlinie und gibt nach der *3-H-Regel* Auskunft über die Tendenz des Härteunterschiedes: Beim *H*eben des Tisches wandert die Lichtlinie in das *h*ärtere Mineral *h*inein.

Dieser Effekt ist sehr empfindlich und tritt bereits bei Härteanisotropien von Körnern einer Mineralart auf. Er kann durch das Einschalten des Planglases (s. Abschn. 2.2.2.1.), Verringerung der Apertur sowie durch Anwendung der Phasen- oder Interferenzkontrast-Methode (s. Abschn. 2.3.3.) verstärkt werden. In der praktischen Anwendung der relativen Härte (Reliefhärte, Schleifhärte) gibt also

— die *Wanderung* der Lichtlinie über die *Tendenz* und
— die *Stärke* der Grenzlinie über die *Höhe*

der Härteunterschiede Auskunft.*

3.6.2.2. Quantitative Härtemessung

Die verschiedenen Meßverfahren für die Bestimmung der Mikrohärte wurden aus der bekannten VICKERS-Methode abgeleitet. Ihnen ist gemeinsam, daß eine *Diamantspitze* definierter Form mit einer meßbaren Kraft in die Oberfläche des Prüflings (Minerals)

---

* In der auflichtmikroskopischen Diagnostik spielt die Bestimmung der relativen Härte (Schleifhärte H_M) aufgrund ihrer verhältnismäßig einfachen Handhabung eine große Rolle (s. Abschn. 3.1., 5.1. bis 5.5.).

3.6. Härte (Mikrohärte)

Tabelle 3.8. Die Schleifhärten (*H*)* der häufigsten Erzminerale (nach Angaben aus [58] und [77])

Weich (H < 2,5)	Mittelhart (H = 2,5 … 4)	Hart (H > 4)
Argentit	Galenit	Pyrrhotin
Polybasit	Chalkosin	Psilomelane (z. T.)
Rotgültigerze	Bismuthin	Gersdorffit
Argyrodit	Bournonit	Ullmannit
Stephanit	Cerussit, Anglesit	Gudmundit
Realgar	Kupfer	Löllingit
Auripigment	Bornit	Magnetit, Maghemit
Antimonit	Molybdänit	Arsenopyrit
Berthierit	Chalkopyrit	Olivin
Bismut	Calcit	Scheelit
Emplektit	Millerit	Lievrit
Covellin	Fluorit	Ilmenit
Stromeyerit	Graphit (z. T.)	Chromit
Antimon	Limonit (z. T.)	Hämatit
Arsen	Baryt	Augit, Hornblende
Miargyrit	Silber	Feldspäte
Klockmannit	Gold	Braunit, Hausmannit
Umangit	Cubanit	Rutil
Clausthalit	Stannin	Cobaltin
Cinnabarit	Malachit	Uranpechblende
Dyskrasit	Dolomit	Gelpyrit
Naumannit	Fahlerze	Markasit
Boulangerit	Enargit, Luzonit	Pyrit
Tetradymit	Sphalerit, Wurtzit	Sperrylith
	Siderit	Columbit
	Linneit	Quarz
	Nickelin	Rhodonit
	Maucherit	Granate
	Skutterudit	Kassiterit
	Rammelsbergit	Spinell
	Safflorit	Korund
	Bravoit	Karbide
	Pentlandit	Diamant
	Platin	

* Als Schleifhärte bezeichnet man den Abnutzungswiderstand gegen Schleif- und Poliermittel. Sie nimmt in vorliegender Tabelle in den Spalten von oben nach unten zu.

eingedrückt wird. Von den möglichen technischen Lösungen hat sich die nach VICKERS benannte und erstmals durch HANEMANN (1940; vgl. Abschn. 1.2.; 2.3.3.) von der Firma Carl Zeiss JENA realisierte Methode durchgesetzt, so daß in den Dokumenten der COM und in den auf diesen basierenden Tabellenwerken (z. B. [41], [53], [60], [77]) und Identifikationssystemen [12], [38], [72]; s. Abschn. 3.8.) stets die Härte als *VHN* (VICKERS Hardness Number) angegeben wird.

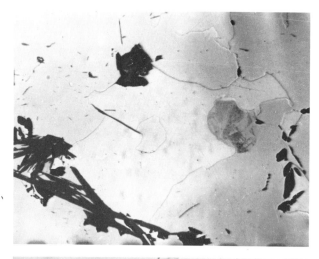

Bild 3.15. Bestimmung der relativen Härte zwischen Pyrrhotin und Pentlandit (230 bis 370 bzw. 195 bis 230) mit Hilfe der Lichtlinie
Vergr. 180 ×
a) fokussiert

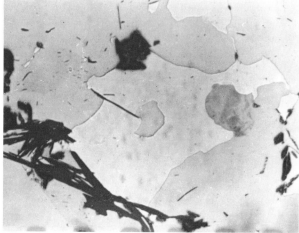

b) Tisch gesenkt, Linie im Pentlandit

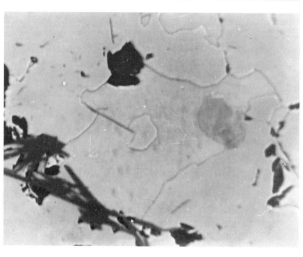

c) Tisch gehoben, Lichtlinie im Pyrrhotin

3.6. Härte (Mikrohärte)

Das Prinzipielle der Durchführung von Härtemessungen soll am Beispiel des Mikrohärteprüfers mhp 100 in Verbindung mit dem Kameramikroskop NEOPHOT von Carl Zeiss JENA (s. Abschn. 2.3.1., 2.3.3.) demonstriert werden. Folgende Voraussetzungen gelten als erfüllt:

— Zentrierung und Justierung des Mikroskopes;
— Austausch des Mikroskopobjektives gegen das Spezialobjektiv des mhp 100;
— Montage des monokularen Tubus und des Meßschraubenokulars sowie dessen Zentrierung;
— Eichung oder Überprüfung der Kraftanzeige;
— Einlegen eines Grünfilters;
— Fixierung des Schliffes und Sicherung gegen Ausweichen vor dem Auflastdruck.

Für die Durchführung der Messung ergeben sich folgende Schritte:

1. Auswahl der Prüfstelle und Fixierung unter dem Schnittpunkt des geschlossenen Fadenkreuzes. Der Abstand zum Kornrand und zu benachbarten Eindrücken sollte mindestens das Doppelte der zu erwartenden Diagonallänge des Eindruckes betragen.
2. Herstellung des Eindruckes durch Senken des Objekttisches über das Verschwinden des Bildes bis zur Bewegung der eingeblendeten Meßskala. Die weitere Drehung des Grobtriebes erfolgt zügig (5 bis 10 Sekunden) bis zum Erreichen des Skalenwertes, der der festgelegten Kraft entspricht. Nach einer vereinbarten Haltezeit (5 bis 30 Sekunden, meist 15 Sekunden) wird der Tisch bis zum Wiedererscheinen des Bildes angehoben (Bild 3.16).
3. Ausmessen der Diagonallängen des Eindruckes durch Anlegen der beweglichen Schenkel des Meßfadenkreuzes im Schraubenokular und Ablesen der Anzeige an der Meßtrommel.
4. Berechnung der Härte (*MHV*, *HV*, *VHN*) nach der angegebenen Formel

$$VHN = 1854{,}4 \frac{F}{d^2} \qquad (46)$$

in kp/mm² mit F in Pond und d in Mikrometern. Unter Berücksichtigung der SI-Einheiten ergibt sich der gleiche Zahlenwert in MN/m².
5. Wiederholung der Messungen unter Drehung des Präparates um 90° (2. Diagonale) und Wechsel des Meßpunktes bis zur Erreichung der erforderlichen statistischen Genauigkeit.

Zur Erreichung zuverlässiger Härtewerte sind einige Hinweise zu beachten, die den prinzipiellen Ablauf des Meßvorganges ergänzen:

— In Abhängigkeit von Einflüssen der Anisotropie der Härte (absolute Größe, Tenazität, Spaltbarkeit usw.) können die Eindrücke in vielfältiger Weise deformiert werden (Bilder 3.16 und 3.17). Je weiter die Realform der Eindrücke von der idealen quadratischen Form abweicht, desto schwieriger wird die Ermittlung der repräsentativen Diagonallänge und damit der Härte. Für verschiedene Deformationsfälle gelten Korrekturvorschriften und Empfehlungen für die Zahl der durchzuführenden Messungen [9], [41], [81].

116   3. Mineraleigenschaften

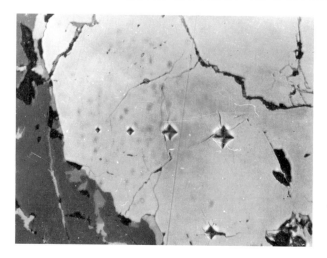

Bild 3.16. Härteeindrücke in verschiedenen Mineralen
a) Arsenopyrit mit Auflasten von 10, 20, 50 und 100 p (beginnende Rißbildung)
Vergr. 350×

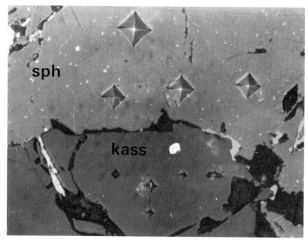

b) je drei Eindrücke mit 50 p und ein Eindruck mit 100 p in Kassiterit (*kass*) und Sphalerit (*spha*)
Vergr. 350×

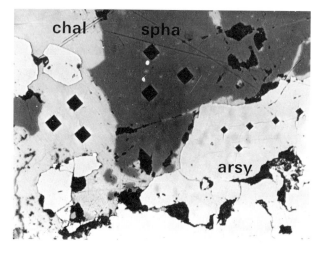

c) Eindrücke unter 50 p in Arsenopyrit (*arsy*), Sphalerit (*spha*) und Chalkopyrit (*chal*)
Vergr. 230×

3.6. Härte (Mikrohärte)

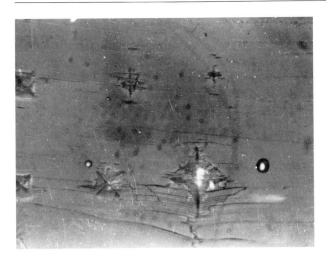

d) Eindrücke (10, 20, 50 p) in Glimmer, davon drei Diagonalen senkrecht, drei schräg zur Spaltbarkeit
Vergr. 230×

— Die Länge der Diagonale wird vom Auflösungsvermögen des Objektives beeinflußt, das wiederum von der numerischen Apertur abhängig ist (s. Abschn. 2.2.1.4.; Tab. 2.7). Für Präzisionsmessungen empfiehlt es sich, das Spezialobjektiv des Mikrohärteprüfers (32/0, 30) gegen ein Mikroskopobjektiv höherer Apertur (z. B. 25/0, 50) auszutauschen und ggf. eine Korrektur der Länge unter Anwendung der Formel

$$d = 1{,}22\varkappa \frac{\lambda \cot \alpha/2}{A} \tag{47}$$

d = Diagonallänge
$\varkappa$ = 0,4 bis 0,5
λ = 550 nm
α = 90°

durchzuführen.

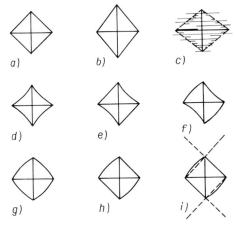

Bild 3.17. Deformationen von Eindrücken durch Anisotropie und Tenazität von Mineralen
a) Idealform
b) rautenförmig deformiert
c) durch Spaltbarkeit überlagert (s. Bild 3.16 d)
d), e), f) konkav (elastisch) deformiert
g), h) konvex (plastisch) deformiert
i) Korrektur der Deformation bei Anlage des Meßkreuzes

- Die Größe (die Diagonallänge) des Härteeindruckes ist kraftabhängig (Bild 3.18). Daraus ergibt sich, daß Härtewerte ohne gleichzeitige Angabe der verwendeten Prüfkraft wertlos sind. Die Möglichkeiten zur Gewährleistung der internationalen Vergleichbarkeit ergeben sich aus

  - standardisierten Eindruckdurchmessern (15 bis 20 μm) bei variabler, aber genau bekannter Last oder
  - standardisierte Druckkräfte (0,25, 0,5, 1,0 N), wobei die von der COM empfohlene Prüfkraft von 1 N als zu hoch eingeschätzt werden muß und
  - Aufstellung von Härtegruppen (z. B. 5 [41]) mit abgestuften Prüfkräften zwischen 0,03 und 2 N (s. Tab. 3.2).

- Die Kraftabhängigkeit der Eindruckgröße kann zur Beurteilung der Plastizität und zur Schaffung weiterer Unterscheidungskriterien herangezogen werden. Dazu werden

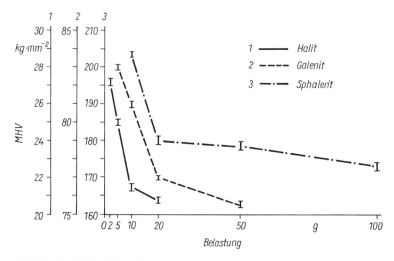

Bild 3.18. Kraftabhängigkeit der Härte am Beispiel dreier Minerale

- Härtekurven für die Mikrohärte (MH) aus Mittelwerten mehrerer Messungen mit abgestuften Prüfkräften nach der Formel [9]

$$\log MH = \log c + (n - 2) \log d \qquad (48)$$

  c Materialkonstante
  n Steigungsmaß
  d Diagonallänge

  berechnet und in Diagramme ($\log MH / \log d$) eingetragen.
  Das Verhältnis von MH_{max} zu $MH_{min} (= K_H)$ kann zur Unterscheidung von Mineralen mit vergleichbaren Härtewerten oder zur Abschätzung von Härteanisotropien herangezogen werden.

- Das erste Auftreten von Rissen in der Umgebung von Eindrücken in Abhängigkeit von zunehmenden Prüfkräften kann zur qualitativen Bewertung der Tenazität (Sprödigkeit, Plastizität) herangezogen werden (Tab. 3.9).
- Als Härtestandards für internationale Vergleiche dienen Spaltflächen von Halit (VHN = 19,0 bis 22,0 bei 50 bis 70 mN) oder Reinstmetalle.

Tabelle 3.9. Tenazität von Mineralen (nach LEBEDEVA [41])

Stufe	Bezeichnung	Beispiele
I	sehr spröd	Pyrit
		Kassiterit
II	spröd	Tantalit
III	wenig spröd	Sphalerit
IV	wenig plastisch	Magnetit
V	plastisch	Galenit
VI	sehr plastisch	Antimonit

Zusammenfassend kann festgestellt werden, daß die Bestimmung der Mikrohärte wertvolle Informationen zum Vergleich und zur Identifikation von Mineralen und anderen Objektbestandteilen liefert. Die von RAMDOHR [52] geäußerte Skepsis und Enttäuschung über die Anwendbarkeit der Härtewerte kann erheblich abgeschwächt werden, wenn die volle Breite der Möglichkeiten hinsichtlich Präzision, Differenzierung und rechnergestützter statistischer Auswertung ausgenutzt wird.

3.7. Gefüge

3.7.1. Begriffsbestimmung und Einteilung

Mikroskopische Bilder von natürlichen und technischen kristallinen Substanzen zeigen einen grundsätzlichen Aufbau aus einer Vielzahl von Einzelkörnern, die sich in Größe, Form, Begrenzung, Anordnung und Raumerfüllung unterscheiden. Sie sind dementsprechend als polykristallin und polyphas anzusprechen, da sie in der Regel auch aus verschiedenen Bestandteilen (Phasen) zusammengesetzt sind.

Unter *Gefüge* sind somit die Eigentümlichkeiten eines Materials zu verstehen, die sich aus der Gesamtheit der beteiligten Phasen, deren spezifischen Eigenschaften hinsichtlich *Größe* und *Formentwicklung* sowie den gegenseitigen *räumlichen* Beziehungen ergeben. Absolute und relative Größe, Eigen- und Fremdgestaltigkeit sowie spezifische Ausbildungen der Körner der einzelnen Bestandteile werden als *Strukturen* bezeichnet, während ihre gemeinsame Anordnung im Raum (statistisch-homogen, richtungslos, gerichtet usw.) die *Texturen* bilden. Beide Gefügegruppen geben wichtige Auskünfte über die Entstehungsbedingungen des Materials, da sie primäre Wachstumsprozesse und nachfolgende Umwandlungen durch mechanische, thermische, korrosive u. a. Einflüsse widerspiegeln. Das Gefüge stellt daher ein wichtiges diagnostisches Merkmal für die Gesamtbeurteilung einer zu untersuchenden Substanz dar, wobei zwischen qualitativen, beschreibenden, und quantitativen, messenden, Methoden der Gefügeuntersuchungen zu unterscheiden ist (vgl. Abschn 4.3.).

Im Verlauf der Geschichte der Auflichtmikroskopie entwickelten einzelne Fachgebiete eigene Bezeichnungen für Gefügeelemente und -untersuchungen, die sich in den Geowissenschaften (Petrologie, Lagerstättenlehre, Kohlenpetrographie u. a.) und in den technischen Wissenschaften (Metallographie, Keramik, Plastographie u. a.) z. T. erheblich unterscheiden. Sie könnten jedoch im Zuge der Entwicklung und Weiterentwicklung der Stereologie und Stereometrie in eine einheitliche, der modernen rechnergestützten Bildanalyse angepaßten Methodik und Terminologie münden (s. Abschn. 4.3.; [56]).

3.7.2. Gefüge von Erzen

Erze sind Produkte natürlicher, in der langen geologischen Vergangenheit und unabhängig vom Menschen abgelaufener Prozesse. Ihre Gefüge sind sowohl von der formalen Seite — wenn Korngrößen und -formen, Verwachsungsart und -grad und andere Größen für Rohstoffwissenschaftler, Aufbereiter u. a. von Bedeutung sind — als auch im Hinblick auf ihre Bildung und Umbildung von wesentlichem Interesse. Dementsprechend wird zwischen formalen und genetischen Gefügen unterschieden (Tab. 3.10 und 3.11; [22], [35], [46], [48], [52], [58], [67], [71], [90]).
Die Ursachen für die verschiedenartigen Gefüge von Erzen ergeben sich aus der unermeßlichen Vielfalt der allgemeinen und speziellen (regionalen, lokalen, parageneti-

Tabelle 3.10. Formale Gefüge (Strukturen, Texturen nach [58])

	Kornausbildung	Einfache Gefüge	Zusammengesetzte Gefüge
Strukturen	gleichkörnig	allotriomorph hypidiomorph	sperrig — ophitisch — intersertal
		panidiomorph	Entmischungen, sonstige
	ungleichkörnig	porphyrisch	— poikilitisch — arteritisch — diablastisch-dialytisch
Texturen	richtungslos-körnig gerichtet	einsinnig gerichtet — Fasern — Blätter — gerichtete Körner radial	ebenlagig gebogenlagig konzentrisch-schalig oolithisch konkretionär
	nach Raumerfüllung — kompakt — körnig-porös — sperrig — zellig-schalig — miarolithisch-drusig, Mandelstein-Textur		

3.7. Gefüge

Tabelle 3.11. Genetische Gefüge (nach [58])

Gruppen	Gefügearten, -bezeichnungen
Primärgefüge	Kristallisations-(Wachstums-)Gefüge – aus liquidmagmatischen Schmelzen – aus pegmatitischen Schmelzen – aus pneumatolytischen Fluida – aus hydrothermalen Lösungen – aus niedrigtemperierten Lösungen Kolloidgefüge – aus hydrothermalen Lösungen – aus niedrigtemperierten Lösungen Sedimentationsgefüge
Umbildungs- gefüge	paramorphe Umlagerungen Entmischungen Zerfall Verdrängungen – liquidmagmatische Autohydratation – in Pegmatiten – in Kontaktpneumatolyten – in Pneumatolyten – in Hydrothermaliten thermische Umbildung an Kontakten Oxydationsstrukturen Zementationsstrukturen Diagenesegefüge
Verformungs- gefüge	Kataklase Durchbewegung Rekristallisation Komplexe und polymetamorphe Gefüge

schen usw.) Bedingungen ihrer Bildung und Veränderung in Raum und Zeit. Strukturen und Texturen lassen sich aus dem megaskopischen Bereich des Aufschlusses im Tagebau, Schurf oder Tiefbau über die makroskopische Beschaffenheit des Handstückes bis in die mikroskopischen und submikroskopischen (elektronenmikroskopischen) Dimensionen verfolgen und korrelieren. Die Kenntnis und Berücksichtigung der makroskopischen Zusammenhänge ist eine wichtige Voraussetzung für das Verständnis und die Deutung der mikroskopisch sichtbaren Erscheinungen (vgl. Abschn. 2.1.2.1., 4.1., 4.2., Kap. 5, 6).

Beobachtungen und Messungen an den *formalen* Strukturen von Erzen (s. Tab. 3.10) entscheiden häufig über wirtschaftliche Belange (Bauwürdigkeit, Aufbereitbarkeit, Aufbereitungsmethoden, komplexe Nutzung usw.). Sie sind Hauptobjekt stereometrischer Analysen. Die *genetischen* Gefüge (s. Tab. 3.11) sind von besonderem Wert für den Lagerstättenforscher, da sie Träger vieler Informationen der Bildungsumstände sind. Im Gegensatz zu Gefügen technischer Prozesse (s. Abschn. 3.7.3.) sind die genetischen Erzgefüge jedoch nur schwer formalisierbar, durch Richtreihen vergleich- und typisierbar und dementsprechend auch kaum durch bildanalytische Methoden quantifizierbar

(s. Abschn. 4.3.). In den meisten Fällen beruht die Beurteilung genetischer Gefüge auf der Erfahrung des Mikroskopikers im Vergleich mit Darstellungen und Beschreibungen anderer Forscher. Aus diesem Grund wurde den Erscheinungsbildern genetischer Erzgefüge in den Erläuterungen zu den wichtigsten Mineralparagenesen breiter Raum gegeben (s. Kap. 5).

Eine wichtige Aussage neben den formalen und genetischen Zügen von Erzgefügen ist die *relative Altersstellung* einzelner Minerale. Sie ergibt sich aus einer Reihe von Kriterien, die sich wie folgt zusammenfassen lassen (Bilder 3.19a bis i):

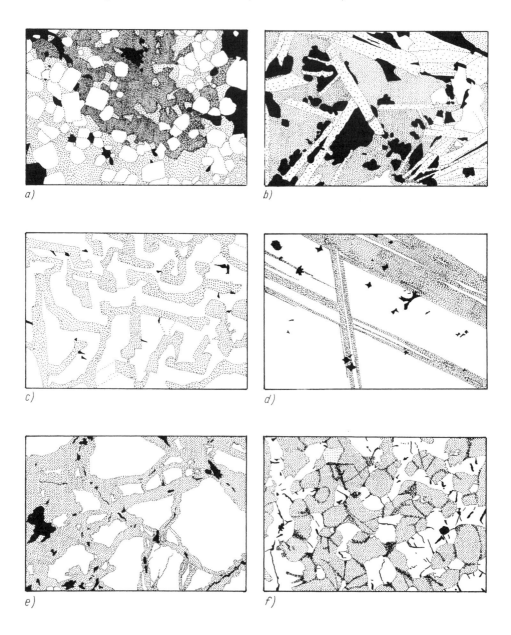

3.7. Gefüge

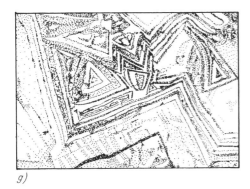
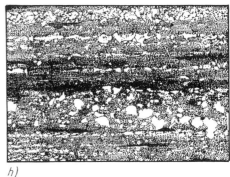

g) h)

i)

Bild 3.19. Formale Gefüge von Erzen (nach RAMDOHR [52])
a) hypidiomorph, ungleichkörnig (Pyrit, rekristallisiert)
b) sperrig, leistenförmig (Wolframit)
c) myrmekitisch-graphisch (Pyrit-Bornit-Verwachsungen)
d) Entmischungsstrukturen (Cubanitleisten und Sphaleritsternchen in Chalkopyrit)
e) diablastisch-dialytisch (Chalkosin verdrängt Pyrit)
f) gleichmäßig und richtungslos körnig (Pyrrhotin in Silikaten)
g) radial, konzentrisch-schalig (Melnikovit)
h) ebenlagig (Bändererz, Rammelsberg)
i) oolithisch (Eisenerz)

— Idiomorphe Kristalle sind in der Regel älter als ihre (xenomorphe) Umgebung (Bilder 3.19b; 5.4); Idioblasten, also jüngere Sprossungen, sind auf metamorphe Bildungen beschränkt (z. B. Bild 3.19a).
— Korrosionsfiguren an Rändern idiomorpher Kristalle sind Zeichen des geringeren Relativalters der korrodierenden Partner (Bilder 3.19f; 5.14).
— Unterschiedlicher Altersstellung können Einschlüsse sein, so daß zwischen

- übernommenen präexistenten Einschlüssen (»ältere Fremdgäste«),
- syn- und subsyngenetischen Einschlüssen (»Familiengäste«, Entmischungen; Bilder 3.19c und d) und
- epigenetischen Einschlüssen (»jüngere Einwanderer«, Umwandlungen) (Bilder 5.13, 5.55)

differenziert werden muß.
— Minerale auf Klüften, Rissen, Spuren der Spaltbarkeit u. a. sind stets jünger als das Wirtsmineral (Bilder 3.19e; 5.113).

Anhand dieser Kriterien können oft mehrere Generationen und Verwachsungstypen unterschieden werden (s. Kap. 5.).

3.7.3. Gefüge von anderen Auflichtobjekten

Den Aufgabenstellungen und Problemen von Gefügeuntersuchungen an Erzen und natürlichen mineralischen Stoffen stehen die Struktur- und Texturanalysen an Kohlen nahe, wobei allerdings die Phasen in Form der sog. Macerale auftreten (s. Kap. 6). Sie behalten oder verändern ihre Eigenschaften unter den Einflüssen mechanischer oder thermischer Behandlung (Brikettieren, Verkoken, Verschwelen, Vergasen usw.). Den eigentlichen Produkten technischer Prozesse ist gemeinsam, daß ihre Gefüge unter reproduzierbaren Bedingungen entstehen und in mehr oder minder kurzer Zeit in gleicher oder systematisch veränderter Weise erzeugt werden können. Gefüge werden zum Kriterium der Optimierung der Bedingungen von Versuchen oder technologischen Prozessen. Dabei spielt – im Gegensatz zu Erzuntersuchungen – die Identifikation der Phasen eine oft untergeordnete Rolle. Aufgrund der Vielzahl von technischen Prozessen, die in verschiedenen Industriezweigen zu bedingungsabhängigen Gefügen führen, verbietet sich hier eine erschöpfende Zusammenstellung. Im Zusammenhang mit einigen wichtigen Beziehungen sei auf die Spezialliteratur dieser Fachgebiete verwiesen.

Die größte Vielfalt von Gefügebildungen und -veränderungen, die mit den Methoden der Metallographie untersucht werden, ist bei der Verarbeitung von Metallen zu erwarten, deren Stufen sich von der Primärformung (Gießen, Sintern) über Kalt- und Warmverformung (Walzen, Ziehen, Stauchen, Schmieden, Pressen usw.) bis zum Verbinden (Schweißen, Löten) oder Trennen (Trennschleifen, Sägen, Reißen, Brechen usw.) erstrecken. Auch Oberflächenveränderungen (Korrosion, Rosten u. a.) und -vergütungen (Galvanik, Oxydation, Beschichten usw.) lassen sich anhand von Gefügeveränderungen verfolgen [20], [61]. Eine besondere Bedeutung erlangen die Material- und Gefügeuntersuchungen bei der Schadensanalyse [76], die mit zunehmendem technischem Fortschritt (Anlagevermögen, Kosten für Stillstandszeiten und Instandsetzungsmaßnahmen usw.) an ökonomischem Wert gewinnt (Bild 3.20).

Ganz ähnliche Aussagen lassen sich für die Beziehungen zwischen Technologie, Gefüge und Wirtschaftlichkeit im großen Bereich der keramischen Industrie treffen, unabhängig

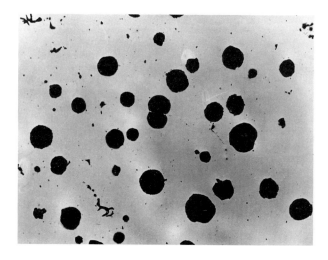

Bild 3.20. Beispiele metallographischer Proben
a) Kugelgraphit an Gußeisen
Vergr. 180 ×

3.7. Gefüge

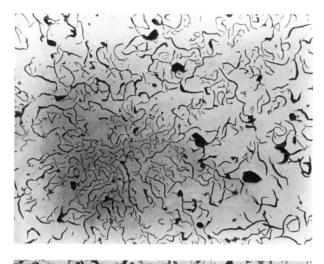

b) Gußeisen mit Lamellengraphit des Typs D, ungeätzt
Vergr. 180×

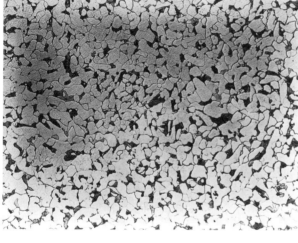

c) unlegierter Kohlenstoffstahl mit 0,3% C, geätzt mit zweiprozentiger Salpetersäure
Vergr. 180×

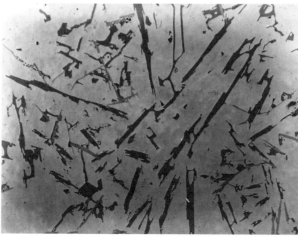

d) Al-Si-Mg-Legierung (AlSi10Mg) Gußgefüge, ungeätzt
Vergr. 180×

davon, ob es sich um formgebende Prozesse, Brand, Sinterung, Schmelze oder Oberflächenvergütung handelt. Auch hier spielen Fehler- und Schadensanalyse eine wichtige Rolle. Sinngemäß treffen die Ausführungen auch für Schlacken, Aschen und andere mineralische Abprodukte zu ([10], [20]; Bild 3.21).

Bild 3.21. Beispiele keramischer Proben
a) Schmelzkorund (SG 40) aus der Arbeitszone: hypidiomorphe Korundkristalle mit eutektischen Baddeleyit-Entmischungen (sog. »Siebstrukturen«) Vergr. 140 ×

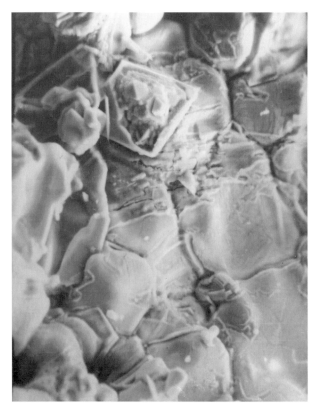

b) Chrom-Magnesit-Stein, im Bild ein Chromit-Oktaeder Vergr. 800 × (REM)

3.7. Gefüge 127

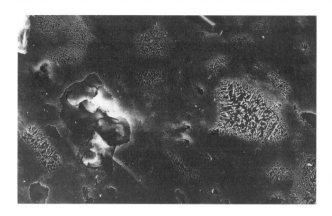

c) Porzellanscherben mit Restquarz
   und Mullitnadeln
   Vergr. 700× (REM)

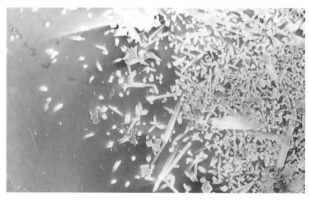

d) Porzellan. Übergang von
   Scherben zu Glasur
   Vergr. 2000× (REM)

In der Plastographie sind Gefügeuntersuchungen ebenfalls im Zusammenhang mit der Texturbildung im Verformungsprozeß zu sehen, aber besitzen auch bei der Feststellung der Größe, Verteilung und Bindung von mineralischen Füllstoffen sowie wiederum bei Schadensfeststellungen Bedeutung ([7], [75]; Bild 3.22).

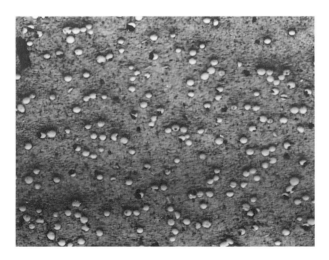

Bild 3.22. Beispiel von Plasten mit Füllstoffen
a) Polyamid mit Glasfasern, Schnitt
   senkrecht zu den Fasern
   Vergr. 70×

b) Polystyrol (dunkelgrau) mit
   Hartbrandkohle (weiß), Graphit
   (feinstkörnig, hell) und Quarz
   (grau)
   Vergr. 70 ×

3.8. Identifikationssysteme

Nach Feststellung der Mineral- und Gefügeeigenschaften der einzelnen Komponenten einer Probe bleibt oft noch die Aufgabe zu lösen, ein Mineral oder mehrere Minerale zu *identifizieren*. Diese Aufgabe bleibt vorwiegend auf Erze beschränkt. Das Aufsuchen des entsprechenden Minerals in einer Tabelle (z. B. Tab. 7.4) mit allen Mineralen und Eigenschaften verbietet sich aufgrund häufig großer Ähnlichkeiten oder Überschneidungen. Bereits frühzeitig wurden Suchsysteme entwickelt, die anhand wichtiger und leicht bestimmbarer Eigenschaften die Anwendung des Ausscheidungsprinzips erlauben. Dazu gehören die Schlüsseltabellen von SCHNEIDERHÖHN [58], die in einer Matrix-Tabelle von Reflektanz und Härte die Eigenschaften Farbe und Anisotropie berücksichtigen. In einem bestimmten Feld können sich jedoch noch bis zu 10 Minerale befinden, die differentialdiagnostisch verglichen werden müssen. Eine Verfeinerung stellt das Bestimmungssystem nach SCHOUTEN dar, in dem eine Folge von Alternativentscheidungen getroffen werden muß [60]. Das Entscheidungsprinzip als Weg zur Identifikation anhand mikroskopisch bestimmter physiographischer Eigenschaften wurde von GIERTH weiterentwickelt [96]. Die Unsicherheit der Mineralbestimmung allein aus Reflektanz- und Härtedaten zeigt das BOWIE-TAYLOR-Diagramm (Bild 3.23), das bereits bei den wichtigsten Mineralen (60 von über 500) erhebliche Überschneidungen aufweist. Das System von ISAENKO u. a. [31] baut neben den Grundeigenschaften auf den Ergebnissen von Tüpfel- und Farbreaktionen auf [34], während VJAL'SOV u. a. [79] und ŠUMSKAJA u. a. [68] Dispersionskurven und kolorimetrische Daten zugrunde legen. Auf diesen basieren auch rechnergestützte Systeme, wie sie im Zusammenhang mit der quantitativen Farbanalyse (s. Abschn. 3.2.2.3.) beschrieben wurden (z. B. [95], [103]). Auf Computerbasis vollautomatisch wirkende Identifikationsprogramme wurden von BERNHARDT [84], [85] ausgearbeitet. Der selbe Autor gibt einen Überblick über Geschichte und

3.8. Identifikationssysteme

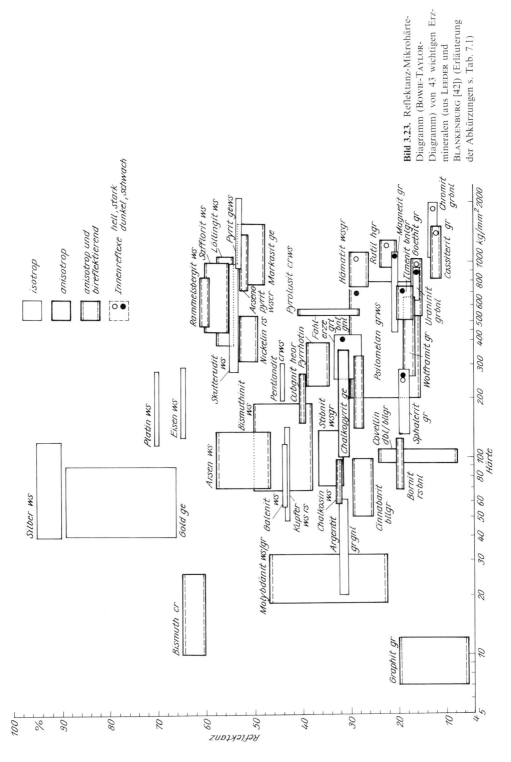

Bild 3.23. Reflektanz-Mikrohärte-Diagramm (BOWIE-TAYLOR-Diagramm) von 43 wichtigen Erzmineralen (aus LEEDER und BLANKENBURG [42]) (Erläuterungen der Abkürzungen s. Tab. 7.1)

gegenwärtigen Stand von Bestimmungssystemen [86], der mit einer Warnung vor einer unkritischen Nutzung automatisierter Schlüssel ohne qualifizierte (erz)mikroskopische Arbeit verbunden ist.

Für Lehrzwecke wurde das BOWIE-SIMPSON-System entwickelt, das aber nur 33 bekannte Erzminerale berücksichtigt. Eine Weiterentwicklung stellte das DELFT-System dar, das aber noch mit gelochten Karten auf der Grundlage der Mineraleigenschaften arbeitete [38]. Konsequenterweise entstand mit dem NOSIMI-System [17] das erste Computerprogramm zum schnellen und sicheren Auffinden von Mineralen anhand einer rechnergestützten Differentialdiagnose. Die Voraussetzung für die Eingabe zuverlässiger und vergleichbarer Daten wurde durch die COM-Datenkartei geschaffen, deren Einzelblätter neben der Blatt-Nummer die international anerkannten Eigenschaftsdaten enthalten: Mineral, Formel, Symmetrie, Härte/Belastung, Reflektanz für die Standardwellenlängen und den Spektralbereich zwischen 400 und 700 µm in Luft und Öl, Standard, Filtertypen, Poliermethode, Chemismus, Röntgendaten, colorimetrische Daten und Autoren.

Wie bereits in der »Einleitung« erwähnt, wird im Speziellen Teil dieses Buches (Kap. 5) die Mineralparagenese selbst als Bestimmungsindikator angewendet. Durch die Aufstellung von 15 paragenesetypischen Mineraltabellen (Tab. 5.1 bis 5.15) ergibt sich für die Identifikation der Einzelminerale eine wichtige, genetisch bedingte Einengung auf bestimmte Mineralgruppen. Für die Mineraldiagnose ist dies eine wesentliche Unterstützung.

4. Weitere Methoden zur Untersuchung von Anschliffen

4.1. Elektronenmikroskopie

Die Untersuchung von Feststoffen mit Hilfe von Strahlen geladener Teilchen (Elektronen, Ionen) hat in den letzten Jahren eine stürmische Entwicklung erfahren. In Verbindung mit der Mikroelektronik und Rechentechnik sowie methodischen und gerätetechnischen Verbesserungen konnte die Anwendung erheblich erweitert und die Realisierung komplexer Analysengeräte ermöglicht werden. Die klassische Elektronenmikroskopie, die aufgrund der Anordnung der funktionellen Teile und des Wirkprinzips eine Durchlichtmethode (Transmission Electron Microscopy — TEM) darstellt, erfuhr Weiterentwicklungen durch die Einführung der Raster- (Scanning-; STEM) Technik, durch höhere Auflösung (bis 0,2 nm) und durch die Höchstspannungs-Elektronenmikroskope [13].

Der Prinzipaufbau ähnelt dem von Lichtmikroskopen, indem koaxiale Elektronenstrahlbündel in der Regel durch Magnetfelder (»Linsen«) abgelenkt und fokussiert sowie nach Wechselwirkung mit Atomen (Kern, Elektronen) zur Beugung und Interferenz gebracht werden. Besondere Bedeutung erlangen Teilbündel mit geordneten Phasenbeziehungen nach Beugung an Gitterebenen von Kristallen. Die Voraussetzung für deren Untersuchung sind aber elektronentransparente Folien mit Dicken zwischen 0,1 und 0,01 µm, die spezielle und aufwendige Präparationen erforderlich machen und von einer Reihe von Stoffen nicht oder in nichtrepräsentativer Form hergestellt werden können.

Für die Untersuchung von Erscheinungen an kristallinen Substanzen, z. B. Ausbildung von Korn- und Zwillingsgrenzen sowie deren Deformation, wurde die Replikatechnik eingeführt, die die Übertragung primärer oder durch Behandlung entwickelter Strukturen auf dünne Filme amorpher Substanzen möglich macht. Die Struktureffekte lassen sich durch Bedampfung mit Metallschichten (»Dekoration«) verstärken. Der Einsatz dieser Technik für die Untersuchung von Oberflächen opaker Substanzen ist jedoch begrenzt, wobei die Schwierigkeiten bei der Präparation von Metallen über Halbleiter bis zu keramischen Werkstoffen und Mineralen zunehmen.

Einen entscheidenden Fortschritt für diese Stoffe brachte die Entwicklung der *Raster-Elektronenmikroskopie* (REM), die als Auflichtmethode angesehen werden kann. Zur Bilderzeugung beim Raster-Elektronenmikroskop können Sekundärelektronen, Rückstreu-Elektronen, charakteristische Röntgenstrahlen oder absorbierte Elektronen herangezogen werden. Diese sind jeweils mit spezifischen Effekten und Aussagen verbunden [29] (Bild 4.1).

Sekundärelektronen werden durch den Elektronenstrahl aus oberflächennahen Schichten (Einflußtiefe bei Metallen etwa 5, bei Nichtleitern bis 50 µm) freigesetzt, durch einen Detektor erfaßt und der Signalverarbeitungseinheit zugeführt, die für die Entstehung eines Bildschirmsignales verantwortlich ist. Die Auflösung im Bild ist vom Strahldurchmesser abhängig.

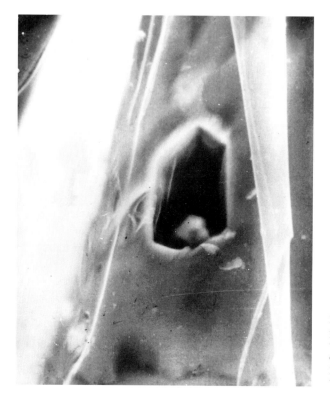

Bild 4.1. Rasterelektronenmikroskopische Aufnahme eines Silikat-Tochterkristalles in einem geöffneten Gas-Flüssigkeits-Einschluß in Kassiterit
Vergr. 4500 × (ESMA)

Von den auf ein Präparat treffenden Strahlen werden Elektronen zurückgestreut. Ihr Anteil ist von der Ordnungszahl des Elementes in der Probe abhängig, so daß bei deren Verwendung für die Bildentstehung auch eine Information über die stoffliche Zusammensetzung (»Ordnungszahlkontrast«) erhalten wird. Das Rückstreuvermögen des Targets ist außerdem noch vom Einfallswinkel der Elektronen abhängig, wodurch man zusätzlich eine Information über die Topographie der Probe erhält. Durch eine geschickte elektronische Signalverarbeitung können Ordnungszahl- und Topographie-Kontrast getrennt sichtbar gemacht werden.

4.2. Mikrosonden

Unter *Mikrosonden* sind Analysengeräte zu verstehen, die zur punktuellen, linearen oder flächigen Untersuchung von Oberflächenabschnitten im Mikrometerbereich herangezogen werden. Sie dienen der Analyse der Topologie der Oberfläche oder der stofflichen Zusammensetzung der oberflächennahen Schicht mit Hilfe von Photonen, Elektronen oder Ionen, die nach Wechselwirkung der Oberfläche mit Photonen-, Elektronen- oder Ionenstrahlen freigesetzt werden. Dementsprechend ist zu unterscheiden zwischen

— *Lichtsonden*, zu denen
- Laser-Mikroanalysatoren (LMA),
- Photoelektronen-Spektroskopie (PES, ESCA) und
- Fluoreszenzanalysen (s. Kap. 6.)

gehören, und

— *Elektronenstrahl-Mikrosonden*, z. B. Elektronenstrahl-Mikroanalysatoren (ESMA; Bild 4.2) mit
- energiedispersiver Röntgenspektroskopie (EDS),
- wellenlängendispersiver Röntgenspektroskopie (WDS),
- Elektronenspektroskopie (AES, ELS),
- Katodolumineszenz-Spektroskopie (KL) u. a.,
- Ionenstrahl-Mikrosonden (SIMA) einschließlich der Sekundärionen-Massenspektrometrie (SIMS) [13], [29], [61].

Sie stellen hochkomplizierte und -empfindliche sowie kostenaufwendige Geräte dar.
Die Einführung von Mikrosonden, insbesondere der am meisten bekannten und verbreiteten ESMA, stellt einen gewaltigen Fortschritt für die Untersuchung von Festkörper dar, der weit über das Anliegen einer Auflichtmikroskopie hinausgeht. Durch die Kombination von Röntgenspektroskopie (EDS, WDS), Elektronenmikroskopie (REM) und elektronischer Rechentechnik in einem Gerät sind topologische und substantielle Analysen in kürzester Zeit und mit hoher Genauigkeit und Reproduzierbarkeit möglich.
Sie gestatten Aussagen über:

— Struktur natürlicher Bruchflächen und behandelter Oberflächen (nach Politur, Ätzung, Korrosion, Galvanik u. a.);
— Messung von Schichtdicken und -homogenitäten;
— qualitative und quantitative Analysen der chemischen Zusammensetzung von Haupt- und Nebenkomponenten, Einschlüssen, Entmischungen, Reaktions- und Diffusionszonen u. a. m.

Mit der Einführung neuer Verfahren als Ergänzung der ESMA wurde der zerstörungsfreie Nachweis von bestimmten Spurenelementen im ppb-Bereich möglich. Dazu gehören die protoneninduzierte Röntgenanalyse (PIXE = Proton-Induced X-ray Emission) und die Ionensonde (SIMS = Secondary Ion Mass Spectrometry). Mit Beschleunigern sind die ebenfalls im ppb-Bereich arbeitenden Systeme AMS (Accelerator Mass Spectometry) und SXRF (Synchrotron X-ray Fluorescence) gekoppelt [87].

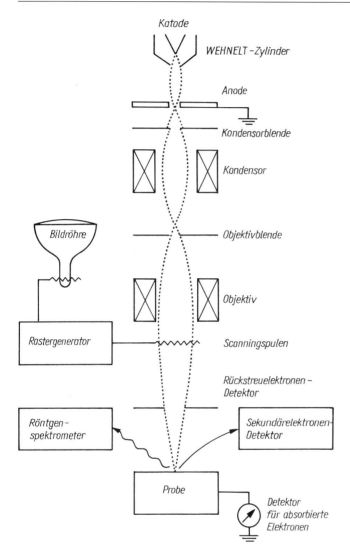

Bild 4.2. Schema des Aufbaus einer Elektronenstrahl-Mikrosonde (nach Hunger [29])

Die Anwendung von Ionenstrahl-Mikrosonden erlaubt darüber hinaus

- die Erfassung der leichtesten Elemente (H bis C),
- die massenspektrometrische Analyse und
- begrenzte dreidimensionale stoffliche Untersuchungen durch Abtragen (»Sputtern«) von Oberflächenschichten.

Das Zusammenwirken von Elektronenmikroskop und Röntgenspektrometer ermöglicht verschiedene Arten der Lösung der o. g. Aufgaben (Bild 4.3). Dabei ist zwischen der Abbildung der Oberfläche für topologische Zwecke mit Vergrößerungen bis 100000 × und den Elementbestimmungen zu unterscheiden, die wiederum mit energie- oder wellenlängendispersiven Spektrometern in Punkt-, Linien- oder Flächenanalysen durchgeführt werden können.

4.2. Mikrosonden 135

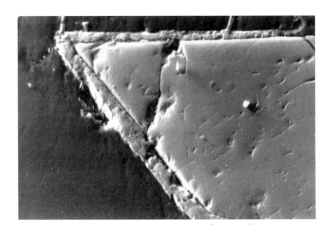

Bild 4.3. Wolframitnadel mit Scheelitsaum in Quarz unter der Elektronenstrahl-Mikrosonde (Zinnerzlagerstätte Ehrenfriedersdorf (Sachsen)/BR Deutschland, Autor: Dr. sc. nat. H.-J. HUNGER)
a) Sekundärelektronenbild
   Vergr. 420×

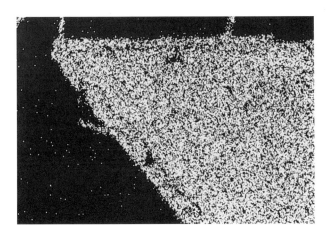

b) Röntgenrasterbild der W-Verteilung (W-M-Strahlung)
   Vergr. 420×

c) Röntgenrasterbild der Ca-Verteilung (Ca-K-Strahlung)
   Vergr. 420×

d) Röntgenrasterbild der
Si-Verteilung (Si-K-Strahlung)
Vergr. 420 ×

Energiedispersive Spektrometer liefern energieproportionale Signale von Halbleiterdetektoren, die nach linearer Verstärkung über Vielkanalanalysatoren auf Speicher des Rechners geleitet werden. Den Vorteilen des raschen Zugriffs zu übersichtlichen Spektren und einem höheren Nachweiseffekt bezüglich der Intensität des Strahles stehen Probleme durch Linienüberlagerung und beim Nachweis der Elemente mit Ordnungszahlen kleiner als 11 gegenüber.

Wellenlängendispersive Spektrometer arbeiten nach dem Prinzip der spektralen Zerlegung der Röntgenstrahlen durch Beugung am Kristallgitter (BRAGG-Prinzip). Sie zeichnen sich durch eine hohe Energieauflösung, niedrige Nachweisgrenzen und gute Nachweisbarkeit von Elementen mit niedrigen Ordnungszahlen aus. Die Genauigkeit von Elementanalysen beläuft sich in Abhängigkeit von Material, Energie und Zeit auf ungefähr 3 bis 5%.

Bei Punktanalysen wird ein sehr kleiner, birnenförmiger Ausschnitt der Probe angeregt (1 bis 2 µm in Durchmesser und Tiefe). Linearanalysen können durch Auslenken des Elektronenstrahles oder durch schrittweises mechanisches Verschieben der Probe und gleichzeitiger Punktanalyse (»step scanning«) ausgeführt werden. Flächenanalysen entstehen als Röntgen-Rasterbilder (s. Bild 4.3) mit qualitativer (halbquantitativer) Aussage zur Elementverteilung oder als step-scanning in zwei Richtungen mit quantitativen Angaben.

Bei allen elektronenmikroskopischen Untersuchungen ist eine peinliche Sorgfalt bei der Vorbereitung, Herstellung und Behandlung von Proben (s. Abschn. 2.1.2.) zu beachten. Sie müssen frei von Schleifstaub oder -mitteln, Reaktionsprodukten, Fingeraludrücken u. a. sein und sollten vor der Untersuchung — bei Nichtleitern vor der Bedampfung mit leitenden Substanzen — einer entsprechenden Reinigung (evtl. im Ultraschall-Bad) unterzogen werden.

Elektronenmikroskope und Mikrosonden können nicht als komfortable Ablösung des Lichtmikroskopes angesehen werden. Vielmehr müssen die vielseitigen und aussagekräftigen, aber auch kostenintensiven Untersuchungsmöglichkeiten durch sorgfältige Planung und verantwortungsvolle visuelle Mikroskopie vorbereitet und sinnvoll ausgeschöpft werden.

4.3. Stereometrie und Bildanalyse

Die *stereometrische Analyse* von Gefügen (Strukturen, Texturen; s. Abschn. 3.7) geht von identifizierten Bestandteilen des Probegutes sowie den Grundtatsachen aus, daß die am Aufbau beteiligten Phasen räumlich angeordnet sind und keine isometrischen Körner bilden. Somit enthält jede Schlifffläche eine zufällige, einmalige Kombination von Kornanschnitten, die für Vergleiche und Messungen sowie zur Rekonstruktion der räumlichen Verhältnisse nur mit statistischen Mitteln bearbeitet werden kann. Die Stereometrie bedient sich planimetrischer, auf Punkt- und Linearanalysen beruhender Berechnungen von Schnittfiguren, um quantitative Aussagen über eine Reihe von Gefügemerkmalen machen zu können. Dazu gehören (Bilder 4.4 und 4.5):

— Bestimmung von Formparametern an Einzelkörnern (Durchmesser, Fläche, Umfang, Volumen u. a.);
— Bestimmung von Sehnenlängen verschiedener Richtungen und deren statistische Verteilung;
— Krümmungs- und Rundungsgrad der Korngrenzen;
— Erfassung von Zahl, Größe, Abstand usw. der unterscheidbaren Phasen je Flächeneinheit einschließlich Poren, Ausbrüchen, Inhomogenitäten usw.;
— Errechnung und statistische Bearbeitung von Formfaktoren zur Texturbeurteilung;
— Berechnung der spezifischen und relativen Volumenanteile für Massenbilanzen u. a. m.

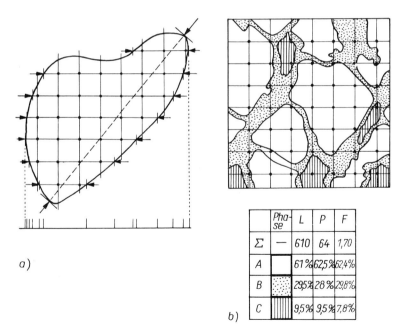

Bild 4.4. Prinzip der Linear- und Flächenanalyse an Gefügen
a) maximale, vertikale, horizontale und projizierte Durchmesser
b) Vergleich von Flächenmessungen nach der Linearmethode (L, in mm), Punktzähl- (P, in Anzahl) und Flächengewichtsanalyse (F, in g) der drei Phasen A, B und C

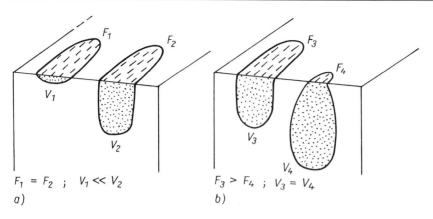

Bild 4.5. Probleme einer Volumenanalyse
a) verschiedene Volumina zweier Körner bei Flächengleichheit im Anschnitt
b) gleiche Volumina zweier Körner trotz unterschiedlicher Flächen im Anschnitt

Die Qualität stereometrischer Analysen wird durch

— die Güte der Präparation (s. Abschn. 2.1.),
— die eingesetzten mikroskopischen und technischen Mittel (Optik, Meß- und Integrationsverfahren, Bildanalyse usw.),
— die Zahl der in die Berechnung einbezogenen Gefügeelemente und
— die angewandten statistischen Verfahren

bestimmt.
Die einfachsten Messungen für stereometrische Untersuchungen werden mit Hilfe von Meßplatten in stellbaren Okularen (Skalen, Netze u. a., s. Abschn. 2.3.2., Tab. 2.8 und 2.9) durchgeführt. Sie beruhen auf der Bestimmung von Längen oder von Punktzahlen in linearen oder flächigen Objektabschnitten (s. Bild 4.4). Zu vergleichbaren Zwecken wurden Integrationsgeräte und Statistik-Einheiten entwickelt (s. Abschn. 2.3.2.).
Die vielseitigste, schnellste und sicherste, aber auch aufwendigste Möglichkeit der stereometrischen Untersuchungen ergibt sich aus der *Bildanalyse*. Gerätesysteme zur automatischen Bildanalyse [102] sind Kombinationen aus Einheiten zur elektronischen Meßwertgewinnung auf der Grundlage von Fernsehtechnik (Aufnahmeröhre, Verstärkung und Digitalisierung, Bildschirm und Dialogeinrichtung) und Datenverarbeitung (Steuer- und Prozeßrechner, Speicher). Das Meßprinzip beruht auf einer zeilenweisen elektronischen Abtastung der Bildpunkte auf der Katode der Fernsehaufnahmeröhre und der Umwandlung in elektrische Signale mit unterschiedlicher Amplitude (»Grauwert«). Die Zuordnung der Phasen erfolgt in Abhängigkeit von deren Helligkeit (Reflektanz) zu Grauwert-Schwellenbereichen. Die im Speicher erfaßten Grenzwerte und Koordinaten werden vom Rechner weiterverarbeitet. Die Abrasterung des Objektes erfolgt mit Punkten oder Punktfiguren, die eine Durchführung von geometrischen Operationen und Transformationen (Erosion, Dilatation) zulassen. Die Ausgabe der Meßwerte und statistischen Berechnungen der stereometrischen Analyse (s. o.) erfolgt mit der Geschwindigkeit von Fernseh- und Rechentechnik an Display, Drucker oder Plotter.

4.4. Ätz- und Abdruckverfahren

4.4.1. Mikrochemische Reaktionen

Die auf Lösungsprozessen beruhenden mikrochemischen diagnostischen Reaktionen stellen, gemeinsam mit den Strukturätzungen (s. Abschn. 4.4.2.), invasive Methoden dar, die zu einer totalen oder lokalen Beschädigung der polierten Objektoberfläche führen. Der hohe Aufwand von Ätz-, Lösungs- und Reaktionsmitteln und Hilfseinrichtungen im Maßstab eines Speziallabors im Verhältnis zum häufig zweifelhaften Ergebnis sowie für die Wiederherstellung der verletzten oder zerstörten Politur hat bereits frühzeitig zu Skepsis und Einschränkung des Wertes derartiger Untersuchungen geführt [17], [52]. Seitens der COM [77] werden die Methoden als nicht ausbaufähig eliminiert. Dabei spielt auch die Einführung der vielseitigen und exakt reproduzierbaren elektronischen Verfahren (REM, ESMA, Bildanalyse u. a., s. Abschn. 4.1. bis 4.3.) eine entscheidende Rolle.

Im Hinblick auf die historische Seite der methodischen Entwicklung, auf »Schulen« umfangreicher Forschungs- und Entwicklungsarbeit und nicht zuletzt auf die Möglichkeit, einzelne Reaktionen erfolgreich anzuwenden, wenn die Mikrosonde fehlt, soll ein kurzer Überblick beibehalten werden.

Bei den mikrochemischen Reaktionen ist zwischen den Abdruckverfahren im Makro- und Mikromaßstab, den diagnostischen Identifikationsreaktionen an Kornoberflächen und den eigentlichen Mikroreaktionen unter dem Mikroskop zu unterscheiden. Erstere lösen die Präparatoberfläche selektiv an, versehen sie mit elementspezifischen Reagenzien und drücken sie auf Gelatine-(Foto-)Papier oder Kolloidfilme ab. Das gesuchte Mineral oder Element hinterläßt einen farbigen Abdruck [31], [34], [35].

Weitaus komplizierter sind die elementspezifischen Ätzungen und Reaktionen auf Kornoberflächen, bei denen Farbeffekte, Niederschläge, irisierende Filme, Kristallisationen u. a. entstehen [34], [35]. Sie leiten zu den Mikromethoden über, bei denen Ätz- und Reaktionsmittel aus Mikropipetten (1 bis 10 μm^3) auf sehr kleine Objektausschnitte (bis 10 μm Größe) oder Einschlußminerale aufgebracht werden [35]. Auch die »elektrographische« Methode, die auf elektrolytischen Tüpfelreaktionen aufbaut, gehört zu den oberflächenschonenden Mikroverfahren [35]. Die Ergebnisse diagnostischer mikrochemischer Reaktionen dienen z. T. als Grundlage für Identifikationssysteme [31].

4.4.2. Strukturätzungen

Durch die Politur (BEILBY-Schicht, s. Abschn. 2.1.) der Probenoberfläche werden Strukturdetails abgeschwächt, verfälscht oder verdeckt. Sind sie von Wert für Aussagen zum Gefüge (s. Abschn. 3.7.), so müssen sie durch Ätzung »entwickelt« werden. In der Metallographie [20], [29], [61] ist diese Methode gang und gäbe, so daß kaum ein Schliff ohne Ätzung zur Untersuchung unter Licht- oder Elektronenmikroskope gelangt. Metallische Proben können auch elektrolytisch geätzt (und poliert) werden [9].

In die Untersuchungen von Mineralen in Natur und Technik haben Strukturätzungen kaum Eingang gefunden, obwohl die Verfahrenserarbeitung vor rund 50 Jahren erfolgte [57], [58]. Sie dienen der Sichtbarmachung folgender Erscheinungen:

- Spaltbarkeit, Zwillingsgrenzen und -formen, Zonarbau, Deformationen (Korninnenätzung);
- Orientierung von Körnern einer Mineralart anhand von Strukturrichtungen (Kornflächenätzung);
- Entwicklung der Korngrenzen von Kristalliten (Korngrenzenätzung);
- selektive Ätzung einzelner Mineralarten in einem polymineralischen Präparat (selektive Ätzung, die zur diagnostischen überleitet).

Für die wichtigsten Minerale gibt es spezifische Ätzmittel oder -gemische, so daß etwa 40 Reagenzien zu deren Ätzung erforderlich sind [58]. Geätzte Flächen geben nicht nur im normalen Hellfeld die Strukturen wieder, sondern auch im polarisierten Licht und im Dunkelfeld.

Unabdingbar ist die Ätzung der Oberfläche bei Untersuchungen von Einschlüssen (Bild 4.6) sowie der Spaltspuren von Uranatomen zum Zwecke des Nachweises der Uranverteilung oder zur Altersbestimmung. Dabei werden die Teilchenspuren (»fission tracks«) zu spezifisch geformten Ätzgrübchen erweitert (Bild 4.7).

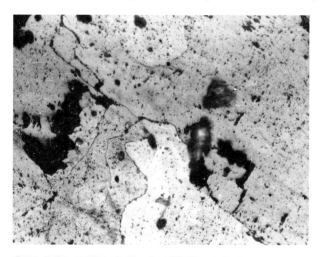

Bild 4.6. Rekristallisierter Schmelzeinschluß im Feldspat eines pegmatoiden Gesteinsganges, mit HF angeätzt
Vergr. 70 ×

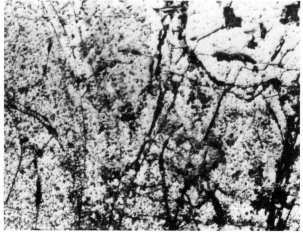

Bild 4.7. Spuren von Uran-Spaltspuren (»fission tracks«) in vulkanischem Glas, durch Ätzung mit HF sichtbar gemacht
Vergr. 70 ×

4.5. Sonstige Untersuchungen an Anschliffen

Die im folgenden zu erwähnenden Methoden haben in bezug auf Objekte und Präparate der Auflichtmikroskopie untergeordneten Wert oder sind nur auf ausgewählte Stoffarten oder Probleme anwendbar.

Laser-Mikroanalysatoren wurden bereits bei den Mikrosonden erwähnt (s. Abschn. 4.2.). Sie ermöglichen punktförmige (10 bis 50 µm) Spektralanalysen von Objektoberflächen zur Bestimmung der chemischen Zusammensetzung oder einzelner Elemente durch eine Kombination von Auflichtmikroskop (Visiereinrichtung), Laserstrahl-Generator (Verdampfung), Hochspannungs-Funkenquelle (spektrale Anregung) und Spektrographen (Registrierung der Spektren). Als Weiterentwicklung sind Verfahren anzusehen, die sich ebenfalls der Laser-Anregung zur Verdampfung und »Sputtering« von neutralen oder geladenen Teilchen bedienen, deren Nachweis jedoch massenspektrometrisch nach Ablenkung in elektrischen oder magnetischen Feldern mit hochempfindlichen Detektoren durchführen (LAMMA = Laser Microprobe Mass Spectrometry; LIMA = Laser Ionization Mass Analyzer; LIMS = Laser Ionization Mass Spectrometry; LPMS = Laser Probe Mass Spectrometry; SALI = Surface Analysis Laser Ionization) [87].

Leitfähigkeits- und Widerstandsmessungen an Anschliffen sind auf Metalle und einige sulfidische und oxidische Erze mit Leiter- und Halbleitereigenschaften beschränkt, sofern sie ausreichend große Körner gebildet haben. Als Mikromethode bei Korngrößen über 0,3 mm werden sie unter dem Mikroskop so ausgeführt, daß eine Cu-Elektrode mit Mikroöfchen und Thermoelement als »heiße« Elektrode am Objektiv montiert und die »kalte« Elektrode mit der Hand geführt wird. Die thermoelektrische Kraft zwischen den beiden die Objektoberfläche berührenden Spitzen wird mit einem empfindlichen Voltmeter gemessen, wobei die mineralspezifischen Widerstandswerte zwischen 10^{-2} und über $10^6 \Omega$ (10^{-5} bis 10^7 [35], [75]) für über 120 Minerale gemessen wurden. Die Messungen sind durch Kontaktprobleme, Spuren- und Mischelementgehalte, Korngrenzen, Spaltrisse u. a. m. sehr störanfällig.

Lichtätzung tritt bei silberhaltigen Mineralen auf, wenn sie unter dem Mikroskop einer intensiven Bestrahlung (z. B. Xenonhöchstdrucklampe) ausgesetzt werden [35], [54], [57]. Der Effekt einer Aufrauhung der Oberfläche zeigt sich bei Argentit, Jalpait, Chlorargyrit, Pierceit, Polybasit, Proustit, Pyrargyrit, Stephanit, Stromeyerit u. a.

Magnetische Eigenschaften sind auf sehr wenige Minerale beschränkt, so daß deren Untersuchung ebenfalls einen geringen diagnostischen Wert hat. Als Mikromethode wird das Aufbringen von Fe_2O_3- oder Fe_3O_4-Pulver, wie es für Tonbänder Verwendung findet, in einer Seifen- oder Kalilauge-Suspension empfohlen. Eine Spülung mit destilliertem Wasser nach etwa zwei Minuten beseitigt das Pulver von den unmagnetischen Mineralen, ohne den in Abhängigkeit von der magnetischen Suszeptibilität mehr oder minder dichten Belag von den ferro- und paramagnetischen Mineralen zu entfernen [23].

Als empfindliche Methode zum Nachweis atomarer und magnetischer Strukturen des Eisens (^{57}Fe) hat sich die *MÖSSBAUER-Spektroskopie* entwickelt, die auf der Resonanzabsorption der Kern-Gamma-Strahlung beruht. Ihr Haupteinsatzgebiet ist die Untersuchung von Eisenlegierungen in der Metallkunde, wo Ordnungserscheinungen, Wertigkeit, Bindungsart, Ausscheidungs- und Diffusionsprozesse, Phasenumwandlungen und -übergänge, magnetische Ordnung und Momente u. a. analysiert werden. Die drei erstgenannten Erscheinungen spielen aber auch in der Mineralwelt eine Rolle, so daß auch Erze oder andere eisenhaltige Minerale mit dieser kernphysikalischen Methode untersucht werden können [29], [35].

Dem Nachweis radioaktiver Prozesse oder Produkte dient die *Radiographie*, die von natürlichen oder durch Bestrahlung mit Neutronen (oder geladenen Teilchen) induzierten Zerfallsrodukten ausgeht. Bei Anwesenheit von Uranmineralen oder uranhaltigen Komponenten markieren sich diese auf einer Photoplatte aufgrund der radioaktiven Strahlung. Bei mikroradiographischen Verfahren wird eine spezielle Photofolie oder Emulsion zur Registrierung von α-Teilchen aufgebracht, deren Schwärzung (konzentrationsproportional) mikroskopisch bestimmt werden kann. Bestrahlt man unranhaltige Proben mit thermischen Neutronen im Reaktor, so sind Kernzerfälle die Folge, die auf Spezialfolien ebenfalls Spuren hinterlassen. Die geätzten und ausgezählten Spaltspuren geben Auskunft über die Uranverteilung in den Mineralen.

Die *RAMAN-Spektroskopie* beruht auf der Analyse von Schwingungen, die aus den Schwingungs- und Rotationsfrequenzen von Molekülen nach Anregung durch monochromatisches Licht entstehen. Zur Anregung werden Laser eingesetzt.

Röntgenographische Untersuchungen an Anschliffen werden mit zweifacher Zielstellung durchgeführt: zur Mineralidentifikation und zur Gefügebeurteilung. Um schwer unterscheidbare Minerale mit Hilfe der Röntgendiffraktometrie zu identifizieren, können zwei Wege beschritten werden. Im ersten Fall dient der Schliff als Präparat, wobei das zu bestimmende Mineral durch ein Loch in einer Aluminiumfolie bestrahlt wird, die die übrigen Komponenten abdeckt. Im zweiten Fall wird durch vorsichtiges Ausbohren oder -kratzen eine Mikromenge (etwa 0,5 bis 1 mg, 10 bis 70 µm, Durchmesser) von Probegut gewonnen, das mit Kunstharz zu einer Präparatkugel geformt wird.

Mit Hilfe der erstgenannten Methode lassen sich auch Aussagen über die Primärteilchengröße (»homogen streuende Gitterbereiche«) erreichen. Anhand der Ausbildung und Verteilung von Kristallitreflexen innerhalb eines DEBYE-SCHERRER-Ringes auf einem Planfilm erhält man Informationen über die Kristallitgröße und ihre Anordnung im Raum (Textur). Feinkörnige texturfreie Präparate liefern reflexreiche Ringe mit statistischer Verteilung, grobkörnige geregelte Gefüge dagegen einzelne kräftige Reflexe, die in einer Vorzugsrichtung angeordnet sind.

Zu ähnlichen Resultaten führen *Texturuntersuchungen* mittels Neutronenbeugung im Reaktorkanal oder vor einer anderen Neutronenquelle.

5. Mineralparagenesen im auflichtmikroskopischen Bild

5.1. Intramagmatische Paragenesen

5.1.1. Chromit-Paragenesen

5.1.1.1. Genetische Stellung

Chromitlagerstätten sind ausschließlich an ultrabasische bis basische Gesteine gebunden (Peridotite, Serpentinite, Norite). Die Chromiterze bildeten sich dabei intramagmatisch im Rahmen einer gravitativen Kristallisationsdifferentiation (Anreicherungsfolge: Sprenkelerze – Streifenerze – Kugelerze – Schlierenerze – Derberz; SCHNEIDER-HÖHN, 1958; DICKEY, 1975; IRVINE, 1977).

Strukturell können zwei Bildungstypen unterschieden werden:

— *podiforme* Bildungen in alpinotypen Ultrabasiten der »Ophiolithformation« (= orogener Typ)
— *stratiforme* Bildungen in schichtigen, basischen Lopolithintrusionen alter Tafelgebiete (= anorogener Typ).

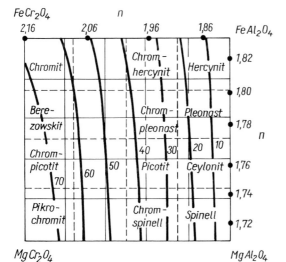

Bild 5.1. Chromit-Mischkristalle (nach WINCHELL, 1941) mit Linien gleicher Cr_2O_3-Gehalte (nach OELSNER, 1961)
n Lichtbrechung

Stofflich charakteristisch sind für die Paragenesen neben dem Hauptelement Cr noch wechselnde Mengen an Fe, Mg und Al (in den Chromit-Mischkristallen der Spinell-Magnetitgruppe; Bild 5.1. S. 143) sowie an Pt (+ Os, Ir). Als »Lagerarten« treten vorwiegend Olivin, Serpentin, Pyroxene, Amphibole und Plagioklas sowie lokal Biotit und Akzessorien auf (Apatit, Rutil, Titanit). Die Ultrabasite und Basite können durch Zunahme des Chromits in reine Chromitite übergehen.
Die Chromite der zwei Bildungstypen zeigen deutliche Unterschiede in ihrer chemischen Zusammensetzung und in den Begleitmineralen:

	Podiform	*Stratiform*
	(in Masse-%)	
MgO/FeO	2,3 ... 1	1 ... 0,6
Fe_2O_3	<8	10 ... 24
Cr/Fe	4,5 ... 1,5	1,75 ... 0,75
Cr_2O_3 } reziprok	6,5 ... 16	
Al_2O_3	52 ... 6	
Begleitminerale	Olivin/Serpentin, Pyroxene	Pyroxene, Plagioklase, Amphibole; Ni–Fe-Sulfide

Die Chromit-Paragenese kann manchmal verwachsen sein mit der
— Ni-Pyrrhotin-Chalkopyrit-Paragenese (s. Abschn. 5.1.2.) und der
— Ilmenit-Magnetit-Paragenese (s. Abschn. 5.1.3.).

Während das Ni im »stratiformen« Chromittyp bevorzugt in Form der Sulfid- und Arsenidparagenesen (Pyrrhotin-Pentlandit, Gersdorffit, Nickelin) in Erscheinung tritt (s. Abschn. 5.1.2. und 5.3.5.!), ist es im »podiformen« Typ vorwiegend im Olivin eingebaut und sonst nur in geringen Sulfidimprägnationen vorhanden.
Jüngere tektonische Überprägungen führen lokal zu pipe- und gangförmigen Mineralisationen (spätmagmatische Injektionsbildungen, postmagmatische Umbildungen und Mobilisationen).

Typische Lagerstättenbeispiele

Podiform: Raduša/Jugoslawien, Guleman/Türkei, Saranovsk und Chalilovo (Ural)/UdSSR, Philippinen, Kuba.
Stratiform: Bushveld-Komplex/Südafrika, Great Dyke/Simbabwe, Stillwater-Komplex (Montana)/USA.

5.1.1.2. Mineralisation

Hauptminerale: Chromit; Olivin (und Serpentin), Pyroxene.
Begleitminerale: Pyrrhotin, Pentlandit, Chalkopyrit; ged. Platin; Magnetit.
Nebenminerale: Hämatit, Ilmenit, Rutil; Pyrit, Bornit, Gersdorffit, Nickelin; Platinminerale (Sperrylith, Cooperit u. a.).
Die wichtigsten auflichtmikroskopischen Bestimmungskriterien der Haupt- und Begleitminerale sind in Tabelle 5.1 zusammengestellt.

5.1. Intramagmatische Paragenesen

Tabelle 5.1. Bestimmungskriterien der Haupt- und Begleitminerale

Mineral	KS	R	F	AE	H	B.K.
ged. Platin Pt (+ IrOs; PdRhRu)	kb	70	leuchtend weiß	–	<Chromit >Chalkopyrit	sehr gute *Pol.*; Zonenbau; z. T. Entmischung von härterem Osmiridium ‖ (111)
Chalkopyrit $CuFeS_2$	te	46	gelb	(+)	<Pyrrhotin <Chromit	sehr gute *Pol.*; häufig Zwillingslamellen ‖ (100), (110) und (111)
Pentlandit (FeNi)S	kb	44	cremeweiß	–	<Pyrrhotin >Chalkopyrit	Spaltbarkeit ‖ (111); häufig als Entmischung im Pyrrhotin
Pyrrhotin FeS	hx	37	cremerosa	+++	<Chromit >Chalkopyrit	gute *Pol.*; schwache *BR*; Spaltbarkeit ‖ (0001)
Magnetit Fe_3O_4	kb	21	grauweiß (bräunlich)	(+)	<Chromit >Pyrrhotin	sehr gute *Pol.*; manchmal Zonenbau; Ilmenit- und Spinellentmischung ‖ (111)
Chromit $FeCr_2O_4$	kb	13	grau (bräunlich)	–	<Pyroxene >Olivin >Platin	gute *Pol.*; häufig monomineralisch-idiomorph; gegenüber Magnetit rotbraune *IR*!
Olivin $(MgFe)_2SiO_4$	rh	≈6	dunkelgrau	–	<Chromit <Pyroxene	*IR*; polygonal; Umwandlung in Serpentin (geringere *H* und *R*)
Pyroxene und Amphibole $CaMgSi_2O_6$ u. a.	mk rh	sehr gering	dunkelgrau	–	<Quarz >Chromit	häufig nadelig und Zonenbau; gute Spaltbarkeit

Erläuterung der Abkürzungen:
KS Kristallsystem (*kb* kubisch, *te* tetragonal, *hx* hexagonal, *tg* trigonal, *rh* orthorhombisch, *mk* monoklin, *tk* triklin); *R* Reflektanz bzw. Reflexionsvermögen (in %): Die Minerale sind in der Tabelle nach abnehmender *R* geordnet. *F* Farbe, Angabe in ( ) bedeutet »Stich nach«; *AE* Anisotropieeffekte: – keine, (+) nur teilweise und sehr schwach, + schwach, ++ mittelmäßig bis stark, +++ sehr stark; *H* relative Schleifhärte; *B.K.* Besondere Kennzeichen: *Pol.* Politur; *BR* Bireflektanz bzw. Bireflexion; *IR* Innenreflexe

5.1.1.3. Mikrogefüge der wichtigsten Minerale

Chromit $FeCr_2O_4$: Tritt in idiomorphen Oktaedern oder xenomorphen Körnern auf. Das Korngefüge ist stets einfach, Durchdringungsstrukturen fehlen (Bild 5.2). Meist kommen gleichmäßig-körnige Strukturen vor, wobei klein- bis mittelkörnige Größen (0,3 bis 3,5 mm) vorherrschen. Der Chromit ist die älteste Ausscheidung im Gestein. Er ist fast immer homogen und zeigt wenig Verwachsungen mit anderen Mineralen. Die Formentwicklung der Chromite zu den Silikaten (Olivin, Pyroxen) umfaßt die gleichen Strukturen wie untereinander (Bild 5.3). Während bei den »stratiform« gebildeten Chromiten die ungestörten oktaedrischen und polygonalen Korngefüge vorherrschen, zeigen die »podiformen« Chromite tektonisch bedingte Gefügebeeinflussungen (z. T.

Bild 5.2. Idiomorphe, z. T. leicht gerundete Chromit-Aggregate (weißgrau) in einer Matrix mafischer Silikate (grau). Bushveld-Komplex/Südafrika
Vergr. 21 ×

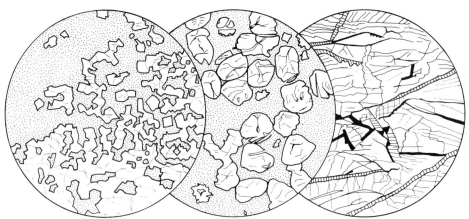

Bild 5.3. Idiomorphe Chromitoktaeder (weiß) in Bronzit und Olivin (punktiert). Great Dyke/Simbabwe
Vergr. 25 × (nach SCHNEIDERHÖHN [58])

Bild 5.4. Kugelerz. Teilweise zerbrochene Chromitaggregate (weiß) in serpentinisiertem Dunit (punktiert). Camaguey/Kuba; Originalgröße (nach SCHNEIDERHÖHN [58])

Bild 5.5. Kataklastischer Chromit (weiß); die Sprünge sind teilweise mit Serpentin (schwarz) und Magnetit (Schraffur) verkittet. Belutschistan/Pakistan, Vergr. 3 ×

5.1. Intramagmatische Paragenesen

mit Serpentinisierung; Bilder 5.4 und 5.5): gerundete Kornformen, sehr unterschiedliche Korngrößen (0,1 bis 15 mm), konzentrische Schalenbildungen von Chromit und Serpentin sowie konzentrisch-zonale Fe-Anreicherungen (höhere R!); manchmal starke Kataklase mit Verkittung durch Magnetit oder Serpentin (wirkt störend bei der Verwendung als feuerfester Cr-Magnesitstein; TROJER, 1951).
Verdrängungen sind selten und nur im Rahmen der Serpentinisierung des Nebengesteins und durch Plagioklas in Anorthositen jüngerer Injektionsbildungen zu beobachten (Bild 5.6).

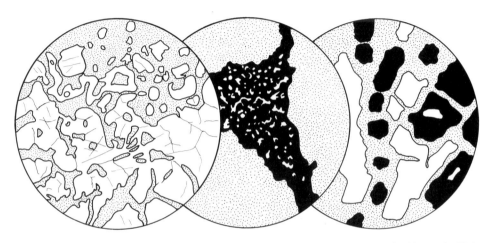

Bild 5.6. Intensiv verdrängter Chromit (weiß) in Anorthosit (punktiert). Rustenburg, Bushveld-Komplex/Südafrika. Vergr. 7,5×

Bild 5.7. »Chromitplatin«. Ged. Platin (weiß) als jüngere, unregelmäßige Einschlüsse im Chromit (schwarz); Nebengestein Dunit (punktiert). Nižnij Tagil (Ural)/UdSSR
Vergr. 2,5× (nach SCHNEIDERHÖHN [58])

Bild 5.8. Ged. Platin (weiß) mit randlichen Sekundärbildungen von „Cuproplatin" (punktiert) und älterem Chromit (schwarz). Nižnij Tagil (Ural)/UdSSR
Vergr. 35× (nach SCHNEIDERHÖHN [58])

Entmischungen sind gleichfalls relativ selten: Hämatit in dünnen Leisten nach (111) oder in ganzen Netzwerken (bis zu 20 Masse-%); Ilmenit ebenfalls leistenförmig, Rutil in orientierten Einlagerungen sowie Magnetit (z. T. in myrmekitähnlichen Verwachsungen).

Ged. Platin Pt: Die Pt-Legierungen (bis 20% Fe, Ir, Os, Pd, Rh, Ru) kommen in zwei Paragenesen vor:

— als »Dunitplatin« im chromitarmen bis -freien Dunit als idiomorphe Erstausscheidung noch vor dem Olivin
— als »Chromitplatin« in jüngeren allotriomorphen Aggregaten zwischen den Chromitkörnern (Bild 5.7).

Im Rahmen der Autohydratation (Serpentinisierung) werden neben Chromitveränderungen (Fe_2O_3-Vermehrung, Al_2O_3-Verarmung) auch die wenigen Fe—Ni- und Cu-Sulfide umgebildet, wobei mit dem ged. Pt randlich noch Cu- und Ni—Pt-Legierungen (»Cuproplatin«, »Nickelplatin«) entstehen (Bild 5.8).

Ged. Platin bildet vorwiegend xenomorph-polygonale Körner, in den Hortonolithduniten auch würflige Kristalle neben unregelmäßigen bis schüppchenförmigen Aggregaten (oft in zwei Generationen). Zonenbau ist verbreitet (härterer Kern und weichere Fe-reichere Randzone!). Oftmals treten orientierte Entmischungen von Iridium nach (100) und Osmiridium nach (111) auf (Bild 5.9). Dabei sind in den größeren Iridium-Entmischungskörpern oftmals wiederum »Unterentmischungen« von Platin enthalten. Das Platin auf den jüngeren Pt-Quarzgängen erscheint meist in enger Verwachsung mit Hämatit: kokardenförmig, feindispers bis netzförmig-konzentrisch sowie auch büschelartig.

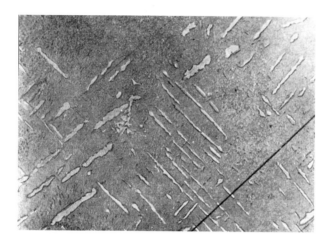

Bild 5.9. Entmischungen von härterem Iridium (hellgrau, Härterelief) parallel (100) in ged. Platin (grau). Neben den überwiegend leistenförmigen Entmischungsformen treten auch rundliche Entmischungskörperchen auf. Nižnij Tagil (Ural)/UdSSR, Vergr. 100× (aus RAMDOHR [52])

Pyrrhotin FeS
Pentlandit (Fe, Ni)S } s. Abschn. 5.1.2.!
Chalkopyrit CuFeS$_2$

5.1.1.4. Vertiefende Literatur

CHRISTIANSEN, F. G.: Deformation fabric and microstructures in ophiolitic chromitites and host ultramafics, Sultanate of Oman. Geol. Rdsch. 74 (1985) 61—76

CHRISTIANSEN, F. G., und S. ROBERTS: Formation of olivine pseudocrescumulates by syntectonic axial planar growth during mantle deformation. Geol. Mag. 123 (1986) H. 1, 73—79

DICKEY, J. S., Jr.: A hypothesis of origin of podiform chromite deposits. Geochim. Cosmochim. Acta 39 (1975) 1061—1074

IRVINE, T. N.: Origin of chromitite layers in the Moskox and other stratiform intrusions: A new interpretation. Geology 5 (1977) 273—277

OELSNER, O.: Atlas der wichtigsten Mineralparagenesen im mikroskopischen Bild. Bergakademie Freiberg, Fernstudium 1961, 204—208

TROJER, F.: Der Einfluß der Chromerzstruktur auf das Bursting der Chrommagnesitsteine. Radex-Rdsch. (1951) H. 4

WINCHELL, A. N.: The spinel group. Amer. Mineral. 26 (1941) 422—428

5.1.2. Ni-Pyrrhotin-Chalkopyrit-Paragenesen

5.1.2.1. Genetische Stellung

Die Ni—Fe—Cu-Sulfidparagenese ist vorwiegend an basische Gesteine gebunden (Norite, Gabbros, Quarzdiorite). Sie bildete sich in einer entmischten Sulfid-Oxidschmelze, die sich aus einer S-gesättigten Silikatschmelze bei etwa 900 °C abtrennte. Die Sulfid-Oxidschmelze seigerte entweder aus dem auskristallisierenden Silikatmagma ab (= liquidmagmatischer Segregationstyp, »marginal deposits«), oder sie intrudierte nach erfolgter Ausseigerung als eigenständiges Erzmagma (= Injektionstyp, »offset deposits«; mit zunehmend hydrothermaler Ni- und Cu-Mineralisation; SCHNEIDERHÖHN, 1958; HAWLEY, 1962; EWERS und HUDSON, 1972).

Strukturell lassen sich demnach zwei Bildungstypen unterscheiden:

— Segregationstyp innerhalb von gabbroiden Gesteinen (= hybride Peridotite*) in Form von liquidmagmatischen Erzausseigerungen; die Sulfide und Oxide (Ni-Pyrrhotin, Chalkopyrit, Magnetit) treten auf als Einsprenglinge (disseminated ores; Bild 5.11) sowie netzförmig, schlierig oder in größeren Derberzpartien (massive ores);
— Injektionstyp als Apophysen, entlang von Breccienzonen sowie auf Spalten, Klüften und als Imprägnationen in den basischen Gesteinen und in den benachbarten Nebengesteinen; verstärkte Umwandlungen der Sulfide (in Pyrit, Bravoit, Markasit) und zunehmend hydrothermale Mineralbildungen (Ni—Co-Sulfide, -Arsenide u. a.).

Stofflich sind für diese Bildungen neben den Hauptelementen Ni, Fe und Cu noch wechselnde Mengen an Co, Ti, Ag, Au und Pt (Pd, Rh, Ru) charakteristisch. Der Anteil der Hauptelemente liegt im Durchschnitt bei Ni : Cu : Co $\approx$ 10 : 5 : 1. Als »Lagerarten« treten vorwiegend Augite, Amphibole und Plagioklase sowie teilweise Olivin, Biotit, Chlorite und Quarz auf.

Aufgrund der verschiedenen Bildungstypen und dem daraus resultierenden relativ großen Temperaturintervall ergeben sich häufig komplexe Paragenesenentwicklungen (Bild 5.10).

Die Ni-Pyrrhotin-Chalkopyrit-Paragenese kann manchmal noch verwachsen sein mit der

— Chromit-Paragenese (s. Abschn. 5.1.1.),
— Ilmenit-Magnetit-Paragenese (s. Abschn. 5.1.3.) und
— Bi—Co—Ni—Ag-Paragenese (s. Abschn. 5.3.5.).

Typische Lagerstättenbeispiele
Sudbury/Kanada, Pečenga und Mončegorsk (Kola)/UdSSR, Norilsk (unterer Jenissej)/UdSSR, Insizwa (Kapprovinz) und Merensky-Reef (Bushveld-Komplex)/Südafrika, Kambalda/W-Australien, Meinkjär/Norwegen, Sohland (Oberlausitz) BR Deutschland.

5.1.2.2. Mineralisation

Hauptminerale: Pyrrhotin, Pentlandit, Chalkopyrit; Pyrit, Magnetit; Augite, Amphibole, Plagioklase.

---

* Durch die Aufnahme von H_2O und S erhielt die primäre peridotitische Schmelze die Möglichkeit, das in ihr vorhandene Ni und Fe als Sulfide auszuscheiden und gravitativ anzureichern.

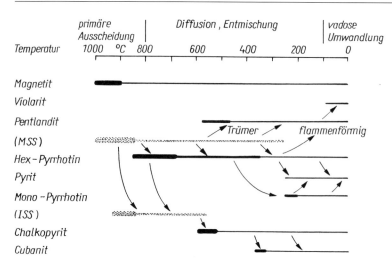

Bild 5.10. Paragenesenschema von Sudbury/Kanada. Die starken und mittelstarken Linien kennzeichnen die Bildungsetappen, die schwachen Linien bedeuten die Erhaltungszeit. Die punktierten Bereiche stellen Phasen dar, die nur bei erhöhten Temperaturen existieren.
MSS Monosulfide Solid Solution; *ISS* Intermediate Solid Solution (nach CRAIG und VAUGHAN [17])

Begleitminerale: Titanomagnetit, Ilmenit, Bravoit, Markasit; Olivin, Serpentin.

Nebenminerale: Ged. Platin, Platinminerale (Sperrylith, Cooperit u. a.), Chromit, Rutil, Anatas, Titanit; Bornit; Cubanit, Violarit (Kobaltkies), Valleriit, Tolnakhit; Nickelin, Maucherit, Gersdorffit, Millerit.

Die wichtigsten auflichtmikroskopischen Bestimmungskriterien der Haupt- und Begleitminerale sind in Tabelle 5.2 zusammengestellt.

5.1.2.3. Mikrogefüge der wichtigsten Minerale

Pyrrhotin FeS: Bildet das Haupterzmineral dieser Paragenese (etwa 80%). Er bildet eine Mischung von hexagonalem (etwa 850 bis 380 °C) und monoklinem Pyrrhotin (<250 °C; Bild 5.10). Der Pyrrhotin tritt vorwiegend in allotriomorphen Aggregaten auf; idiomorphe taflige Ausbildung nach (0001) ist selten. Manchmal feine Lamellierung nach (0001). Sehr häufig Verdrängungen durch

- Pentlandit (bedingt durch die enge genetische Verknüpfung), ausgehend von Korngrenzen sowie von Klüften, z. T. in entmischungsartigen flammenförmigen Aggregaten (Bild 5.12),
- Magnetit (bei hohem Eh-Wert), von den Korngrenzen ausgehend in klein- bis mittelkörnigen Aggregaten (ohne Ilmenit!) (Bild 5.13),
- Markasit-Pyrit (bei niedrigem Eh-Wert, pH < 7), ausgehend von (0001) als »birds eye«-, streifenförmige Markasit-Pyrit- und »Leberkies«-Strukturen (nähere Erläuterung s. Abschn. 5.3.3.).

Häufig sind spindelförmige bis flammenartige Entmischungen von Pentlandit nach (0001) (= »Nickelmagnetkies«), die jedoch nur im Bereich von Korngrenzen und

5.1. Intramagmatische Paragenesen

Tabelle 5.2. Bestimmungskriterien der Haupt- und Begleitminerale

Mineral	KS	R	F	AE	H	B.K.
Pyrit FeS$_2$	kb	53	weiß-gelb	(+)	<Quarz >Pyrrhotin	z. T. schlechte *Pol.*; oft schwach anisotrop
Markasit FeS$_2$	rh	50	weiß-gelb (grünlich)	+++	~Pyrit	schlechte *Pol.*; *BR* deutlich; Zwillingslamellierung ∥ (101), (011)
Gersdorffit NiAsS	kb	51	weiß	–	<Pyrit >Pyrrhotin	gute *Pol.*; Spaltbarkeit ∥ (100); dreieckige Schleifausbrüche
Chalkopyrit CuFeS$_2$	te	46	gelb	(+)	<Pyrrhotin <Pentlandit	sehr gute *Pol.*; häufig feinlamellierte Zwillinge ∥ (100), (110), (111)
Pentlandit (Fe, Ni)S	kb	44	creme-weiß	–	<Pyrrhotin >Chalkopyrit	sehr gute *Pol.*; Spaltbarkeit ∥ (111); häufig als Entmischung im Pyrrhotin
Pyrrhotin FeS	hx mk	37	creme-rosa	+++	<Markasit >Chalkopyrit	gute *Pol.*; an Korngrenzen *BR*; z. T. Spaltbarkeit ∥ (0001)
Bravoit (Fe, Ni)S$_2$	kb	≈36	rosa-gelb	–	<Pyrrhotin ≧Chalkopyrit	mäßige bis schlechte *Pol.*; aus Pentlandit entstanden
Magnetit Fe$_3$O$_4$	kb	21	grau-weiß (bräunlich)	(+)	≦Ilmenit >Pyrrhotin	sehr gute *Pol.*; z. T. Ilmenit- und Spinelleinlagerung; aus Pyrrhotin entstandener Magnetit zeigt dies nicht!
Ilmenit FeTiO$_3$	tg	20	grau-weiß (bräunlich)	++	<Pyrit ≧Magnetit	mäßige *Pol.*; gegenüber Magnetit geringere *R* und *AE*!
Pyroxene, Amphibole CaMgSi$_2$O$_6$ u. a.	mk rh	sehr gering	dunkelgrau	–	<Pyrit >Pyrrhotin	häufig nadelig und Zonenbau; gute Spaltbarkeit

Erläuterung der Abkürzungen: s. Legende zur Tabelle 5.1

Bild 5.12. Pyrrhotin (grau), mit flammenförmigen Pentlandit-Entmischungen (grauweiß) nach (0001); die Entmischungen entwickeln sich z. T. von einer Kluft aus. Sudbury (Ontario)/ Kanada
Vergr. 150 × (aus RAMDOHR [52])

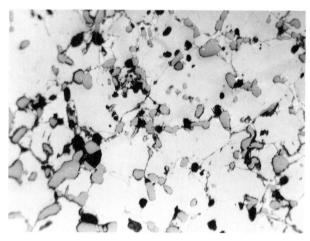

Bild 5.13. Pyrrhotin (grauweiß) und jüngerer Pentlandit (weiß) als Verdränger an den Korngrenzen. Neubildungen von hydrothermalem Magnetit (grau, ohne Ilmenit) auf den Korngrenzen; der verdrängende Pentlandit übernimmt z. T. kleinere Magnetitkörner. Sohland (Oberlausitz)/BR Deutschland
Vergr. 40 × (aus OELSNER,1961)

Sprüngen auftreten (vermutlich Entmischung durch mechanische Auslösung; s. Bild 5.12.). Bei hohen Bildungstemperaturen entwickeln sich dünne Magnetittäfelchen ∥ (0001). Seinerseits ist Pyrrhotin als Entmischungskörperchen in manchen Pentlanditen zu beobachten.

Der *Platingehalt* dieser Paragenese ist vorwiegend an den Pyrrhotin sowie an den Pentlandit gebunden. Der jüngere Chalkopyrit ist weitgehend Pt-frei. Als hydrothermale Nachphase treten auf eigenen Gängen manchmal Sperrylith ($PtAs_2$), Cooperit (PtS) u. a. Pt-Verbindungen auf.

Pentlandit (Fe, Ni)S: Ist das wichtigste Ni-(Co-)Mineral der Paragenese. Er tritt in zwei Verwachsungsstrukturen auf (s. Bild 5.10):

1. in körniger Ausbildung auf eigenen Trümchen sowie auf Klüften und Korngrenzen von Pyrrhotin, Chalkopyrit und Magnetit, diese z. T. verdrängend (Bild 5.14)
2. in orientierten lamellen- bis flammenartigen Entmischungen im Pyrrhotin nach (0001) (Bild 5.12).

5.1. Intramagmatische Paragenesen

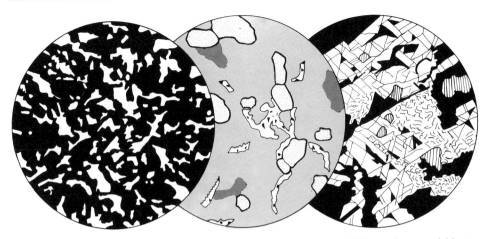

Bild 5.11. Pyrrhotin mit Pentlandit (»Nickelmagnetkies«, weiß) als xenomorphe Bildungen im serpentinisierten Olivin (schwarz). Alexo-Mine (Ontario)/Kanada
Vergr. 5× (nach SCHNEIDERHÖHN [58])

Bild 5.14. Pentlandit-Einlagerungen (weiß, mit schwarzen Ausbrüchen) und Chalkopyrit (dunkelgrau) auf Korngrenzen von Pyrrhotin (hellgrau); damit verwachsen hypidiomorpher Magnetit (punktiert). Sudbury (Ontario)/Kanada
Vergr. 40×

Bild 5.15. Pentlandit (weiß) mit Spaltausbrüchen (schwarz); von den Spaltrissen ausgehende Bildung von Bravoit (rissige Oberfläche). Daneben vereinzelt runde Einschlüsse von Pyrrhotin (Schraffur). Lillehammer/(Norwegen
Vergr. 20× (nach RAMDOHR [52])

Pentlandit ist fast immer mit Pyrrhotin verknüpft; meist xenomorphe Entwicklung zwischen hypidiomorphem Pyrrhotin. Manchmal orientierte Verwachsungen mit Chalkopyrit und Pyrrhotin. In besonders hochtemperierten Pentlanditen finden sich feine Entmischungen von Pyrrhotin sowie manchmal auch von Valleriit.
Eine Umwandlung in Bravoit ist häufig das erste Stadium einer Verwitterung. Die Bravoitbildung beginnt ∥ den Spaltrissen in dünnen Schnüren bis zur Umwandlung des ganzen Kornes (Bild 5.15). Mit der Bravoitbildung (geringe Schrumpfung!) ist oft die Bildung kleiner Pyrit- und Markasitkörner verknüpft.

Bravoit (Fe, Ni)S$_2$: Vorwiegend xenomorphe Aggregate. Verdrängungen des Pentlandits vom Strukturtyp *1* und *2*; beginnend mit dünnen Krusten bis zum gesamten Pentlanditkorn (mit Pyrit und Markasit: Politurschäden!). Aufgrund unterschiedlicher Ni-Gehalte oftmals schöner Zonenbau entwickelt.

Chalkopyrit CuFeS$_2$: In allotriomorphen Aggregaten und auf Trümchen. Nach dem Pyrrhotin ist es das häufigste Erzmineral der Paragenese. Manchmal Entmischung des bei hoher Temperatur löslichen Cubanits (CuFe$_2$S$_3$) in lamellarer Form nach (111): 350 bis 250 °C (Bilder 5.10 und 5.16). Ebenfalls bei hoher Bildungstemperatur finden sich helle Entmischungskörperchen von Valleriit (Cu$_3$Fe$_4$S$_7$), teils unregelmäßig angeordnet, teils nach (100) und (001). Eingelagerte Ilmenittäfelchen entstammen verdrängtem Titanomagnetit.

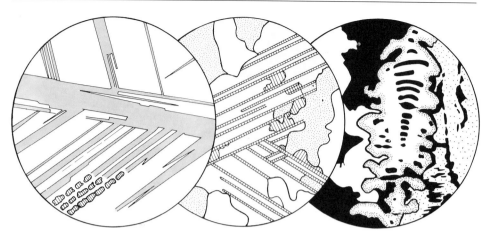

Bild 5.16. Chalkopyrit (weiß) mit lamellenförmigen Cubanit-Entmischungen (hellgrau) nach (111). Randlich sind ehemalige Cubanit-Lamellen in Pyrrhotin (Schraffur) umgewandelt. Frood Mine (Sudbury)/Kanada
Vergr. 50×

Bild 5.17. Titanomagnetit mit erhaltenen Ilmenitleisten (Schraffur), der Magnetitanteil ist durch sekundäre Silikate (hellgrau) sowie Pyrrhotin (punktiert) und Chalkopyrit (weiß) ersetzt. Sohland (Oberlausitz)/BR Deutschland
Vergr. 35×

Bild 5.18. Ilmenitkristallskelett (weiß, randliche Punktierung) leicht korrodiert von Pyrrhotin (punktiert), Chalkopyrit (weiß) und sekundären Silikaten (schwarz). Sohland (Oberlausitz)/BR Deutschland
Vergr. 35×

Pyrit FeS_2 kommt in zwei Erscheinungsformen vor:

— als Pyrrhotin-Umwandlung durch Sulfidierung in feinkörnige Pyrit-Markasit-Aggregate mit wechselnder Härte und Polierfähigkeit (»birds eye«-, streifenförmige und »Leberkies«- Sturkturen); parallel dazu Umwandlung des Pentlandits in Bravoit;
— in z. T. idiomorphen Neubildungen einer sulfidischen »Nachphase« auf Trümern und Korngrenzen; immer jünger als Chalkopyrit (s. Bild 5.10).

Markasit FeS_2: Tritt vorwiegend als Umwandlungsbildung von Pyrrhotin in sehr feinkristallinen Aggregaten auf.

Magnetit Fe_3O_4 kommt in zwei Erscheinungsformen vor:

— als älterer »Titanomagnetit« sowie in skelettförmigen, hypidiomorphen Kornaggregaten, meist in Pyrrhotin und Chalkopyrit eingebettet und von diesen intensiv verdrängt (Bild 5.17);
— als jüngerer, hydrothermaler körniger Magnetit (ohne Ilmenit!) an den Korngrenzen von Pyrrhotin und Pentlandit, aus denen er durch Erhöhung des Eh-Wertes entstanden ist (Bild 5.13).

Ilmenit $FeTiO_3$: In Form von Lamellen des Titanomagnetits (als Verdrängungsrelikte) und in jüngeren körnigen Aggregaten (z. T. Skelettwachstum; Bild 5.18); durch jüngere hydrothermale Überprägung erfolgt die Umwandlung in ein Gemenge von Rutil, Anatas (»Leukoxen«) und Titanit.

5.1.2.4. Vertiefende Literatur

CRAIG, J. R., und D. J. VAUGHAN: Ore Microscopy and Ore Petrography. New York: John Wiley & Sons, 1981, 406 S.

EWERS, W. E., und D. R. HUDSON: An interpretive study of a nickeliron sulfide ore intersection, Lunnon, Kambalda, Western Australia. Econ. Geol. 67 (1972) 1075–1092

HAWLEY, J. E.: The Sudbury Ores: Their mineralogy and origin. Can. Mineral. 7 (1962) 1–207

OELSNER, O.: Bemerkungen zur Genese der Magnetkies-Pentlandit-Lagerstätte Sohland/Spree. Freib. Forsch.-H. C 10 (1954) 33–45

OELSNER, O.: Atlas der wichtigsten Mineralparagenesen im mikroskopischen Bild. Bergakademie Freiberg, Fernstudium 1961, 216–226

5.1.3. Ilmenit-Magnetit-Paragenesen

5.1.3.1. Genetische Stellung

Titanomagnetit-Ilmenit-Paragenesen sind im wesentlichen an basische Gesteine gebunden (Gabbros, z. T. olivinhaltig; Anorthosit). Sie bildeten sich intramagmatisch, wobei *strukturell* und *genetisch* zwei Bildungsformen unterschieden werden können:

— gravitative Differentiationen in Basiten (vorwiegend Titanomagnetit, jünger als die Silikate) = konkordanter Gabbroerztyp
— tektonische Injektionen in Anorthositgesteinen (vorwiegend Titanohämatit und Ilmenit) = diskordanter Anorthositerztyp.

Mit Zunahme der leichtflüchtigen Bestandteile kann es zur Bildung liquidmagmatisch-überkritischer Übergangstypen kommen (mit Ilmenit und Rutil).

Stofflich sind für die Ilmenit-Magnetit-Paragenesen die Beziehungen im $FeO - Fe_2O_3 - TiO_2$-System wichtig (Bild 5.19). Neben den Hauptelementen Ti und Fe sind noch wechselnde Mengen an V, P und Cu charakteristisch. Als »Lagerarten« treten bevorzugt Augite, Amphibole, Olivin und Plagioklas auf.

Die Ilmenit-Magnetit-Paragenesen können manchmal noch mit der Ni-Pyrrhotin-Chalkopyrit-Paragenese (s. Abschn. 5.1.2.) verwachsen sein.

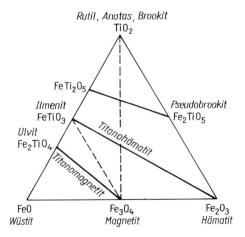

Bild 5.19. Mineralparagenetische Beziehungen im System $FeO - Fe_2O_3 - TiO_2$ (nach RÖSLER, 1979)

Typische Lagerstättenbeispiele

Gabbrotyp: Egersund/Norwegen, Taberg/Schweden, Kusa (Ural)/UdSSR, Bushveld-Komplex/Südafrika, Duluth-Gabbro (Minnesota)/USA.

Anorthosittyp: Otanmäki/Finnland, Allard Lake/Kanada, Lake Sanford/USA.

Überkritisch: Oaxaca/Mexiko.

5.1.3.2. Mineralisation

Hauptminerale: Titanomagnetit, Magnetit, Ilmenit, Hämatit.

Begleitminerale: Ulvit (Ulvöspinell), Apatit, Rutil.

Nebenminerale: Coulsonit, Maghemit, Pyrit, Pyrrhotin, Chalkopyrit, Spinell.

Die wichtigsten auflichtmikroskopischen Bestimmungskriterien der Haupt- und Begleitminerale sind in Tabelle 5.3 zusammengestellt.

Tabelle 5.3. Bestimmungskriterien der Haupt- und Begleitminerale

Mineral	KS	R	F	AE	H	B.K.
Hämatit Fe_2O_3	tg	28	weiß (bläulich)	+ +	<Augite >Ilmenit	schlechte *Pol.*; tiefrote *IR*; Zwillingsbildung ‖ (1011)
Rutil TiO_2	te	≈22	grau-weiß	+ +	~Hämatit >Ilmenit	deutliche *IR* (farblos-braun-violett-grün); häufig idiomorph; Zwillingslamellierung ‖ (101)
Magnetit Fe_3O_4	kb	21	grau-weiß (bräunlich)	(+)	<Hämatit ≦Ilmenit >Pyrrhotin	sehr gute *Pol.*; häufig idiomorph; Zwillingsbildungen ‖ (111)
Ilmenit $FeTiO_3$	tg	20	grau-weiß (bräunlich)	+ +	<Hämatit ≧Magnetit	gute bis mäßige *Pol.*; Entmischung im Magnetit
Ulvit Fe_2TiO_4	kb	≈18	grau (bräunlich)	(+)	~Magnetit	als netzförmige Entmischung im Magnetit ‖ (111)
Pyroxene und Amphibole $CaMgSi_2O_6$ u. a.	mk rh	sehr gering	dunkelgrau	—	<Quarz >Magnetit	häufig nadelig und Zonenbau; gute Spaltbarkeit

Erläuterung der Abkürzungen: s. Legende zur Tabelle 5.1

5.1.3.3. Mikrogefüge der wichtigsten Minerale

Magnetit Fe_3O_4: Bevorzugt in hypidiomorphen bis allotriomorphen Kornaggregaten. Oftmals Zonenbau mit Trachtwechsel von (110) zu (111), z. T. durch Wechsel im Chemismus bedingt. Zwillingslamellierung nach (111) sehr verbreitet. Der in den hochtemperierten magmatischen Magnetiten zunächst gelöst enthaltene Ti-Gehalt (= »Titanomagnetit«) wird zwischen 700 und 400 °C entmischt:

— als Ilmenit, manchmal in 2 Generationen (Bild 5.20); die Entmischungskörperchen des Ilmenits sind dem Magnetit meist ∥ (111) eingelagerte Täfelchen nach (0001) von submikroskopischer bis zu 1 mm Dicke;
— als Ulvöspinell oder Ulvit in Form von allerfeinsten gewebeförmigen Netzen ∥ (100) (»cloth texture«; Bild 5.21.); der Ulvit kann nachträglich in Ilmenit übergehen.

Bild 5.20. Titanomagnetit (grauweiß) mit Entmischungslamellen von Ilmenit (verschiedene dunkle Grautöne bedingt durch Bireflexion). Die Ilmenitlamellen sind z. T. gesäumt mit feinsten Spinellen (schwarz). Larvik/S-Norwegen Vergr. 140× (aus RAMDOHR [52])

Bei weiter absinkender Temperatur bilden sich dann eigene Ilmenite bzw. Ilmenitkrusten auf bereits ausgeschiedenen Magnetitkörnern.
Titanomagnetite enthalten meist noch einige Prozent V (z. T. entmischt als Coulsonit, bevorzugt im Inneren der Magnetitkörner) sowie Cr und Al. Unentmischte Titanomagnetite finden sich häufig in plötzlich zur Oberfläche geförderten Tiefengesteinen (»blue ground«) oder in Ergußgesteinen.
Eine Umwandlung des Magnetits in Hämatit (»Martitisierung«) ist innerhalb dieser Paragenese selten. Die Oxydation von Titanomagnetit und Ilmenit führt zur Bildung von Rutil und Titanohämatit.

Ilmenit $FeTiO_3$: In hypidiomorphen Körnern nach (0001), teils älter als Magnetit, viel häufiger aber jünger und dann als Zwickelfüllung. Oftmals ist er durch Korrosion des Skelettwachstums lappig oder fetzenförmig ausgebildet. Teilweise sehr schöne Zwillingslamellierung nach (10$\bar{1}$1), oft in feiner Gitterung (durch mechanische Beanspruchung). Manchmal sind myrmekitische Verwachsungen von Ilmenit, Magnetit und Spinell zu beobachten.

Bild 5.21. Titanomagnetit: Magnetit (weiß) mit Ulvitlamellen nach (100) in zwei etwa senkrechten Richtungen (Schraffur); die dritte Würfelfläche verursacht sehr flach einfallende und daher breite Lamellen. Parallel zum Ulvit Einlagerungen von gewöhnlichem Spinell (schwarz). Taberg/Schweden
Vergr. 800× (nach RAMDOHR [52])

Bild 5.22. Ilmenit (hellgrau) mit Hämatitentmischungsdisken 1. und 2. Generation (weiß). Die Hämatitkörper 1. Generation enthalten ihrerseits selbst wieder Ilmenitentmischungen (dünne Striche). Auf den basalen Disken senkrecht stehende Neubildungen von Magnetit und Rutil (schwarz). Egersund/Norwegen
Vergr. 250×

Bild 5.23. Titanohämatit: Hämatit (weiß) mit Ilmenitentmischungen in zwei Generationen (punktiert) nach (0001). Annähernd senkrecht dazu nadelförmige Rutilentmischungen (schwarz), die Tafelquerschnitte nach ($22\bar{4}3$) darstellen. Litchfield (Mass.)/USA
Vergr. 100×

Ilmenit tritt häufig als Entmischung im Magnetit (Titanomagnetit) auf (s. dort!). Er selbst führt Entmischungen von

— Hämatit in dickeren und dünneren Linsen (»Disken«) in mehreren Generationen nach (0001); wenn die Entmischungen ($< 600\,°C$) einen bestimmten Umfang überschreiten, bilden sich größere und kleinere Disken ohne Übergang nebeneinander; in den größeren Hämatitdisken sind wieder kleinere Ilmenitdisken enthalten (Bild 5.22);
— Rutil in Täfelchen schräg gegen (0001) in bis zu 6 Scharen; zeitlich zwischen der 1. und 2. Ilmenitgeneration;
— Magnetit in dünnen Täfelchen nach (0001), manchmal gleichzeitig mit Hämatit (Bild 5.22); teilweise auch sekundäre Magnetitbildung durch Reduktion von Hämatit.

Bei subvulkanischen Bildungen wird der Ilmenit oft durch Pyrit und Rutil (»Leukoxen«) verdrängt.

Hämatit Fe_2O_3: Erscheint in hypidiomorphen und krustenförmig-allotriomorphen Aggregaten sowie als Entmischungsdisken im Ilmenit, weniger im Magnetit. Häufig Zwillingslamellierung nach ($10\bar{1}1$); $\frac{1}{3}$ durch Wachstum, $\frac{2}{3}$ durch mechanische Beanspruchung entstanden. Mit letzterer ist oft noch eine Translationsspaltbarkeit nach (0001) verbunden.

5.2. Pegmatitisch-pneumatolytische Paragenesen

Hämatit kann bis zu 10% an $FeTiO_3$ lösen, bei Gehalten darüber erfolgt Entmischung von

- Ilmenit (= »Titanohämatit«) nach (0001) in Form von Disken (bei < 600 °C), oftmals bis zu drei Größenklassen (Bild 5.23);
- Rutil nach (22$\bar{4}$3), nadelförmig in mehreren Scharen eingelagert (Bild 5.23).

In geringem Umfang kann Hämatit als Martit gegenüber dem älteren Magnetit auftreten.

Rutil TiO_2: Idiomorphe Ausbildung, soweit nicht Pseudomorphosierungen vorliegen. Meist Zwillingslamellierung nach mehreren Richtungen, sie fehlen bei Ummineralisierungen aus dem Ilmenit. Häufig ist er überkritisch bis hydrothermal aus Ilmenit entstanden (als feinkörniges Aggregat von Rutil und Hämatit). Der verbreitete »Leukoxen« besteht aus Rutil, Titanit und Anatas.
Manchmal sind im Rutil auch Entmischungstäfelchen von Ilmenit und Hämatit nach (110) enthalten.

5.1.3.4. Vertiefende Literatur

LISTER, G. F.: The composition and origin of selected irontitanium deposits. Econ. Geol. 61 (1966) 275–310

PHILPOTTS, A. R.: Origin of certain iron-titanium oxide and apatite rocks. Econ. Geol. 62 (1967) 303–330

RAMDOHR, P.: Ulvöspinell and its importance in titanium-rich magmatic iron deposits. Econ. Geol. 48 (1953) 677–688

RAMDOHR, P.: Die Beziehungen von Fe–Ti-Erzen aus magmatischen Gesteinen. Bull. Comm. Geol. Finlande 173 (1956) 1–18

5.2. Pegmatitisch-pneumatolytische Paragenesen

5.2.1. Wolframit-Molybdänit-Paragenesen

5.2.1.1. Genetische Stellung

W–Mo-Lagerstätten sind überkritische (pegmatitisch-pneumatolytische) bis hydrothermale Bildungen, die meist mit intermediären bis sauren Granitintrusionen in Beziehung stehen. Innerhalb einer Lagerstätte sind häufig aufgrund mehrmaliger p-t-Veränderungen die überkritischen W–Mo-Paragenesen durch hydrothermale Paragenesen überprägt (OELSNER, 1952; BAUMANN u. a., 1964).

Strukturell sind drei verschiedene Platznahmen der Paragenesen zu Lagerstätten möglich:

- Spaltenfüllungen (Gangvererzungen)
- Imprägnationen und Verdrängungen in Silikatgesteinen (Greisen, »porphyry ores«)
- Verdrängungen in Kalkgesteinen (Skarne, Taktite).

Während die Paragenesen der beiden ersten Typen sich hinsichtlich ihres Mineralbestandes nicht wesentlich unterscheiden (Wolframit, Molybdänit), zeigt der 3. Typ charakteristische Abweichungen (Scheelit, Powellit).

Stofflich charakteristisch sind für das

1. *pegmatitische Stadium:* Orthoklas-Albit, Quarz und Wolframit, Molybdänit, Columbit;
2. *pneumatolytische Stadium:* Quarz, Turmalin, Topas, Glimmer, Kalksilikate und Molybdänit, Wolframit, Scheelit (Kassiterit);
3. *hydrothermale Stadium:* Quarz, Paradoxit, Karbonspäte und Scheelit-Powellit, Ferberit, Hübnerit, Hämatit, Molybdänit, Jordisit, Bismuthin und weitere Sulfide.

Die Wolframit-Molybdänit-Paragenese kann manchmal noch verwachsen sein mit den

— Kassiterit-Paragenesen (s. Abschn. 5.2.2.),
— Cu-(Fe—As-)Paragenesen (s. Abschn. 5.3.2.) und
— Pb—Zn—Ag-Paragenesen (s. Abschn. 5.3.3.).

Typische Lagerstättenbeispiele

Tirpersdorf, Pechtelsgrün, Zobes und Pöhla (Erzgebirge)/BR Deutschland, Knabengrube/Norwegen, Yxsjöberg/Schweden, Climax und Henderson (Col.)/USA, Tyrny Aus/UdSSR, Azegour/Marokko sowie zahlreiche Gruben im Französischen Zentralmassiv, in Portugal, NW-Spanien, Bolivien und in der VR China.

5.2.1.2. Mineralisation

Hauptminerale: Wolframit, Molybdänit, Scheelit-Powellit; Quarz, Feldspat, Turmalin, Kalksilikate

Begleitminerale: Bismuthin, Columbit, Jordisit; Hämatit, Kassiterit; Pyrrhotin, Pyrit; Karbonspäte

Nebenminerale: Magnetit, Markasit; Arsenopyrit, Sphalerit, Chalkopyrit, Galenit; ged. Wismut, Ag-Sulfosalze.

Die wichtigsten auflichtmikroskopischen Bestimmungskriterien der Haupt- und Begleitminerale sind in Tabelle 5.4 zusammengestellt.

5.2.1.3. Mikrogefüge der wichtigsten Minerale

Wolframit (Fe, Mn)WO$_4$: Als Mischkristall bei hoher Temperatur unbegrenzt mischbar; die Beziehung der Mischanteile Hübnerit und Ferberit sind gebietsweise *p-t*-abhängig: H/F > 1,0 (= pegmatitisch), 1,0 bis 0,1 (= pneumatolytisch), <0,1 (= hydrothermal).* Bei niedriger Temperatur liegen die Endglieder Hübnerit (MnWO$_4$) und Ferberit (FeWO$_4$) getrennt vor.

---

* Der Hübnerit/Ferberit-Koeffizient (H/F-Koeffizient) kann röntgenographisch relativ schnell nachgewiesen werden (STARKE, 1959).

5.2. Pegmatitisch-pneumatolytische Paragenesen

Tabelle 5.4. Bestimmungskriterien der Haupt- und Begleitminerale

Mineral	KS	R	F	AE	H	B.K.
Pyrit FeS_2	kb	53	weiß-gelb	(+)	< Quarz > Wolframit	wechselnde *Pol.*
Bismuthin Bi_2S_3	rh	≈ 44	rein-weiß	+ +	< Molybdänit > ged. Wismut	sehr gute *Pol.*; deutliche *BR*; häufig Knitterlamellen
Pyrrhotin FeS	hx	37	creme-rosa	+ + +	< Wolframit > Molybdänit	gute *Pol.*; schwache *BR*; häufig Verdrängung ∥ (0001)
Molybdänit MoS_2	hx	32	weiß	+ + +	< Pyrrhotin > Bismuthin	schlechte *Pol.* (mit Kratzer); starke *BR*
Jordisit MoS_2	amorph	gering	grau	–	< Molybdänit	schlechte *Pol.*; Gelstrukturen; schwache *BR*
Hämatit Fe_2O_3	tg	28	weiß (bläulich)	+ +	< Pyrit > Wolframit	schlechte *Pol.*; tiefrote *IR*; Zwillinge ∥ (10$\bar{1}$1)
Wolframit $(Fe, Mn)WO_4$	mk	17	hell-grau	+ +	< Quarz > Pyrrhotin	schlechte *Pol.*; schwache *BR*; häufig Zonarbau und Zwillinge ∥ (100)
Ferberit		≈ 18				weniger *IR* (tiefbraunrot)
Hübnerit		≈ 15				mehr *IR* (hellrot)
Columbit $(Fe, Mn)(Nb, Ta)_2O_6$	rh	16	grau-braun	+	~ Quarz > Wolframit	gute *Pol.*; geringe *BR*; z. T. rote *IR*; mit Wolframit zu verwechseln!
Kassiterit SnO_2	te	11	grau	+ +	> Quarz > Wolframit	schlechte *Pol.*; häufig *IR* (verwischen die *AE*!)
Scheelit $CaWO_4$	te	≈ 10	grau	–	< Kassiterit < Wolframit	wechselnde *Pol.* (viele Sprünge); gangartähnliches Aussehen
Karbonspäte $MeCO_3$	tg	10...5	grau	+ + +	< Wolframit > Molybdänit	deutliche *BR* und *IR*
Paradoxit (Orthoklas)	mk	5	dunkel-grau	–	< Quarz > Wolframit	gute *Pol.*; *AE* und *BR* infolge zahlreicher *IR* nicht sichtbar
Quarz SiO_2	tg	4,5	dunkel-grau	–	< Kassiterit > Wolframit	deutliche *IR*

Erläuterung der Abkürzungen: s. Legende zur Tabelle 5.1

Wolframit bildet meist idiomorphe Kristalle, die pegmatisch-pneumatolytisch, z. T. dicktafelig nach (100) (Bild 5.24) und hydrothermal leistenförmig nach c gestreckt sind (Bild 5.26); manchmal auch feinkörnige verschränkte Aggregate und isometrische (körnige) Formen. Hübnerit ist feinkörniger als Ferberit. Häufig ist Zwillingsbildung nach (100) sichtbar; Zonenbau wird durch unterschiedliche Porosität erkennbar (Trachtveränderung). Oftmals Kataklase der Wolframitkristalle mit undulöser Auslöschung. Jüngerer Wolframit der »Kassiterit-Paragenese« (s. Abschn. 5.2.2.) verdrängt manchmal Kassiterit (Bild 5.25). Bei hydrothermaler Überprägung wird der Wolframit oft in Scheelit umgewandelt (Bild 5.27; aufbereitungstechnisch sehr störend); als Begleitminerale werden z. T. noch Hübnerit, Ferberit und Hämatit sowie auch Magnetit oder Limonit abgeschieden. Umgekehrt kann Scheelit durch Wolframit (Ferberit) pseudomorph verdrängt werden (»Reinit«; Bild 5.28).

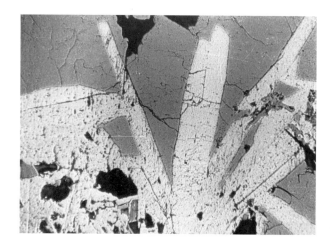

Bild 5.24. Wolframit (weißgrau, punktiert) als typisch leistenförmige Gebilde im Quarz (dunkelgrau). Plohn bei Pechtelsgrün (Erzgebirge)/ BR Deutschland
Vergr. 6× (aus OELSNER, 1961)

Bild 5.25. Wolframit (weiß) der »Kassiterit-Paragenese« dringt mit Quarz (dunkelgrau) auf Korngrenzen und Bruchflächen in älteren Kassiterit (hellgrau) ein. Ehrenfriedersdorf (Erzgebirge)/BR Deutschland
Vergr. 200×

5.2. Pegmatitisch-pneumatolytische Paragenesen 163

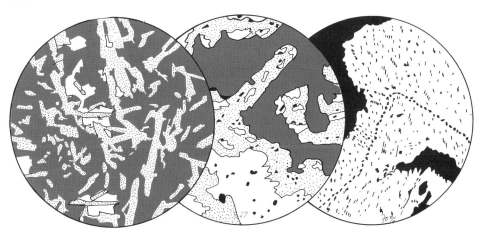

Bild 5.26. Wolframit (punktiert) in leistenförmigen Schnitten mit Pyrit (weiß) im Quarz (dunkelgrau). Mina Sabrosa, Valle Gattas
Vergr. 40× (nach RAMDOHR [52])

Bild 5.27. Wolframit (weiß) wird unter Erhaltung seiner äußeren Kristallform weitgehend verdrängt durch Scheelit (punktiert). Die Umgebung ist Quarz (dunkelgrau), Schliffausbrüche (schwarz). Trebartha Mine (Cornwall)/Großbritannien
Vergr. 85×

Bild 5.28. Wolframit (weiß) pseudomorph nach restlos verdrängtem Scheelit (»Reinit«-Bildung); die alte Oberfläche des Scheelits ist in Gestalt eines Porenzuges noch gut erkennbar. Als Gangart Quarz (schwarz). San Antonio (Calacalani)/Bolivien
Vergr. 25× (nach RAMDOHR [52])

Scheelit $CaWO_4$: Idiomorphe bis allotriomorphe Aggregate. Die genetischen Beziehungen zu den Karbonaten und Kalksilikaten (Skarntyp!) sind besser im Dünnschliff zu beobachten. In den Wolframitlagerstätten ist er meist typisch für die hydrothermale Nachphase als Verdränger des Wolframits (Bild 5.27). Durch die Verdrängung erfolgt manchmal eine myrmekitähnliche Verwachsung von Scheelit und Pyrit (Zufuhr von Ca und S). Seltener erfolgt auch eine umgekehrte Verdrängung von älterem Scheelit durch Wolframit (»Reinit«-Bildung; Bild 5.28).

Der isomorphe und oft gemeinsam auftretende **Powellit** ($CaMoO_4$) ist auflichtmikroskopisch vom Scheelit sehr schwer zu unterscheiden.

Molybdänit MoS_2: Ist im pneumatolytischen Stadium meist eines der ältesten Minerale und häufig mit Glimmer in den Salbandzonen ausgeschieden. Er ist in verbogenen dünnen Tafeln unterschiedlicher Größe entwickelt, die mit glatten, wenig verzahnten Grenzflächen verwachsen sind (Bild 5.29). Deformationen sind häufig auf Translationsflächen nach (0001); starke Verbiegungen und Aufblätterungen mit Zerknitterungserscheinungen, daher keine Kataklase (Bild 5.30).

Eine spezifische Erscheinungsform sind glaskopfartige Massen, die wahrscheinlich aus dem gelförmigen Jordisit entstanden sind. Durch wechselnde Korngröße ist eine konzentrische Textur entwickelt (Bild 5.31). Die Tafelflächen (0001) sind dabei in den kugeligen Massen radial gestellt. Örtlich können die innersten Partien der kugeligen Formen überwiegend aus isomorphem »Rheniumglanz« (ReS_2) bestehen (SCHÜLLER, 1958).

Bild 5.29. Molybdänit (weiß) – in feinen, z. T. gestauchten blättrigen Aggregaten – verwachsen mit Glimmer (dunkelgrau, rauhe Oberfläche) in älterem Quarz (grau, glatte Oberfläche). Ehrenfriedersdorf (Erzgebirge)/BR Deutschland Vergr. 100×

In der Regel scheint sich im hydrothermalen Stadium der amorphe *Jordisit* (MoS_2) abzuscheiden, der sicher sehr verbreitet, aber auflichtmikroskopisch schwer zu erfassen ist. Neben den o. g. glaskopfartigen Molybdänumwandlungen kann der Jordisit auch zu parallelliegenden Molybdänitschuppen sammelkristallisieren (Bild 5.32).

Columbit (Fe, Mn) (Nb, Ta)$_2$O$_6$: Im pegmatitischen Stadium sind im Wolframit die Nb-Ta-Gehalte am höchsten, und es kommt oftmals zur Bildung von Columbit (mit Orthoklas). Bevorzugt idiomorphe Einzelkristalle, tafelig nach (100), oft in radialen

Bild 5.30. Molybdänittafeln (weiß), durch tektonische Beanspruchung verbogen und etwas aufgeblättert, eingeschlossen in Quarz (dunkelgrau). Flaatorp bei Christiansand/Norwegen (Vergr. 40×)

Bild 5.31. Radialstrahlig entwickelter Molybdänit (weiß/Schraffur) von schalenweise wechselnder Härte. Das primär gelförmig ausgeschiedene MoS_2 (Jordisit) rekristallisierte zu Molybdänit; die ehemals radiale Struktur wird durch die *BR* deutlich. Beanspruchung durch jüngere Kataklase. Als Gangart Baryt (schwarz). Eisleben (Mansfeld)/BR Deutschland (Vergr. 55×)

Bild 5.32. Sammelkristallisierter, schuppen- bis tafelförmiger Molybdänit (weiß) in amorphem Jordisit (gekräuselte Schraffur). Altenberg (Erzgebirge)/BR Deutschland (Vergr. 55×)

5.2. Pegmatitisch-pneumatolytische Paragenesen

Büscheln; seltener auch in allotriomorphen Aggregaten. Manchmal Zonenbau, z. T. porige Partien mit viel Innenreflexen. Der mikroskopisch sehr ähnliche Wolframit zeigt stärkere Bireflexion und Anisotropie.

Hämatit Fe_2O_3: Tritt in allotriomorphen sowie in hypidiomorphen Aggregaten auf

— als Umwandlungsprodukt des Wolframits (neben Scheelit, Ferberit, Hübnerit, Magnetit und Limonit) und
— als jüngere Primärbildung (in feinen Schüppchen auf Kluftflächen).

Bismuthin Bi_2S_3: Kann pneumatolytisch bis hydrothermal auftreten, das Bildungsmaximum liegt im katathermalen Bereich (im mesothermalen Bereich: ged. Wismut). Er ist sowohl idiomorph (z. T. strahlig) als auch allotriomorph ausgebildet. Verwachsungen mit Pyrit. Durch Deformation häufig Zerknitterungslamellen nach (100), ähnlich wie bei Antimonit. Gegenüber dem Antimonit hat er höhere R, geringere BR und AE.

Pyrrhotin FeS: Im Rahmen der hydrothermalen Nachphase ist er einer der ältesten Sulfide. In allotriomorph-körnigen Aggregaten, häufig in Pyrit-Markasit umgewandelt (erhöhte H_2S-Zufuhr!).

Pyrit FeS_2: Tritt generell in zwei Generationen auf:

— als allotriomorphe bis idiomorphe Aggregate, häufig in enger Verwachsung mit Wolframit, Quarz und Orthoklas (s. Bild 5.26.); aufgrund seiner Altersstellung ist er oft kataklastisch beansprucht;
— als Umwandlungsprodukt des Pyrrhotins, immer in enger Verwachsung mit Markasit; häufig in streifenförmiger Anordnung nach (0001) sowie manchmal als jüngere Umlagerungen im idioblastischen Pyrit, Hämatit und Magnetit.

Kassiterit SnO_2: In dieser Paragenese nur selten zu beobachten. Bevorzugt idiomorphe oder hypidiomorphe Kornformen. Oft kataklastische Beeinflussung (s. Bild 5.25). Bei größeren Mengen Übergang zur Kassiterit-Paragenese (s. Abschn. 5.2.2.).

5.2.1.4. Vertiefende Literatur

BAUMANN, L., E. DONATH und E. KRETZSCHMAR: Beiträge zur Tektonik und Paragenese der Wolframitlagerstätte Pechtelsgrün/V. Freib. Forsch.-H. C 181. Leipzig: Deutscher Verlag für Grundstoffindustrie 1964, 7—35

BAUMANN, L., und R. STARKE: Genetic interpretation of wolframite deposits by means of x-ray analyses of wolframite. Symposium »Problems of postmagmatic ore deposition«, Vol. II, Prague 1965, 573—576

KELLY, W. C., und F. S. TURNEAURE: Mineralogy, paragenesis and geothermometry of the tin and tungsten deposits of the Eastern Andes, Bolivia. Econ. Geol. 65 (1970) 609—680

KELLY, W. C., und R. O. RYE: Geologic, fluid inclusion and stable isotope studies of the tintungsten deposits of Panasqueira, Portugal. Econ. Geol. 74 (1979) 1721—1822

OELSNER, O.: Die pegmatitisch-pneumatolytischen Lagerstätten des Erzgebirges mit Ausnahme der kontaktpneumatolytischen Lagerstätten. Freib. Forsch.-H. C 4 (1952) 1—80

OELSNER, O.: Atlas der wichtigsten Mineralparagenesen im mikroskopischen Bild. Bergakademie Freiberg, Fernstudium 1961, 144—167

SCHÜLLER, A.: Metallisation und Genese des Kupferschiefers von Mansfeld. Abh. Akad. Wiss., Berlin 1958
STARKE, R.: Röntgenographische Bestimmung des Hübnerit-Ferberit-Verhältnisses in Wolframiten. Bergakademie 11 (1959) 1, 23—25

5.2.2. Kassiterit-Paragenesen

5.2.2.1. Genetische Stellung

Die Zinnlagerstätten (z. T. mit W, Mo und Bi) sind überkritische bis hydrothermale Bildungen, die bevorzugt mit sauren Granitoiden in Verbindung stehen. Innerhalb einer Lagerstätte können durch p-t-Schwankungen pegmatitische, pneumatolytische und hydrothermale Sn-Paragenesen überlagert sein (OELSNER 1952; BAUMANN u. a., 1963, 1964, 1967; SILLITOE u. a., 1975; GROVES u. a., 1978).
Strukturell lassen sich drei Bildungstypen unterscheiden:

— Spaltenfüllungen (Erzgänge und -trümer, »Pipes«)
— Imprägnationen und Verdrängungen in Silikatgesteinen (Zwitter, Greisen)
— Verdrängungen in Kalkgesteinen (Skarne).

Die Paragenesen dieser drei Typen stimmen hinsichtlich ihrer Erzminerale weitgehend überein, hinsichtlich der »Gangarten« gibt es jedoch teilweise charakteristische Unterschiede (Quarz, Turmalin, Apatit; Feldspäte, Topas, Li-Glimmer; Kalksilikate, Karbonspäte).
Stofflich charakteristisch sind für die Bildungen im

1. *pegmatitischen Stadium:* Orthoklas-Albit, Glimmer, Quarz und Kassiterit (Wolframit, Columbit);
2. *pneumatolytischen Stadium:* Quarz, Topas, Li-Biotit, Turmalin, Apatit, Chlorit, Fluorit, Beryll, Kalksilikate und Kassiterit, Löllingit, Arsenopyrit, Wolframit, Bismuthin, (Molybdänit), Hämatit;
3. *hydrothermalen Stadium:* Quarz, Karbonspäte, Glimmer und Hämatit, Magnetit, Bismuthin, Jordisit-Molybdänit, Scheelit; Pyrrhotin, Pyrit, Chalkopyrit, Stannin, . Kassiterit, Franckeit, Teallit, Kylindrit sowie andere Sulfide und Sulfosalze.

Die Kassiteritparagenese kann noch verwachsen sein mit den

— Pb—Zn—Ag-Paragenesen (s. Abschn. 5.3.3.) und
— Cu—(Fe—As-)Paragenesen (s. Abschn. 5.3.2.).

Typische Lagerstättenbeispiele
Ehrenfriedersdorf und Altenberg (Erzgebirge)/BR Deutschland, Cinovec und Horni Slavkov/ČSFR, Cornwall-Distrikt/SW-England, Mt. Zeehan/Tasmanien, Zaaiplaats (Transv.)/Südafrika; Montserat, Llallagua und Potosi/Bolivien.

5.2.2.2. Mineralisation

Hauptminerale: Kassiterit, Löllingit, Arsenopyrit, Bismuthin, Hämatit; Quarz, Feldspat, Glimmer, Topas, Fluorit, Kalksilikate.

5.2. Pegmatitisch-pneumatolytische Paragenesen

Begleitminerale: Wolframit, Scheelit, Magnetit; Pyrrhotin, Pyrit-Markasit, Chalkopyrit, Stannin, Franckeit; Apatit, Turmalin, Beryll.

Nebenminerale: Columbit, Tapiolit, Molybdänit-Jordisit, Rutil; Sphalerit, Galenit, Tetraedrit, Teallit, Kylindrit; ged. Wismut, Emplektit, Ag-Sulfosalze.

Die wichtigsten auflichtmikroskopischen Bestimmungskriterien der Haupt- und Begleitminerale sind in Tabelle 5.5 zusammengestellt.

Tabelle 5.5. Bestimmungskriterien der Haupt- und Begleitminerale

Minerale	KS	R	F	AE	H	B. K.
Löllingit FeAs$_2$	rh	≈ 55	reinweiß	+ +	< Arsenopyrit ≳ Pyrrhotin	gute *Pol.*; deutliche *BR*; häufig Drillinge nach (011)
Pyrit FeS$_2$	kb	53	weißgelb	(+)	< Kassiterit > Arsenopyrit	z. T. schlechte *Pol.*
Arsenopyrit FeAsS	(rh) mk	51	cremeweiß	+ +	< Pyrit > Löllingit	gute *Pol.*; schwache *BR*; häufige Felderteilung und lamellarer Zerfall (rh → mk)
Chalkopyrit CuFeS$_2$	te	46	gelb	(+)	< Pyrrhotin > Bismuthin	sehr gute *Pol.*; lamellare Zwillinge ∥ (100), (110) und (111)
Bismuthin Bi$_2$S$_3$	rh	≈ 44	weiß	+ +	< Chalkopyrit > Galenit	sehr gute *Pol.*; deutliche *BR*; häufig Knitterlamellen
Pyrrhotin FeS	hx	37	cremerosa	+ + +	< Löllingit > Chalkopyrit	gute *Pol.*; schwache *BR*; häufig Verdrängung ∥ (0001) durch Markasit
Franckeit Pb$_5$Sn$_3$Sb$_2$S$_{14}$	mk	≈ 30	weiß	+	< Pyrrhotin < Galenit	schlechte *Pol.*; geringe *BR*; Zerknitterungslamellen ⊥ (001)
Hämatit Fe$_2$O$_3$	tg	28	weiß (bläulich)	+ +	< Pyrit > Löllingit	schlechte *Pol.*; tiefrote *IR*; Zwillinge ∥ (10$\bar{1}$1)
Stannin Cu$_2$FeSnS$_4$	te	26	grauweiß (olivgrün)	+ +	< Tetraedrit > Chalkopyrit	gute *Pol.*; schwache *BR*; bei Hochtemperatur-Stannin häufig lamellarer Zerfall
Magnetit Fe$_3$O$_4$	kb	21	grauweiß (bräunlich)	(+)	< Wolframit > Stannin	sehr gute *Pol.*; häufig idiomorph; Zwillingsbildung ∥ (111)

Tabelle 5.5. (Fortsetzung)

Minerale	KS	R	F	AE	H	B.K.
Wolframit (Fe, Mn)WO_4	mk	17	hellgrau	+ +	<Kassiterit >Arsenopyrit	schlechte *Pol.*; schwache *BR*; häufig Zwillinge ‖ (100)
Kassiterit SnO_2	te	11	grau	+ +	>Quarz >Wolframit	schlechte *Pol.*; häufige *IR* (verwischen die *AE*!)
Scheelit $CaWO_4$	te	≈ 10	grau	—	<Kassiterit <Wolframit	gute *Pol.* (viel Sprünge); gangartähnliches Aussehen
Karbonspäte $MeCO_3$	tg	10...5	grau	+ + +	<Wolframit >Chalkopyrit	gute *Pol.*; deutliche *BR* und *IR*
Feldspat	mk	5	dunkelgrau	—	<Quarz >Wolframit	gute *Pol.*; *AE* und *BR* infolge der zahlreichen *IR* nicht sichtbar
Quarz SiO_2	tg	4,5	dunkelgrau	—	<Kassiterit >Wolframit	mäßige *Pol.*; deutliche *IR*
Fluorit CaF_2	kb	3	dunkelgrau	—	<Quarz ~ Karbonspat	mäßige *Pol.*; Schleifspaltbarkeit ‖ (111)

Erläuterung der Abkürzungen: s. Legende zur Tabelle 5.1

5.2.2.3. Mikrogefüge der wichtigsten Minerale

Kassiterit SnO_2: Die Kornform zeigt eine deutliche Abhängigkeit vom Bildungsstadium, wobei die Neigung zu idiomorpher Entwicklung generell sehr groß ist. Pegmatitische Kassiterite sind kurzsäulig-gedrungen und zeigen vorwiegend (111) und z. T. (101), sie sind kaum verzwillingt; die pneumatolytischen Kassiterite sind kurz- bis mittelsäulig und zeigen (111), (110), (100) sowie häufige Zwillings- bzw. Vielingsbildungen (»Visiergraupen«) (Bild 5.33); die hydrothermalen Kassiterite sind gestreckt nach der

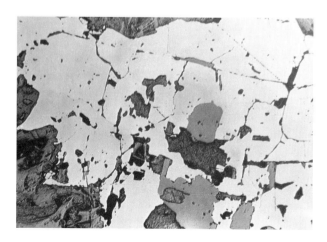

Bild 5.33. Kassiterit (hellgrau) als mittelkörniges Aggregat (= pneumatolytischer Typ) in silikatischer Greisenmatrix (dunkelgrau), bestehend aus Quarz (glatte Oberfläche) und Glimmer (raue Oberfläche). Ehrenfriedersdorf (Erzgebirge)/ BR Deutschland
Vergr. 35 ×

5.2. Pegmatitisch-pneumatolytische Paragenesen

c-Achse und bilden oft unverzwillingte nadelige Individuen von (110) mit (111) (= »Nadelzinn«; Bild 5.34). Epithermale Kassiterite bilden konzentrisch-schalige Aggregate (= »Holzzinn«).

In den Greisen tritt der Kassiterit in unregelmäßig begrenzten Zwickelfüllungen auf; dagegen überwiegen auf den Gängen idiomorphe Kristallisate. Eine Zwillingsbildung nach (101) ist oft vorhanden. Zonenbau wird durch die Verteilung der Poren und Entmischungen oder an den Innenreflexen erkennbar.

Die Entmischungen sind gleichfalls abhängig vom Bildungsstadium (BINDE, 1986):

- *pegmatitisch:* Columbit, Tapiolit
- *pneumatolytisch:* Wolframit, Arsenopyrit, Löllingit; Rutil, Ilmenit, Hämatit, Chalkopyrit, Sphalerit
- *hydrothermal:* Rutil, Ilmenit, Hämatit; sulfidfrei (!).

Die Entmischungskörper können idiomorph und allotriomorph sein; in den columbit- und tapiolitentmischten Bereichen ist der Kassiterit häufig entfärbt. Aufgrund seiner hohen Altersstellung zeigt der Kassiterit oftmals Kataklase. Teilweise wird er von Sulfiden verdrängt. Er selbst verdrängt Feldspat, Quarz, Topas, Turmalin (Bild 5.35) sowie hydrothermal manchmal auch Arsenopyrit, Pyrit, Bismuthin, Sphalerit, Stannin und Sulfostannate.

Bei den »Holzzinn«-Bildungen gibt es rhythmische Wechsellagerungen mit Quarz und Pyrit sowie »tuberkelförmige« Ringstrukturen in Sphalerit. Als Verwitterungsumbildung von Stannin kann es zu myrmekitähnlichen Verwachsungen von Kassiterit und Chalkopyrit oder Pyrit kommen (Bild 5.36).

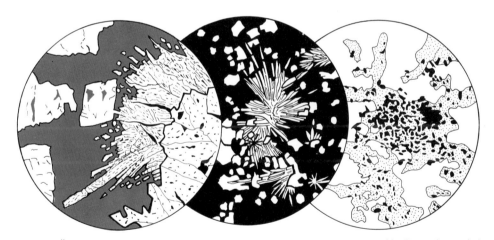

Bild 5.34. Älterer, körniger Kassiterit (punktiert) wird überkrustet von Nadelzinn. Beide Generationen sind umgeben und durchtrümert von Quarz (dunkelgrau). Darin eingewachsen Pyritidioblasten (weiß). Mina Milluni/Bolivien
Vergr. 125× (nach CRAIG und VAUGHAN [17])

Bild 5.35. Kassiteritreiche Greisenpartie. Der Kassiterit (weiß, Relief) umhüllt und verdrängt Turmalin (strahlig) und Quarz (schwarz). Tannenbergsthal-Mühlleithen (Erzgebirge)/BR Deutschland
Vergr. 9×

Bild 5.36. Bildung von jungem Kassiterit (schwarz) aus Stannin (punktiert), der eng mit Chalkopyrit (weiß) verwachsen ist. Unben. Vorkommen/VR China
Vergr. 125×

Magnetit Fe_3O_4: Er ist häufig die älteste Ausscheidung der Paragenese und bildet im vergreisten oder verskarnten Nebengestein unregelmäßige Körner. Er zerfällt leicht in Rutil und Titanit und ist dann nur noch reliktisch erhalten.

Löllingit $FeAs_2$: Neigung zu idiomorpher bis idioblastischer Entwicklung; oftmals radialstrahlige Aggregate. Die Korngröße ist normalerweise geringer als bei Arsenopyrit. Zwillingsbildung nach (011) sowie Drillinge (ähnlich »Tressenerz«, nur seltener). Deutlicher Zonenbau. Häufig Kataklase wie beim Arsenopyrit. Verdrängung durch Arsenopyrit und dessen durch Pyrrhotin, der umgekehrte Fall ist seltener (Bild 5.37). Der Löllingit bildet mit Arsenopyrit manchmal den Haupterzanteil der Quarz-Kassiterit-Gänge. Ihre enge Verwachsung mit Kassiterit ist für die Aufbereitung problematisch.

Bild 5.37. Löllingit (grauweiß) mit Zwillingslamellierung wird umhüllt von verdrängendem Arsenopyrit (dunkelgrau, wolkige Anisotropieeffekte). Ehrenfriedersdorf (Erzgebirge)/BR Deutschland
Vergr. 27×, N +

Arsenopyrit FeAsS: Vorwiegend idiomorphe Ausbildung; bei monomineralischen Aggregaten sind die Körner hypidiomorph mit geringer Verzahnung. Deutliche pseudorhombische Zwillingsbildung nach (010). Häufig kataklastische Beanspruchung; verdrängt Kassiterit, Wolframit und Löllingit; mit letzterem z. T. orientierte Verwachsungen (Bild 5.37). Gegenüber dem ähnlichen Löllingit ist Arsenopyrit gelber, härter und in dieser Paragenese auch seltener.

Wolframit $(Fe, Mn)WO_4$: In dieser Paragenese nur lokal verbreitet. Meist idiomorphe Ausbildung, sowohl dicktafelig, leistenförmig als auch körnig (s. Abschn. 5.2.1.). Manchmal kataklastisch beansprucht. Überkrustet bzw. verdrängt teilweise den Kassiterit (s. Bild 5.25). Er selbst ist älter als Löllingit und die anderen Sulfide. Durch hydrothermale Überprägung oft Umwandlung in Scheelit (s. Bild 5.27). Als Begleitminerale treten z. T. noch Ferberit, Hübnerit und Hämatit auf.

Bismuthin Bi_2S_3: Ist im pneumatolytischen bis hydrothermalen Bereich vertreten. Sowohl idiomorphe als auch allotriomorphe Ausbildung (als Zwickelfüllung). Verwachsungen mit Kassiterit (Bild 5.38). Durch Deformation entstehen Zerknitterungslamellen nach (100). Eine Verwechslung ist mit dem manchmal mit Bismuthin gemeinsam auftretenden *Emplektit* ($CuBiS_2$) möglich (geringere *R*, schwächere *BR*). Des weiteren gibt es Verwachsungen mit ged. Wismut.

5.2. Pegmatitisch-pneumatolytische Paragenesen

Hämatit Fe_2O_3: Ist häufig schuppenförmig, dünntaflig nach (0001) entwickelt (»Specularit«). Bei kontaktpneumatolytischen Bildungen findet oftmals eine Umwandlung von Hämatit in Magnetit oder umgekehrt statt (Bild 5.39). Hämatit durchtrümert und umkrustet stellenweise den Kassiterit. In den niedrigthermalen Ausscheidungen ist er feinschuppig bis feindispers ausgebildet und sitzt auf Klüften und als Imprägnationen in den Gesteinen. Diese Bildungen können auf den Aufbereitungsprozeß sehr störend wirken.

Scheelit $CaWO_4$: Typisch für die hydrothermale Nachphase; häufig Verdränger von Wolframit (s. Bild 5.27).

Pyrit FeS_2: Tritt in zwei Generationen auf:

- als Umwandlungsprodukt des Pyrrhotins in enger Verwachsung mit Markasit
- als eigenständige Bildung innerhalb der hydrothermalen Nachphase.

Pyrrhotin FeS: Eines der ältesten Sulfide der hydrothermalen Nachphase. Meist in Pyrit-Markasit umgewandelt (Zunahme der H_2S-Zufuhr!): Löllingit-Arsenopyrit-Pyrrhotin-Pyrit/Markasit.

Chalkopyrit $CuFeS_2$: Meist allotriomorph und in Form von Zwickelfüllungen. Häufig Entmischungen von Sphalerit, Stannin, Cubanit und Tetraedrit.

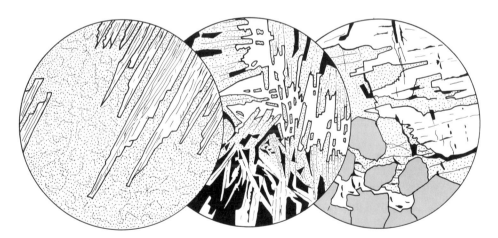

Bild 5.38. Nadelförmiger Bismuthin (weiß), eingewachsen in ein Kassiteritaggregat (punktiert). Mina Salvadore (Uncia)/Bolivien
Vergr. 5×

Bild 5.39. Hämatit (weiß, schuppig), in tafeligen Aggregaten und in büscheliger Anordnung (»Specularit«), wird durch Magnetit verdrängt (punktiert). Beide sind eingelagert in Quarz (schwarz). Alles wird intensiv verdrängt von Chalkopyrit (weiß). Azegour/Marokko
Vergr. 50×

Bild 5.40. Bildung von Stannin (punktiert) im Kontaktbereich von älterem Kassiterit (hellgrau) und Pyrrhotin (weiß). Die Verdrängung des Stannin folgt im Pyrrhotin bevorzugt der Spaltbarkeit nach (0001). Huanuni/Bolivien
Vergr. 100×

Stannin Cu_2FeSnS_4: Oft wird ein Teil des im überkritischen Stadium nicht abgeschiedenen Sn hydrothermal als Sulfid (Stannin) oder als Sulfostannat (Franckeit u. a.) abgeschieden. Der Stannin ist auch als Reaktionsprodukt zwischen Kassiterit und den jüngeren Sulfiden zu beobachten (Bild 5.40). Oft gitterförmige Umwandlungslamellierung nach (100) der Hochtemperaturform. Manchmal enthält er Entmischungen von Chalkopyrit (bei 250 °C) und Sphalerit.

Franckeit $Pb_5Sn_3Sb_2S_{14}$: Bildet Aggregate von z. T. parallel verwachsenen und verbogenen Tafeln und dünnen Blättern. Zwillingslamellierung und Translation nach (001) sowie bei N + Zerknitterungslamellen senkrecht dazu. Oft mit Franckeit gemeinsam auftretend und ihm ähnlich sind die weiteren Sulfostannate *Teallit* ($PbSnS_2$; ist heller und gelblicher, stärkere *AE*, keine Zerknitterungslamellen) und *Kylindrit* ($Pb_6Sn_6Sb_2S_{15}$; heller, typische »Walzen«-Struktur).

5.2.2.4. Vertiefende Literatur

BAUMANN, L., und F. TÄGL: Neue Erkundungsergebnisse zur Tektonik und Genesis der Zinnerzlagerstätte von Ehrenfriedersdorf. Freib. Forsch.-H. C 167. Leipzig: Deutscher Verlag für Grundstoffindustrie 1963, 35—63

BAUMANN, L., und S. GORNY: Neue tektonische und petrographische Untersuchungsergebnisse in der Zinnerzlagerstätte Tannenberg-Mühlleithen. Freib. Forsch.-H. C 181. Leipzig: Deutscher Verlag für Grundstoffindustrie 1964, 89—117

BAUMANN, L., und G. SCHLEGEL: Zur Geologie und Mineralisation der Zinnerzlagerstätte Altenberg. Freib. Forsch.-H. C 218. Leipzig: Deutscher Verlag für Grundstoffindustrie 1967, 9—34

BINDE, G.: Beitrag zur Mineralogie, Geochemie und Genese des Kassiterits. Freib. Forsch.-H. C 411. Leipzig: Deutscher Verlag für Grundstoffindustrie 1986, 60 S.

GROVES, D. I., und T. S. MCCARTHY: Fractional crystallization and the origin of tin deposits in granitoids. Mineral. Deposita 13 (1978) 11—26

KELLY, W. C., und F. S. TURNEAURE: Mineralogy, paragenesis and geothermometry of the tin and tungsten deposits of the Eastern Andes, Bolivia. Econ. Geol. 65 (1970) 609—680

KETTANEH, Y. A., und J. P. N. BADHAM: Mineralization and paragenesis at the Mount Wellington Mine, Cornwall. Econ. Geol. 43 (1978) 486—495

OELSNER, O.: Atlas der wichtigsten Mineralparagenesen im mikroskopischen Bild. Bergakademie Freiberg, Fernstudium 1961, 144—167

SILLITOE, R. H., C. HALLS und J. N. GRANT: Porphyry tin deposits in Bolivia. Econ. Geol. 40 (1975) 913—927

5.2.2.5. Skarnparagenesen

Die Skarne (kontaktpneumatolytische Verdrängungsbildungen)* können wichtige Träger von Fe (Magnetit, Hämatit), Sn (Kassiterit, Stannin), W (Scheelit: »Taktite«), Mo (Molybdänit, Powellit) sowie einigen Buntmetallen (Cu, Zn) sein.

Skarne bestehen vorwiegend aus grobkörnigen Kalksilikaten sowie Silikaten und Alumosilikaten mit vergesellschafteten jüngeren Metalloxiden und -sulfiden.

Strukturell sind sowohl diskordante als auch konkordante Erscheinungsbilder der Skarne und der Vererzung gegenüber dem Nebengestein feststellbar.

---

* Neben den »magmatogenen« Skarnen gibt es noch die »metamorphen« Skarne (Skarnoide); letztere gehören mit zu den »Metamorphen Paragenesen« (s. Abschn. 5.6.).

5.2. Pegmatitisch-pneumatolytische Paragenesen

Gefügemäßig liegen die Erzparagenesen vor in:

- Imprägnations- (disseminated-), nester- und gangförmigen Texturen
- Schmitzen- und Lagentexturen, z. T. als reliktische schichtgebundene Vererzungen (Bild 5.41)
- massiv-derben Erzpartien.

Stofflich lassen sich hinsichtlich des Skarnedukts zwei Bildungstypen unterscheiden:
1. aus Metakarbonatgesteinen entstanden (Kalke, Dolomite, Marmor)
2. aus Metasilikatgesteinen entstanden (Phyllite, Glimmerschiefer, Gneise).

Daraus ergeben sich gewisse Unterschiede der Skarnparagenesen (Teilparagenesen *1* bis *4*).

Zu 1.:

- Granat (Grossular-Andradit), Pyroxen; Epidot; Wollastonit, Vesuvian; Malayait
- Magnetit, Hämatit (z. T. Martit), Amphibol, Chlorit; Skapolith, Turmalin, Axinit, Ludwigit; (Bild 5.42)
- Kassiterit, Scheelit-Powellit, Molybdänit; Quarz, Löllingit, Arsenopyrit
- Sphalerit (Fe-reich!), Chalkopyrit, Pyrit, Pyrrhotin, Markasit, (Stannin, Galenit) und Quarz, Fluorit, Topas, Calcit (Bild 5.43).

Bild 5.41. Skarnstrukturen mit reliktisch erkennbarem Lagengefüge. Der Magnetit (weiß, rauhe Oberfläche) in granoblastischen, an kolloidale Ausscheidungen erinnernde Formen im umgebenden Granat-Pyroxen-Gestein (grau bis schwarz). Jüngerer Sphalerit (weiß, glatte Oberfläche) verdrängt den Magnetit. Ehrenfriedersdorf (Erzgebirge)/ BR Deutschland
Vergr. 10× (aus LEGLER 1985)

174   5. Mineralparagenesen

Bild 5.42. Magnetit (weiß) in den Kristallformen des Granats (grau); beide zusammen werden im Zentrum ausgefüllt von Quarz (schwarz) und jüngerem, kurzprismatischem Kassiterit (hellgrau) (= Teilparagenese *1* bis *3*). Ehrenfriedersdorf (Erzgebirge)/BR Deutschland Vergr. 160 ×

Bild 5.43. Feinkörniger, kurzprismatischer Kassiterit der Skarnparagenese (hellgrau) mit jüngerem Chalkopyrit (weiß), eingewachsen in Amphibolskarn (dunkelgrau) (= Teilparagenese *2* bis *4*). Ehrenfriedersdorf (Erzgebirge)/ BR Deutschland Vergr. 100 ×

Zu 2.:

- Pyroxen, Granat, Plagioklas, Quarz (Wollastonit, Vesuvian, Amphibol, Epidot, Apatit)
- Magnetit, Hämatit (z. T. Martit), Chlorit
- Erzminerale wie unter 1.

Die Skarnparagenesen bilden am Intrusivkontakt oftmals charakteristische Zonalitäten, die z. T. die Mobilität der Lösungen wiederspiegeln (Endokontakt: Epidot, Plagioklas, Quarz; Exokontakt: dunkle Kalksilikate = Granat, Pyroxene; helle Kalksilikate = Wollastonit, Vesuvian u. a.). Die Erzminerale sind unregelmäßig über alle Skarnzonen verteilt.
Die Skarnparagenesen können noch verwachsen sein mit den hydrothermalen

- Cu-(Fe−As-)Paragenesen (Abschn. 5.3.2.) und
- Pb−Zn−Ag-Paragenesen (Abschn. 5.3.3.).

5.3. Hydrothermale Paragenesen

Typische Lagerstättenbeispiele

Schwarzenberg, Pöhla und Breitenbrunn (Erzgebirge)/BR Deutschland (Fe, Zn, Sn, W); Zobes (Erzgebirge)/BR Deutschland, Yxsjöberg/Schweden und Lost Creek (Montana)/USA (W); Azegour/Marokko und Tyrny Aus/UdSSR (W, Mo); Vaskö (Banat)/Rumänien, Elba/Italien, Magnitnaja Gora/UdSSR, Iron Springs (Utah)/USA (Fe); Perak/Malaysia (Sn); Bishop (Kalifornien)/ USA (W, Mo, Cu); Cotopaxi (Colorado)/USA (Cu, Pb, Zn); Kamaishi (Fe, Cu), Chichibu (Fe, Cu, Zn) und Mitate (Sn)/Japan.

Mineralisation

Die Erzminerale entsprechen weitgehend denjenigen der Wolframit-Molybdänit-Paragenese (s. Abschn. 5.2.1.) und der Kassiterit-Paragenese (s. Abschn. 5.2.2.).

5.2.2.6. Vertiefende Literatur

ATKINSON, W. W., und M. T. EINAUDI: Skarn formation and mineralization in the contact aureole at Carr Fork, Bingham, Utah. Econ. Geol. 73 (1978) 1326–1365

BURT, D. M.: Skarns in the United States — A review of recent research. IAGOD Working Group on Skarns, 1974 Meeting, Varna, Bulgaria

COLLINS, B. J.: Formation of scheelite-bearing and scheelite-barren skarns at Lost Creek, Pioneer Mountain, Montana. Econ. Geol. 72 (1977) 1505–1523

PERRY, D. V.: Skarn genesis at the Christmas Mine, Gila County, Arizona. Econ. Geol. 64 (1969) 255–270

SHIMAZAKI, H.: Characteristics of skarn deposits and related acid magmatism in Japan. Econ. Geol. 75 (1980) 173–183

ŽARIKOV, V. A.: Skarns. Internat. Geol. Rev. 12 (1970) 5, 6, 7, 541–559, 619–647, 760–775

5.3. Hydrothermale Paragenesen (intrakrustal)

5.3.1. Au-(Ag-)Paragenesen

5.3.1.1. Genetische Stellung

Die Au-(Ag-)Paragenesen werden hydrothermal bevorzugt auf Bruch- und Spaltensystemen gebildet. Eine direkte Beziehung zu Intrusivgesteinen besteht augenscheinlich nicht. Es wird daher eine Ableitung der Au-führenden Hydrothermallösungen im Gefolge des Vulkanismus (WORTHINGTON und KIFF, 1970) und der Metamorphose diskutiert (FYFE und HENLEY, 1973). Der Metalltransport soll dabei in Form von Sulfid- und Chloridkomplexen sowie als Sol erfolgt sein.

Strukturell können folgende Bildungstypen unterschieden werden:

1. *Tiefenstörungstyp:* große Gangzonen mit einfacher, gleichbleibender Paragenese (ged. Gold, Pyrit, Arsenopyrit; Quarz); z. B. Mother Lode/USA;
2. *metamorpher Bildungstyp:* viele kleine Au-Quarz-Trümchen in Amphiboliten und »greenstone belts«; z. B. Barberton/Südafrika;

3. *vulkanischer Typ:* Gänge, Imprägnations- und Breccienzonen („porphyries") sowie Skarne mit komplexen und wechselnden Paragenesen (ged. Gold, Au—Ag-Telluride und -Selenide, Polymetall-Sulfide, Sulfantimonide u. a.); z. B. Săcărâmb und Brad/ Rumänien.

Geotektonisch sind die Typen *1* und *2* an Tafelbereiche (z. T. Alte Schilde) mit alten Geosynklinalzonen (*2*) gebunden (= »Alte« Au-Quarzgänge); demgegenüber ist Typ *3* für junge Orogenzonen (Subduktionszonen) charakteristisch (= »Junge« Au-Quarzgänge).
Stofflich charakteristisch sind für diese Paragenesen neben den Hauptelementen (Au, Ag) noch wechselnde Gehalte an Fe (überwiegen meist die Edelmetalle: Pyrit, Arsenopyrit, Pyrrhotin-Markasit; Magnetit), Te (Sylvanit u. a.), Cu (Chalkopyrit u. a.), Bi (Bismuthin) und Sb (Silbersulfantimonide).
Als Gangarten treten in den bevorzugt katathermalen Bildungen Quarz, Feldspäte (Albit, Adular) und Karbonate auf.
Die Au-(Ag-)Paragenesen sind manchmal verwachsen mit

— der Wolframit-Molybdänit-Paragenese (s. Abschn. 5.2.1.),
— der Cu-(Fe—As-)Paragenese (s. Abschn. 5.3.2.) und
— der Pb—Zn—Ag-Paragenese (s. Abschn. 5.3.3.).

Typische Lagerstättenbeispiele

Zu 1.: Mother Lode/USA, Yellowknife (N.W.T.)/Kanada, Homestake Mine (S-Dakota)/USA, Ballarat (Victoria)/Australien, Osttransbaikalien/UdSSR, Französ. Zentralmassiv.
Zu 2.: Barberton (Transvaal)/Südafrika, Kirkland Lake und Porcupine/Kanada, Kolar (Mysore)/Indien, Passagem und Morro Velho (Minas Geraes)/Brasilien, Kalgoorlie/W-Australien.
Zu 3.: Kremnica/ČSFR; Baia Sprie, Săcărâmb und Brad/Rumänien; Boulder County und Cripple Creek (Colorado)/USA, Comstock Lode und Goldfield (Nevada)/USA; El Oro/Mexiko; Redjang Lebong (Sumatra)/Indonesien; Antomok (Luzon)/Philippinen; Kitami u. a. (Hokkaido)/Japan; Skarne: Spring Hill (Montana)/USA, Sloty Stok/Polen.

5.3.1.2. Mineralisation

Hauptminerale: Ged. Gold (+ Ag), Sylvanit; Pyrit (+ Au), Arsenopyrit (+ Au), Pyrrhotin-Markasit; Quarz, Feldspäte, Karbonate.

Begleitminerale: Krennerit, Calaverit, Petzit, Hessit; Magnetit, Chalkopyrit, Antimonit, Bismuthin, Tetradymit; Turmalin, Kalksilikate, Fluorit, Baryt.

Nebenminerale: Molybdänit, Cumingtonit; Sphalerit, Galenit, Tetraedrit-Tennantit, Argentit; Alabandin, Graphit.
Die wichtigsten auflichtmikroskopischen Bestimmungskriterien der Haupt- und Begleitminerale sind in Tabelle 5.6 zusammengestellt.

5.3. Hydrothermale Paragenesen

Tabelle 5.6. Bestimmungskriterien der Haupt- und Begleitminerale

Mineral	KS	R	F	AE	H	B. K.
Ged. Gold Au (+ Ag)	kb	66 bis 89	leuchtend gelb	–	< Pyrrhotin ≲ Chalkopyrit	sehr gute *Pol.* (Kratzer); mit zunehmendem Ag weißgelb
Krennerit AuAgTe$_2$	rh	72	cremeweiß	+ +	~ Calaverit	sehr gute *Pol.*; schwache *BR*; deutliche Spaltbarkeit ∥ (001)
Calaverit AuTe$_2$	mk	≈ 64	gelblichweiß	+	< Chalkopyrit ~ Antimonit	sehr gute *Pol.*; schwache *BR*
Sylvanit AuAgTe$_4$	mk	54	cremeweiß	+ + +	< Gold < Bismuthin	gute *Pol.*; deutliche *BR*; häufige Zwillingslamellierung
Pyrit FeS$_2$	kb	53	weißgelb	(+)	< Quarz > Arsenopyrit	wechselnde *Pol.*
Arsenopyrit FeAsS	rh mk	51	cremeweiß	+ +	< Pyrit > Pyrrhotin	gute *Pol.*; schwache *BR*; häufig Felderteilung und lamellarer Zerfall
Tetradymit Bi$_2$Te$_2$S	hx	51	weiß (gelblich)	+ +	< Bismuthin > Antimonit	gute *Pol.* (Kratzer); Spaltbarkeit ∥ (0001)
Chalkopyrit CuFeS$_2$	te	≈ 46	gelb	(+)	< Gold > Bismuthin	sehr gute *Pol.*; feinlamellare Zwillinge ∥ (100), (110) und (111)
Bismuthin Bi$_2$S$_3$	rh	≈ 44	weiß	+ +	< Chalkopyrit > Tetradymit	sehr gute *Pol.*; deutliche *BR*; häufig Knitterlamellen
Hessit Ag$_2$Te	rh kb	40	weiß	+ +	< Tetradymit	schlechte *Pol.* (Kratzer); bräunliche *AE*; rh → kb (bei 155°)
Antimonit Sb$_2$S$_3$	rh	44 bis 30	weiß	+ + +	< Tetradymit > Pyrargyrit	sehr gute *Pol.*; starke *BR*; häufig Knitterlamellen
Petzit Ag$_3$AuTe$_2$	kb	37	weiß (lilarötlich)	(+)	< Sylvanit	gute *Pol.*; leicht rötliche Farbe charakteristisch!
Pyrrhotin FeS	hx	37	cremerosa	+ + +	< Arsenopyrit > Gold	gute *Pol.*; schwache *BR*; häufig Verdrängung ∥ (0001)

Tabelle 5.6. (Fortsetzung)

Mineral	KS	R	F	AE	H	B. K.
Magnetit Fe_3O_4	kb	21	grau-weiß (bräunlich)	(+)	< Pyrit > Pyrrhotin	sehr gute *Pol.*; häufig idiomorph; Zwillinge ∥ (111)
Karbonspäte $MeCO_3$	tg	10 bis 5	grau	+++	< Magnetit ~ Chalkopyrit	gute *Pol.*; deutliche *BR*; *IR*
Feldspat	mk	5	dunkelgrau	–	< Quarz > Magnetit	gute *Pol.*; deutliche *IR*
Quarz SiO_2	tg	4,5	dunkelgrau	–	> Pyrit > Magnetiti	mäßige *Pol.*; deutliche *IR*
Fluorit CaF_2	kb	3	dunkelgrau	–	< Quarz ~ Karbonspat	mittlere *Pol.*; dunkelstes Mineral im Anschliff; Schleifspaltbarkeit ∥ (111)

Erläuterung der Abkürzungen: s. Legende zur Tabelle 5.1

5.3.1.3. Mikrogefüge der wichtigsten Minerale

Ged. Gold Au (+ Ag): Das ged. Gold in den »Alten« Au-Quarzgängen tritt vorwiegend als sehr feinkörniges Freigold (bis 20% Ag) innerhalb des Quarzes sowie innerhalb und randlich von Pyrit oder Arsenopyrit auf (Bild 5.44). In den »Jungen« Au-Quarzgängen kommt neben feinkörnigem Freigold (bis 45% Ag; cremeweiß) ein wesentlicher Anteil noch als Au–Ag-Telluride vor, die mit zahlreichen Sulfiden, Sulfosalzen, Quarz, Karbonaten und Fluorit verwachsen sind (BOYLE, 1979).

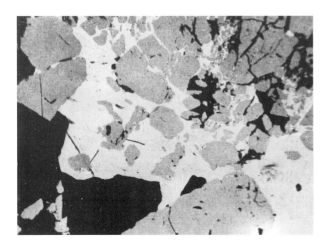

Bild 5.44. Ged. Gold (weiß) durchtrümert und verdrängt intensiv einen kataklastisch beanspruchten Arsenopyrit (hellgrau). Die Grundmasse bildet quarzige Gangart (schwarz). Stawell Mine (Victoria)/Australien
Vergr. 140× (aus RAMDOHR [52])

5.3. Hydrothermale Paragenesen

Die äußere Form ist in beiden Fällen isometrisch körnig, meist allotriomorph. Oft in zwei Generationen:

1. mit und in Quarz, Pyrit (bis 0,01 µm; mikroskopisch nicht mehr sichtbar!) und Arsenopyrit (Bild 5.45.)
2. gleichaltrig mit der jüngeren Sulfidabfolge und den Karbonaten (Bilder 5.46 und 5.47).

Wachstumslamellen ∥ (111) sind sehr verbreitet, gelegentlich auch Zonenbau. In der Oxydations- und Zementationszone von Goldlagerstätten erfolgt häufig Umbildung zu traubig-nierigem »Senfgold« (Bild 5.48).

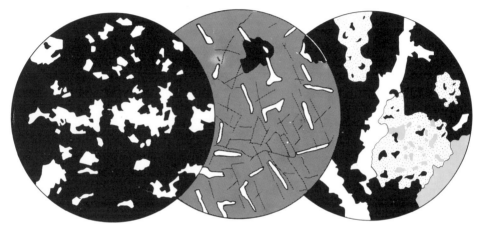

Bild 5.45. Ged. Gold (weiß) füllt Zwickel zwischen älteren Quarzkristallen (schwarz) aus. Brad/Rumänien
Vergr. 55×

Bild 5.46. Ged. Gold (weiß) als Verdränger auf Korngrenzen und Rissen von Karbonspat (dunkelgrau); in letzterem Reliktquarz (schwarz). Brad/Rumänien
Vergr. 20×

Bild 5.47. Ged. Gold (weiß), teils als Zwickelfüllung, teils trumartig im Quarz (schwarz) mit Sphalerit (punktiert) und Chalkopyrit (hellgrau). Brad/Rumänien
Vergr. 55×

Pyrit FeS_2: Tritt in idiomorphen bis allotriomorphen Aggregaten in enger Verwachsung mit Quarz auf. In den Goldlagerstätten beinhaltet er einen Au-Gehalt bis zu 0,1%, ohne eine mikroskopisch erkennbare Freigoldverwachsung; letztere konnte jedoch elektronenoptisch bei 0,01 µm nachgewiesen werden (IVANOV, 1951). Daneben sind jüngere Goldverwachsungen an den Korngrenzen, auf Klüften sowie innerhalb der Pyritindividuen vorhanden (letztere machen eine sehr feine Zerkleinerung oder Röstung bei der Aufbereitung notwendig). Oft kataklastische Beanspruchung.

Arsenopyrit FeAsS: Vorwiegend idiomorph, durch Zwillingsbildung pseudorhombische Ausbildung; z. T. auch säulig. Oftmals kataklastische Beanspruchung. Ged. Gold ist teils auf Klüften ausgefällt (Bild 5.44), teils befindet es sich in unregelmäßigen Einlagerungen innerhalb der Kristallindividuen (wahrscheinlich gleichalt; z. B. Barberton, Morro Velho).

Pyrrhotin FeS: Gehört mit zu den älteren Sulfiden; bevorzugt in allotriomorphen Aggregaten. Sehr häufig Umwandlung in Pyrit-Markasit-Aggregate nach (0001).

Magnetit Fe_3O_4: In den Skarnlagerstätten ist er das älteste Erzmineral (s. Abschn. 5.2.2.5.). Bevorzugt hypidiomorphe Aggregate. Häufig Zonenbau und Zwillingslamellierung. Manchmal kann eine »Martitisierung« (= Umwandlung in Hämatit) oder auch eine Überführung in Pyrit unter Bildung von Rutil (TiO_2) und Titanit ($CaTi[O/SiO_4]$) erfolgen.

Sylvanit $AuAgTe_4$: Idiomorphe Individuen, oft skelettförmig ausgebildet (»Schrifterz«; Bild 5.49); lamellare Wachstumszwillinge nach (100) (Bild 5.50). Im Inneren von Sylvanit manchmal skelettförmig eingelagertes ged. Gold. Häufiges Au-Tellurid und Haupt-Au-Träger im Bildungstyp *3* (= vulkanischer Typ).

Krennerit $AuAgTe_2$: Hypidiomorphe, wenig verzahnte Körner. Ist mit das älteste Au-Tellurid. Manchmal randliches Zerfallsprodukt von Sylvanit (+ Hessit); Myrmekitverwachsungen mit Pyrrhotin und Freibergit. Ähnlich Calaverit!

Bild 5.48. Zementative Anreicherung von ged. Gold (»Senfgold«, weiß) in Limonit (punktiert) und Gangart, meist Quarz (schwarz). Cooktown (Queensland)/Australien
Vergr. 15×

Bild 5.49. Sylvanit (weiß) in skelettförmiger Verwachsung im Karbonspat (punktiert) mit etwas Quarz (schwarz). Baia de Aries (Karpaten)/Rumänien
Vergr. 7,5×

Bild 5.51. Ged. Gold (weiß) in winkelig-kantiger Verwachsung mit Tetradymit (weit punktiert) und Galenit (punktiert). Die Gangart ist Quarz (schwarz). Fairfax Co. (Virginia)/USA
Vergr. 250× (nach CRAIG und VAUGHAN [17])

5.3. Hydrothermale Paragenesen

Bild 5.50. Sylvanit, deutlich lamellar verzwillingt (hellgrau bis schwarz), verwachsen mit Petzit (dunkelgrau). Die umgebende Matrix ist Quarz (Innenreflexe). Săcărâmb/Rumänien Vergr. 60×, N+

Calaverit $AuTe_2$: Idiomorphe bis allotriomorphe Imprägnationen im Nebengestein. Immer jünger als Magnetit und gleichalt mit Pyrit; Verdrängung von Gold und umgekehrt (in Oxydationszonen!).

Petzit Ag_3AuTe_2: Relativ selten; teilweise Umsetzungsprodukt des Krennerits und des Calaverits. Manchmal in Verwachsung mit Sylvanit (s. Bild 5.50).

Hessit Ag_2Te (+ Au): Polygonale Kornaggregate; bei N+ typische Umwandlungslamellierung sichtbar ($rh \to kb$ bei 155 °C). Manchmal myrmekitische Verwachsung mit Sylvanit; teilweise Umwandlungsprodukt aus Krennerit.

Chalkopyrit $CuFeS_2$: In allotriomorphen Aggregaten und als Zwickelfüllung; lanzettartige Zwillingslamellierung nach (101), teils gitterförmig nach (110). Verwachsungen mit jüngeren Sulfiden und ged. Gold (s. Bild 5.47).

Bismuthin Bi_2S_3: Zeigt sowohl idiomorphe als auch allotriomorphe Ausbildung (als Zwickelfüllung). Durch Deformation häufig Zerknitterungslamellen nach (100). Verwachsungen mit ged. Gold und jüngeren Sulfiden.

Tetradymit Bi_2Te_2S: Bei hoher t löslich mit Bi_2S_3, bei niedriger t tritt Entmischung ein. Idiomorphe (Vierlinge) und tafelig-körnige Aggregate. Deformative Aufblätterung und Verbiegung der Aggregate. Oft Entmischungen von Bi_2S_3 und Tellurobismutit (Bi_2Te_3) in dünnen Linsen nach (0001). Seinerseits bildet er Entmischungen im Galenit und Bornit. Sehr häufig verwachsen mit ged. Gold und jüngeren Sulfiden (Bild 5.51).

Antimonit Sb_2S_3: Hypidiomorphe und allotriomorph-körnige Aggregate. Häufige Zwillingslamellierung nach (010); durch Deformation Bildung von charakteristischen Zerknitterungslamellen. Tritt hauptsächlich als Verdränger auf.

5.3.1.4. Vertiefende Literatur

BOYLE, R. A.: The geochemistry of gold and its deposits. Can. Geol. Surv. Bull. 280 (1979)
FYFE, W. S., und R. W. HENLEY: Some thoughts on chemical transport processes with particular reference to gold. Mineral. Sci. Eng. 5 (1973) 295–303
IVANOV, A.: Ein Versuch zur Anwendung der Elektronenmikroskopmethode beim Studium von Erzmineralien. Mém. Soc. Russ. Min. II, 30 (1951) 167–174
KELLY, W. C., und E. N. GODDARD: Telluride ores of Boulder County, Colorado. Geol. Soc. Am. Mem. 109 (1969)
TRAORÉ, I.: Zur Metallogenie des Goldes unter besonderer Berücksichtigung der Goldlagerstätten von Mali. Freib. Forsch.-H. C 404. Leipzig: Deutscher Verlag für Grundstoffindustrie 1986, 95 S.
WORTHINGTON, J. E., und I. T. KIFF: A suggested volcanofenic origin for certain gold deposits in the slate belt of the North Carolina Piedmont. Econ. Geol. 65 (1970) 529–537

5.3.2. Cu-(Fe-As-)Paragenesen

5.3.2.1. Genetische Stellung

Die Cu-(Fe–As-)Paragenesen sind vorwiegend katathermale Bildungen in Spaltensystemen, Imprägnationen und Verdrängungen von silikatischen und karbonatischen Gesteinen. Die Erzkörper sind mit intermediären bis sauren Intrusionen verbunden (plutonisch, subvulkanisch und vulkanisch). Es bestehen Übergänge zu den Pb–Zn–Ag-Paragenesen. Bei den erzbildenden Lösungen handelt es sich um Cl-reiche Thermen (CRAIG und VAUGHAN, 1981); der Metalltransport erfolgte in Form von Chlorid- und evtl. auch von Sulfidkomplexen. Das Nebengestein zeigt konzentrische Zonen der Verkieselung, Feldspatisierung, Serizitisierung, Kaolinisierung und Propylitisierung.
Strukturell sind drei Bildungstypen zu unterscheiden:

1. Gangtyp mit relativ einfacher Paragenese: z. B. Mitterberg, Butte
2. Imprägnationsbildungen in Silikatgesteinen als »disseminated-« bzw. »porphyry-Typ« in größeren Stöcken und Schloten: z. B. Bingham, El Teniente
3. Verdrängungsbildungen in karbonatischen Gesteinen (Metasomatite): z. B. Bisbee (z. T.), Tsumeb.

Stofflich charakteristisch sind für diese Bildungen neben dem Hauptelement Cu noch wechselnde Gehalte an Mo, Ag, Au, Hg und an Buntmetallen (Pb, Zn, Sn). Quantitativ überwiegt in den Erzkörpern jedoch das Fe (Pyrit, Pyrrhotin, Magnetit, Hämatit). Als Gangarten treten auf: Quarz, Karbonate, Fluorit, Baryt; Feldspat, Glimmer, Kalksilikate.
Hinsichtlich des Anionencharakters gibt es zwei Paragenesevarianten:

— Cu–Fe–S-Paragenese mit Pyrit, Chalkopyrit, Molybdänit und Bornit
— Cu–As–S-Paragenese mit Enargit, Tennantit-Tetraedrit, Bornit, Chalkosin, Digenit u. a.

Die Cu-(Fe–As-)Paragenesen sind manchmal verwachsen mit der

— Pb–Zn–Ag-Paragenese (s. Abschn. 5.3.3.),
— Wolframit-Molybdänit-Paragenese (s. Abschn. 5.2.1.),

5.3. Hydrothermale Paragenesen

— Kassiterit-Paragenese (s. Abschn. 5.2.2.) und
— Au-(Ag-)Paragenese (s. Abschn. 5.3.1.).

Typische Lagerstättenbeispiele

Vorwiegend Cu−Fe: Mitterberg/Österreich; Bingham (Utah) und Bisbee (Arizona)/USA; Endako (Brit. Col.)/Kanada; Cananea/Mexiko; Kounrad (Kasachstan)/UdSSR.

Bevorzugt Mo: Climax und Henderson (Colorado)/USA.

Vorwiegend Cu−As: Butte (Montana)/USA; Schwaz/Österreich; Chuquicamata und El Teniente/Chile; Cerro de Pasco/Peru; Bor/Jugoslawien.

Mit viel Pb−Zn−Ag: Tintic (Utah) und Eureka (Nevada)/USA; Zacatecas/Mexiko; Casapalca/Peru; Osttransbaikalien/UdSSR.

5.3.2.2. Mineralisation

Hauptminerale: Pyrit, Chalkopyrit, Molybdänit, Bornit; Enargit, Tennantit-Tetraedrit, Chalkosin, Digenit, Luzonit, Covellin; Quarz, Karbonspäte.

Begleitminerale: Magnetit, Hämatit; Schwazit, Cubanit, ged. Kupfer, Sphalerit, Galenit, Proustit-Pyrargyrit; Baryt.

Nebenminerale: Arsenopyrit, Pyrrhotin, Kassiterit, Wolframit, Ilmenit, Rutil; Argentit, ged. Silber, ged. Gold., Germanit, Pb−Bi−Sb-Sulfosalze.

Die wichtigsten auflichtmikroskopischen Bestimmungskriterien der Haupt- und Begleitminerale sind in Tabelle 5.7 zusammengestellt.

Tabelle 5.7. Bestimmungskriterien der Haupt- und Begleitminerale

Mineral	KS	R	F	AE	H	B. K.
Pyrit FeS_2	kb	53	licht-weiß-gelb	(+)	<Quarz >Chalkosin	wechselnde *Pol.*
Chalkopyrit $CuFeS_2$	te	46	gelb	(+)	<Fahlerze >Chalkosin	sehr gute *Pol.*; feinlamellare Zwillinge ∥ (100), (110) und (111)
Valleriit $Cu_3Fe_4S_7$	rh	46	creme-weiß (rosa)	+++	~Chalkopyrit	wechselnde *Pol.*; als Entmischung im Chalkopyrit und Pyrrhotin
Galenit PbS	kb	44	rein-weiß	—	<Chalkopyrit ~Chalkosin	sehr gute *Pol.*; dreieckige Spaltausbrüche
ged. Kupfer Cu (+ As)	kb	43	rosa (braun-rot)	—	<Chalkopyrit >Chalkosin	gute *Pol.* (Kratzer!)

Tabelle 5.7. (Fortsetzung)

Mineral	KS	R	F	AE	H	B. K.
Cubanit $CuFe_2S_3$	rh	40	cremegelb (braunrosa)	++	<Pyrrhotin >Chalkopyrit	sehr gute *Pol.*; schwache *BR*; meist lamellar im Chalkopyrit; ähnlich Pyrrhotin!
Molybdänit MoS_2	hx	32	weiß	+++	<Energit >Chalkosin	schlechte *Pol.* (mit Kratzer); starke *BR*
Chalkosin Cu_2S	(hx) rh	32	bläulichweiß	(+)	<Bornit >Covellin	sehr gute *Pol.*; z. T. lamellarer Aufbau; blaue Anlauffarbe
Tetraedrit Cu_3SbS_3	kb	32	grauweiß (olivbraun)	–	=Tennantit	sehr gute *Pol.*
Tennantit Cu_3AsS_3	kb	29	grauweiß (olivgrün)	–	~Energit >Chalkopyrit	sehr gute *Pol.*; selten braunrote *IR*
Schwazit $(Cu, Hg)_3SbS_3$	kb	≈ 30	mattcreme	–	≳Tennantit	sehr gute *Pol.*
Hämatit Fe_2O_3	tg	28	weißgrau (bläulich)	++	<Pyrit >Energit	schlechte *Pol.*; tiefrote *IR*; Zwillinge ∥ (10$\bar{1}$1)
Proustit Ag_3AsS_3	tg	27	bläulichweiß	++	<Chalkosin >Argentit	sehr gute *Pol.*; deutliche *BR*; häufig ziegel- bis gelbrote *IR*
Luzonit $Cu_3(As, Sb)S_4$	te	27	lichtorange bis -violett	+++	≦Energit >Chalkopyrit	gute *Pol.*; deutliche *BR*; auffallende dünne Zwillingslamellierung
Enargit Cu_3AsS_4	rh	27	graurosa	+++	<Sphalerit >Tennantit	gute *Pol.*; schwache *BR*; ähnlich Bornit (härter!) und Famatinit (Lamellierung!)
Digenit Cu_9S_5	kb	21	bläulich	–	<Bornit >Covellin	sehr gute *Pol.*
Magnetit Fe_3O_4	kb	21	grauweiß (bräunlich)	(+)	<Hämatit >Energit	sehr gute *Pol.*; häufig idiomorph; Zwillinge ∥ (111)

5.3. Hydrothermale Paragenesen

Tabelle 5.7. (Fortsetzung)

Mineral	KS	R	F	AE	H	B. K.
Covellin CuS	hx	24 bis 19	blau bis zart-violett	+++	<Chalkosin >Proustit	sehr gute *Pol.*; starke *BR*; charakteristische Farbe
Bornit Cu$_5$FeS$_4$	rh (kb)	19	licht-rosa (braun)	+	<Chalkopyrit >Chalkosin	sehr gute *Pol.*; charakteristische Farbe!
Sphalerit ZnS	kb	18	hellgrau	–	<Magnetit >Tennantit	mäßige *Pol.*; z. T. gelbbraune *IR*; Spaltbarkeit ∥ (110)
Karbonspäte MeCO$_3$	tg	10 bis 5	mattgrau	+++	<Magnetit >Chalkopyrit	gute *Pol.*; deutliche *BR*; *IR*
Malachit Cu$_2$[(OH)$_2$/CO$_3$]	mk	9	grau	(+)	<Dolomit >Calcit	starke *BR*; grüne *IR*; dagegen Azurit: schwache *BR*; blaue *IR*
Baryt BaSO$_4$	rh	6	grau	–	<Siderit >Calcit	sehr gute *Pol.*; viele *IR*; Spaltbarkeit ∥ (001)
Quarz SiO$_2$	tg	4,5	dunkel-grau	–	>Chalkopyrit >Pyrit	mäßige *Pol.*; deutliche *IR*

Erläuterung der Abkürzungen: s. Legende zur Tabelle 5.1

5.3.2.3. Mikrogefüge der wichtigsten Minerale

Ged. Kupfer Cu (bis 12% As): Wirtschaftlich von geringer Bedeutung. Körnige, z. T. stark verzahnte Aggregate; bei deszendenten Bildungen skelettartige Formen. Manchmal Zonenbau. Verdrängt oft Chalkosin und wird seinerseits durch Cu-Oxydationsminerale ersetzt; z. T. rhythmische Verwachsungen mit Limonit.

Chalkopyrit CuFeS$_2$: Hypidiomorphe bis allotriomorph-zwickelfüllende Aggregate. Feinlamellare Zwillingsbildung, teils staffelförmig nach (101), teils gitterförmig nach (110) (Bild 5.52). Oft kataklastische Beanspruchung mit Translation nach (111) und dadurch bewirkte Lamellenverbiegungen.
Der hochthermale Chalkopyrit zeigt charakteristische Entmischungen von:

— Cubanit (CuFe$_2$S$_3$) in lamellarer Form nach (111) (unter ≈ 250 °C)
— Sphalerit (ZnS) in stäbchen- und sternförmigen Bildungen (Bild 5.53), z. T. auch skelett- und myrmekitartig
— Stannin (Cu$_2$FeSnS$_4$) in ähnlichen Formen wie Sphalerit (Bild 5.53)

Bild 5.52. Chalkopyrit mit Zwillingslamellierung (mittelgrau/hellgrau). Parallel zum »Pseudowürfel« (100) des hier ursprünglich kubischen Chalkopyrits dünne Entmischungslamellen von Valleriit (weiß). Sulitjelma/Norwegen
Vergr. 30×, N+ (aus RAMDOHR [52])

- Valleriit ($Cu_3Fe_4S_7$) in lamellarer Form, z. T. lanzettförmig, besonders nach (100) (Bild 5.52); manchmal auch unregelmäßige, »sternchenartige« Gebilde
- Pyrrhotin (FeS) in Form feiner Schnüre, die z. T. als zerfallene Cubanitlamellen zu deuten sind.

Chalkopyrit seinerseits kann als Entmischungskörperchen auftreten in Sphalerit, Bornit und Stannin.

Niedrigthermaler Chalkopyrit ist auch in Gelstrukturen mit rhythmischen Ausscheidungen von Bornit zu beobachten (z. B. Cornwall). Myrmekitische Verwachsungen sind selten.

Bemerkenswert sind auch Verdrängungen durch Hämatit und Magnetit unter Bildung von Bornit oder Chalkosin (z. B. Siegerland). Oxydation-Zementationsbildungen: Chalkopyrit-Bornit-Covellin-Chalkosin.

Chalkosin Cu_2S: Aus einem $> 500\ °C$ unbegrenzt mischbaren kubischen Kristallsystem $Cu_2S - Cu_5FeS_4$ bilden sich mit abnehmender t zwei getrennte Komponenten. Die Cu_2S-Komponente tritt in mehreren Formen auf:

- hexagonaler Cu_2S, es entsteht bei 300 °C in grobkristallinen Aggregaten und geht bei 103 °C in das rhombische Cu_2S über; häufig Umwandlungslamellierung nach (0001);
- rhombisches (»lamellares«) β-Cu_2S, es kann aszendent (bei 103 °C) und deszendent entstanden sein;
- kubisches α-Cu_2S (»blaues isotropes«) = *Digenit* (Cu_9S_5)! Vorwiegend bei hoher t gebildet; stets aszendent, zerfällt oft in rhombisches Cu_2S in Form oktaedrischer Lamellen mit Füllsel von Rest-Digenit und Bornit (Bild 5.54);
- »rosagraues« Cu_2S, es enthält außer Cu noch andere Komponenten und gehört eigentlich nicht hierher ($AE++$). Wahrscheinlich ist es ein Mischkristall von $Cu_2S - Cu_5FeS_4$ (aus Tsumeb; nach SCHNEIDERHÖHN).

Chalkosin ist häufig aszendenter Verdränger von Pyrit, Chalkopyrit, Enargit, Fahlerzen, Sphalerit, Bornit (Bild 5.54) und Galenit. Deszendent verdrängt Chalkosin fast alle Sulfide, er wird damit zu einem der wichtigsten Kupfererze. Seinerseits wird er verdrängt

5.3. Hydrothermale Paragenesen

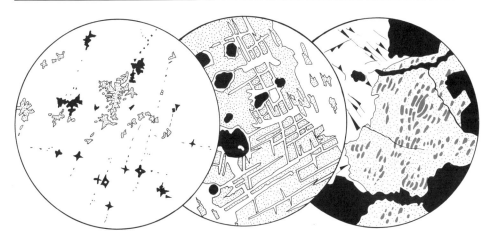

Bild 5.53. Chalkopyrit (weiß) mit schön entwickelten Entmischungssternchen von Stannin (punktiert) und Sphalerit (schwarz). Mina Castanheiro/Portugal
Vergr. 50×

Bild 5.56. Bornit (punktiert) wird verdrängt durch Chalkopyrit (weiß). Die Verdrängung erfolgt zunächst lamellar nach (100) und dann flächenhaft. Als Begleitmineral Rutil (schwarz). Pei-Sha (Hunan)/VR China
Vergr. 20×

Bild 5.57. Tennantit (»Grüner Enargit«; punktiert) als Umwandlungsprodukt von Enargit (»Rosaer Enargit«, dunkelgrau); letzterer in scherbenförmigen Verdrängungsresten im Tennantit. Alles wird verdrängt durch jüngeren Galenit (weiß). Begleitende Gangart Quarz (schwarz). Tsumeb/Namibia (nach RAMDOHR [52])
Vergr. 20×

von Argentit, ged. Silber, Cuprit, ged. Kupfer, Covellin sowie Malachit. Myrmekitische Verwachsungen sind sehr häufig mit Bornit, Fahlerzen und Covellin.

Digenit Cu_9S_5: Ursprünglich als »blauer isotroper Chalkosin«, neuerdings auch als Neodigenit bezeichnet. Erkennbare Spaltbarkeit nach (111). Entlang der Spaltrisse bildet sich oftmals durch Lösungsumsatz oder durch Entmischung rhombischer Chalkosin (Bild 5.55). In dem dadurch entstehenden »kamazitischen« Lamellenwerk liegen als plessitische Zwickelfüllung Bornit, Digenit und Covellin. Ähnliche Strukturen können auch durch Verdrängung von Bornit nach (111) durch Chalkosin entstehen (s. Bild 5.54).

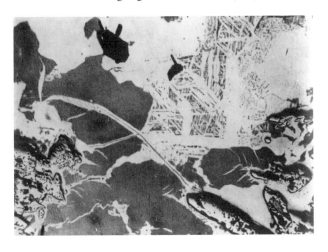

Bild 5.54. Chalkosin (weiß) verdrängt aszendent Bornit (dunkelgrau). Der z. T. lamellare Chalkosin ist aus einem kubischen $Cu_2S-Cu_5FeS_4$-Mischkristall entstanden (»Kamazit«-Lamellen des Chalkosin mit einer »Plessit«-Füllmasse von Bornit + Digenit + Chalkosin). Als Begleitmineral noch Hämatit (weiß, Relief, porige Oberfläche). Ma Lung Chang (Yünnan)/VR China
Vergr. 120× (aus RAMDOHR [52])

Bild 5.55. Digenit (»blauer isotroper Chalkosin«; hellgrau) mit beginnendem Zerfall in rhombischen β-Chalkosin (weiße Lamellen) nach (111). Von Klüften ausgehend entsteht auch ungeregelter Chalkosin (weiß). Weiterhin bildet sich nach (111) ausgehend von einer Kluft idioblastisch Covellin (dunkelgrau bis schwarz). Khan-Mine (Arandis)/Namibia Vergr. 30× (aus RAMDOHR [52])

Bornit Cu_5FeS_4: Entstehung bevorzugt aus dem ehemaligen Mischkristall $Cu_2S - Cu_5FeS_4$, der ab 175 °C in Bornit und lamellaren Chalkosin zerfällt. Bornit bildet mittelkörnige, wenig verzahnte Aggregate. Kein Zonenbau und keine Kataklase (plastisch!). Häufig Entmischungen von

— Chalkopyritlamellen, -linsen und -tropfen, z. T. nach (100); bei primärer Verwachsung mit Chalkosin fehlen die Entmischungen;
— Chalkosin in Form feiner bogenförmiger Netzwerke;
— Fahlerze, die bei > 300 °C in Lösung gehen.

Seinerseits ist Bornit als Entmischung nur im Chalkosin nachgewiesen (< 175 °C). Häufig Verdrängung durch Chalkosin (aszendent; deszendent meist mit Covellin) und Chalkopyrit (Bild 5.56). Bornit selbst verdrängt bevorzugt Chalkopyrit. Verbreitet sind myrmekitische Verwachsungen von Bornit mit Chalkosin, Chalkopyrit, Stromeyerit, Freibergit u. a. Rhythmisch-konzentrische Strukturen mit Chalkopyrit (epithermal).

Enargit Cu_3AsS_4: Wichtigste Mineralbildung der Mischkristallreihe $Cu_3AsS_4 - Cu_3SbS_4$ mit Luzonit $Cu_3(As, Sb)S_4$ und Famatinit Cu_3SbS_4.
Enargit bildet idiomorphe (prismatische) bis allotriomorphe, eckig verzahnte Körner. Häufig Spaltbarkeit nach (110), dagegen Zwillingslamellierung selten (im Gegensatz zu Luzonit!). Verbreitet ist die Umwandlung in eine grüne, isotrope Substanz (»grüner Enargit« = Tennantit!) (Bild 5.57). Enargit selbst bildet sich oft aus Luzonit und umgekehrt. Aufgrund seiner hohen Altersstellung wird Enargit aszendent und deszendent von den meisten Sulfiden verdrängt. Enargit ist Leitmineral der Cu—As-Paragenese (z. B. Butte, Chuquicamata, Tsumeb) und ist dort wichtiges Kupfererz. Auch in der Cu—Fe-Paragenese tritt er als Begleitmineral auf (Bild 5.58).

Luzonit $Cu_3(As, Sb)S_4$: Kontinuierliche Übergänge bis zum Stibioluzonit = *Famatinit* (Cu_3SbS_4). Luzonit bildet isometrische, verzahnte Körner unterschiedlicher Größe. Umfangreiche Zwillingslamellierung nach (111) und (101); sie bildet das wichtigste Unterscheidungsmerkmal zu Enargit. Häufig zeigt Luzonit eine paramorphe Um-

5.3. Hydrothermale Paragenesen 189

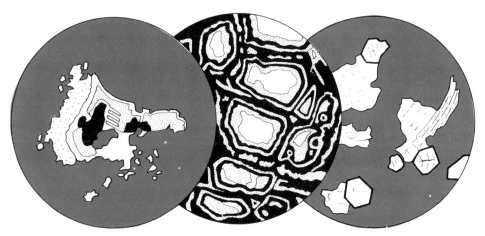

Bild 5.58. In einer silikatischen Grundmasse (dunkelgrau) wird Rutil (schwarz) umhüllt von Bornit (punktiert), Chalkopyrit (weiß) und Enargit (weit punktiert). Bingham (Utah)/USA
Vergr. 25× (nach CRAIG und VAUGHAN [17])

Bild 5.59. Tennantit (weiß) in Verdrängungsresten wird in rhythmischen Ausscheidungen umgeben von deszendentem Chalkosin (punktiert). Darum herum Kupferoxydationsminerale (Azurit, Chrysokoll u. a.; schwarz). Tsumeb/Namibia
Vergr. 125×

Bild 5.60. Molybdänittäfelchen (punktiert) mit allotriomorphem Chalkopyrit (weiß) und hypidiomorphem Pyrit (weiß, Relief) in silikatischer Grundmasse (dunkelgrau). Bingham (Utah)/USA
Vergr. 25× (nach CRAIG und VAUGHAN [17])

wandlung in Enargit (ausgehend von Korngrenzen und Zwillingsgrenzen). Analoge Verdrängungen auch durch Tennantit und Chalkosin (deszendent). Luzonit ist wesentlich häufiger als Stibioluzonit. Letzterer zeigt im wesentlichen gleiche Merkmale.

Tennantit Cu_3AsS_3: Isometrische, wenig verzahnte Körner von wechselnder Größe; oft lappig verdrängt. Keine Zwillingsbildung, selten Zonenbau, manchmal Kataklasestrukturen. Selten Entmischungen von nadelförmigem Bismuthin, Sphalerit und Chalkopyrit. Er selbst tritt in feinen tröpfchenförmigen Einschlüssen im Galenit und Sphalerit auf. Wird häufig von Chalkopyrit, Galenit und Silbermineralen verdrängt (Ag-Ausfäller!). Seinerseits verdrängt Tennantit viele Sulfide, u. a. Chalkopyrit, Bornit und Chalkosin. Charakteristisch ist die Umbildung des Enargits (»Rosa Enargit«) in Tennantit (»Grüner Enargit«) (s. Bild 5.57). In der Oxydationszone erfolgt die Umbildung über Chalkosin und Covellin zu Oxydationsmineralen (Bild 5.59).
Neben Tennantit können in geringeren Mengen auch *Tetraedrit* (Cu_3SbS_3) und *Schwazit* (($Cu, Hg)_3SbS_3$) auftreten.

Covellin CuS: Vorwiegend idiomorph bis idioblastisch (junge Bildung; s. Bild 5.55). Bevorzugt dünntafelige Entwicklung nach (0001); teilweise auch traubige bis eisblumenförmige Gebilde (ehemals Gele). Häufiges Auftreten in der Oxydations-Zementationszone: Bildung aus Chalkopyrit, Enargit, Tennantit, Bornit und Chalkosin. Seinerseits wird Covellin nur selten verdrängt.

Cubanit CuFe₂S₃: Bei hoher t enthält CuFeS₂ sehr viel FeS (= »Chalkopyrrhotin«); mit sinkender t bei 300 bis 250 °C Zerfall in Chalkopyrit und Cubanit (bzw. auch Pyrrhotin, Valleriit).
Die seltenen selbständigen Cubanite sind allotriomorph. Ansonsten dünntafelige Entmischungslamellen im Chalkopyrit nach (111). Dicke und relative Anzahl der Lamellen sind abhängig vom ehemaligen Fe-Überschuß des Mischkristalls. Cubanit seinerseits zerfällt häufig wieder in Chalkopyrit und Pyrrhotin (und Magnetit). »Sphaleritsternchen« greifen vom Chalkopyrit in den Cubanit über (→ bereits vor der Cubanitentmischung entstanden!).

Molybdänit MoS₂: Dünne, meist verbogene Täfelchen, die mit glatten, wenig verzahnten Grenzflächen verwachsen sind. Verbiegungen und Aufblätterungen mit Zerknitterungserscheinungen. Er ist häufiger Bestandteil der Cu–Fe–S-Paragenese und hier auf Trümchen und in Imprägnationen mit Chalkopyrit und Pyrit verwachsen (Bild 5.60).

Pyrit FeS₂
Sphalerit ZnS
Galenit PbS
Proustit-Pyrargyrit Ag₃AsS₃ – Ag₃SbS₃ } s. Abschn. 5.3.3.!

Magnetit Fe₃O₄
Hämatit Fe₂O₃ } s. Abschn. 5.1.3. und 5.2.2.!

5.3.2.4. Vertiefende Literatur

CRAIG, J. R., und D. J. VAUGHAN: Ore Microscopy and Ore Petrography. New York: John Wiley & Sons, 1981, 201–211
LOWELL, J. D.: Regional characteristics of porphyry copper deposits of the Southwest. Econ Geol. 69 (1974) 601–617
MCMILLAN, W. J., und A. PANTELEYER: Ore deposit models – 1 Porphyry copper deposits. Geosci. Can. 7 (1980) 52–63
OELSNER, O.: Atlas der wichtigsten Mineralparagenesen im mikroskopischen Bild. Bergakademie Freiberg, Fernstudium 1961, 168–195
ROSE, A. W., und D. M. BURT: Hydrothermal alteration. In: H. L. Barnes, Ed.: Geochemistry of Hydrothermal Ore Deposits, 2nd ed. Wiley-Interscience, New York, 1979, 173–235
SILLITOE, R. H.: The tops and bottoms of porphyry copper deposits. Econ Geol. 68 (1973) 799–815

5.3.3. Pb–Zn–Ag-Paragenesen

5.3.3.1. Genetische Stellung

Die Pb–Zn–Ag-Paragenesen sind hydrothermal gebildet. Der Metalltransport in den magmatischen und z. T. auch meteorischen Wässern erfolgte in Form von Chlorid- und Sulfidkomplexen (BARNES 1979). Nebengesteinsveränderungen mit Bildung von Quarz, Feldspäten, Kaolin, Karbonaten, Chlorit, Serizit und Sulfiden.
Strukturell sind folgende Bildungstypen zu unterscheiden:

– *intrakrustal*: Gänge, Metasomatite
– *epikrustal* (submarin): Linsen und Lager (s. Abschn. 5.4.2.).

5.3. Hydrothermale Paragenesen

Bei den Gängen handelt es sich um Spaltenfüllungen, die sowohl massiges Ganggefüge als auch Lagengefüge aufweisen. Die Metasomatite sind hydrothermale Verdrängungen vorwiegend in Karbonatgesteinen. Auch hier zeigen die Erzminerale massige und lagige Texturen und sind mikroskopisch von den entsprechenden Gangfüllungen kaum zu unterscheiden. Gefügemäßig und paragenetisch gibt es Analogien zum submarin-hydrothermalen Lagertyp (s. Abschn. 5.4.2.).

Stofflich charakteristisch sind für diese Paragenesen neben den Hauptelementen (Pb, Zn, Ag) noch wechselnde Gehalte an Fe (Pyrit, Pyrrhotin, Markasit), As (Arsenopyrit, Tennantit), Cu (Chalkopyrit, Tetraedrit), Sn (Stannin) und Sb (Silbersulfantimonide).

Als Gangarten treten in den katathermalen Abfolgen bevorzugt Quarz, in den meso- bis epithermalen Abfolgen Karbonspäte, Fluorit und Baryt auf.

Entsprechend der temperaturabhängigen Ausscheidungsfolge läßt sich die Pb–Zn–Ag-Paragenese in mehrere Teilparagenesen (Folgen) untergliedern (s. Bild 5.77):

1. »Kiesige« Folge (Pyrit, Pyrrhotin, Arsenopyrit)
2. Sphalerit-Chalkopyrit-Folge (mit Stannin, Tetraedrit)
3. Galenit-Folge (mit Schapbachit)
4. Silber-Antimon-Folge (Freibergit, Spießglanze, Silbersulfantimonide, ged. Silber).

Aufgrund der engen räumlichen Beziehungen sind diese Teilparagenesen häufig miteinander verwachsen (Bilder 5.61 und 5.62).

Die Verdrängungslagerstätten sind oftmals durch Kolloidtexturen gekennzeichnet (Schalenblende, Gelpyrit, Markasit-Melnikovit; Bild 5.63); z. T. Deutung als »sekundär-hydrothermale« Bildungen.

Die Pb–Zn–Ag-Paragenesen können verwachsen sein mit den

— älteren Wolframit-Molybdänit- (s. Abschn. 5.2.1.), Kassiterit- (s. Abschn. 5.2.2.), Au-(Ag-) (s. Abschn. 5.3.1.) und Cu-Paragenesen (s. Abschn. 5.3.2.) sowie den
— jüngeren U-(Fe–Se-) (s. Abschn. 5.3.4.) und Bi–Co–Ni–Ag-Paragenesen (s. Abschn. 5.3.5.).

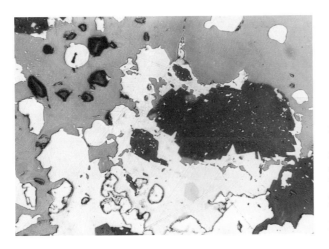

Bild 5.61. Pyrit (weiß, Relief), Galenit (weiß), Tetraedrit (weißgrau) und Sphalerit (mittelgrau) in Verwachsung mit Quarz (dunkelgrau, Relief) und jüngeren Karbonaten (dunkelgrau); (Typ Freiberger »kb-Formation«). Grube »Himmelfahrt«, Freiberg (Sachsen)/BR Deutschland Vergr. 30×

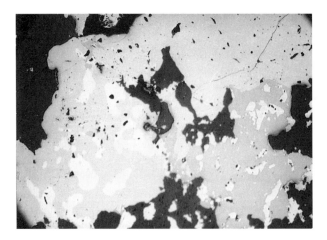

Bild 5.62. Freiberger »eb-Formation«: Freibergit (helleres Grau, rechts) und Pyrargyrit (dunkleres Grau, links) – beide mit Galeniteinschlüssen (reinweiß) – sowie jüngerer Miargyrit (grauweiß, untere Bildhälfte) innerhalb von quarziger und karbonatischer Gangart (grauschwarz) (Typ »lichtes Weißgültigerz«). Grube »Einigkeit«, Brand-Erbisdorf (Sachsen)/BR Deutschland
Vergr. 30 ×

Typische Lagerstättenbeispiele

– *Ganglagerstättendistrikte in Europa:* Freiberg (s. Bild 5.77) und Clausthal/BR Deutschland, Kutna Hora und Příbram/ČSFR, Linares/Spanien; Cartagena und Mazarron/Spanien, Baia Mare/Rumänien, Madan/Bulgarien; weitere Ganglagerstätten im Kaukasus (Sadon), Altai, Salair und in Osttransbaikalien/UdSSR.
– *Metasomatische Verdrängungslagerstätten:* Trepča/Jugoslawien, Laurion/Griechenland, Keban Maden/Türkei, Iglesias/Sardinien, Broken Hill/Sambia.
– *Lagerstätten der Kordilleren-Anden-Provinz* (Gänge und Metasomatite): Coeur d'Alene (Idaho), Tintic (Utah), Creede und Leadville (Colorado) sowie Eureka (Nevada)/USA; Zacatecas/Mexiko, Cerro de Pasco und Casapalca/Peru, Pulacayo/Bolivien.

5.3.3.2. Mineralisation

Hauptminerale: Pyrit, Arsenopyrit; Sphalerit, Chalkopyrit, Galenit; Freibergit, Pyrargyrit, ged. Silber; Quarz, Karbonspat, Fluorit, Baryt.

Begleitminerale: Pyrrhotin, Markasit; Stannin, Tetraedrit, Jamesonit, Boulangerit, Bournonit, Berthierit, Antimonit; Miargyrit, Stephanit, Polybasit, Argentit.

Bild 5.63. Epithermale Pb–Zn-Paragenese mit Schalenblende (hellgrau), Galenit (weiß) sowie jüngeren Melnikovitpyrit- und Markasitkrusten (weiß, narbige Oberfläche), in kugel- und lagenförmigen Kolloidtexturen. Die Sulfide sind mit Baryt und Fluorit verwachsen (dunkelgrau).
Leadville (Colorado)/USA
Vergr. 30 ×

5.3. Hydrothermale Paragenesen

Nebenminerale: Kassiterit, Wolframit; Tennantit, Bornit, Chalkosin, Schapbachit; Uranpechblende, Hämatit; Falkmanit, Freieslebenit, Dyskrasit, Proustit, Stromeyerit. Die wichtigsten auflichtmikroskopischen Bestimmungskriterien der Haupt- und Begleitminerale sind in Tabelle 5.8 zusammengestellt.

Tabelle 5.8. Bestimmungskriterien der Haupt- und Begleitminerale

Mineral	KS	R	F	AE	H	B. K.
ged. Silber Ag	kb	95 bis 90	leuchtend weiß	–	<Tetraedrit >Galenit	schnell anlaufend; durch Kratzer scheinbar anisotrop
Pyrit FeS$_2$	kb	53	weißgelb	(+)	<Quarz >Arsenopyrit	wechselnde *Pol.*; oft schwach anisotrop
Markasit FeS$_2$	rh	≈50	weißgelb (grünl.)	+++	~Pyrit	schlechte *Pol.*; deutliche *BR*; Zwillingslamellierung ∥ (101) u. (011)
Arsenopyrit FeAsS	rh mk	51	cremeweiß	++	<Pyrit >Pyrrhotin	gute *Pol.*; schwache *BR*; häufige Felderteilung und lamellarer Zerfall (rh → mk)
Chalkopyrit CuFeS$_2$	te	46	gelb	(+)	<Sphalerit >Galenit	sehr gute *Pol.*; Zwillingslamellierung ∥ (100), (110) und (111)
Galenit PbS	kb	44	reinweiß	–	<Chalkopyrit >Argentit	sehr gute *Pol.*; dreieckige Spaltausbrüche
Antimonit Sb$_2$S$_3$	rh	44 bis 30	weiß	+++	<Galenit <Boulangerit >Pyrargyrit	starke *BR*; häufige Knitterlamellen; gegenüber Jamesonit stärkere *AE*
Berthierit FeSb$_2$S$_4$	rh	40 bis 30	weiß (graubraun)	+++	≳Antimonit	starke *BR* mit braunrosa Färbung; sehr starke *AE*
Boulangerit Pb$_5$Sb$_4$S$_{11}$	mk	40	weiß (bläulichgrün)	++	~Galenit >Antimonit	gegenüber Jamesonit schwächere *BR* und keine Zwillingslamellierung
Jamesonit Pb$_4$FeSb$_5$S$_{14}$	mk	39	weiß (grüngelb)	+++	<Galenit >Pyrargyrit	deutliche *BR* (jedoch schwächer als bei Antimonit); Zwillinge ∥ (100)
Bournonit CuPbSbS$_3$	rh	38	weiß (bläulichgrün)	(+)	<Chalkopyrit >Galenit	gegenüber PbS anisotrop; charakteristische Zwillinge ∥ (110); Parkettlamellierung!

Tabelle 5.8. (Fortsetzung)

Mineral	KS	R	F	AE	H	B. K.
Pyrrhotin FeS	hx	37	creme-rosa	+++	<Arsenopyrit >Sphalerit	gute *Pol.*; schwache *BR*; Verdrängung häufig ‖ (0001)
Miargyrit AgSbS$_2$	mk	33	weiß (grün-blau)	++	<Galenit >Pyrargyrit	schwache *BR*; schwache rote *IR*
Polybasit Ag$_{16}$Sb$_2$S$_{11}$	mk	≈35	grünlich-weiß	+	<Pyrargyrit >Argentit	schwache tiefrote *IR*; oft leistenförmig; meist als jüngster Verdränger (außer Argentit und ged. Ag)
Stephanit Ag$_5$SbS$_4$	rh	28	rosaweiß	+++	<Tetraedrit ~Pyrargyrit >Polybasit	schwache *BR*; verbreitete Zwillingslamellierung nach (110)
Tetraedrit Cu$_3$SbS$_3$	kb	32	grauweiß (oliv-braun)	–	<Sphalerit >Stannin >Galenit	sehr gute *Pol.*; gegenüber Stannin isotrop
Tennantit Cu$_3$AsS$_3$	kb	29	grauweiß (oliv-grün)	–		sehr gute *Pol.*; gegenüber Stannin isotrop
Freibergit (Cu, Ag)$_3$SbS$_3$	kb	30	grauweiß (oliv-gelb-lich)	–	≳Galenit (bei 15% Ag)	gegenüber Miargyrit, Stephanit und Polybasit isotrop
Argentit Ag$_2$S	kb mk	31	weiß (grau)	+	<Galenit <Pyrargyrit	schlechte *Pol.*; neben PbS blaugrüner Stich
Pyrargyrit Ag$_3$SbS$_3$	tg	30	weiß-bläulich	++	<Galenit >Argentit	deutliche *BR*; tief- bis ziegelrote *IR*
Proustit Ag$_3$AsS$_3$	tg	27	bläulich-weiß	++	<Galenit >Argentit	deutliche *BR*; häufige ziegel- bis gelbrote *IR*; in As-führenden Paragenesen
Stannin Cu$_2$FeSnS$_4$	te	26	grau-weiß (oliv-grün)	++	<Sphalerit <Tetraedrit >Chalkopyrit	gegenüber Fahlerzen anisotrop; Entmischung von Chalkopyrit und Sphalerit
Sphalerit ZnS	kb	18	hellgrau	–	<Pyrrhotin >Tetraedrit >Karbonspat	mäßige *Pol.*; Fe-armer Sphalerit zeigt gelbbraune *IR*; Schleifspaltbarkeit ‖ (110)
Wurtzit ZnS	hx	≈18	hell-grau	(+)	~Sphalerit	mäßige *Pol.*; stets gelbe bis braune *IR*; Schalenbau

5.3. Hydrothermale Paragenesen

Tabelle 5.8. (Fortsetzung)

Mineral	KS	R	F	AE	H	B. K.
Spessartin $Mn_3Al_2[SiO_4]_3$	kb	≈10	grau	–	~Quarz	mäßige *Pol.*; meist idiomorphe Aggregate
Karbonspäte $MeCO_3$	tg	10...5	grau	+++	<Sphalerit >Galenit	gute *Pol.*; deutliche *BR*; *IR*
Baryt $BaSO_4$	rh	6	grau	–	<Siderit >Calcit	sehr gute *Pol.*; viele *IR*; Schleifspaltbarkeit ∥ (001)
Quarz SiO_2	tg	4,5	dunkelgrau	–	>Chalkopyrit >Pyrit	mäßige *Pol.*; deutliche *IR*
Fluorit CaF_2	kb	3	dunkelgrau	–	<Quarz ~Karbonspat	mäßige *Pol.*; dunkelstes Mineral im Anschliff; Schleifspaltbarkeit ∥ (111)

Erläuterung der Abkürzungen: s. Legende zur Tabelle 5.1

5.3.3.3. Mikrogefüge der wichtigsten Minerale

Pyrit FeS_2: Tritt in allotriomorphen Aggregaten und idiomorph — z. T. idioblastisch — auf (Pentagondodekaeder, Oktaeder, Würfel); dabei Zonenbau durch Wachstumsunterbrechungen. Infolge seiner Altersstellung ist er oft kataklastisch beansprucht (Bild 5.64). Er wird von jüngeren Mineralen intensiv korrodiert; bei der Verdrängung durch Karbonatlösungen (hohes Oxydationspotential) kann randlich Markasit sowie Hämatit gebildet werden (Rotspatbildung!). Verwachsungen mit Markasit und »Leberkies«. Der »silberreiche« Pyrit ist ausschließlich, der »goldreiche« Pyrit sehr häufig durch jüngere Ag- bzw. Au-Mineralverwachsungen auf Klüften und Korngrenzen entstanden.
Niedrigthermal gebildete Pyrite sind bevorzugt durch Kristallisation aus Gelen entstanden (Gelpyrit), z. T. unter Bewahrung der alten Strukturen (s. Bilder 5.63 und 5.65). Der Gelpyrit (= Melnikovitpyrit) zeigt niedrigere *R* (gelbbraune Luftanlauffarben; Vortäuschung von *AE*!).

Arsenopyrit FeAsS: Neigt zur Idiomorphie und wird von den jüngeren Mineralen bevorzugt randlich korrodiert. Kristallisiert monoklin, aber durch Zwillingsbildung pseudorhombisch; teilweise säulige Ausbildung. Häufig kataklastische Beanspruchung. Manchmal Zonenbau und zonare Verdrängung (Bild 5.66).
Feinkristalline idiomorphe Individuen mit langsäuligem Habitus sind oft divergentstrahlig (sternchenförmige Viellings-Aggregate) und in tressenähnlich angeordneten Strukturen in der Gangart eingesprengt (= »Tressenerz«; z. B. im Freiberger »*eq*-Formationstyp«; Bild 5.67). Jüngere »Versilberung« (Verdrängung durch Freibergit, Pyrargyrit, Miargyrit) führt zur »Weißerz«-Bildung (BAUMANN, 1965).

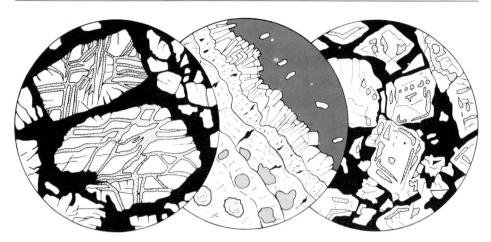

Bild 5.64. Kataklastischer Pyrit (weiß), an Sprüngen — die teils einer Spaltbarkeit nach (100) und (110) folgen, teils unregelmäßig sind — Verdrängungen durch Chalkopyrit (punktiert). Der am oberen Rand befindliche Pyritkristall wird durch den Kristallisationsdruck des Chalkopyrits auseinandergepreßt. Umgebende Gangart ist Quarz (schwarz). Nieder-Ramstadt/BR Deutschland
Vergr. 125×

Bild 5.65. Lagenförmiger Melnikovitpyrit (gestrichelt, z. T. punktiert) mit eingeschlossener Schalenblende (hellgrau) wird von rekristallisiertem Markasit (weiß) überkrustet. Als Gangart Quarz (dunkelgrau). Grube »Alte Hoffnung Gottes«, Kleinvoigtsberg (Sachsen)/BR Deutschland
Vergr. 37,5×

Bild 5.66. Idiomorpher Arsenopyrit (weiß) in silikatischer Gangart (schwarz) mit z. T. zonaren Verdrängungen durch Galenit und Sphalerit (weite und dichte Punktierung). Falun/Schweden
Vergr. 80×

Pyrrhotin FeS: Bevorzugt in allotriomorph-körnigen Aggregaten; idiomorphe tafelige Ausbildung nach (0001) ist relativ selten. Sehr häufig wird Pyrrhotin in Pyrit-Markasit-Aggregate umgewandelt (durch erhöhte H_2S-Zufuhr). Die üblichen Verdrängungsformen sind (Bilder 5.68 und 5.69):

— ausgehend von (0001) ovale konzentrisch-schalige Pyrit-Markasit-Verdrängungen (»birds eye«-Strukturen); die extrem feinkörnigen Aggregate zeigen wechselnde Härte und Polierfähigkeit;
— streifenförmige, feinkörnige Markasit-Pyrit-Bildungen nach (0001); die Zwischenräume der aufgeblätterten Lamellenstruktur (schlechte Schleifbarkeit!) werden häufig durch jüngere Minerale (Karbonate, Sphalerit) infiltriert; jüngere Umlagerungen des Markasits seinerseits zu Melnikovit-Pyrit, idioblastischem Pyrit, Hämatit und Magnetit;
— »Leberkies«-Bildungen als feinkristallines, oft in Gelstrukturen vorliegendes Gemenge von Melnikovit-Pyrit und Markasit.

Oftmals liegt Pyrrhotin als Entmischungsbildung innerhalb von Fe-reichem Sphalerit vor (ZnS – FeS-Mischsystem).

Markasit FeS_2: Tritt neben den verbreiteten Umwandlungsbildungen aus Pyrrhotin und Pyrit auch primär auf (z. B. als rhythmische Pyrit-Markasit-Wechsellagerung der

5.3. Hydrothermale Paragenesen

Bild 5.67. Feinkörnig-säuliger, z. T. in divergenten Viellingen ausgebildeter Arsenopyrit (»Tressenerz«, weiß) mit feinkörnigem Pyrit (weit punktiert) und jüngeren Verwachsungen von Freibergit (punktiert) und Pyrargyrit (schraffiert) (→ »Weißerz«-Bildung) in Quarz (schwarz) und Karbonaten (hellgrau). Grube »Vereinigt Feld«, Siebenlehn (Sachsen)/BR Deutschland
Vergr. 25 ×

Bild 5.68. Pyrrhotin (weiß) mit ovalen konzentrisch-schaligen Pyrit-Markasit-Verdrängungen (hellgrau bis punktiert) (= »birds eye«-Strukturen); Gangart ist Quarz (schwarz). Broken Hill (N. S. W.)/Australien
Vergr. 35 × (nach RAMDOHR [52])

Bild 5.69. Umwandlung von Pyrrhotin (weiß, glatt) in streifenförmige Markasit-Pyrit-Aggregate nach (0001) (weiß, zerklüftet); in den aufgeblätterten Lamellenstrukturen Infiltrationen von jüngeren Karbonaten (schwarz) und Sphalerit (punktiert). Cartagena/Spanien
Vergr. 120 ×

»*fba*-Formation« und im Iglesias-Distrikt). Häufig in Geltexturen konzentrisch-schalig (»Glaskopf«-Texturen = »Melnikovitmarkasit«) oder in grobkörnigen Aggregaten mit Zwillingslamellen nach (101) und (011) sowie Zonarstruktur.

Sphalerit ZnS: Ausgeprägtes allotriomorph-körniges Gefüge; häufig rundlich polygonale, z. T. weitgehend verzahnte Körper mit kataklastischen Erscheinungen. Verdrängung durch Galenit, Chalkopyrit, Tetraedrit und alle Silberminerale; er selbst korrodiert in der Regel Pyrit, Arsenopyrit und Pyrrhotin.
Charakteristisch im Sphalerit sind mannigfaltige Entmischungen (im Hochtemperatur-Sphalerit-Gitter werden Fremdsubstanzen eingebaut, die bei sinkender Temperatur ausgeschieden werden):

— Chalkopyrit in feinen tropfen- und leistenförmigen Entmischungskörperchen sowohl orientiert nach (111) als auch in wolkigen Gebilden (Bild 5.70); die Chalkopyritentmischungen können ihrerseits bei hoher Entstehungstemperatur lamellenförmigen Cubanit ($CuFe_2S_3$) und Valleriit ($Cu_3Fe_4S_7$) enthalten;
— Pyrrhotin tritt, teils orientiert, teils wolkig, nur in Sphaleriten hoher Bildungstemperatur auf (z. B. im Fe-reichen »Christophit« von Breitenbrunn und in der Freiberger »*kb*-Formation«);
— Stannin entmischt orientiert nach (111) und z. T. auch unregelmäßig verstreut mit ausgezackten Rändern (Bild 5.73); er schließt sich aufgrund seiner mittleren Bildungstemperaturen mit den Pyrrhotinentmischungen gegenseitig aus.

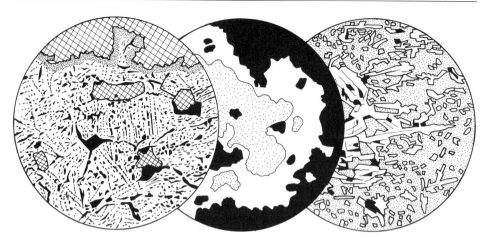

Bild 5.70. Hochthermaler Sphalerit (weiß) mit vorwiegend orientierten Chalkopyritentmischungen (schwarz); an den Korngrenzen des Sphalerits auch Intergranularfilme von Chalkopyrit sowie jüngere Umwachsungen (punktiert). Gangart ist Quarz (Kreuzschraffur). Falun/Schweden
Vergr. 90 ×

Bild 5.71. Freibergit (punktiert) wird zonar umwachsen von Pyrargyrit (weiß). Der Freibergit wird dabei randlich vom Pyrargyrit korrodiert. Beide Silberminerale als Zwickelfüllung in älterem Quarz (schwarz). Grube »Friedrich August«, Frauenstein (Sachsen)/BR Deutschland
Vergr. 25 ×

Bild 5.72. Poikilitischer Jamesonit (weiß), teils leistenförmig und teils in rhombenförmigen Querschnitten (z. T. mit schwarzen Ausbrüchen), eingebettet in Sphalerit (punktiert). Huari-Huari/Bolivien
Vergr. 140 ×

Der Sphalerit selbst tritt als Entmischung im Chalkopyrit (»ZnS-Sternchen«), im Stannin und im Bornit auf.
Niedrigthermale Sphalerite und Schalenblende sind in der Regel entmischungsfrei. Verwachsungen mit jüngeren Silbermineralen (Freibergit, Pyrargyrit, Miargyrit u. a.) führen zum »verglasten« Sphalerit.

Bild 5.73. Orientierte Entmischungen und randlich gezackte Einschlüsse von Stannin (weiß) im Sphalerit (grau), z. T. nach (111). Grube »Himmelsfürst«, Brand-Erbisdorf (Sachsen)/BR Deutschland
Vergr. 30 ×

5.3. Hydrothermale Paragenesen

Chalkopyrit $CuFeS_2$: Vorwiegend allotriomorph und als Zwickelfüllung; lanzettartige Zwillingslamellierung, teils staffelförmig nach (101), teils gitterförmig nach (110) (s. Bild 5.52). Manchmal kommen mit Chalkopyrit noch weitere Kupferminerale vor (Tetraedrit, Bornit, Chalkosin) und leiten zur »Kupferparagenese« über. Im hochtemperierten Chalkopyrit finden sich Entmischungen von »Sphalerit«- und »Stanninsternchen« (z. T. skelettförmig; s. Bild 5.53), von Cubanitlamellen nach (111) sowie von Tetraedrit.
Der Chalkopyrit selbst kommt als Entmischung im Sphalerit und Stannin vor.

Stannin Cu_2FeSnS_4: Oft reichern sich Stanninentmischungen im Sphalerit zu größeren Aggregaten an. Manchmal gitterförmige Umwandlungslamellierung nach dem Würfel (100) der Hochtemperaturform. Feine Entmischungen von spindelförmigem Chalkopyrit nach (100) und (001) (bei etwa 250 °C) und von tröpfchenförmigem Sphalerit.
Stannin selbst tritt als Entmischung und orientierte Verwachsung im Sphalerit und Chalkopyrit auf.
Durch oxydierenden Einfluß entstehen aus Stannin Myrmekite von Kassiterit und Chalkopyrit (s. Bild 5.36).

Tetraedrit Cu_3SbS_3: Vorwiegend unregelmäßig verwachsen mit Chalkopyrit sowie als tropfen- bis lamellenförmige Einlagerungen im Sphalerit und Galenit (z. T. mit Bournonit). Selten Entmischungen von Sphalerit und Bismuthin nach (111) sowie entmischungsartige Einschlüsse von Chalkopyrit (»Kupferfahlerz«).
Als *Freibergit* wichtiges Silbererz (= »dunkles Weißgültigerz«). Eng verwachsen – z. T. zonar und myrmekitisch – mit Pyrargyrit (Bild 5.71); viele feine Einschlüsse von Pyrargyrit, Galenit und Chalkopyrit. Komplexe Verwachsung mit Jamesonit, Pyrargyrit, Miargyrit u. a. Silbermineralen (= »lichtes Weißgültigerz«).

Galenit PbS: In körnig-allotriomorphen Aggregaten als Verdränger der älteren Sulfide oder auch von jüngeren, z. T. umgelagerten Sulfiden umwachsen. Er selbst wird von allen Silbermineralen verdrängt. Aufgrund seiner jüngeren genetischen Stellung enthält er oft Einschlüsse der älteren Sulfide einschließlich ihrer ehemaligen Entmischungen bei teilweiser Sammelkristallisation (z. B. Sphalerit, Chalkopyrit, Pyrrhotin, Stannin und Tetraedrit). Diese Einschlüsse sind unregelmäßig begrenzt und verteilt.
Daneben treten auch orientierte Einschlüsse nach (100) auf, die teils als Entmischungen, teils als jüngere Stoffzufuhren gedeutet werden. Dazu gehören die »Silberträger« Freibergit, Pyrargyrit-Proustit, Polybasit, Stephanit, Argentit, ged. Silber und Schapbachit (bei hoher t als α-$AgBiS_2$ im Galenitgitter eingebaut und mikroskopisch nicht sichtbar). Mit Pyrargyrit sind Myrmekite zu beobachten (primäre Verwachsung mit umgelagertem Galenit der »Silberparagenese«). Weiterhin Einschlüsse von Jamesonit und Bournonit (jüngere Einwachsungen).

Jamesonit $Pb_4FeSb_5S_{14}$: Im Gefolge der Sphalerit-Galenit-Mineralisation sind oftmals Minerale der »Spießglanzparagenese« zu beobachten. Der sehr verbreitete Bleiantimonspießglanz Jamesonit liegt in prismatischen, büschelförmig angeordneten Idioblasten in Quarz, Karbonaten und älteren Sulfiden vor (dabei oft in poikilitisch durchwachsenen Aggregaten; Bild 5.72). Meist Zwillingslamellierung parallel zur Längserstreckung nach (100). Er wird von Silbersulfantimoniden (Pyrargyrit u. a.) verdrängt.

Boulangerit $Pb_5Sb_4S_{11}$: Idiomorphe, stenglig-tafelige Aggregate mit rhombischem Querschnitt im Galenit und Sphalerit. Manchmal orientierte Verwachsungen mit Jamesonit und Antimonit. Niedrigthermale Nachhallbildung, z. T. als Reaktionsprodukt zwischen Galenit und Sb-haltigen Lösungen.

Bournonit $PbCuSbS_3$: Polygonale, innig verzahnte Kornaggregate. Im Galenit als rundliche Einschlüsse — manchmal von Tetraedrit kokardenförmig umhüllt — oder in myrmekitischer Verwachsung. Verdrängungsfolge (bei Pb-Zunahme): Tetraedrit-Bournonit-Jamesonit-Boulangerit-Galenit.

Berthierit $FeSb_2S_4$: In idiomorphen, stengligen Individuen und als Zwickelfüllung. Orientierte Verwachsungen mit Antimonit, Pyrit-Markasit und Kermesit; diese lassen zwei epithermale Umwandlungsreihen erkennen (Bild 5.74):

1. Berthierit (+ Karbonate) → Kermesit (Sb_2S_2O = »Rotspießglanz«)
2. Berthierit → Antimonit + (Pyrrhotin =) Pyrit-Markasit

Antimonit Sb_2S_3: Mit zunehmendem Sb-Gehalt kommt es zur Bildung des reinen Sb-Sulfids. Die primären radialstrahligen, hybidiomorphen Individuen sind häufig zu allotriomorph-körnigen Aggregaten umgelagert. Verbreitete Zwillingslamellierung nach (010); durch Deformation Bildung von »Zerknitterungslamellen«.

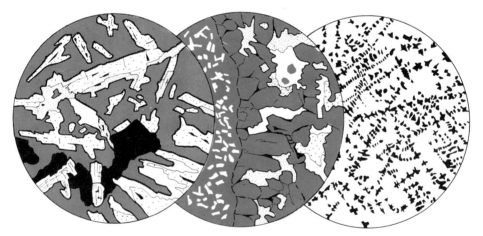

Bild 5.74. Grobkristalliner Berthierit (weit punktiert) verwachsen mit Karbonaten (dunkelgrau) und älterem Quarz (schwarz). Der Berthierit wird, ausgehend von Spaltrissen, z. T. von Kermesit (punktiert) verdrängt. Stellenweise zeigt der Berthierit auch randliche Umwandlungen in Antimonit (weiß) und Pyrit-Markasit (weiß, rissig; Relief). Grube »Neue Hoffnung Gottes«, Bräunsdorf (Sachsen)/BR Deutschland
Vergr. 35×

Bild 5.75. Pyrargyrit (punktiert) zusammen mit Argentit (punktiert, Kratzspuren), Dyskrasit (weit punktiert) und ged. Silber (weiß) als Zwickelfüllung in z. T. idiomorphem Quarz II (dunkelgrau). In älterem Quarz I rhombenförmige Arsenopyritaggregate (»Tressenerz«). Grube »Johannes«, Börnichen bei Oederan (Sachsen)/BR Deutschland
Vergr. 50×

Bild 5.76. »Gestricktes« ged. Silber (schwarz) als Kristallskelette parallel den Würfelkanten im Quarz (weiß). (»eb-Formation«) Freiberg (Sachsen)/BR Deutschland
Vergr. 7,5×

5.3. Hydrothermale Paragenesen

Pyrargyrit Ag_3SbS_3: Nach dem Freibergit das wichtigste Silbermineral der »Silberparagenese«. Er tritt in größeren körnig-allotriomorphen Aggregaten und als entmischungsartige Einschlüsse in Sulfiden auf (bevorzugt Galenit, »verglaster« Sphalerit). Oftmals mit Freibergit verwachsen; gegenüber den anderen Silbermineralen ist er gleichalt bzw. älter. Mit den Silbermineralen tritt er häufig als Zwickelfüllung – z. T. mit Karbonaten – innerhalb älterer Gangarten, Sulfide und Spießglanze auf (Bild 5.75.). Myrmekitische Verwachsungen mit Galenit und ged. Silber. Er bildet Einschlüsse im Galenit, während er selbst feine Partikelchen von Argentit enthalten kann. Manchmal konzentrische Verwachsungen mit zunehmendem Ag-Gehalt: Miargyrit (als Kern)-Pyrargyrit-Stephanit-Polybasit.

Gegenüber dem Pyrargyrit tritt der *Proustit* wesentlich zurück (Analogie zu Tetraedrit-Tennantit; As-Minerale verstärkt in der Bi – Co – Ni – Ag-Paragenese → s. Abschn. 5.3.5.).

Miargyrit $AgSbS_2$: In der Regel ist es das älteste Erzmineral der »Silberparagenese«. Bildet feinkörnig-allotriomorphe Aggregate mit Pyrargyrit und Freibergit (z. T. mosaikartig bis myrmekitisch). Oftmals als Zwickelfüllung und ovoidförmig als Silberträger im Galenit.

Stephanit Ag_5SbS_4: In körnig-xenomorphen Aggregaten mit geringer Neigung zur Idiomorphie. Hauptsächlich verwachsen mit Pyrargyrit sowie als Einschlüsse innerhalb desselben. Ausgezeichnete Zwillingslamellierung nach (110). Verdrängt Freibergit und Pyrargyrit; er selbst wird von Polybasit, Dyskrasit und ged. Silber korrodiert.

Polybasit $Ag_{16}Sb_2S_{11}$: Kommt teils in idiomorphen dünnen Leisten, teils als xenomorphe Einschlußaggregate im Galenit, Freibergit und Sphalerit vor. Tritt vorwiegend als Verdränger auf. Zuweilen myrmekitische Verwachsungen mit Galenit, Chalkopyrit und Argentit.

Argentit Ag_2S: Polygonal-körnige Aggregate mit z. T. grober Zwillingslamellierung (Bildung >179°) und unverzwillingt (Bildung <179° = Akanthit). Myrmekitische Verwachsungen mit Polybasit, Freibergit und Pyrargyrit. Als entmischungsartige Einschlüsse (»Silberträger«) im Galenit (zusammen mit Freibergit, Pyrargyrit, Polybasit). Tritt bevorzugt als Verdränger auf:

— primär-aszendent (gegenüber den Sulfiden und Silbersulfantimoniden)
— sekundär-deszendent (zementative Ausscheidungen auf Spaltrissen im Galenit – zusammen mit Stromeyerit und Chalkosin – oder auch in konzentrisch-schaligen Aggregaten mit ged. Silber, Cerussit u. a. Oxydationsmineralen).

Ged. Silber Ag: Feinkörnig-allotriomorphe Aggregate, teilweise mit Zonenbau (bei Dendriten) und Zwillingslamellierung. Manchmal auch in Form orientierter Netzwerke von »gestrickten« Bildungen (Bild 5.76). Durch aszendenten Zerfall der komplexen Sulfosalze können Myrmekite entstehen (z. B. ged. Silber mit Freibergit). Es verdrängt Sulfide und Silbersulfantimonide.

Bei den deszendenten Verdrängungen in der Zementationszone bildet das ged. Silber feine Kluftfüllungen auf Spaltrissen und Korngrenzen der älteren Sulfide und Silber-

5. Mineralparagenesen

Gangformation		1. Mineralisationszyklus								2. Mineralisationszyklus			
		kb - Formation				eb - Formation				eba - Abfolge	fba - Formation Weiches Trum	Bi-Co-Ni-Ag-Formation Arsenidi- sche Abfolge	Ag-S- Abfolge
Abfolge Mineralien		Sn - W	Kiesige Abfolge	Zn-Sn-Cu Abfolge	Pb - Abfolge	uqk- Abfolge	Sulfidi- sche Abfolge	Ag - Abfolge					
Gangarten	Quarz	▌	█		█	▌	█	█		▌	▌	▌	█
	Karbonate									█	█	▌	
	Baryt	┇				┇				█	█	┇	
	Fluorit									█			
	Zinnstein Wolframit	┇											
	Arsenkies		▌	┇			▌				▌		▌
	Pyrit, Markasit Magnetkies		█		▌	┇					█		
	Zinkblende Zinnkies Kupferkies			▌█▌	▌		▌						▌
	Tetraedrit						█						
	Bornit, Kupferglanz												

5.3. Hydrothermale Paragenesen

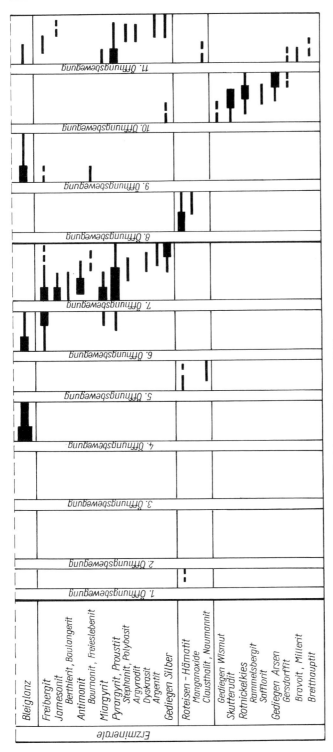

Bild 5.77. Die Mineralisationsfolge des Freiberger Lagerstättenbezirkes (aus BAUMANN, 1965)
kb kiesig-blendige Formation; *eb* edle Beierzformation; *fba* fluorbarytische Formation; *Kiesige Abfolge* Eisensulfid-Abfolge, *uqk* Uran-Quarz-Karbonat-Abfolge; *eba* Eisen-Baryt-Abfolge; *Weiches Trum* Baryt-Fluorit-Abfolge

sulfantimonide. Manchmal sind auch aszendente und deszendente Umwandlungen von ged. Silber in Argentit und umgekehrt zu beobachten.

Die zusammenfassende Altersfolge der Minerale einer großen Pb–Zn–Ag-Ganglagerstätte zeigt am Beispiel des Freiberger Lagerstättenbezirkes Bild 5.77 (s. S. 204/205).

5.3.3.4. Vertiefende Literatur

BARNES, H. L.: Solubilities of Ore Minerals. In: Geochemistry of Hydrothermal Ore Deposits (Ed. H. L. Barnes). New York: Wiley-Interscience, 2nd ed., 1979, 401–460
BAUMANN, L.: Tektonik und Genesis der Erzlagerstätte von Freiberg (Zentralteil). Freib. Forsch.-H. C 46. Berlin: Akademie-Verlag 1958, 208 S.
BAUMANN, L.: Die Erzlagerstätten der Freiberger Randgebiete. Freib. Forsch.-H. C 188. Leipzig: Deutscher Verlag für Grundstoffindustrie 1965, 268 S.
CRAIG, J. R., und D. J. VAUGHAN: Ore Microscopy and Ore Petrography. New York: Wiley-Interscience, 1981, 207–211
HELGESON, H. C.: Mass transport among minerals and hydrothermal solutions. In: Geochemistry of Hydrothermal Ore Deposits (Ed. H. L. Barnes). New York: Wiley-Interscience, 2nd ed., 1979, 568–610
NASH, T. J.: Geochemical studies in the Park City District: II. Sulfide mineralogy and minorelement chemistry, Mayflower Mine. Econ. Geol. 70 (1975) 1038–1049
OELSNER, O.: Atlas der wichtigsten Mineralparagenesen im mikroskopischen Bild. Bergakademie Freiberg, Fernstudium 1961, 3–43
WHITE, D. E.: Diverse origins of hydrothermal ore fluids. Econ. Geol. 69 (1974) 954–973

5.3.4. Uran-(Fe–Se-)Paragenesen

5.3.4.1. Genetische Stellung

Die hydrothermalen U-(Fe–Se-)Mineralisationen treten in der Regel nach den Pb–Zn-Paragenesen auf. Die Minerallösungen zeigen ein höheres Oxydationspotential (mit Fe^{3+} und U^{4+}), aus denen sich neben SiO_2 (Hornstein, Kammquarz), Fluorit und Karbonaten auch Sulfate abscheiden (Baryt, Cölestin, Anhydrit). Das hohe Oxydationspotential bewirkt, daß sich außer Chalkopyrit primär keine Sulfide mehr bilden; die noch vorhandenen Kationen (Pb, Cu, Ag) werden meist als Selenide ausgefällt.

Strukturell treten die U-(Fe–Se-)Paragenesen vorwiegend

— auf Gängen sowie
— in trümergebundenen Imprägnationen auf.

Stofflich charakteristisch sind neben dem Hauptelement U noch Gehalte an Fe (Roteisen-Hämatit) sowie Se (als Anion an Stelle von S für mehrere Bunt- und Edelmetalle).
Die Uran-(Fe–Se-)Paragenese ist oftmals verwachsen mit der

— Pb–Zn–Ag-Paragenese (s. Abschn. 5.3.3.) sowie der
— Bi–Co–Ni–Ag-Paragenese (s. Abschn. 5.3.5.).

5.3. Hydrothermale Paragenesen

Typische Lagerstättenbeispiele

Schlema, Johanngeorgenstadt, Annaberg und Marienberg (Erzgebirge) sowie Wölsendorf (Bayern) und Wittichen (Schwarzwald)/BR Deutschland; Jáchymov und Příbram/ČSFR; Kowary/Polen; Crouzille/Frankreich; Großer Bärensee/Kanada; Sunshine-Mine (Idaho)/USA (z. T.).

5.3.4.2. Mineralisation

Hauptminerale: Uranpecherz (Uraninit, Pechblende), Hämatit, Clausthalit; Quarz-Hornstein-Kammquarz, Fluorit, Karbonspäte.
Begleitminerale: Coffinit; Eskebornit, Naumannit, Umangit, Klockmannit; Baryt, Cölestin, Anhydrit; Adular.
Nebenminerale: Pyrit, Chalkopyrit, Galenit, Proustit; Tiemannit, Berzelianit, Eukairit.
Die wichtigsten auflichtmikroskopischen Bestimmungskriterien der Haupt- und Begleitminerale sind in Tabelle 5.9, S. 206, zusammengestellt.

5.3.4.3. Mikrogefüge der wichtigsten Minerale

Uranpecherz UO$_2$: Bei höherer t idiomorphe Kristallentwicklungen ($=$ Uraninit), bei niedriger t traubig-nierige Aggregate ($=$ Pechblende, »Nasturan«). Die ersteren sind Kristalle mit (100) sowie (111) und meist isoliert in der Gangart eingewachsen; der zweite gelförmige Typ bildet konzentrisch-schalige, teils krustenartige oder radialstrahlige Strukturen (als Folge von Schrumpfungserscheinungen) (Bild 5.78). Oft sind die Schrumpfrisse mit jüngeren Mineralisationen ausgefüllt (Bild 5.79). Diese jüngeren Ausfüllungen sind nicht zu verwechseln mit rhythmischen Fällungen von Pyrit, Galenit, Sphalerit, Karbonspäten u. a.
Manchmal werden idiomorphe UO$_2$-Kristallformen von gelförmigen Bildungen umwachsen. Von größeren derben Massen bis zu einzelnen kleinen Kügelchen gibt es alle Übergänge. Zonenbau ist häufig (durch Wachstumsrhythmik, Porenverteilung, wechseln-

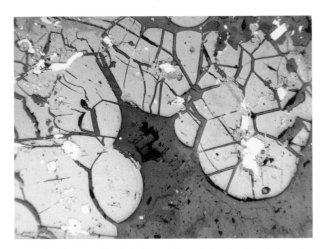

Bild 5.78. Uranpechblende (hellgrau), in typischen traubig-nierigen Aggregaten, mit konzentrischen Strukturen und radialen Schwundrissen, lokal auch Kataklase. Gangart und Füllung der Risse sind Karbonspäte (dunkelgrau). In der Pechblende jüngere Einschlüsse von Seleniden (weiß). Schlema bei Aue (Sachsen)/BR Deutschland Vergr. 40×

Tabelle 5.9. Bestimmungskriterien der Haupt- und Begleitminerale

Mineral	KS	R	F	AE	H	B.K.
Clausthalit PbSe	kb	49	reinweiß	–	≲ Galenit > Naumannit	sehr gute *Pol.*; sehr ähnlich Galenit (höhere *R*!)
Naumannit Ag$_2$Se	kb	≈35	weiß (grünlich)	–	< Clausthalit > Eskebornit	mäßige *Pol.* (Kratzer); ähnlich Fahlerz (geringere *H*!)
Eskebornit CuFeSe$_2$	kb hx	30	cremeweiß (gelbbraun)	+++	< Clausthalit ~ Naumannit	sehr gute *Pol.*; schwache *BR*; ähnlich Pyrrhotin; gute Spaltbarkeit ∥ (0001)
Hämatit Fe$_2$O$_3$	tg	28	weiß (bläulich)	++	< Pyrit > Clausthalit	schlechte *Pol.*; tiefrote *IR*; Zwillinge nach (10$\bar{1}$1)
Klockmannit CuSe	hx	24	lichtblaugrün	+++	~ Clausthalit	sehr gute *Pol.*; sehr starke *BR*; Spaltbarkeit ∥ (0001)
Uranpecherz UO$_2$	kb	≈17	lichtgrau (bräunlich)	–	< Quarz > Clausthalit	wechselnde *Pol.*; häufig Gelstrukturen; selten dunkelbraune *IR*
Umangit Cu$_3$Se$_2$	rh	14	braunrot (violett)	+++	~ Clausthalit	sehr gute *Pol.*; sehr starke *BR*
Coffinit USiO$_4$	te	9	hellgrau	–	~ Uranpecherz	gute *Pol.*; selten schwache *BR* und braune *IR*
Karbonspäte MeCO$_3$	tg	10...5	grau	+++	~ Chalkopyrit	gute *Pol.*; deutliche *BR*; *IR*
Baryt BaSO$_4$	rh	6	grau	–	< Siderit > Calcit	sehr gute *Pol.*; viele *IR*; Schleifspaltbarkeit ∥ (001)
Quarz SiO$_2$	tg	4,5	dunkelgrau	–	> Pechblende	mäßige *Pol.*; deutliche *IR*
Fluorit CaF$_2$	kb	3	dunkelgrau	–	< Quarz ~ Karbonspäte	dunkelstes Mineral; Spaltbarkeit nach (111)

Erläuterung der Abkürzungen: s. Legende zur Tabelle 5.1

5.3. Hydrothermale Paragenesen

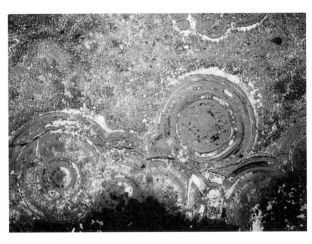

Bild 5.79. Rhytmische Konkretionen von Uranpechblende (grau); die einzelnen Lagen werden unterschiedlich durch jüngere Sulfide (Chalkopyrit) und Selenide (Clausthalit, Naumannit) verdrängt (weiß). Die umgebende »feinkörnige« Masse (hell- bis dunkelgrau) ist eine Anhäufung von kleinen, miteinander eng verbundenen Konkretionen aus Pechblende, Chalkopyrit, Clausthalit und Naumannit. „Rudolf Schacht", Marienberg (Sachsen)/BR Deutschland
Vergr. 45× (aus OELSNER, 1961)

des Verhältnis $UO_2 : ThO_2 : CeO_2$). ThO_2-reiche Bildungen haben geringere R und oft IR. Kataklastische Erscheinungen sind häufig. Manchmal erfolgt eine Auflösung der einzelnen Pechblendeschalen (Abnahme der R; Ersatz durch Coffinit); teilweise Mobilisierung und Wiederausscheidung (im Bereich bituminöser Schiefer oder anderer Paragenesen).

Teilweise feinste Einschlüsse von Galenit (aus radiogenem Pb!). Uranpechblende selbst tritt als Entmischung im Columbit auf; Bildung von radioaktiven Höfen (Erhöhung der R, Weglösung).

Coffinit $USiO_4$: Bildet idiomorphe säulige Kristalle sowie kollomorphe Krusten ähnlich wie Uranpechblende. Mit letzterer häufig verwachsen, z. T. pseudomorphe Verdrängungen (Bild 5.80).

Hämatit Fe_2O_3: Ist oft das quantitativ häufigste Erzmineral der Paragenese. Er tritt in zwei Varietäten auf:

— innerhalb der Gangart als feindispers verteilte, z. T. rhythmisch-lagig angeordnete, körnige Roteisenpartikelchen bzw. Hämatitschüppchen; dadurch wird die Rotfärbung der Gangfüllung verursacht (Roter Hornstein, Rotspat);

Bild 5.80. Säulig- bis nadelförmiger Coffinit (hellgrau) im Quarz (grau) und Fluorit (dunkelgrau). Teile des Coffinits sind durch Uranpechblende (weißgrau) pseudomorph verdrängt. Die Pechblende umkrustet auch in schmalen Säumen Teile der Gangart. In letzterer kleine Einsprenglinge von Pyrit (weiß). Wölsendorf (Bayern)/
BR Deutschland
Vergr. 60× (aus MAUCHER, 1962)

— in dünntafeligen nach (0001) entwickelten Individuen (»Specularit«).
Wird von Sulfiden, Seleniden und Karbonspäten verdrängt (s. Bild 5.81).

Clausthalit PbSe: Allotriomorphe Kornformen. Im Erscheinungsbild ähnlich dem Galenit (Bild 5.81). Ältestes Selenidmineral. Häufiger Begleiter der Uranpechblende (als Verkittungsmasse von Pechblendekügelchen, letztere kaum verdrängend).

Bild 5.81. Clausthalit (weiß) in Karbonat (dunkelgrau bis schwarz) korrodiert Chalkopyrit-Pseudomorphosen nach Hämatit (hellgrau). Im Clausthalit Ausbildung von Eskebornit (mittelgrau, charakteristische Spaltbarkeit). Tilkerode (Harz)/BR Deutschland Vergr. 60×

Eskebornit $CuFeSe_2$: Tafelförmige Individuen, oft verbogen (mit keilförmigen Zerknitterungslamellen) und aufgeblättert durch Translation auf (0001). Zum Teil ältestes Selenid (s. Bild 5.81); selektive Verdrängung durch Naumannit.

Naumannit Ag_2Se: Allotriomorphe Kornformen; bei geringer Korngröße innig verzahnt. Mimetischer Zwillingsbau ist stellenweise deutlich; bei Bildungen über 133 °C Umwandlungslamellierungen ($kb \rightarrow rh$). Feine myrmekitische Verwachsungen mit Clausthalit (gleichaltrig!).

Umangit Cu_3Se_2: Meist allotriomorph, stark verzahnte Kornaggregate. Selten Zwillingslamellierung. Manchmal säulige Individuen mit tetragonalem Querschnitt. Selten myrmekitische Verwachsungen mit Klockmannit.

Klockmannit CuSe: Tafelige Individuen, oft Umangit verdrängend; im letzteren auch in Form feiner Lamellen. Sehr ähnlich dem Covellin.

5.3.4.4. Vertiefende Literatur

Autorenkollektiv: Festband Ramdohr. — N. Jb. Miner., Abh. 94 (1960)
BADHAM, J. P. N., B. W. ROBINSON und R. D. MORTON: The geology and genesis of the Great Bear Lake Silver Deposits. 24th Int. Geol. Cong. (Montreal), Section 4, 1972, 541—548
KIMBERLEY, M. M., ed.: Uranium Deposits, Their Mineralogy and Origin. Mineral. Assoc. Canada Short Course Hdbook, Vol. 3, 1978

McKelvey, V. E., D. L. Everhart und R. M. Garrels: Origin of uranium deposits. Econ. Geol., 50th ann. Vol., 1955, 464–533

Nininger, R. D., D. L. Everhart und J. Kratchman: The Genesis of Uranium Deposits. Proc. XXI. Int. Geol. Cong. Norden, Part XV, 1960, 40–50

Oelsner, O.: Atlas der wichtigsten Mineralparagenesen im mikroskopischen Bild. Bergakademie Freiberg, Fernstudium 1961, 72–85

Stieff, L. R., T. W. Stern und A. M. Sherwood: Coffinite, an uranous silicate with hydroxyl substitution: a new mineral. Amer. Min. 41 (1956) 675–688

5.3.5. Bi–Co–Ni–Ag-(U-)Paragenesen

5.3.5.1. Genetische Stellung

Die Bi–Co–Ni–Ag-(U-)Paragenesen sind das Produkt komplexer hydrothermaler Lösungen. Innerhalb des postmagmatischen Ausscheidungszyklus treten die Paragenesen immer als Spätausscheidungen auf. Infolge des As-Reichtums in den Lösungen und dessen großer Affinität zu den Ferriden, insbesondere zu Ni und Co, kommt es zur Ausbildung bevorzugt arsenidischer Ni–Co–Fe-Paragenesen. Ag und Bi werden aufgrund ihrer geringen As-Affinität als gediegene Metalle abgeschieden. Der Metalltransport erfolgte wahrscheinlich als leichtlösliche Komplexe, wobei die Ausscheidung jedoch z. T. in Form von Koagelen stattfindet. Die gediegenen Metalle bilden dann innerhalb der Koagulate Kristallskelette, die bei ged. Ag von den Ni-Mineralen und bei ged. Bi von den Co-Mineralen umhüllt werden. Der t-Bereich wird zwischen 230 und 100 °C angenommen (Badham u. a., 1972).

Bezüglich der Lösungsherkunft werden drei Möglichkeiten diskutiert (Halls und Stumpfl, 1972):

— Ableitung von Granitintrusionen (»klassische« Vorstellung),
— Ableitung von basischen Intrusionen bzw. aus subkrustalen Bereichen,
— Mobilisate aus Schwarzschiefern oder älteren Sulfidvererzungen.

Strukturell treten diese Paragenesen nur in Klüften und Gängen auf, deren Mächtigkeit sich von wenigen Zentimetern bis zu einigen Metern erstreckt. Das bevorzugte Nebengestein sind Diabase, Schwarzschiefer, Tonschiefer-Phyllite, Grauwacken und Quarzite.

Stofflich charakteristisch sind für diese Paragenesen neben den Hauptelementen (Bi, Ag, Co, Ni, Fe) noch wechselnde Gehalte an U, Cu, Zn, Pb und Sb sowie bevorzugt als Anionen im Wechsel As und S. Als Gangarten treten Quarz-Hornstein, Baryt, Fluorit und Karbonspäte auf.

Entsprechend der Ausscheidungsfolge lassen sich noch zwei Teilparagenesen untergliedern (s. Bild 5.77):

1. Arsenidische Abfolge: Ged. Ag und Ni-Arsenide; ged. Bi und Co-Arsenide; Uranpechblende, Hämatit; Quarz-Hornstein, Baryt, Fluorit
2. Silber-Sulfid-Abfolge: Polymetallsulfide, Silbersulfarsenide; Karbonspäte.

Die Bi–Co–Ni–Ag-Paragenese ist häufig verwachsen mit der

— U–(Fe–Se-)Paragenese (s. Abschn. 5.3.4.) und der
— Pb–Zn–Ag-Paragenese (s. Abschn. 5.3.3.)

Typische Lagerstättenbeispiele

Schneeberg, Johanngeorgenstadt, Annaberg und Marienberg (Erzgebirge), Mansfelder Rücken sowie St. Andreasberg (Harz) und Wittichen (Schwarzwald)/BR Deutschland; Jáchymov und Příbram/ČSFR; Kowary/Polen; Kongsberg/Norwegen; Cobalt-Gowganda-Distrikt und Großer Bärensee/Kanada.

5.3.5.2. Mineralisation

Hauptminerale: Ged. Silber, ged. Wismut, Skutterudit, Nickelin, Rammelsbergit, Safflorit; Pyrit-Markasit, Chalkopyrit, Sphalerit, Galenit, Tennantit-Tetraedrit; Quarz, Karbonspäte;

Begleitminerale: Uranpechblende; Löllingit, Gersdorffit, Cobaltin, Breithauptit, Maucherit, ged. Arsen; Proustit-Pyrargyrit; Baryt, Fluorit;

Nebenminerale: Hämatit; Pararammelsbergit, Arsenopyrit, Bravoit, Millerit, Wittichenit, Klaprothit; Bismuthin, Realgar; Stephanit, Polybasit, Argyrodit, Dyskrasit, Argentit.

Die wichtigsten auflichtmikroskopischen Bestimmungskriterien der Haupt- und Begleitminerale sind in Tabelle 5.10 zusammengestellt.

Tabelle 5.10. Bestimmungskriterien der Haupt- und Begleitminerale

Mineral	KS	R	F	AE	H	B.K.
ged. Silber Ag	kb	95 bis 90	leuchtend weiß	–	< Nickelin > Galenit	gute bis mäßige *Pol.*; schnell anlaufend; durch Kratzer scheinbar anisotrop
ged. Wismut Bi	tg	62	weiß-creme (rosa)	+ +	< Bismuthin > Prousit	gute *Pol.* (Kratzer); schwache *BR*
Rammelsbergit NiAs$_2$	rh	≈ 60	rein-weiß	+ +	~ Skutterudit	sehr gute *Pol.*; schwache *BR*; stets Zwillingslamellierung
Safflorit CoAs$_2$	mk	57	rein-weiß	+ + +	< Löllingit ≳ Skutterudit	sehr gute *Pol.*; schwache *BR*; sternförmige Drillinge (!)
Cobaltin CoAsS	kb	56	creme-weiß (rosa)	+	< Pyrit > Löllingit	schlechte *Pol.*; starke Neigung zur Idiomorphie; Lamellierung
Löllingit FeAs$_2$	rh	≈ 55	rein-weiß	+ +	< Arsenopyrit > Skutterudit	gute *Pol.*; schwache *BR*; häufig Drillinge ∥ (011)

5.3. Hydrothermale Paragenesen

Tabelle 5.10. (Fortsetzung)

Mineral	KS	R	F	AE	H	B.K.
Skutterudit (Co, Ni)As$_3$	kb	53	rein-weiß	−	<Löllingit ≲Rammels-bergit >Nickelin	sehr gute *Pol.*; meistens Zonarbau; einzelne Zonen verdrängt
Pyrit FeS$_2$	kb	53	licht-gelb	(+)	<Quarz >Löllingit	wechselnde *Pol.*; oft schwach anisotrop
Gersdorffit NiAsS	kb	51	rein-weiß (gelb-lich)	−	<Pyrit >Skutterudit	sehr gute *Pol.*; Schleif-spaltbarkeit ‖ (100); dreiek-kige Ausbrüche
Nickelin NiAs	hx	51	licht-gelb-rosa	+++	<Skutterudit >Tennantit	sehr gute *Pol.*; deutliche *BR*; Spaltbarkeit ‖ (0001)
Maucherit Ni$_3$As$_2$	te	48	rein-weiß (rosa)	+	<Rammels-bergit >Nickelin	sehr gute *Pol.*; tafelig; feine Zwillingslamellierung
Chalkopyrit CuFeS$_2$	te	46	gelb	(+)	<Nickelin >Galenit	sehr gute *Pol.*; Zwillingsla-mellierung ‖ (100), (110) und (111)
ged. Arsen As	tg	45	weiß	+++	<Skutterudit >Proustit	sehr gute *Pol.*; häufig Zonarbau; schnell bräunlich anlaufend
Bismuthin Bi$_2$S$_3$	rh	44	weiß	++	<Skutterudit >ged. Wismut	sehr gute *Pol.*; deutliche *BR*; häufig Knitterlamellen
Galenit PbS	kb	44	weiß	−	<Nickelin >ged. Arsen	sehr gute *Pol.*; dreieckige Spaltausbrüche
Breithauptit NiSb	hx	42	rosa (vio-lett)	+++	<Skutterudit ∼Nickelin	sehr gute *Pol.*; deutliche *BR*
Argentit Ag$_2$S	kb mk	31	weiß (grau)	+	<ged. Silber <Prousit	schlechte *Pol.* (Kratzer); sehr weich
Tennantit Cu$_3$AsS$_3$	kb	29	grau-weiß (oliv-grün)	−	<Sphalerit >Galenit	sehr gute *Pol.*; isotrop(!)

Tabelle 5.10. (Fortsetzung)

Mineral	KS	R	F	AE	H	B.K.
Proustit Ag_3AsS_3	tg	27	bläulich-weiß	++	<Galenit >Argentit	sehr gute *Pol.*; deutliche *BR*; ziegelrote *IR*
Sphalerit ZnS	kb	18	hellgrau	–	<Skutterudit >Tennantit	mäßige *Pol.*; Schleifspaltbarkeit ‖ (110)
Uranpechblende UO_2	kb	≈17	lichtgrau (bräunlich)	–	<Quarz >Skutterudit	wechselnde *Pol.*; häufig Gelstrukturen
Karbonspäte $MeCO_3$	tg	10...5	grau	+++	<Skutterudit >Galenit	gute *Pol.*; deutliche *BR*; *IR*
Baryt $BaSO_4$	rh	6	grau	–	<Siderit >Calcit	sehr gute *Pol.*; viele *IR*; Spaltbarkeit ‖ (001)
Quarz SiO_2	tg	4,5	dunkelgrau	–	>Pyrit >Skutterudit	mäßige *Pol.*; deutliche *IR*
Fluorit CaF_2	kb	3	dunkelgrau	–	<Quarz ~Karbonspat	wechselnde *Pol.*; dunkelstes Mineral; Spaltbarkeit ‖ (111)

Erläuterung der Abkürzungen: s. Legende zur Tabelle 5.1

5.3.5.3. Mikrogefüge der wichtigsten Minerale

Ged. Silber Ag: Ist das wichtigste gediegene Metall der Paragenese und erscheint hier in drei Formen:

— als Ausscheidungsskelette innerhalb der umkrustenden Arsenide, wobei es sowohl als älter (KEIL, 1933; BAUMANN, 1958; PETRUK, 1971) als auch als jüngere Verdrängung innerhalb der Arsenide interpretiert wird (SCOTT, 1972);
— als Trümchen in Arseniden und Karbonspäten;
— als jüngste Ausscheidung mit den Sulfiden und Silbersulfarseniden.

Bei den »gestrickten« Kristallformen treten bevorzugt Oktaeder-, weniger Würfelformen auf. Häufig schließen sich die Einzelkristalle zu größeren symmetrischen Kristallreihen aneinander, die von den Arseniden umhüllt werden (Bild 5.82). Genetisch handelt es sich bei dieser Mineralisation um Gelbildungen, in denen das ged. Silber wahrscheinlich als erstes zur Auskristallisation kam. Dieses bildete dann seinerseits die »Kristallisationszentren«, um die sich — evtl. aufgrund von elektrolytischen Wirkungen (KEIL, 1933) — die Arsenide konzentrisch anlagerten (Bild 5.83). Durch spätere S-Zufuhr wird das ged. Silber oftmals in Argentit und Proustit umgewandelt.

5.3. Hydrothermale Paragenesen

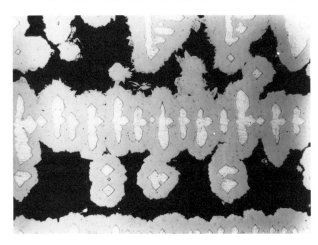

Bild 5.82. Oktaederförmige Kristallskelette von ged. Silber (reinweiß) werden umkrustet von Rammelsbergit (weiß). Typische »gestrickte« Anordnung der Mineralbildungen. Die Gangart ist Quarz (schwarz). Grube »Alte drei Brüder«, Marienberg (Erzgebirge)/ BR Deutschland
Vergr. 60 ×

Ged. Wismut Bi: Wird gleichfalls von Co–Ni-Arseniden umhüllt. Im Gegensatz zum ged. Silber sind die Wismutskelette unregelmäßiger und nur selten in symmetrischer Aneinanderreihung miteinander verwachsen. Die Skelettformen sind schlecht ausgebildete, verzerrte Rhomboeder (Bild 5.84). Des weiteren bildet ged. Wismut auch jüngere, rundlich-allotriomorphe Körner und Zwickelfüllungen. Lanzettförmige Zwillingslamellierung nach $(01\bar{1}2)$, oft parkettartig, ist fast immer vorhanden (Umwandlungsbildung bis 75 °C).

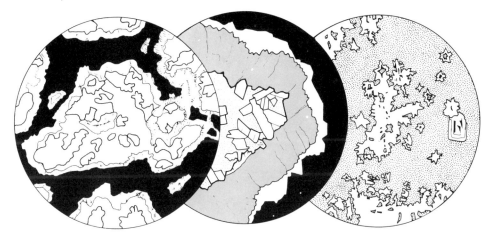

Bild 5.83. Dendritisches Silber (weiß) wird umgeben von Breithauptit (grau) und Cobaltin (weiß, schwache Radialschraffur); der Cobaltin zeigt hier Kolloidalstruktur. Die Gangart ist Quarz (schwarz). Cobalt City (Ontario)/Kanada
Vergr. 50 × (nach Craig und Vaughan [17])
Bild 5.86. Konkretionsartige Bildung von Nickelin (punktiert), umwachsen von einem Gemenge harter Arsenide (Skutterudit, Gersdorffit, Cobaltin; grau) mit Pararammelsbergit (weiß). Letzterer z. T. in Idioblasten auch im Nickelin. Gangart ist Quarz (schwarz). Cobalt City (Ontario)/Kanada
Vergr. 60 ×
Bild 5.87. »Saffloritsternchen« (weiß). Sternförmige Querschnitte von Saffloritdrillingen; ein Teil ist von innen heraus oder zonar verdrängt. An einem Saffloritsternchen ist zonarer Skutterudit (weiß) angewachsen. Die Gangart ist Karbonspat (punktiert). Cobalt City (Ontario)/Kanada
Vergr. 55 ×

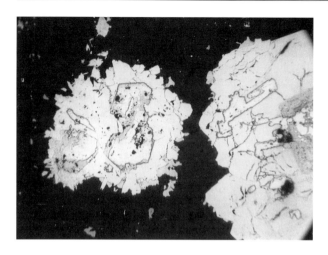

Bild 5.84. Rhomboederförmige Kristallskelette von ged. Wismut (reinweiß), teilweise umgewandelt in Bismuthin (hellgrau), werden umhüllt von Skutterudit und Safflorit (weiß). Gangarten sind Fluorit und wenig Karbonspäte (beide schwarz). Muldenhütten bei Freiberg (Sachsen)/BR Deutschland Vergr. 40 ×

Echte Verdrängungen von zonaren Skutteruditen sind zu beobachten. Durch eine spätere S-Zufuhr wurde ein Teil des ged. Wismuts in Bismuthin umgewandelt.

Skutterudit (Co, Ni)As$_3$: Typisch für die Mischkristallbildung Speiskobalt-Chloanthit sind idiomorphe Kristalle nach (100), (111) und (110); eigentliche Kornbindungen und -verzahnungen fehlen. Besonders charakteristisch ist ein durch chemische Unterschiede bedingter Zonenbau, der sowohl durch feine Härteunterschiede (infolge von 3 Teilkomponenten) als auch durch jüngere zonare Verdrängungen in Erscheinung tritt (Bild 5.85). Durch den Zerfall des ursprünglich bei hoher t gebildeten Mischkristalls entstanden tiefe Sprünge (festungsartig) und Querrisse, die mit jüngeren Arseniden (Rammelsbergit, Safflorit, Nickelin) ausgefüllt sind und von denen aus selektive zonare Verdrängungen erfolgten. Als Verdränger sind weiterhin Karbonspäte sowie Sulfide (Löllingit, Cobaltin u. a.) und Silberminerale (Proustit u. a.) zu nennen.
Manchmal erfolgen durch Sulfidzufuhr randliche Umbildungen in Pyrit, Markasit und Bravoit.

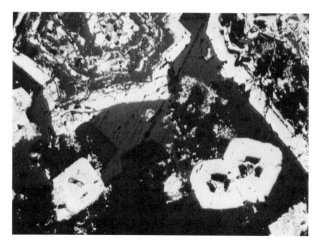

Bild 5.85. Skutterudit (weiß), mit deutlicher Zonarstruktur, im Fluorit (dunkelgrau) und Karbonspat (grau). Letzterer verdrängt orientiert den Skutterudit. Im Skutterudit Negativformen von ausgelaugtem ged. Wismut (schwarz). Innerhalb der Gangarten verteilt befindet sich feinkristalliner Safflorit (weiß). Muldenhütten bei Freiberg (Sachsen)/BR Deutschland Vergr. 20 ×

5.3. Hydrothermale Paragenesen

Nickelin NiAs: Mischkristallbildung mit NiSb (= Arit); bei den niedrigen t dieser Paragenese erscheinen jedoch beide Komponenten nebeneinander. Nickelin als eines der häufigsten Ni-Arsenide kommt oft in körnigen bis nierigen Gebilden kristallin gewordener Gele vor. In den Gelen bilden die Kristalle radial angeordnete Nadeln (bei N+: subparallele, eisblumenartige Aggregate). Durch relativ steigende As-Zufuhr geht der Nickelin randlich über in Rammelsbergit. Daneben gibt es auch allotriomorphe Bildungen unterschiedlicher Korngröße. Die Kornbindungen sind meist glatt und wenig verzahnt. Manchmal Zwillingsbildung nach ($10\bar{1}1$) sowie Zonenbau als Wachstumsbildung. As-Abfuhr führt von Nickelin zu *Maucherit* (Ni_3As_2). Lokale Verdrängungen durch Sulfide und Silberminerale.

Rammelsbergit $NiAs_2$: Entsprechend der gelförmigen Bildung als dichte, konzentrischlagige Aggregate entwickelt, die oftmals aus dem Nickelin hervorgehen. Dabei gehen die unter N+ in Erscheinung tretenden »eisblumenartigen« Strukturen des Nickelins und Rammelsbergits völlig ineinander über. Zwillingslamellierung in drei Richtungen sind oftmals vorhanden. Verdrängungen durch und von Skutterudit (Chloanthit) und Nickelin sind entsprechend einer Zu- bzw. Abnahme von As vorhanden.
Häufig wird der Rammelsbergit überkrustet von idiomorph ausgebildetem *Pararammelsbergit* ($NiAs_2$; Bildungsursache noch unklar). Letzterer ist oftmals auch idioblastischer Verdränger gegen Skutterudit und Nickelin (Bild 5.86).

Safflorit $CoAs_2$: Wechselnde Kornformen; tritt auf bevorzugt in Krusten, in nadeligquirlförmigen Drillingen nach (110) — den charakteristischen »Saffloritsternchen« (Bild 5.87) — sowie in tapetenförmigen Auskleidungen und Füllungen von Sprüngen im Skutterudit. Die krustenförmigen Umwachsungen um die ged. Wismut-Skelette sind oft Safflorit. Die Quirle sind manchmal knäuelartig verwachsen und ergeben durch Zwillingsbildung nach (101) zwölfstrahlige »Morgensterne«. Manchmal ist auch rhythmischer Zonenbau (bei N+) sichtbar.
Safflorit verdrängt häufig Skutterudit (Zerfallskomponente, Sprungausfüllung) sowie Nickelin und selten Cobaltin. Er selbst wird nur durch Karbonspat und Ag-Minerale verdrängt.

Uranpechblende UO_2: Konzentrisch-schalige Aggregate und kugelige Einzelindividuen mit radialen Schrumpfungsrissen innerhalb der Arsenide bzw. der Gangart (Quarz, Baryt). Es sind wahrscheinlich gemeinsame Ausscheidungen aus einem Gel, wobei innerhalb der Paragenese mindestens drei rhythmische U-Ausscheidungen angenommen werden können (BAUMANN, 1958; Bild 5.88). Verdrängungen erfolgen nur durch jüngere Sulfide und Silberminerale. Bezüglich der Herkunft des U wird angenommen, daß zumindest teilweise eine Umlagerung aus der älteren U-(Fe—Se-)Paragenese möglich ist. Diese Annahme wird gestützt durch ein weltweites Auftreten von Bi—Co—Ni—Ag-Paragenesen *mit* Uran (Typ Großer Bärensee, BADHAM u. a., 1972; Erzgebirge), und *ohne* Uran (Typ Cobalt City, PETRUK, 1968; Kongsberg).

Löllingit $FeAs_2$: Neigung zu idiomorpher Entwicklung; oft radialstrahlige Aggregate. Zwillingsbildung nach (011) sowie Drillinge (ähnlich »Safforitsternchen«). Deutlicher Zonenbau. Der Löllingit ist jünger als die Co—Ni-Arsenide, er umkrustet Rammelsbergit (Bild 5.89) oder einzelne Schalen bzw. gesamte Kristalle des Skutterudits (in Form sperriger Aggregate).

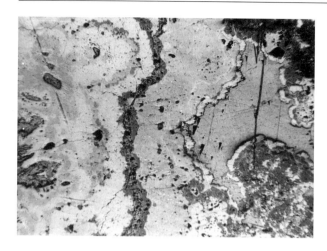

Bild 5.88. Mehrmalige Wechsellagerungen von Nickelin (weißgrau, fleckig), Rammelsbergit (weiß) und Uranpechblende (grau) sowie jüngerem Galenit (hellgrau). Johanngeorgenstadt (Erzgebirge)/ BR Deutschland
Vergr. 20 ×

Gersdorffit NiAsS: Vorwiegend idiomorphe Ausbildung nach (100) und (111), nur auf jüngeren Trümern xenomorph. Neigung zu skelettartigen Porphyroblastbildungen. Manchmal Zonenbau (ähnlich Skutterudit) und Kataklase. Umkrustet und verdrängt Rammelsbergit und Nickelin (durch erhöhten S-Partialdruck der Lösungen!).

Cobaltin CoAsS: Ausgeprägte Neigung zu idiomorphen Formen, insbesondere nach (100), (210) und (111). Er ist auch jüngeren Erzmineralen idiomorph eingelagert (Bild

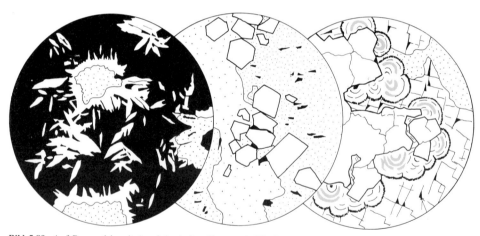

Bild 5.89. Auf Rammelsbergit (punktiert) sitzt jüngerer Löllingit (weiß) in idiomorphen, z. T. radialstrahligen Individuen. Neigung zur Zwillingsbildung. Gangart ist Quarz (schwarz). »Krönung Fundgrube«, Annaberg (Erzgebirge)/BR Deutschland
Vergr. 90 ×
Bild 5.90. Cobaltin (weiß, Relief) in gut ausgebildeten idiomorphen Individuen an der Verwachsungsgrenze von Tennantit (punktiert) und Chalkopyrit (weit punktiert). Seinajoki/Finnland
Vergr. 125 ×
Bild 5.91. Ged. Arsen (weiß; in konzentrisch-schaligen Texturen) auf älterem Skutterudit (weiß; glatte Oberfläche). Stellenweise wird ged. Arsen orientiert-lagig von Proustit (grau) verdrängt. Alles wird umhüllt von jüngerem Galenit (weiß, Spaltbarkeit) und Sphalerit (punktiert). Randeck bei Lichtenberg (Erzgebirge)/ BR Deutschland
Vergr. 25 ×

5.90). Einlagerungen in Safflorit sind sehr feinkristallin. Zonenbau und Kataklase ist manchmal vorhanden. Häufig Zwillingslamellierung. Verdrängungen sind wenig ausgeprägt (durch Skutterudit, Sphalerit, Chalkopyrit und Galenit).

Breithauptit NiSb: Teils idiomorphe, teils xenomorphe Ausbildung. Nadelige (nach c) und tafelige Individuen nach (0001). Keine Zwillingsbildung, Zonenbau durch BR und AE erkennbar. Wird korrodiert von den Silber- und Sulfidmineralen.

Ged. Arsen As: Bildet oft die Endausscheidung der Arsenide; wahrscheinlich kann ein Überschuß an As nicht mehr abgebunden werden, und es entstehen — bei gewissen S-Mengen — häufig Komplexgele, die zu einem feinstkörnigen Gemenge von ged. As und Realgar (AsS) bzw. bei Fehlen von S zu reinem ged. Arsen sammelkristallisieren. Zeigt konzentrischen Schalenbau (»Scherbenkobalt«). Daneben manchmal auch kompakte, polygonal feinkörnige Aggregate mit Zwillingslamellierung nach (01$\bar{1}$2). Gelegentlich Zonenbau (durch Luftätzung erkennbar). Parallel zum schaligen Aufbau sowie auf durchsetzenden Trümern erfolgen Verwachsungen und Verdrängungen durch jüngere Karbonspäte, Sulfide und Silberminerale (Bild 5.91).

Pyrit-Markasit
Chalkopyrit
Sphalerit   s. Pb – Zn – Ag-Paragenese
Galenit   (Abschn. 5.3.3.)
Tennantit-Tetraedrit
Proustit-Pyrargyrit

5.3.5.4. Vertiefende Literatur

BADHAM, J. P. N., B. W. ROBINSON und R. D. MORTON: The geology and genesis of the Great Bear Lake Silver Deposits. 24th Int. Geol. Cong. (Montreal), Section 4, 1972, 541 – 548

BAUMANN, L.: Tektonik und Genesis der Erzlagerstätte von Freiberg (Zentralteil). Freib. Forsch.-H. C 46. Berlin: Akademie-Verlag 1958, 208 S.

BAUMANN, L.: Die Erzlagerstätten der Freiberger Randgebiete. Freib. Forsch.-H. C 188. Leipzig: Deutscher Verlag für Grundstoffindustrie 1965, 268 S.

HALLS, C., und E. F. STUMPFL: The five elements (Ag – Bi – Co – Ni – As) — a critical appraisal of the geological environments in which it occurs and of the theories affecting its origin. 24th Int. Geol. Cong. (Montreal), Section 4, 1972, 540

KEIL, K.: Über die Ursachen der charakteristischen Paragenesenbildung von ged. Silber und ged. Wismut usw. N. Jb. Min. Beil.-Bd. 66A (1933) 407 – 424

OELSNER, O.: Atlas der wichtigsten Mineralparagenesen im mikroskopischen Bild. Bergakademie Freiberg, Fernstudium 1961, 86 – 126

PETRUK, W.: Mineralogy and origin of the Silverfields silver deposit in the Cobalt area, Ontario. Econ. Geol. 63 (1968) 512 – 531

PETRUK, W.: Mineralogical characteristics of the deposits and textures of the ore minerals. In: The Silver-Arsenide Deposits of the Cobalt-Gowganda Region, Ontario. Can. Mineral. 11 (1971) 108 – 139

SCOTT, S. D.: The Ag – Co – Ni – As ores of the Siscoe Metals of Ontario Mine, Gowganda, Ontario, Canada. 24th Int. Geol. Cong., Section 4, 1972, 528 – 538

5.3.6. Sb–Hg-Paragenesen

5.3.6.1. Genetische Stellung

Die Sb–Hg-Paragenesen sind an die niedrigthermalen Ausscheidungen gebunden. Meist sind die magmatischen Restlösungen so elementarm geworden, daß es nur noch zur Bildung von relativ einfach zusammengesetzten Mineralparagenesen kommt. Die Lagerstätten sind alle magmenferne Bildungen und stehen bevorzugt mit großen Tiefenstörungen in Verbindung.

Strukturell lassen sich folgende Bildungstypen unterscheiden:

— Gänge und Ruschelzonen
— Imprägnationen, bevorzugt in verkieselten Breccienzonen
— Metasomatite in Kalken (am Kontakt von sauren und intermediären Intrusivgesteinen)
— stratiforme Schlieren und Lager.

Stofflich können drei Paragenesetypen auftreten:

1. Quarz-Antimonit-Paragenese (z. B. Schlaining/Österreich)
2. Cinnabarit-Paragenese (z. B. Almaden/Spanien)
3. gemischte Sb–Hg–W-Paragenesen (mit Schwazit, Antimonit, Cinnabarit, Scheelit; z. B. Fergana/UdSSR).

Paragenetisch ist der stratiforme Strukturtyp von den anderen Typen, insbesondere von dem Imprägnationstyp, schwer zu unterscheiden.

Die Sb–Hg-Paragenesen zeigen manchmal enge Beziehungen zur

— Cu-(Fe–As-)Paragenese (s. Abschn. 5.3.2.) und
— Pb–Zn–Ag-Paragenese (s. Abschn. 5.3.3.).

Typische Lagerstättenbeispiele

Sb: Schlaining/Österreich, Murchison Range/Südafrika; Kadamdžaj/UdSSR.
Hg: Almaden/Spanien, Nikitovka/UdSSR, Idria/Jugoslawien, Mt. Amiata (Toskana)/Italien; New Almaden und New Idria (Kalifornien)/USA, Huancavalica/Peru; Moschellandsberg (Pfalz)/BR Deutschland.

5.3.6.2. Mineralisation

Hauptminerale: Antimonit, Cinnabarit, Metacinnabarit; Quarz-Chalcedon, Karbonspäte.

Begleitminerale: Pyrit, Markasit, Pyrrhotin, Sphalerit, Tetraedrit-Schwazit, ged. Quecksilber; Fluorit, Baryt.

Nebenminerale: Scheelit, Wolframit; Arsenopyrit, Gudmundit.

Die wichtigsten auflichtmikroskopischen Bestimmungskriterien der Haupt- und Begleitminerale sind in Tabelle 5.11 zusammengestellt.

5.3. Hydrothermale Paragenesen

Tabelle 5.11. Bestimmungskriterien der Haupt- und Begleitminerale

Mineral	KS	R	F	AE	H	B.K.
Pyrit FeS$_2$	kb	53	weiß-gelb	(+)	<Quarz >Pyrrhotin	wechselnde *Pol.*
Markasit FeS$_2$	rh	≈50	weiß-gelb (grünlich)	+++	~Pyrit	schlechte *Pol.*; deutliche *BR*; Zwillingslamellen ∥ (101) und (011)
Antimonit Sb$_2$S$_3$	rh	44 bis 30	weiß	+++	<Cinnabarit >Pyrargyrit	sehr gute *Pol.*; starke *BR*; häufig Knitterlamellen
Pyrrhotin FeS	hx	37	creme-rosa	+++	<Pyrit >Sphalerit	gute *Pol.*; schwache *BR*; häufig Verdrängung nach (0001)
Schwazit (Cu, Hg)$_3$SbS$_3$	kb	≈30	grau-weiß (creme)	—	<Sphalerit >Cinnabarit	sehr gute *Pol.*
Cinnabarit HgS	tg	27	bläulich-weiß	++	<Karbonspat >Antimonit	unterschiedliche *Pol.*; schwache *BR*; viele zinnoberrote *IR*
Metacinnabarit HgS	kb	≈25	weiß (braun-rosa)	+	<Cinnabarit	gute *Pol.*; keine *IR*!; Zwillingslamellen ∥ (111) und (211)
Sphalerit ZnS	kb	18	hell-grau	—	<Pyrrhotin >Schwazit	mäßige *Pol.*; Schleifspaltbarkeit ∥ (110)
Karbonspäte MeCO$_3$	tg	10...5	matt-grau	+++	<Sphalerit >Cinnabarit	gute *Pol.*; deutliche *BR*; *IR*
Quarz SiO$_2$	tg	4,5	dunkel-grau	—	>Pyrit	mäßige *Pol.*; deutliche *IR*

Erläuterung der Abkürzungen: s. Legende zur Tabelle 5.1

5.3.6.3. Mikrogefüge der wichtigsten Minerale

Antimonit Sb$_2$S$_3$: Häufig in radialstrahligen, hypidiomorphen Individuen im Quarz eingewachsen; bildet aber auch in den Gangspalten derbe Partien — z. T. umgelagert — mit allotriomorphem Gefüge. Verbreitete Zwillingslamellierung nach (010). Aufgrund der großen Druckempfindlichkeit charakteristische Verbiegungen mit »Knitterlamellen« und undulöser Auslöschung (Bild 5.92).

Bild 5.92. Antimonit mit Gleitzwillingsbildung nach (010). Auf Grund tektonischer Beanspruchung Verbiegung mit undulöser Auslöschung sowie eine zerdrückte und z. T. rekristallisierte Bewegungsbahn. Montalto bei Oporto/Portugal
Vergr. 20×, N+ (aus OELSNER, 1961)

Cinnabarit HgS: In derben Aggregaten meist rundliche, »pflasterartige« Körner, z. T. auch verzahnt. In Kalkstein oft idiomorphe Rhomboeder; manchmal auch rhythmisch krustenförmig angeordnet. Im Quarzit häufig als Trümchen, Imprägnationen und Intergranularfüllung (Bild 5.93). Durch die Bindung der Hg-Lagerstätten an Störungszonen treten die Hg-Imprägnationen, ähnlich wie die Cu-Imprägnationserze, bevorzugt in Auflockerungs- und Brecczienzonen auf (z. T. mit Bitumina). Von den Intergranularräumen ausgehend erfolgt eine intensive Verdrängung des Quarzes bis zur Bildung von derben Cinnabaritpartien. Desweiteren auch Verdrängung von Pyrit, Antimonit und Schwazit.

Metacinnabarit HgS: Entsteht aus telethermalen Lösungen und geht bei höherer t in Cinnabarit über. Bildet vorwiegend kleine Einzelkristalle und körnige Aggregate auf jüngeren Klüften von Hg-Lagerstätten. Fast immer Anzeichen der Umwandlung in Cinnabarit. Stets Zwillingslamellen nach (111) und (211) (erkennbar durch die AE); die Verdrängung erfolgt entlang dieser Lamellen.

Bild 5.93. Quarzit mit Hg-Mineralisation. Cinnabarit (weiß) auf den Intergranularen zwischen den Quarzkörnern (grau) sowie in Form kleiner Trümchen diese verdrängend. Almaden/Spanien
Vergr. 30×

5.4. Hydrothermal-sedimentäre Paragenesen

Tetraedrit Cu_3SbS_3: In unregelmäßigen bis körnchenförmigen Aggregaten in älteren Sulfiden, z. T. entmischungsartig. Manchmal Zonenbau. Als *Schwazit* $(Cu, Hg)_3SbS_3$ ist er ein wichtiges Hg-Erz. Besonders Hg-reicher Schwazit (bis 17%) ist häufig durch Oberflächenvorgänge verändert und enthält reichhaltig Cinnabarit und ged. Quecksilber als Einschlüsse.

Pyrit
Markasit   s. Pb – Zn – Ag-Paragenese
Pyrrhotin   (Abschn. 5.3.3.)
Sphalerit

5.3.6.4. Vertiefende Literatur

DICKSON, F. W., und G. TUNELL: Mercury and antimony deposits associated with active hot springs in the Western United States. In: J. D. Ridge, ed.: Ore Deposits in the United States 1933 – 1967. New York: A.I.M.E., Vol. 2, 1968, 1673 – 1701
OELSNER, O.: Atlas der wichtigsten Mineralparagenesen im mikroskopischen Bild. Bergakademie Freiberg, Fernstudium 1961, 195 – 201
SAUPÉ, F.: La Geologie du Gisement de Mercure d'Almaden. Sci. Terre Mem. 29 (1973)
TUNELL, G.: Chemical processes in the formation of mercury ores and ores of mercury and antimony. Geochim. Cosmochim. Acta 28 (1964) 1019 – 1037

5.4. Hydrothermal-sedimentäre Paragenesen

5.4.1. Fe–Mn-Paragenesen

5.4.1.1. Genetische Stellung

Die Paragenesen bildeten sich aus hydrothermalen Lösungen, die untermeerisch zugeführt wurden (vulkanogen-exhalativ; submarin-hydrothermal) und deren Stoffkomponenten sich im sedimentären Milieu abschieden. Die Ausscheidung erfolgte teilweise in Gelform, wobei während der Sedimentation eine lagige Sondierung z. B. von SiO_2-Gel und Fe_2O_3 (feindispers, z. T. in Gelform) auftritt. Durch eine gleichzeitige Sedimentation von Kalken erscheinen die Erzminerale häufig auch in Paragenese mit Karbonspäten.
Die Fe-haltigen Thermallösungen können durch Meeresströmungen vom Austrittsort weiter weggeführt werden und auch als Oolithe sedimentieren (z. B. Hämatit, Chamosit-Thuringit, Siderit; Übergang zum Paragenesentyp des Abschn. 5.5.3.).
In analoger Form kommt es zur Bildung von schichtigen, oxidischen Mn-Paragenesen (Pyrolusit, Manganit, Psilomelan, Hausmannit und Braunit), die in größerer Entfernung vom Austrittsort gleichfalls oolithisch ausgebildet sein können (s. Abschn. 5.5.3.).
Strukturell sind folgende Bildungen zu unterscheiden:

— *epikrustal* (submarin): unregelmäßige Linsen (z. T. gestört und brecciös), gleichmäßig ausgebildete Lager
— *intrakrustal:* Gänge, Metasomatite (eigentlich dem Kap. 5.3. zugehörig).

Bei den submarinen Bildungen muß man strukturell noch zwischen vulkanogen gebundenen exhalativen Ausscheidungen (mit unregelmäßigen und gestörten Texturen) sowie rein sedimentgebundenen Hydrothermaliten (mit relativ ungestört-lagigen Texturen) unterscheiden. Die Gefüge der relativ einförmigen Paragenesen können massig, lagenförmig oder oolithisch sein; bei letzteren handelt es sich z. T. nicht um echte Ooide, sondern um rundliche Koagele.

Die weniger bedeutenden Gänge sind jüngere Spaltenfüllungen mit massigem oder lagigem Gefüge; die Metasomatite sind hydrothermale Verdrängungen bevorzugt in Karbonatgesteinen.

Stofflich können entsprechend den unterschiedlichen Redoxbedingungen im submarinen Ausscheidungsraum mehrere Mineralparagenesen ausgebildet sein; die Hauptminerale sind mit abnehmendem Eh-Wert

- bei Fe: Hämatit-Siderit-Chamosit/Thuringit-Pyrit
- bei Mn: Pyrolusit-Manganit-Rhodochrosit.

Durch Anwesenheit von Kohlenstoff (Bitumina, CO_2) kann Hämatit zu Magnetit und ged. Eisen reduziert oder in Siderit umgebildet werden. Bei genügender H_2S-Zufuhr kommt es zur Bildung von Pyrit, Pyrrhotin-Markasit, Chalkopyrit, Sphalerit u. a. Sulfiden.

Als Lagerarten treten bei den submarinen Bildungen bevorzugt Quarz und Karbonspäte auf, bei den intrakrustalen Bildungen tritt als Gangart dazu noch Baryt.

Die Fe−Mn-Paragenesen sind oftmals verwachsen mit der

- Cu−Zn−Pb-Paragenese (s. Abschn. 5.4.2.)
- marinen Fe- und Mn-Paragenese (s. Abschn. 5.5.3.) } submarin
- metamorphen Fe- und Mn-Paragenese (s. Abschn. 5.6.1.)
- Pb−Zn−Ag-Paragenese (s. Abschn. 5.3.3.) } intrakrustal
- Bi−Co−Ni−Ag−(U-)Paragenese (s. Abschn. 5.3.5.)

Typische Lagerstättenbeispiele

submarin

Fe: Lahn-Dill-Distrikt und Elbingeröder Komplex/BR Deutschland, Vareš/Jugoslawien, Jesenik/ČSFR.

Mn: Kellerwald/BR Deutschland, Gonzen/Schweiz, Požarewo/Bulgarien, Makri/Türkei, Usinsk/UdSSR, Appalachen-Distrikt/USA.

intrakrustal

Fe: Suhl und Schmalkalden (Thüringen), Erzgebirge (»*eba*-Formation«), Eisenbach (Schwarzwald) und Lauterberg (Harz)/BR Deutschland; Erzberg/Österreich.

Mn: Ilmenau-Elgersburg, Öhrenstock, z. T. Schmalkalden (Thüringen), Ilfeld (Harz) und Siegerland/BR Deutschland.

5.4.1.2. Mineralisation

Hauptminerale: Hämatit, Siderit, Chamosit-Thuringit; Pyrolusit, Psilomelane, Manganit, Rhodochrosit; Quarz-Chalcedon, Karbonspat, Baryt.

Begleitminerale: Magnetit, ged. Eisen, Pyrit-Markasit; Hausmannit, Braunit.

5.4. Hydrothermal-sedimentäre Paragenesen

Nebenminerale: Rhodonit, Kohlenstoff; Arsenopyrit, Sphalerit, Chalkopyrit, Galenit.

Die wichtigsten auflichtmikroskopischen Bestimmungskriterien der Haupt- und Begleitminerale sind in Tabelle 5.12 zusammengestellt.

Tabelle 5.12. Bestimmungskriterien der Haupt- und Begleitminerale

Mineral	KS	R	F	AE	H	B.K.
ged. Eisen Fe	kb	65	hoch-weiß	—	< Magnetit	gute *Pol.*
Pyrit FeS_2	kb	53	weiß-gelb	(+)	< Quarz > Magnetit	wechselnde *Pol.*
Pyrolusit MnO_2	te	41 bis 27	creme-weiß	+ +	< Magnetit ≧ Psilomelan	schlechte *Pol.*; deutliche *BR*; häufig schalig und feinkörnig
Psilomelane $(Ba, Mn)_3 (O, OH)_6$ Mn_8O_{16}	rh te	30 bis 15	weiß (bläu-lich-grau)	+ +	≦ Pyrolusit	wechselnde *Pol.*; deutliche *BR*; z. T. braunrote *IR*; schalige Struktur
Hämatit Fe_2O_3	tg	28	weiß (bläu-lich)	+ +	≦ Pyrit > Magnetit	schlechte *Pol.*; tiefrote *IR*; häufig Zwillinge ∥ $(10\bar{1}1)$
Bixbyit (Sitaparit) $(Mn, Fe)_2O_3$	kb	23	grau-weiß (bräun-lich)	(+)	< Polianit > Braunit	gute *Pol.*; anisotrope Zwillingsparkettierung; idiomorph
Magnetit Fe_3O_4	kb	21	grau-weiß (bräun-lich)	—	< Hämatit > Siderit	sehr gute *Pol.*; häufig idiomorph; Zwillinge ∥ (111)
Braunit $3(Mn, Fe)_2O_3$ $MnSiO_3$	te	21	grau-weiß (bräun-lich)	(+)	≦ Hämatit > Magnetit	gute *Pol.*; häufig idiomorphe Körner (innen porig)
Hausmannit Mn_3O_4	te	19	grau-weiß	+ +	≦ Hämatit > Manganit	gute *Pol.*; schwache *BR*; blutrote bis braune *IR*; Zwillingslamellierung ∥ (101)
Jakobsit $(Mn, Fe)_3O_4$	kb	19	grau-weiß (oliv)	—	~ Magnetit	gute *Pol.*; selten tiefrote *IR*; meist polygonale Körner

Tabelle 5.12. (Fortsetzung)

Mineral	KS	R	F	AE	H	B.K.
Manganit $MnO \cdot OH$	mk	18	grau-weiß (bräunlich)	+ +	<Hausmannit >Pyrolusit	wechselnde *Pol.*; schwache *BR*; z. T. rote *IR*; idiomorphe Prismen
Siderit $FeCO_3$	tg	≈10	mittelgrau	+ + +	<Magnetit >Limonit	sehr gute *Pol.*; starke *BR*; weißgelbe *IR*; Spaltbarkeit ∥ (10$\bar{1}$1)
Rhodochrosit $MnCO_3$	tg	<10	mattgrau	+ +	<Hämatit >Siderit	sehr gute *Pol.*; z. T. rosafarbene *IR*
Karbonspäte $MeCO_3$	tg	10...5	mattgrau	+ + +	<Magnetit >Baryt	gute *Pol.*; deutliche *BR*; *IR*
Spessartin $Mn_3Al_2 \cdot [SiO_4]_3$	kb	≈10	grau	–	~Quarz	mäßige *Pol.*; meist idiomorphe Aggregate
Chamosit-Thuringit	mk	≈6	grau	–	<Calcit	mäßige *Pol.*; deutliche Spaltbarkeit ∥ (001)
Rhodonit $(Mn, Fe, Ca) \cdot [SiO_3]$	tk	≈6	grau	–	~Quarz	mäßige *Pol.*
Fayalit Fe_2SiO_4	rh (hx)	≈6	grau	–	<Quarz >Magnetit	gute *Pol.*; deutliche *IR*; z. T. Entmischung von Magnetit und Ilmenit
Baryt $BaSO_4$	rh	6	grau	–	<Siderit >Calcit	sehr gute *Pol.*; viele *IR*; Schleifspaltbarkeit ∥ (001)
Quarz SiO_2	tg	4,5	dunkelgrau	–	>Hämatit >Pyrit	mäßige *Pol.*; deutliche *IR*

Erläuterung der Abkürzungen: s. Legende zur Tabelle 5.1

5.4.1.3. Mikrogefüge der wichtigsten Minerale

Hämatit Fe_2O_3: Ist das vorherrschende Erzmineral der Fe-Paragenese und erscheint in krustenförmig-allotriomorphen sowie in hypidiomorphen Aggregaten. Es lassen sich drei Varietäten unterscheiden:

– in Quarz-Chalcedon als feindispers verteilte Hämatitpartikelchen, z. T. rhythmischlagig angeordnet (primäre Bildungen und Sammelkristallisate aus dem SiO_2 + Fe_2O_3-Gel; Bild 5.94)

5.4. Hydrothermal-sedimentäre Paragenesen

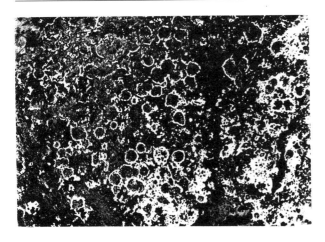

Bild 5.94. Hämatit (grauweiß) in ringförmig-lagigen Aggregaten innerhalb von Quarz (grau), der selbst noch zusätzlich feindispers Hämatit enthält (Sammelkristallisate aus einem $SiO_2 - Fe_2O_3$-Gel). Braunfels, Lahn-Dill-Gebiet/ BR Deutschland
Vergr. 55× (aus RAMDOHR [52])

- schuppenförmige, dünntafelig nach (0001) entwickelte Hämatitindividuen (meist sekundäre Rekristallisate aus den Fe_2O_3-Koagelen; Bild 5.95)
- Hämatitkonkretionen (z. T. als Roter Glaskopf) und Hämatitooide (als ruhige Sedimentationsbildungen).

Hämatit wird manchmal verdrängt durch Magnetit und ged. Eisen (Reduktionswirkung) sowie durch Siderit (CO_2-Einfluß). Die Hämatitkonkretionen und -ooide sind oft durch Schwundrisse und mechanische Beanspruchung zerbrochen; manchmal Einbettung in Fe-Silikate (Chamosit-Thuringit).

Magnetit Fe_3O_4: Bevorzugt in pseudomorphen Aggregaten nach feindispersem und tefeligem Hämatit (in der russischsprachigen Literatur »Mušketovit«); teilweise verwachsen mit ged. Eisen, Kohlenstoff und Pyrit (= Reduktionswirkung).

Ged. Eisen Fe: Als Reduktionsbildung des Hämatits in sehr geringen Mengen verbreitet. Kommt in feinsten Flitterchen im Magnetit vor; oft tröpfchen- bis schwammförmige Aggregate, selten körnige Entwicklung.

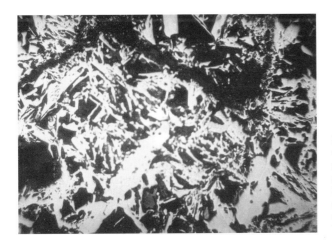

Bild 5.95. Schuppenförmige bis dünntafelige Hämatitindividuen (weiß) in Quarz (schwarz) als gleichzeitige Sammel- und Rekristallisation aus einem ehemals gemischten Gel. Lahn-Dill-Gebiet/BR Deutschland
Vergr. 60× (aus OELSNER, 1961)

Siderit FeCO₃: In idiomorphen und in konkretionären Aggregaten (= kristallisierte Gele); erstere bevorzugt in den Gängen, letztere in den Toneisengesteinen. Daneben kann es auch noch zur Bildung von Sideritooiden kommen (Sedimentationsbildungen; s. Bild 5.133). Zwillingslamellen sind seltener als bei Calcit. »Rotspäte« zeigen oft eine zonare Verschiedenheit der Hämatitdurchstäubung. Häufig Verdrängung des Hämatits (Erniedrigung des Eh-Wertes).

Chamosit 3 FeO · Al₂O₃ · 2 SiO₂ · 3 H₂O: Meist dünntafelige Aggregate mit gleichmäßig geregelter Anordnung; sehr gute Spaltbarkeit. Oftmals auch als feinkristalline Matrix von Hämatit- und Sideritooiden sowie auch als eigene Ooide (s. Abschn. 5.5.3.). Die genauere Untersuchung der Einzelminerale muß zusätzlich im Dünnschliff erfolgen.

Pyrolusit MnO₂: Tritt in einer Vielzahl von Strukturen auf, die sich in vier Gruppen zusammenfassen lassen:

- feinkörnig-schalige Aggregate, die aus Gelen entstanden sind und mit Psilomelanen sowie anderen Mn-Oxiden wechsellagern;
- gröber kristalline Aggregate, die meist aus Manganit entstanden sind; dabei werden mit dem dadurch bedingten H₂O-Abbau charakteristische Kontraktionssprünge nach (010) erzeugt; die nadeligen Einzelkristalle zeigen manchmal Zwillingsbau nach (101) und Zonenbau (Bild 5.96);
- feinkristalline Durchwachsungen und Verdrängungen von Fe–Mn-Karbonaten in allen Übergängen (Bild 5.97), z. T. bis zu feinstdisperser Ausbildung (»Wad«!);
- konkretionär-körnige Aggregate in Form von Mn-Ooiden.

Bild 5.96. Nadeliger Pyrolusit (weiß) mit quadratischen Querschnitten. In den kompakten Partien sind zonare Kristalle ausgebildet (punktiert). Die Gangart sind Karbonspäte (schwarz). Horhausen (Nassau)/BR Deutschland Vergr. 125× (nach RAMDOHR [52])

Bild 5.97. Verdrängung von Mn-haltigem Siderit (grau) durch Pyrolusit (weiß) mit kugeligen Einlagerungen von Psilomelan (punktiert). Altenkirchen (Sieg)/BR Deutschland Vergr. 5×

Bild 5.98. Idiomorpher Braunit (punktiert) wird von Trümern und von innen heraus verdrängt durch feinkörnigen Pyrolusit (weiß). Ilmenau (Thüringen)/BR Deutschland Vergr. 175×

5.4. Hydrothermal-sedimentäre Paragenesen

Bei der häufigen Verdrängung von Manganit treten neben den Schwundrissen nach (010) und den dadurch entstehenden Hohlräumen noch unterschiedliche Härtegrade (charakteristische »Pyrolusitlöcher«) und Reflexionswerte (Feinporigkeit) auf. Pyrolusit verdrängt Braunit (von innen heraus), Hausmannit und Rhodochrosit (Bild 5.98).

Psilomelane $(Ba,Mn)_3(O,OH)_6Mn_8O_{16}$: »Psilomelan i.e.S.« *(rh)* bildet meist submikroskopisch feinkörnige Aggregate in schaliger, glaskopfartiger Anordnung (Bild 5.99). Die isomorphen Mischkristalle »Kryptomelan-Hollandit-Coronadit« sind fein- bis grobkristallin. Die Schleifhärte ist unterschiedlich (abhängig vom beigemengten Limonit, von der Korngröße und von der Porosität).

Der »Psilomelan i.e.S.« besteht aus drei kristallisierten Komponenten:

— fiedrige, eisblumenartige Aggregate (stark verfilzt), die senkrecht zur Schalenstruktur angeordnet sind (»cross-fiber«-*Kryptomelan*; $R \approx 27\%$);
— feinstkörnige Aggregate, z. T. wirr verfilzt und nicht parallelfasrig angeordnet; sehr ähnlich dem Pyrolusit;
— einzelne feinkörnige Schalen, sperrig gepackt und sehr porös (dadurch geringe Schleifhärte!).

Das Gefüge ist generell konzentrisch-schalig mit ausgezeichneten rhythmischen Strukturen (= typische kristallin gewordene Gele; Bild 5.99). Die verschiedenen Lagen zeigen Härte- und Reflexionsunterschiede. »Wad« zeigt charakteristisches oolithartiges Zellengefüge (kompakte Zellwände mit lockerer Massenfüllung).

Hollandit (mehr Ba; *te*; $R \approx 29\%$) bildet grobstrahlige Aggregate in der Gangart und zeigt oftmals Zwillingslamellierung; durch Translation nach (001) manchmal »undulöse« Auslöschung.

Coronadit (mit Pb; *te*; $R \approx 30\%$) tritt in glaskopfartigen, nierig-rhythmischen Strukturen, z. T. in Wechsellagerung mit Psilomelan und Limonit auf; in den Einzellagen ist der Coronadit strahlig entwickelt (mit körnigen »Wurzelpartien«).

Die Psilomelane sind häufig Oxydationsbildungen und verdrängen Rhodochrosit, Siderit, Pyrolusit, Braunit u. a. Mn-Minerale. In den oolithischen Mn-Lagerstätten bilden sie mit die Hauptmineralisation.

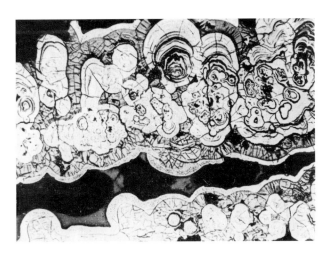

Bild 5.99. Glaskopfartige, rhythmisch-konzentrische Bildungen von »Psilomelan«, der in sich aus mehreren Teilkomponenten besteht (verschiedene Grauweiß-Färbungen). Dazwischen eine Einlagerung von Limonit (grau). Die Gangarten sind Karbonspäte und Quarz (schwarz). Horhausen (Nassau)/BR Deutschland
Vergr. 5× (aus RAMDOHR [52])

Manganit MnO · OH: Häufig büschelförmige, radiale Nadeln und Prismen; idiomorphe Bildungen auch in den konzentrisch-schaligen Aggregaten. Im idioblastischen Manganit von Ilfeld befinden sich traubig-kolloidale Reliktstrukturen. Manchmal parkettartige Durchwachsungen (Umwandlungslamellierung?). Manganit ist aufgrund seiner leichten Verwitterung stets mehr oder weniger in Pyrolusit umgewandelt. Er selbst verdrängt Quarz und Calcit.

Hausmannit Mn_3O_4: Hypidiomorphe, oktaederähnliche Formen mit charakteristischer Zwillingslamellierung nach (101) (ähnlich der von Plagioklas!). In der schwachen *BR*-Stellung zeigt er einen charakteristischen moiréeartigen Schimmer. Manche Hausmannite enthalten idiomorphe Braunitkristalle. Häufig wird er, ausgehend von Rissen, durch Pyrolusit und Psilomelan verdrängt. Hausmannit selbst verdrängt Mn-haltige Karbonate. Mengenmäßig tritt Hausmannit gegenüber den anderen Mn-Mineralen zurück.

Braunit $3(Mn, Fe)_2O_3 · MnSiO_3$: Bevorzugt idiomorphe Entwicklung, oktaederähnliche Kristalle mit (111) und (001). Die Körner sind im Inneren oft porig und werden daher von innen heraus verdrängt (durch Pyrolusit, Gangarten) (Bilder 5.98 und 5.100). Weiterhin wird er von Hausmannit verdrängt, z. T. zeigt er auch myrmekitische Verwachsungen mit ihm. Er selbst verdrängt Pyrolusit und Psilomelan. Er kann sowohl bei niedriger Temperatur gebildet sein als auch unter hohen *p-t*-Bedingungen.

Rhodochrosit $MnCO_3$: Weitgehend dem Siderit ähnlich, d. h. sowohl in idiomorphen als auch in konkretionären Aggregaten auftretend. Sehr häufig Verdrängungen durch Pyrolusit, Psilomelan und andere Mn-Oxide (Zunahme des Redoxpotentials). Paragenetisch gebunden an die submarinen hydrothermal-sedimentären Bildungen (mit Kieselschiefern und Mn-Oxiden) sowie in Gängen und als metasomatische Bildung (mit Siderit und Sulfiden).

Pyrit FeS_2: Tritt unter verstärkten Reduktionsbedingungen auf (CO_2, Kohlenstoff, H_2S-Thermen); meist in allotriomorphen Aggregaten, nur in geringem Umfange idiomorph. Er korrodiert häufig Hämatit, z. T. gemeinsam mit Magnetit. Teilweise Umbildung in Markasit.

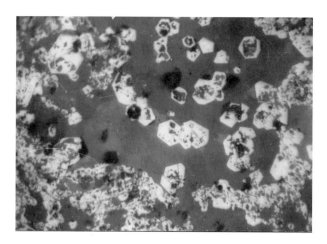

Bild 5.100. Braunitkristalle (weiß) werden von innen heraus durch Pyrolusit (weiß, porig) und Gangart (grau, schwarz) bis zu Skelettformen verdrängt. Die umgebende Gangart sind Karbonspäte (dunkelgrau). Grube »Einheit«, Elbingerode (Harz)/BR Deutschland
Vergr. 270 ×

5.4.1.4. Vertiefende Literatur

BURNS, R. G., ed.: Marine Minerals. Mineral. Soc. Am. Short Course Notes, 1979, Vol. 6
GLASBY, G. P., ed.: Marine Manganese Deposits. Elsevier Oceanography Series 15. Amsterdam: Elsevier, 1977
OELSNER, O.: Atlas der wichtigsten Mineralparagenesen im mikroskopischen Bild. Bergakademie Freiberg, Fernstudium 1961, 227–260
ROY, S.: Mineralogy of the different genetic types of manganese deposits. Econ. Geol. 63 (1968) 760–786
TURNER, P.: Ironstones. Brit. Assoc. Adv. Sci. Ann. Mtg. Aston. Univ., 1977
VARENTSOV, I. M.: Sedimentary Manganese Ores. Amsterdam: Elsevier, 1964

5.4.2. Cu–Zn–Pb-Paragenesen

5.4.2.1. Genetische Stellung

Diese sulfidische Paragenesengruppe entsteht — ähnlich den oxidisch-karbonatischen Fe–Mn-Paragenesen (s. Abschn. 5.4.1.) — aus untermeerischen Schwermetallösungen (vulkanogen-exhalativ; submarin-hydrothermal). Die Ausscheidung erfolgte auch hier vorwiegend in Gelform, dabei kommt es zur Bildung rhythmischer Texturen. Bei den Pb–Zn-Ausscheidungen wird teilweise auch ein Metalltransport in Form von Chloridkomplexen sowie eine Mischung und Ausfällung mit separat zugeführten H_2S-Lösungen in kalkiger Umgebung angenommen (BEALES u. a., 1966; ANDERSON, 1975).
Eine eindeutige Altersfolge besteht nicht; die Primärabfolge wird durch Rekristallisation und metamorphe Überprägungen verwischt. Die submarinen Ausscheidungstemperaturen schwanken zwischen 300 bis 200 °C (Fe–Cu–Zn) und 200 bis <100 °C (Pb–Zn) (BARTON, 1978; BROWN, 1970). Bezüglich der Herkunft der Lösungen gibt es unterschiedliche Meinungen (magmatogen-syngenetisch, -epigenetisch; sedimentogen).
Strukturell werden folgende Bildungen unterschieden:

— epikrustale (submarin), stratiforme Imprägnationen, Schichten und Lager (mit endogenen und exogenen Lagerarten)
— »schichtgebundene« Hohlraumfüllungen, Imprägnationen, Trümer und Linsen (mit exogenen Lagerarten)
— intrakrustale Trümer, Imprägnationen, Metasomatite (Übergänge zu den Bildungen von Abschn. 5.3.3.).

Stofflich lassen sich in Abhängigkeit vom geotektonischen Rahmen und den entsprechenden Hauptmetallen mehrere Paragenesevarietäten unterscheiden:

1. Fe–Cu–Zn–Pb: *Pyrit-Chalkopyrit*-Sphalerit-Galenit (±Au, Ag) (Typ Zypern und Kuroko)
2. Fe–Zn–Cu–Pb: *Pyrit-Sphalerit-Chalkopyrit*-Galenit (±Sn, W, Sb, Hg) (Typ Rio Tinto und Cleveland)
3. Zn–Pb–Fe–Cu: *Sphalerit-Galenit*-Pyrit-Chalkopyrit (±Ba, F) (Typ Rammelsberg und Górny Ślask).

Als Lagerarten treten bei den submarinen Bildungen Quarz, Baryt, Fluorit und Karbonspäte sowie in geringem Umfang Chlorit, Albit und Bitumen (Graphit) auf.

Hinsichtlich des genetischen Charakters von Mineralisation und Gefüge sind zu unterscheiden:

— der *Primärbestand* (Ausfällungsaggregate der gemischten Gele und Mineralflocken, Kristallinwerdung, Schrumpfung und erste Umlagerungen); z. B. Konkretionen, »vererzte Bakterien«;
— der *syntektonische Bestand* (diagenetische und metamorphe Rekristallisationen und Umbildungen; dynamometamorphe Regelungsgefüge; s. auch Abschn. 5.6.2.); z. B. Pyrrhotin, Valleriit, Cubanit; Kataklase, Idio- und Xenoblasten;
— der *posttektonische Bestand* (diaphthoretische Bildungen, jüngere tektonische Beanspruchungen und Mineralisationen; supergene Bildungen der Oxydations- und Zementationszone); z. B. Valleriit → Chalkopyrit + Pyrrhotin; Chalkosin, Covellin, ged. Silber.

Die primären Koagulate sind meist Komplexkoagulate von Pyrit und anderen Sulfiden, die bei der Sammelkristallisation ein poröses Aussehen erhalten (»vererzte Bakterien«). Bei der Sammelkristallisation größerer Gelkomplexe treten verschieden geformte Verwachsungen von Pyrit, Chalkopyrit, Galenit, Sphalerit, Tetraedrit u. a. auf, die teils die Umrisse des Koagels noch erkennen lassen, teils nur durch die sehr enge Verwachsung auf ein primäres Koagel schließen lassen.

Die Cu–Zn–Pb-Paragenesen können verbunden sein mit der

— Sb–Hg-Paragenese (s. Abschn. 5.3.6.),
— Fe–Mn-Paragenese (s. Abschn. 5.4.1.),
— metamorphen Sulfid-Paragenese (s. Abschn. 5.6.2.).

Typische Lagerstättenbeispiele

Zu 1.: Troodos/Zypern, Mittelozeanische Rücken (Romanche, Carlsberg), Ergani Maden/Türkei; Besshi und Kuroko/Japan, Urup/UdSSR, Avoca/Irland, Mt. Lyell/Australien.
Zu 2.: Rio Tinto/Spanien, Atlantis II/Rotes Meer, Jesenik/ČSFR; Donezk/UdSSR, Felbertal/Österreich, Cleveland/Australien.
Zu 3.: Rammelsberg und Meggen/BR Deutschland, Tom/Kanada, Karatau/UdSSR; Górny Śląsk/Polen, Tynagh/Irland, Mississippi Valley-Distrikt/USA, Pine Point/Kanada, Mt. Isa/Australien.

5.4.2.2. Mineralisation

Hauptminerale: Pyrit, Chalkopyrit, Sphalerit, Galenit, Quarz, Baryt, Fluorit, Karbonspat.

Begleitminerale: Pyrrhotin, Markasit, Magnetit, Hämatit; Wurtzit, Tetraedrit, Bornit.

Nebenminerale: Arsenopyrit, Bournonit, Chalkosin, Covellin, Valleriit, Kassiterit, Scheelit, Bismuthin, Greenockit, Silbersulfantimonide, ged. Gold, Argentit.

Als Beispiel einer »Altersfolge« dieses Paragenesentyps sei die Mineralisationsfolge von Kuroko/Japan angeführt (Bild 5.101).
Die wichtigsten auflichtmikroskopischen Bestimmungskriterien der Haupt- und Begleitminerale sind in den Tabellen 5.7 und 5.8 (s. Abschn. 5.3.2. u. 5.3.3.) zusammengestellt.

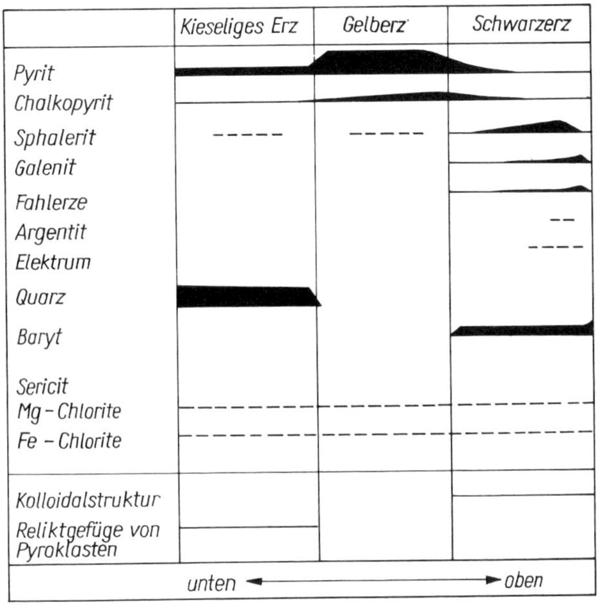

5.4. Hydrothermal-sedimentäre Paragenesen

	Kieseliges Erz	Gelberz	Schwarzerz
Pyrit	▬	▲	▲
Chalkopyrit		▬	▬
Sphalerit	---	---	◤
Galenit			◤
Fahlerze			--
Argentit			
Elektrum			---
Quarz	▬		▬
Baryt			▬
Sericit			
Mg-Chlorite	---	---	---
Fe-Chlorite	---	---	---
Kolloidalstruktur			
Reliktgefüge von Pyroklasten			
	unten ←		→ oben

Bild 5.101. Verteilung der wichtigsten Erz- und Lagerminerale von Kuroko/Japan (aus CRAIG und VAUGHAN [17])

5.4.2.3. Mikrogefüge der wichtigsten Minerale

Bezüglich der allgemeinen Charakterisierung der Sulfidminerale wird auf die Abschnitte 5.3.2. und 5.3.3. verwiesen. Im folgenden sind noch einige spezifische Gefügemerkmale des submarinen Bildungstyps dargestellt.

Pyrit FeS$_2$: Ist in den Paragenesevarietäten *1* und *2* das vorherrschende Erzmineral (bis zu 90%). Dabei zeigt er mehrere Ausbildungsformen:

— Pyritsphäroide (bis 35 µm); die Textur dieser Pyritkügelchen, die früher als »vererzte Bakterien« gedeutet wurden, sind teils radialstrahlig (Bild 5.102; Bild 5.104), teils konkretionär (Bild 5.103).

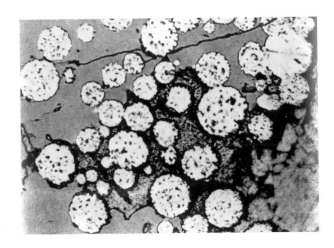

Bild 5.102. Pyritsphäroide (weiß), z. T. mit Radialtextur, in einer Grundmasse von Melnikovitpyrit (hellgrau) und Sphalerit (grau) (sog. »vererzte Bakterien«). Zwischen den radialen Kristalliten der Pyritsphäroide ist Lagerart (grauweiß) eingeschlossen. Meggen (Sauerland)/BR Deutschland Vergr. 170× (aus EHRENBERG, PILGER und SCHRÖDER, 1954)

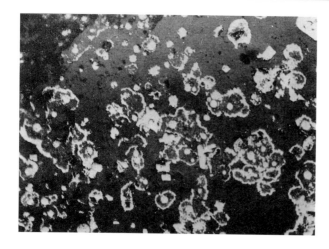

Bild 5.103. Rhythmische Pyritkonkretionen (weiß) in Quarz (grau), z. T. als sog. »Atoll-Strukturen«. Vereinzelt auch jüngere idiomorphe Pyrite. Rammelsberg (»Banderz«)/BR Deutschland
Vergr. 60× (aus Kraume, 1955)

— Pyritkonkretionen sind konzentrisch-schalige sowie auch radialstrahlige Bildungen; diese sind oft zu größeren Gebilden zusammengebacken, die von Melnikovitpyrit, Quarz und Nebengesteinsmaterial verkittet sind.
— Idiomorpher Pyrit, bevorzugt nach (100), ist sowohl als primäre Bildung als auch in diagenetischen Idioblasten weit verbreitet (Bild 5.105); oftmals ist er zu größeren zusammenhängenden Bändern verwachsen.

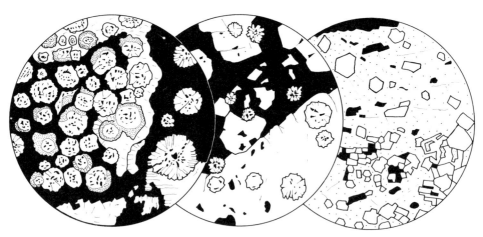

Bild 5.104. Pyritsphäroide (weiß), z. T. mit Radialtextur (sog. »vererzte Bakterien«). Zwischen den radialen Pyritindividuen eingeschlossene Lagerarten (schwarz). Die Sphäroide sind häufig von einem Chalkopyritsaum (punktiert) umgeben. Die Grundmasse besteht aus Melnikovitpyrit und Chalkopyrit (weiß, glatte Oberfläche) sowie aus Quarz (schwarz). Rammelsberg (Harz)/BR Deutschland
Vergr. 300× (nach Kraume, 1955)
Bild 5.105. Idioblastischer Pyrit nach (100) (weiß), der Pyritsphäroide teils randlich aufnimmt, teils völlig eingeschlossen hat, ohne sie in ihrer Struktur merklich zu verändern. Als Grundmasse verschiedene Lagerarten (schwarz). Meggen (Sauerland)/BR Deutschland
Vergr. 300× (nach Ehrenberg, Pilger und Schröder, 1954)
Bild 5.106. »Gelberz« des Kuroko-Typs: Idiomorpher Pyrit (weiß) in einer Matrix von Chalkopyrit (punktiert). Die Lagerart ist Quarz (schwarz). Kuroko/Japan
Vergr. 30× (nach Craig und Vaughan [17])

5.4. Hydrothermal-sedimentäre Paragenesen

— Melnikovitpyrit tritt bevorzugt als Grundmasse der Pyritsphäroide auf (schlechte Politur, gegenüber Pyrit geringeres R, gelbbräunlicher Farbstich); sehr oft konkretionäre Ausbildung mit radialstrahliger Kristallisation (typische Gelkristallisation), Schrumpfungsrissen und Nebengesteinseinschlüssen.

Markasit FeS_2: Ist relativ weit verbreitet, aber von geringer Intensität. Mit Pyrit oft konzentrisch verwachsen (bildet meist die Außenschale). Häufig ist er eine frühe Bildung, und die enge Verwachsung mit Pyrit zeigt, daß sie weitgehend gleichalt sind. Bei diagenetischer bis metamorpher Umlagerung erfolgt stets eine Umwandlung in Pyrit ($\approx 300\,°C$). Markasit tritt auch in mehreren Ausbildungsformen auf:

— Markasitsphäroide in radialstrahliger Struktur wie Pyrit, nur auf kleinere Bereiche beschränkt; sie sind z. T. innerhalb von Pyritidioblasten erhalten;
— Markasitkonkretionen in geringerem Umfang, meist zusammen mit Pyritkonkretionen; nach außen zunehmende radiale Kristallisation (= Melnikovitmarkasit);
— Markasit-Idioblasten vereinzelt in kleinen Schmitzen.

Neben primärem Markasit finden sich auch sekundär-deszendente Umbildungen aus Pyrrhotin.

Chalkopyrit $CuFeS_2$: In Form von allotriomorphen Aggregaten sowie als Einschlüsse im Pyrit. Teilweise überwiegt er quantitativ und führt dann seinerseits idiomorphen Pyrit (Bild 5.106). Teilweise auch Einschlüsse von Sphalerit, Galenit, Tetraedrit sowie Bleisulfosalzen und ged. Gold. Er ist leicht mobilisierbar und daher häufig auf Trümchen und als Imprägnation. Keine Sphaleritsternchen, selten Cubanit-, häufiger Valleriitentmischungen.

Sphalerit ZnS: Ist oftmals das vorherrschende Mineral (z. B. »Schwarzerze« von Kuroko; Bild 5.107; Lager von Meggen und vom Rammelsberg). Teils sehr Fe-reich und mit Chalkopyritentmischungen (Kuroko), teils sehr Fe-arm, hell gefärbt und mit Greenockiteinschlüssen (CdS) (Mississippi Valley). Texturell tritt er in idiomorphen und allotriomorphen Aggregaten auf, z. T. stark geregelt (Bild 5.108) sowie in feinkristallinen Bändertexturen als »Schalenblende« oder als Wurtzit (Bild 5.110).
Bei schwacher Verformung mittelkörnige Ausbildung mit Zwillingslamellen; bei stärkerer Beanspruchung Kataklase und Rekristallisation mit teilweiser Mobilisation.

Wurtzit ZnS: Schwierige Unterscheidung gegenüber Sphalerit; keine Zwillingslamellen. Bildet feinstrahlige Aggregate in den konzentrischen Schalen der »Schalenblende«; die Kornformen sind dabei eisblumenartig. Dazwischen befinden sich oft rhythmische Zwischenlagen aus feinstkörnigen Wurtzitaggregaten. Ausgeprägter Zonenbau (mit unterschiedlicher R), durch kolloidal beigemengtes FeS verursacht. Häufig Umwandlung in Sphalerit.

Galenit PbS: Manchmal sind die ehemaligen Gelstrukturen noch gut erkennbar, dabei immer zusammen mit »Schalenblende« und mit konkretionärem Melnikovitpyrit (Bild 5.110). Lokal Galenitskelette im Pyrit (Bild 5.109). Aufgrund der großen Beweglichkeit des Galenits gehen die primären Gelstrukturen schnell verloren. In der Regel ist der

Bild 5.107. »Schwarzerz« des Kuroko-Typs: In einer Matrix von unregelmäßig verwachsenem Sphalerit (punktiert) und Galenit (weiß) befinden sich idiomorphe und allotriomorphe Pyritindividuen (weiß, Relief). Die Lagerart ist Quarz (schwarz). Kuroko/Japan
Vergr. 30× (nach Craig und Vaughan [17])

Bild 5.108. Rammelsberger »Braunerz«: Sphalerit (punktiert; nur schwach rekristallisiert) mit Pyrit (weiß) und Glimmeraggregaten (schwarz) in stark durchbewegter und eingeregelter Form. Andeutung von Auswalzungslinsen; die Glimmer z. T. wirbelförmig angeordnet. Rammelsberg (Harz)/BR Deutschland
Vergr. 50× (nach Kraume, 1955)

Bild 5.109. Skelettförmiger Galenit (punktiert) im Pyrit (weiß) als Merkmal einer ursprünglich gemeinsamen Gelausscheidung. Meggen (Sauerland)/BR Deutschland
Vergr. 100× (nach Ehrenberg, Pilger und Schröder, 1954)

Galenit allotriomorph (z. T. etwas gerichtet) im Sphalerit oder im Pyrit eingelagert. Galenit ist am leichtesten rekristallisierbar.

Pyrrhotin FeS: Teilweise weit verbreitet (ohne Lamellen und Zwillingsbildungen). In geregelten Täfelchen im Sphalerit und Galenit, in rundlichen Formen und Körnern im Chalkopyrit und Galenit. Häufig pseudomorphe Umwandlungen in Markasit.

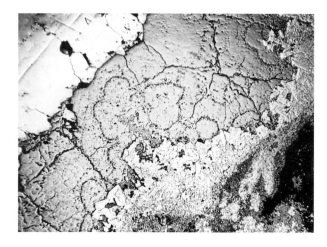

Bild 5.110. Rhythmische Anordnung von sammelkristallisiertem Gelpyrit (weißgrau, rauhe Oberfläche), »Schalenblende« (grau) und Galenit (weiß). Bytom (Górny Sląsk)/Polen
Vergr. 6× (aus Oelsner, 1961)

5.5. Sedimentäre Paragenesen 235

Tetraedrit Cu_3SbS_3: Lokal relativ weit verbreitet, doch nur mit geringer Intensität. In allotriomorphen bis hypidiomorphen Aggregaten; häufig auf Trümchen sowie in feinen Einschlüssen im Galenit. Lokal Bindung an die Ton-Quarz-Bänder zwischen den Hauptsulfidlagen (z. B. Meggen).

Bornit Cu_5FeS_4: Mit und im Chalkopyrit in klein- bis mittelkörnigen Aggregaten, manchmal gemeinsam mit Chalkosin und Covellin (z. T. zementative Bildungen).

Hämatit Fe_2O_3: Erscheint nur lokal in den Gangarten als feindisperser Hämatit oder auch in schuppenförmigen Individuen (s. Abschn. 5.4.1.).

Magnetit Fe_3O_4: Als hypidiomorphe Bildungen in oder neben Chalkopyrit, Sphalerit und Galenit; jedoch nie mit Pyrit. Relativ junge Bildung (durch Metamorphose), da kaum Deformationen. Teilweise auch pseudomorph nach Hämatit (»Mušketovit«). Lokal Umkrustungen von Karbonspäten (z. B. Rammelsberg).

5.4.2.4. Vertiefende Literatur

ANDERSON, G. M.: Precipitation of Mississippi Valley-type ores. Econ. Geol. 70 (1975) 937–942
BROWN, J. S.: Mississippi Valley-type lead-zinc ores. Mineral. Deposita 5 (1970) 103–119
CONSTANTINOU, G., und G. J. S. GOVETT: Geology, geochemistry, and genesis of Cyprus sulfide deposits. Econ. Geol. 68 (1973) 843–858
EHRENBERG, H., A. PILGER und F. SCHRÖDER: Das Schwefelkies-Zinkblende-Schwerspatlager von Meggen (Westf.). Monogr. der dtsch. Blei-Zink-Erzlagerstätten, Beih. Geol. Jb., H. 12, Hannover 1955
FRANCHETEAU, J., u. a.: Massive deep-sea sulphide ore deposits discovered on the East Pacific Rise. Nature 277 (1979) 523–528
KRAUME, E.: Die Erzlager des Rammelsberges bei Goslar. Monogr. der dtsch. Blei-Zink-Erzlagerstätten, Beih. Geol. Jb., H. 18, Hannover 1955
LAMBERT, I. B., und T. SATO: The Kuroko and associated ore deposits of Japan: A review of their features and metallogenesis. Econ. Geol. 69 (1974) 1215–1236
PLIMER, I. R.: Proximal and distal stratabound ore deposits. Mineral. Deposita 13 (1978) 345–353
SANGSTER, D. F.: Carbonate hosted lead-zinc deposits. In: K. H. Wolf (ed.): Handbook of Stratabound and Stratiform Ore Deposits. Amsterdam–Oxford–New York: Elsevier, Vol. 6, 1976, 447–456

5.5. Sedimentäre Paragenesen

5.5.1. Au–U-Konglomerat-Paragenesen

5.5.1.1. Genetische Stellung

Nach bisherigen Ansichten handelt es sich hier um eine fossile »Seifenparagenese«. In fast allen Seifen spielen die sogenannten Schwarzsande – bestehend aus Magnetit, Titanomagnetit, Ilmenit, Rutil und Granat – eine wichtige Rolle. »Fossile Seifen« sind diagenetisch und regionalmetamorph überprägt. Es treten Verfestigungen mit

Rekristallisationen und Umbildungen sowie verschieden starke Umlagerungen der Mineralsubstanz auf. Bezüglich des primären Bildungsprozesses gibt es drei Möglichkeiten:

1. Seifenbildung i. e. S.; die Minerale gelangen als Verwitterungsschutt und -konglomerate (unter präkambrischer CO_2-Atmosphäre) in flachmarine Bereiche, werden dort weiter aufgearbeitet und später metamorph überprägt.
2. Hydrothermalbildung; die Mineralisationen werden durch aszendente Lösungen aus einem Magmenherd dem Bildungsraum zugeführt.
3. »red bed«-Bildung; die Mineralisation wird teils als Verwitterungsschutt, teils in Form von deszendenten Lösungen dem Bildungsraum zugeführt, dort abgelagert bzw. ausgeschieden und später metamorph überprägt (die Mineralisation stammt vorwiegend aus älteren Gängen und Erzlagern der Umgebung).

Strukturell werden die Mineralisationen wie folgt untergliedert:

— *epikrustal*: syngenetische Sedimentationsstreifen, Imprägnationshorizonte und Anreicherungslinsen in Konglomerathorizonten (»reefs«); die »Streifen« sind die ehemaligen Seifen;
— *intrakrustal*: epigenetische Trümer und Imprägnationen (metamorphogen).

Stofflich lassen sich zwei Paragenesetypen unterscheiden (RAHMDOHR, 1958):

1. *Seifenparagenese* (Geröllminerale; allothigen): Pyrit, ged. Gold, Uranpecherz, Arsenopyrit; Chromit, Osmiridium, Zirkon, Spinell, Granat, Monazit, Diamant; Quarz
2. *pseudohydrothermale Umlagerungsparagenese* (authigen): ged. Gold, Brannerit, Thucholith; Pyrit, Markasit, Pyrrhotin, Chalkopyrit, Sphalerit, Galenit, Skutterudit; Rutil, Quarz, Serizit, Chlorit.

Als Lagerart treten Quarzkonglomerate auf (Quarzgerölle und Verkittungsquarz, Serizit, Chlorit); die Quarzgerölle sind fluviatile oder flachmarine Deltaablagerungen.
Der Metamorphosegrad der Seifenparagenese ist vorwiegend epizonal (am stärksten im Dominion Reef/Südafrika mit Kristallisationsschieferung). In allen Fällen fanden kleinere metamorphogene Teilbewegungen statt, besonders an den Grenzschichten der Konglomerathorizonte (Ausbildung von Serizitfilmen).
Die Au–U-Konglomerat-Paragenesen zeigen manchmal Analogien zu den

— Cu–Co–U-Paragenesen (s. Abschn. 5.5.2.: »red bed«-Typ),
— metamorphen Sulfidparagenesen (s. Abschn. 5.6.2.).

Typische Lagerstättenbeispiele
Witwatersrand-Distrikt und Dominion Reef/Südafrika, Goldküste/Ghana, Elliot Lake (Blind River Distrikt, Ontario)/Kanada, Serra de Jacobina/Brasilien.

5.5.1.2. Mineralisation

Hauptminerale: Pyrit, ged. Gold; Uranpecherz (Uraninit, Pechblende); Brannerit, Rutil; Quarz, Serizit, Chlorit.
Begleitminerale: Osmiridium, Chromit, Ilmenit, Magnetit, Kassiterit, Zirkon; Arsenopyrit, Thucholith; Pyrrhotin, Skutterudit.

5.5. Sedimentäre Paragenesen

Nebenminerale: Markasit, Coffinit, Chalkopyrit, Sphalerit, Galenit, Molybdänit; Sulfoarsenide; Spinell, Granat, Monazit, Diamant.

Die wichtigsten auflichtmikroskopischen Bestimmungskriterien der Haupt- und Begleitminerale sind in Tabelle 5.13. zusammengestellt.

Tabelle 5.13. Bestimmungskriterien der Haupt- und Begleitminerale

Mineral	*KS*	*R*	*F*	*AE*	*H*	*B. K.*
ged. Gold Au (+Ag)	*kb*	89 bis 66	leuchtend gelb	–	<Uraninit ≳Chalkopyrit	sehr gute *Pol.* (Kratzer); mit zunehmenden Ag weißgelb
Osmiridium Os-Ir (+Ru)	*hx*	80	reinweiß (creme)	+	<Quarz >Pyrrhotin	gute *Pol.*; schwache *BR*
Pyrit FeS$_2$	*kb*	53	weißgelb	(+)	<Quarz >Uraninit	wechselnde *Pol.*
Skutterudit (Co, Ni) As$_3$	*kb*	53	reinweiß	–	<Uraninit >Gold	sehr gute *Pol.*; meistens Zonenbau
Arsenopyrit FeAsS	*rh* *mk*	51	cremeweiß	+ +	<Pyrit >Skutterudit	gute bis mäßige *Pol.*; schwache *BR*
Pyrrhotin FeS	*hx*	37	cremerosa	+ + +	<Arsenopyrit >Gold	gute *Pol.*; schwache *BR*
Rutil TiO$_2$	*te*	≈22	grauweiß	+ +	<Pyrit >Ilmenit	deutliche *IR* (farblos-braungrün); häufig idiomorph
Magnetit Fe$_3$O$_4$	*kb*	21	grauweiß (bräunlich)	(+)	≦Ilmenit >Pyrrhotin	sehr gute *Pol.*; häufig idiomorph; Zwillingsbildung ∥ (111)
Ilmenit FeTiO$_3$	*tg*	20	grauweiß (bräunlich)	+ +	<Uraninit ≧Magnetit	gute bis mäßige *Pol.*
Uranpecherz UO$_2$	*kb*	≈17	hellgrau (bräunlich)	–	<Pyrit >Ilmenit	wechselnde *Pol.*; durch Umbildung Abnahme der *R*
Brannerit UTi$_2$O$_6$	*mk*	≈17	grauweiß	–	<Uraninit ≳Gold	mäßige *Pol.*; manchmal *IR* (weiß bis graurosa)

Tabelle 5.13. (Fortsetzung)

Mineral	KS	R	F	AE	H	B. K.
Thucholith ThUCHO	am	≲15	hell-grau	+++	≦ Uranpecherz	wechselnde *Pol.*
Chromit $FeCr_2O_4$	kb	13	grau (bräunlich)	–	< Uraninit > Magnetit	gute *Pol.*; spärliche rotbraune *IR*
Zirkon $ZrSiO_4$	te	≈10	grau	–	≧ Quarz	gute *Pol.*; meist idiomorph; oft Zonarbau
Quarz SiO_2	tg	4,5	dunkel-grau	–	> Pyrit > Uraninit	mäßige *Pol.*; deutliche *IR*

Erläuterung der Abkürzungen: s. Legende zur Tabelle 5.1.

5.5.1.3. Mikrogefüge der wichtigsten Minerale

Ged. Gold Au (+Ag): Kann lokal sehr häufig sein; ist aufgrund seiner Verteilung in der Matrix der Konglomerate — z. T. als Kittmasse kataklastischer Pyrit — meistens umgelagert. Häufig ist es auf den älteren Geröllen aufgewachsen (Bild 5.111) oder auch in jungen Umlagerungspyriten eingewachsen. Die Au-Ausfällung wird auf radioaktiv beeinflußten Pyriten (Verwachsung mit Uranpechblende) begünstigt. Gegenüber den sehr selten auftretenden »Alteinschlüssen« im Pyrit ist das umgelagerte Gold wesentlich gelber. Die an Schwermineralen reichen Reefpartien sind gleichzeitig auch die goldreichsten; das zeigt, daß das Gold bei der Umlagerung nur wenig gewandert ist. Das umgelagerte ged. Gold wird oftmals von jüngeren Sulfiden umwachsen (z. B. Pyrrhotin).

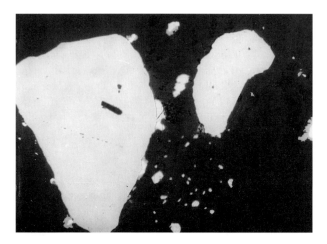

Bild 5.111. Authigenes ged. Gold (hellweiß), teils auf älteren Pyritgeröllen (grauweiß) aufgewachsen, teils in der Matrix der Quarzkonglomerate (schwarz) eingelagert. Witwatersrand (Far East Rand)/Südafrika
Vergr. 60×

5.5. Sedimentäre Paragenesen

Pyrit FeS$_2$: Zeigt von allen Erzmineralen die größte Extensität und Intensität. Er tritt in drei Strukturvarietäten auf:

- allothigen (Mineralbestandteile sind fremder Herkunft) in mehr oder weniger gerundeten Geröllen (Bild 5.112); die Gerölle sind vorwiegend monokristallin, seltener auch mit »Alteinschlüssen« (ged. Gold, Chalkopyrit, Pyrrhotin, Galenit u. a.);
- authigen-konkretionär (Mineralbestandteile haben sich am Ort gebildet), z. T. als lose zusammengefügte komplexe Aggregate (mit teilweisen Lösungsvorgängen) (Bild 5.113); die Gerölle (mit poröser Oberfläche) sind oft authigen weitergewachsen bis zu idiomorphen Formen (glatte Oberfläche) (Bild 5.114); häufig treten auch in der Nähe von U-Mineralen Korrosionserscheinungen auf (Abröstung zu Pyrrhotin und Markasit);
- authigen-umgelagert als neugebildete Pyritmobilisate, teils konkretionär-allotriomorph, teils idiomorph; umhüllen manchmal Uranpecherzgerölle.

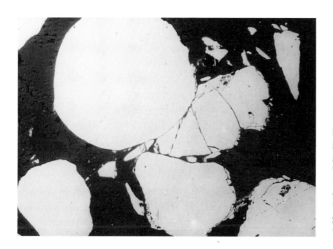

Bild 5.112. Allothigene Pyritgerölle (weiß) unterschiedlicher Größe und mit unterschiedlichem Rundungsgrad in quarziger Matrix (dunkelgrau). Zwischen zwei Pyritgeröllen wird ein drittes Pyritgeröll zerdrückt. Die Pyritgerölle sind z. T. randlich weitergewachsen (authigener Pyrit). Witwatersrand (Far East Rand)/ Südafrika
Vergr. 20 × (aus OELSNER, 1961)

Uranpecherz UO$_2$: Der Hauptteil der U-Gerölle war ursprünglich idiomorpher Uraninit (etwa 90%; hohe Th-Gehalte, Verwitterung alter Pegmatite?), der Rest konzentrisch-schalige Uranpechblende. Infolge wiederholten Transports häufig gemeinsames Auftreten in den Abrollungshorizonten mit Pyrit; der Abrollungsgrad ist dabei unterschiedlich (Bild 5.116). Die Gerölle werden manchmal von jüngeren authigenen Mineralisationen umhüllt (z. B. Pyrit). Viele Körner zeigen deutliche Spaltbarkeit nach (111) und Zonenbau. Oftmals erfolgt eine Zersetzung von innen heraus. Das führt häufig zur »Geisterbildung«, wobei z. T. nur die Außenkruste des Mineralkorns noch erhalten bleibt (Bild 5.117). Das weggeführte U dient in der Nachbarschaft zur Branneritbildung (s. dort). Die Uraninitgeröllanreicherungen sind im Liegenden der Konglomerathorizonte am größten (höchste Dichte). Sie sind hier oft mit jüngerem Gold und jüngeren Sulfiden verwachsen (Bild 5.115). Neben den allothigenen Geröllen kann es auch in geringerem Umfang zur authigenen Bildung konzentrisch-schaliger Uranpechblende kommen.

Bild 5.113. Kleinere Gerölle von allothigenem Pyrit (weiß), Chromit (punktiert), Rutil (schraffiert) und Quarz (schwarz) werden z. T. durch jüngeren authigenen Pyrit verkittet (weiß, rauhe Oberfläche). Das Ganze wurde z. T. erneut zu größeren komplexen Geröllen aufgearbeitet und von jüngerem Quarz (grau) verkittet. St. Helena Mine (Witwatersrand)/Südafrika
Vergr. 35× (nach RAMDOHR [52])

Bild 5.114. Ältere Pyritgerölle (weiß, porös) mit jungen idiomorphen Fortwachsungen (weiß, glatte Oberfläche) – z. T. in abgesetzter Form (»buck-shots«) – in quarzig-serizitischer Matrix (schwarz). Die Pyritgerölle werden relativ leicht korrodiert. Am unteren Bildrand als Seltenheit ein altes Pyritkorn in einem Quarzkonglomerat (grau), welches in die quarzig-serizitische Zwischenmasse (schwarz) weiterwächst. Dominion Reef (Klerksdorp)/Südafrika
Vergr. 40× (nach RAMDOHR [52])

Bild 5.115. Uranpecherzgerölle (grau) – im Liegenden eines Konglomerathorizontes – zusammen mit Quarz (punktiert, Relief) und verwachsen mit authigenem Gold (weiß) in quarzig-serizitischer Matrix (schwarz). Witwatersrand (Kimberley Reef)/Südafrika
Vergr. 40× (nach RAMDOHR [52])

Brannerit UTi_2O_6: Ist häufig das wirtschaftlich wichtigste Uranmineral der Paragenese. Bildet »primär« tafelige Kristalle, meist in Büscheln. Zonenbau kann durch unterschiedliche Anatasentmischung angedeutet sein. Der »sekundäre« Brannerit ist eine Umbildung aus Uraninit und Rutil ($UO_2 + 2\,TiO_2 = UTi_2O_6$) unter hydrothermalen Bedingungen

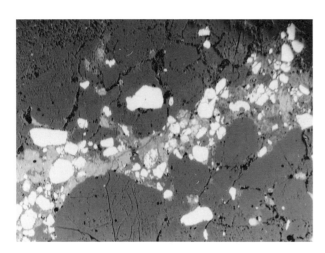

Bild 5.116. Gemeinsamer Ablagerungshorizont von Uranpecherzgeröllen (hellgrau) und Pyritgeröllen (weiß) zwischen Quarzkonglomeraten (dunkelgrau). Größe und Abrundungsgrad der Gerölle sind unterschiedlich. Die Pyritgerölle besitzen gemäß der geringeren Dichte z. T. einen größeren Durchmesser. Witwatersrand (Far East Rand)/Südafrika
Vergr. 10× (aus OELSNER, 1961)

5.5. Sedimentäre Paragenesen 241

Bild 5.117. Gerölle von Uranpecherz (hellgrau) und Pyrit (weiß), letztere z. T. zerbrochen, in quarziger Matrix (dunkelgrau). Einige der Uranpecherzgerölle befinden sich im Zustand der »Vergeisterung«. Witwatersrand (Far East Rand)/ Südafrika
Vergr. 60× (aus OELSNER, 1961)

(= »Prontoreaktion«). Die Reaktion findet bei >200 °C statt (Bildung von Valleriit). Der Rutil selbst ist wiederum häufig pseudomorph nach Ilmenit (s. dort). Oftmals ist der neugebildete Brannerit mit feinen Täfelchen von Pyrrhotin vergesellschaftet (Ergebnis von Katalysatorwirkungen?). Die Umwandlung in Brannerit erfolgt vorwiegend von außen (wirre, feinkörnige Aggregate) nach innen (grobkörnige, z. T. idiomorphe Bildungen, mit freien Drusenräumen) (Bild 5.118). Bei überschüssigem TiO_2 erfolgt zonare Anatasausscheidung. Neben den nadeligen Kristallen treten auch fein- bis feinstkörnige Aggregate auf. Daneben ist eine Rückbildung von Brannerit in konzentrisch-schalige Uranpechblende gleichfalls möglich.
Primäre Brannerittgerölle sind demgegenüber sehr selten.

Thucholith Th−U−C−H−O: Aufgrund der hohen Affinität zwischen U und KW wird Uranpecherz häufig von zirkulierenden Kohlenwasserstoffen umhüllt. Das Uranpecherz wird etappenweise umgewandelt, und es entsteht das »mineralogische Gemenge« Thucholith (Bild 5.119). Durch die Thucholithumhüllung des Uranpecherzes wird die »Prontoreaktion« verhindert, und es kommt zu keiner Brannerittbildung. Die Thucholithe

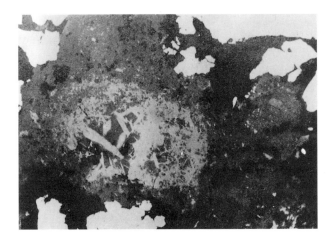

Bild 5.118. Ehemalige Knolle von Rutil (aus Ilmenit entstanden) ist restlos in Brannerit (hellgrau) umgebildet. In der umgebenden quarzig-serizitischen Matrix (dunkelgrau) sind Pyritgerölle (weiß) eingelagert, die z. T. Korrosionserscheinungen aufweisen. Pronto Mine (Blind River Distrikt)/Kanada
Vergr. 90× (aus RAMDOHR [52])

enthalten oft noch Uranpecherzreste; häufig erfolgen Umbildungen durch radioaktive Einwirkung: Erhöhung der Härte, der R und der BR, Anisotropisierung und »Vorgraphitisierung«.

Rutil TiO_2: Neigung zu säuliger Idiomorphie, soweit nicht Pseudomorphosierungen vorliegen. Zwillingslamellierung fast immer vorhanden. In dieser Paragenese ist er bevorzugt aus ehemaligen Ilmenit- und Titanomagnetitgeröllen pseudomorph entstanden. Die häufigen »Nadelfilze« werden durch Sammelkristallisation körnig. In vielen Fällen erfolgt die Pseudomorphosierung über Anatas → Rutil. Meistens beginnende Umbildung in Brannerit (s. dort). Selten tritt Rutil als abgerollte Einzelindividuen in den »Reefs« auf. Manchmal kommt es zur Rückbildung von Rutil in Ilmenit (idiomorph, stark porig).
In den dunkelgefärbten Randpartien mancher Quarzgerölle finden sich feine Rutilnädelchen (vermutlich sekundär eingeführt).

Osmiridium Os–Ir: Wird auch »Newjanskit« genannt. Bildet basale Täfelchen, die oft verzwillingt sind. Bei der Bewegung in den Seifen zeigen die Körner randlich schöne feinkörnige Rekristallisationen. Oft in unregelmäßigen Körnern oder $\|(111)$ in Platin eingelagert.

Ilmenit $FeTiO_3$: In dieser Paragenese als Geröllrelikte von Ilmenit-Hämatit und Titanomagnetit. Die Hämatit- bzw. Magnetitsubstanz ist meist weggelöst, und übriggeblieben sind die Ilmenitskelette, die mehr oder weniger pseudomorph in Anatas → Rutil überführt wurden (s. auch Abschn. 5.1.3.).

Magnetit Fe_3O_4: Der Magnetit liegt hier in geringen Mengen als Verdrängungsrest in Titanomagnetitgeröllen vor. Die Magnetitsubstanz wird selektiv herausgelöst, und die Ilmenitskelette bleiben übrig bzw. werden selbst umgewandelt (Rutil, Anatas, Titanit). Manchmal wird der Magnetit in Pyrit überführt (s. auch Abschn. 5.1.3.).

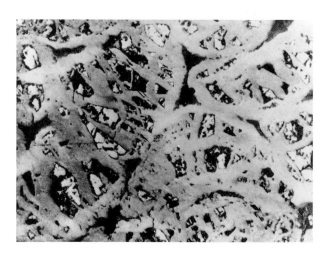

Bild 5.119. Uranpecherz (hellgrau) wird umhüllt und umgewandelt in Thucholith (mittel- bis dunkelgrau); durch die radioaktive Einwirkung Erhöhung der BR (im Bild sichtbar) und der AE. Pronto Mine, Blind River Distrikt/Kanada
Vergr. 140× (aus RAMDOHR [52])

5.5. Sedimentäre Paragenesen

Chromit $FeCr_2O_4$: Ist in der Paragenese häufig nachweisbar; fast immer in rundlich eckigen Formen. Neben Typen mit glatter Oberfläche seltener auch solche mit oktaedrischen Entmischungsnetzen aus Ilmenit und Hämatit (von verschiedenen Primärlagerstätten) (s. auch Abschn. 5.1.1.).

Zirkon $ZrSiO_4$: Auch nach langem Transport bleibt Zirkon gegenüber anderen Seifenmineralen noch weitgehend idiomorph. Der Habitus der Individuen ist nach der Herkunft verschieden (kann oft Indikator für die Ausgangsgesteine sein). Häufig zonarer Aufbau (meist durch radioaktive Einwirkung); manchmal »sprengt« der Zirkonkern die Außenzonen.
In dieser Paragenese sind die Zirkone sehr stark zonar und oft »gesprengt«.

Kassiterit SnO_2: In dieser Paragenese tritt Kassiterit lokal in gut abgerollten, z. T. in situ zerbrochenen Körnern auf. Oft ist schwache Zwillingslamellierung vorhanden. Häufig sind Entmischungen von Tapiolith (→ pegmatitische Herkunft) (s. auch Abschn. 5.2.2.).

Arsenopyrit FeAsS: In der vorliegenden Paragenese ist er lokal relativ intensiv verbreitet (etwa 1/5 der Pyritmenge). Die Geröllform ist noch auffälliger als bei Pyrit, da randliche Fortwachsungen allgemein fehlen. Neben Einkristallen und Zwillingen kommen auch Gerölle polykristalliner Aggregate vor (Hinweis auf polygene Herkunft des Arsenopyrits). Stellenweise deutliche Kataklase, die vor der radioaktiven Verfärbung erfolgte und damit sehr alt ist. An »Alteinschlüssen« sind Pyrrhotin, ged. Gold und Galenit zu nennen. Bei Vergesellschaftung mit Uranpecherz oder Brannerit zeigt der Arsenopyrit ausgezeichnete radioaktive Verfärbung und Korrosion sowie gelegentliche Verdrängungen durch Chalkopyrit und Galenit und randliche Neubildung von Pyrrhotin. Das bei der Lösung von Arsenopyrit freiwerdende As bildet im Bindemittelquarz zonar ausgebildeten Skutterudit.

Pyrrhotin FeS: Neben sehr wenigen allothigenen Pyrrhotingeröllen (mit Pentlandit) entsteht der überwiegend authigene Pyrrhotin im wesentlichen durch drei Vorgänge:

— aus den Pyritaggregaten durch Metamorphose (statisch und thermisch); es erfolgt eine Abröstung des Pyrits, und die Gerölle werden mit allen Strukturcharakteristika in Pyrrhotin pseudomorphosiert;
— durch radioaktive Strahleneinwirkung auf den Pyrit; dadurch Auflockerung des Gitters (mit Verfärbung, randlichen Sprüngen), Weglösung und Neubildung von Pyrrhotin (meist in Krusten, z. T. andere Minerale umhüllend);
— im Gefolge der Branneritbildung entstehen in großen Mengen Pyrrhotintäfelchen, welche eng mit den Ilmenit-Rutil-Brannerit-Pseudomorphosen vergesellschaftet sind; es besteht ein quantitativer Zusammenhang mit dem gebildeten Branneritanteil sowie mit radioaktiv aufgelösten Pyriten; letzteres kooperiert mit Vorgang 2.

Größere Pyrrhotintafeln umschließen manchmal zonar Chalkopyrit- und Galenitkörner. Alle diese Pyrrhotinformen sind oft weitgehend in Markasit (und Pyrit) umgewandelt.

Chalkopyrit, Sphalerit, Galenit: Diese Sulfidminerale sind hier relativ weit verbreitet, aber zeigen nur eine geringe Intensität. Alle sind authigen metamorphogen-hydrothermal umgelagert (ausgenommen den radiogenen Galenit im Uranpecherz). Häufig sind sie auf korrodierten Pyriten abgeschieden (s. auch Abschn. 5.3.3.).

5.5.1.4. Vertiefende Literatur

DERRY, D. R.: Evidence of the origin of the Blind River uranium deposits. Econ. Geol. 55 (1960) 906—927

FEATHER, C. E., und G. M. KOEN: The mineralogy of the Witwatersrand reefs. Mineral. Sci. Eng. 7 (1975) 189—224

HALLBAUER, D. K., und T. UTTER: Geochemical and morphological characteristics of gold particels from recent river deposits and the fossil placers of the Witwatersrand. Mineral. Deposita 12 (1977) 293—306

HOEKSTRA, H. R., und L. H. FUCHS: The Origin of Thucholite. Econ. Geol. 55 (1960) 1716—1738

PRETORIUS, D. A.: The nature of the Witwatersrand gold-uranium deposits. In: K. H. Wolf, ed., Handbook of Stratabound an Stratiform Ore Deposits. Amsterdam—Oxford—New York: Elsevier, Vol. 7, 1976, 29—88

RAMDOHR, P.: Die Uran- und Goldlagerstätten Witwatersrand — Blind River Distrikt — Dominion Reef — Serra de Jacobina: Erzmikroskopische Untersuchungen und ein geologischer Vergleich. Abh. der Deutschen Akad. der Wiss. Berlin, Akademie-Verlag, Berlin 1958, 35 S.

5.5.2. Cu—Co/U—V/Pb—Zn-Paragenesen

5.5.2.1. Genetische Stellung

Diese Paragenesen, die teils getrennt und teils gemeinsam auftreten, sind Ausscheidungen in arid-terrestrischen Beckenbildungen (mit Fanglomeraten, Konglomeraten, Sandsteinen, Tonen und Mergel sowie organischer Substanz). Bei hohen Eh-Werten sind diese Sedimente durch feindispersen Hämatit rot gefärbt (»red bed«). Die wichtigsten Metalle der Paragenesen werden durch Lösungen in die Sedimentgesteine eingeführt und dort in den Porenräumen sowie auf Klüften und Trümchen ausgeschieden. Die Mineralausscheidung erfolgt im wesentlichen durch Ionenaustausch (mit Fe), durch Adsorption (an Tonmineralen), durch Reduktion (Wechselwirkung mit organischer Substanz, Karbonaten, Vanadaten u. a.) und durch bakterielle Tätigkeit (Fällung durch H_2S). Bezüglich der Herkunft der Lösungen gibt es drei Möglichkeiten:

1. Verwitterungslösungen aus den umgebenden Gesteinen der Becken und Einspülung der Elemente mit den Trägersedimenten in die Senkungsbereiche (= syngenetisch-sedimentär);
2. Grundwasserlösungen verursachen durch Zirkulation eine Auslaugung der Nebengesteine, und durch Umlagerungen erfolgt eine Elementanreicherung (= epigenetisch-sedimentär);
3. Hydrothermallösungen werden aus einem Magmenherd über tiefreichende Spalten den Sedimentationsbecken zugeführt (= epigenetisch-hydrothermal).

Die größte Verbreitung hat eine Kombination der Möglichkeiten *1* und *2*.

Strukturell treten folgende Bildungen auf:

— schichtgebundene Imprägnationen, Schlieren, Nester, Kluft- und Trümervererzungen sowie metasomatische Verdrängungen, insbesondere von organischer Substanz
— Infiltrations- und Umlagerungsstrukturen (durch Schichtoxydationswässer), insbesondere sogenannte »roll«-Strukturen.

5.5. Sedimentäre Paragenesen

Stofflich sind entsprechend den vorherrschenden Metallen vier Paragenesetypen zu unterscheiden:

1. *Cu–Co:* Chalkopyrit, Chalkosin, Bornit, Tetraedrit, Linneit
2. *U–V:* Uranpecherz, Coffinit, Carnotit, V-Glimmer
3. *Pb–Zn:* Galenit, Sphalerit, Pyrit, Chalkopyrit, Bravoit
4. *Ag:* Argentit, ged. Silber, Tetraedrit.

Hinsichtlich der Bildung der Cu-(Co-)Lagerstätten verweist ROSE (1976) auf deren geologischen Zusammenhang mit Evaporitformationen (Lieferung von chloridreichen Grundwässern). Cl-haltige Lösungen ermöglichen die Bildung der Komplexe $CuCl_2^-$ und $CuCl_3^{2-}$ und damit eine Löslichkeit von rund 100 ppm Cu (in 0,5 M Cl^-, bei pH = 7,0 und mittlerem Eh-Wert). Der $CuCl_3^{2-}$-Komplex ist nach Bild 5.120 unter pH-Eh-Bedingungen entsprechend der Stabilität von Hämatit beständig; daraus läßt

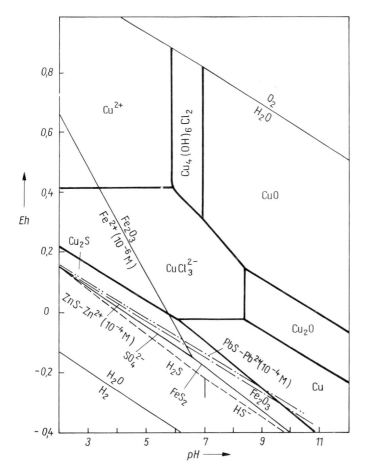

Bild 5.120. Eh-pH-Diagramm des Systems Cu–O–H–S–Cl bei 25 °C (Σ S = 10^{-4} M, Cl^- = 0,5 M als NaCl, Grenzlinien der Cu-Typen bei 10 M). Es sind auch die Grenzlinien einiger Fe- und S-führender Typen eingetragen; die Stabilitätsbereiche der Cu-Sulfide sind bis auf den von Chalkosin nicht gekennzeichnet (aus ROSE, 1976)

sich schlußfolgern, daß die Cu-Lösungen bei Temperaturen < 75 °C mit Hämatit, Quarz, Feldspat und Glimmer im Gleichgewicht gestanden haben.

Bei der U-Anreicherung erfolgt der Transport in oxydierenden Lösungen als Kationkomplex $(U^{6+}O_2)^{2+}$ oder als Karbonatkomplexe $UO_2(CO_3)_3^{4-}$ bzw. $UO_2(CO_3)_2^{2-}$. Unter reduzierenden Bedingungen ist dann das relativ unlösliche U^{4+} besonders stabil, und es kommt hier zur Ausscheidung von Uranpecherz (Bild 5.121). Das lokale reduzierende Milieu wird dabei wesentlich bestimmt durch organische Substanz.

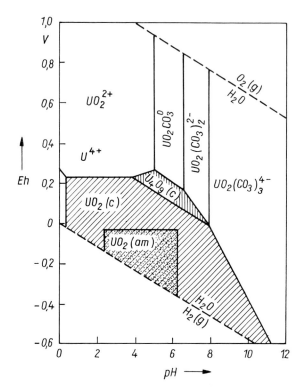

Bild 5.121. Eh-pH-Diagramm des Systems $U-O_2-CO_2-H_2O$ bei 25 °C (für P_{CO_2} = 10^{-2} at). Es zeigt die Stabilitätsfelder des amorphen (am) UO_2 (Pechblende) sowie des idealen Uraninits UO_2 (c) und des natürlichen Uraninits U_4O_9 (c). Die festen Lösungsgrenzen sind bei 10^{-6} M (0,24 ppm) gelösten Urans gezogen (aus KIMBERLEY, 1978)

Vanadium wird bevorzugt als V^{4+}-Ion transportiert und durch Reduktion in V−U-Verbindungen ausgeschieden.

Die »Lagerarten« sind bei den

— terrestrischen Bildungen (red bed-Sandsteintyp): vorwiegend Quarz ($\approx$ 70%; psephitisch bis psammitisch) sowie Tonminerale ($\approx$ 15%), Karbonate und Sulfate ($\approx$ 10%), organische Substanz ($\approx$ 5%)
— flachmarinen Bildungen (Sapropelit-Schiefertyp): Quarz und Glimmer ($\approx$ 50%), Karbonate ($\approx$ 40%), Bitumen ($\approx$ 10%).

Die Cu−Co/U−V/Pb−Zn-Paragenesen können Verbindungen haben zur

— Cu−Zn−Pb-Paragenese (s. Abschn. 5.4.2.),
— Au−U-Konglomerat-Paragenese (s. Abschn. 5.5.1.).

5.5. Sedimentäre Paragenesen

Typische Lagerstättenbeispiele
Colorado-Plateau (Colorado, Arizona, Utah, New Mexiko)/USA; Athabasca Sandstone (N-Saskatchewan)/Kanada; Corocoro/Bolivien; Distrikt Džeskasgan (Kasachstan) und Udokan/UdSSR; Copperbelt/Zaire-Sambia; Darwin Area/Australien (U); Alderley Edge (Cheshire)/England; Maubach-Mechernich/BR Deutschland; Kupferschiefer: Richelsdorf und Mansfeld/BR Deutschland; Kupfermergel: Dolny Slask/Polen.

5.5.2.2. Mineralisation

Hauptminerale: Chalkopyrit, Chalkosin, Bornit, Tetraedrit-Tennantit, Linneit; Uranpecherz (Uraninit, Pechblende); Carnotit; Galenit, Sphalerit; Argentit, ged. Silber.
Begleitminerale: Hämatit, Pyrit; Coffinit, Thucholith; Bravoit.
Nebenminerale: Magnetit, Enargit, Covellin, Idait, Stromeyerit, ged. Kupfer; Arsenopyrit, Gersdorffit, Millerit, Molybdänit, Markasit, Pyrrhotin, ged. Gold; Roscoelith, Montroseit; Pyromorphit, Cerussit, Malachit, Azurit; Kerargyrit.
Die wichtigsten auflichtmikroskopischen Bestimmungskriterien der Haupt- und Begleitminerale sind in Tabelle 5.14 zusammengestellt.

Tabelle 5.14. Bestimmungskriterien der Haupt- und Begleitminerale

Mineral	KS	R	F	AE	H	B. K.
ged. Silber Ag	kb	95 bis 90	leuchtend weiß	–	<Tetraedrit >Galenit	schnell anlaufend; durch Kratzer scheinbar anisotrop
Pyrit FeS$_2$	kb	53	weißgelb	(+)	<Quarz >Uranpecherz	wechselnde *Pol.*; oft schwach anisotrop
Linneit Co$_3$S$_4$	kb	47	weiß (cremerosa)	–	<Hämatit >Chalkopyrit	sehr gute *Pol.*; z. T. Spaltbarkeit ∥ (100) und (111)
Chalkopyrit CuFeS$_2$	te	46	gelb	(+)	<Tetraedrit >Bornit	sehr gute *Pol.*; Zwillingslamellierung ∥ (100), (110) und (111)
Galenit PbS	kb	44	reinweiß	–	<Chalkopyrit >Argentit	sehr gute *Pol.*; dreieckige Spaltausbrüche
Chalkosin Cu$_2$S	hx rh	32	bläulichweiß	(+)	<Bornit >Argentit	sehr gute *Pol.*; z. T. lamellarer Aufbau; blaue Anlauffarben
Tetraedrit Cu$_3$SbS$_3$	kb	32	grauweiß (olivbraun)	–	<Linneit >Chalkopyrit	sehr gute *Pol.*

Tabelle 5.14. (Fortsetzung)

Mineral	KS	R	F	AE	H	B. K.
Bravoit (Fe, Ni)S$_2$	kb	31 bis 52	rosagelb	–	< Pyrit ≧ Chalkopyrit	mäßige bis schlechte *Pol.*
Argentit Ag$_2$S	kb mk	31	weiß (grau)	+	< Chalkosin < Silber	schlechte *Pol.* (Kratzer); neben PbS blaugrüner Stich
Hämatit Fe$_2$O$_3$	tg	28	weiß (bläulich)	+ +	< Pyrit ≧ Linneit	schlechte *Pol.*; tiefrote *IR*; Zwillinge ‖ (10$\bar{1}$1)
Bornit Cu$_5$FeS$_4$	rh kb	19	lichtrosa (braun)	+	< Chalkopyrit > Chalkosin	sehr gute *Pol.*; charakteristische Farbe
Sphalerit ZnS	kb	18	hellgrau	–	< Linneit > Chalkopyrit	mäßige *Pol.*; z. T. gelbbraune *IR*; Spaltbarkeit ‖ (110)
Uranpecherz UO$_2$	kb	≈ 17	lichtgrau (bräunlich)	–	< Quarz > Hämatit	wechselnde *Pol.*; häufig Gelstrukturen; selten dunkelbraune *IR*
Thucholith ThUCHO	am	≳ 15	hellgrau	+ + +	≦ Uranpecherz	wechselnde *Pol.*
Coffinit USiO$_4$	te	9	hellgrau	–	∼ Uranpecherz	gute *Pol.*; selten schwache *BR* und braune *IR*
Carnotit U – V-Glimmer	rh	∼ 8	grau	–	< Calcit	mäßige *Pol.*; z. T. Spaltbarkeit ‖ (001)
Karbonspäte MeCO$_3$	tg	10 bis 5	mattgrau	+ + +	< Quarz > Glimmer	gute *Pol.*; deutliche *BR*; *IR*
Quarz SiO$_2$	tg	4,5	dunkelgrau	–	> Chalkopyrit > Pyrit	mäßige *Pol.*; deutliche *IR*

Erläuterung der Abkürzungen: s. Legende zur Tabelle 5.1

5.5.2.3. Mikrogefüge der wichtigsten Minerale

Chalkopyrit CuFeS$_2$: Die Ausfällung der meisten Sulfide erfolgt als Koagulate. Die konkretionären bis allotriomorphen Ausscheidungen befinden sich zwischen den Geröllen und den Sandkörnern. Entsprechend der Affinität zu Schwefel erfolgt die Ausscheidung in der Reihenfolge Chalkopyrit — Galenit — Sphalerit. Der Chalkopyrit gehört neben Chalkosin und Bornit zu den wichtigsten primären Kupfererzen; er ist aufgrund des in den Sedimenten stets vorhandenen Fe vorherrschend. Alle Kupferminerale

5.5. Sedimentäre Paragenesen

enthalten immer eine gewisse Menge an Silber (Übergang zum Ag-Paragenesentyp). Der Chalkopyrit erscheint als Porenraumfüllung in den Sedimenten, als Verdränger von organischer Substanz sowie auf Klüften und Trümchen. Er zeigt keine Entmischungen. Im Oxydationsbereich bildet sich um Chalkopyrit herum eine Zone von Chalkosin ($\pm$ Covellin) sowie Neubildung von Malachit.

In den flachmarinen Ausscheidungen sind die Sulfide eng an die mergelige, bituminöse Schichtenfolge gebunden. Die Primärabsätze zeigen dabei geopetales Gefüge und vorwiegend Geltexturen. Die Koagulate sind zuweilen komplex zusammengesetzt (Chalkopyrit, Galenit, Pyrit) und haben durch die Sammelkristallisation ein zelliges Aussehen (Typ »vererzte Bakterien«; s. Bild 5.124).

Chalkosin Cu_2S: Ist neben Chalkopyrit die häufigste Cu-Ausscheidung (Bild 5.120). Es handelt sich hier bevorzugt um rhombischen β-Cu_2S (Entstehung aszendent < 103 °C und deszendent); zerfällt oft in oktaedrische Lamellen mit Füllsel von Bornit und Digenit. Er bildet sich durch Reduktion der $CuSO_4$-Lösungen (an Sulfiden, organischer Substanz) in größeren Mengen, wobei sich die Strukturen der Pflanzenreste z. T. sehr schön abbilden (Bild 5.122). Der Chalkosin ist grobkörnig und zeigt deutliche Spaltbarkeit; oft sind feine Covellintäfelchen || (001) eingelagert. Er verdrängt Chalkopyrit, Pyrit, Sphalerit und selten auch Hämatit. In orientierten Verwachsungen erscheint er mit Chalkopyrit und Bornit. Neben Chalkosin (β-Cu_2S) kann auch Digenit (α-Cu_2S) auftreten.

Bornit Cu_5FeS_4: Kommt relativ häufig vor und zwar als Porenraumfüllung zwischen den Quarzkörnern oder auch als selektive Verdrängung in mergeliger Matrix bzw. in organischen Strukturen. In mergelig-tonig-bituminöser Matrix (Kupferschiefer) liegt er in ausgeprägten Sedimentationsgefügen vor (»Borniterzlineale«; Bild 5.123). Er bildet mittelkörnige Aggregate und enge Verwachsungen mit Chalkosin, von dem er häufig verdrängt wird. Manchmal zeigt er auch Verwachsungen mit Pyrit und Hämatit. Dem Bornit sehr ähnlich und mit ihm häufig verwachsen ist der *Idait* (Cu_5FeS_6; hx, $R \approx 27\%$, orangebraun, + + +); er ist fast immer ein lamellares Zerfallsprodukt von Bornit nach (111), meist gemeinsam mit feinen Chalkopyritspindeln (erstes Verwitterungsanzeichen!).

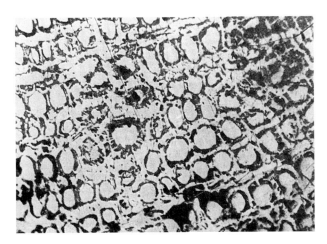

Bild 5.122. Chalkosin (weiß) verdrängt organische Substanz (Typ Dadoxylon sp.; dunkelgrau), welche hier als »Reduktionsbarriere« auf die Cu-führenden Lösungen wirkte. Die organischen Strukturen sind noch relativ gut abgebildet, wobei lokal beginnende Verwischungserscheinungen auftreten (Bildmitte). Perm von Orenburg (Ural)/UdSSR Vergr. 55× (aus RAMDOHR [52])

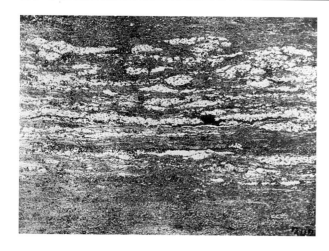

Bild 5.123. Feinkörnige Aggregate von Bornit (weiß) in linsen- bis lagenförmigen Sedimentationsrhythmen innerhalb der tonig-mergeligen Matrix (grau) des Kupferschiefers. Dieses Gefüge verkörpert makroskopisch den Querschnitt durch ein sog. »Erzlineal«. Mansfelder Mulde/BR Deutschland Vergr. 10× (aus SCHNEIDERHÖHN [58])

Tetraedrit-Tennantit $Cu_3SbS_3 - Cu_3AsS_3$: Von größter Extensität aber geringer Intensität. Treten in körnigen Aggregaten auf und verdrängen Chalkopyrit, Bornit und Chalkosin.

Pyrit FeS_2: Fe-Sulfide sind relativ wenig verbreitet, da Fe nicht sehr mobil ist (wird bereits im Bereich des Beckenrandes ausgefällt) und somit nur das Fe für die Sulfidbildung zur Verfügung steht, das im Grundwasserbereich in das Becken hineintransportiert wurde. Der Pyrit tritt vorwiegend in zwei Strukturvarietäten auf:

— Pyritsphäroide, teils radialstrahlig, teils konkretionär (sog. »vererzte Bakterien«; Bild 5.124).
— Pyritkonkretionen, die sich als konzentrisch-schalige Bildungen um die Quarzkörner anordnen und zu größeren Gebilden zusammenwachsen können. Manchmal bildet sich auch Melnikovitpyrit mit radialstrahliger Kristallisation.

Häufig verdrängt Pyrit organische Substanz.

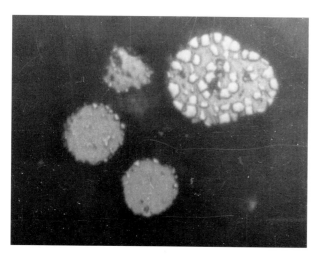

Bild 5.124. FeS_2 – PbS-Komplexsphäroide in tonig-mergeliger Matrix des Kupferschiefers (schwarz). Das ursprüngliche Sulfidkomplexgel ist zu radialen Pyritindividuen (weiß, Relief) und zu Galenit (grauweiß) rekristallisiert. Zwischen den Rekristallisaten ist noch etwas Lagerart (dunkelgrau) eingeschlossen. Spremberg (Lausitz)/BR Deutschland (Bohrung) Vergr. 1200× (aus OELSNER, 1961)

5.5. Sedimentäre Paragenesen

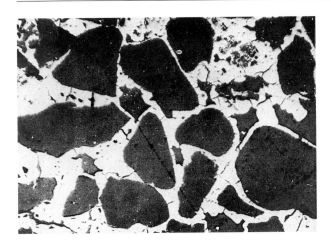

Bild 5.125. Typische Uranvererzung des »red bed«-Typs: Uranpecherz (weiß) als Zwickelfüllung und Bindemittel der Quarzkörner (dunkelgrau) eines arkoseartigen Sandsteins. Das Uranpecherz tritt einmal als Umkrustung der einzelnen Quarzkörner auf sowie auch als Verdränger gegenüber dem Quarz und jüngerem Quarz-Karbonatbindemittel (dunkelgrau, niedriges Relief). Cord Mine (Utah)/USA Vergr. 20× (aus RAMDOHR [52])

Linneit Co_3S_4: Wichtigster Vertreter der »Kobaltnickelkiese« (mit Ni und Cu). Teils körnige bis zellig-struierte Aggregate, teils idiomorphe Bildungen mit viel Wachstumseinschlüssen (Chalkopyrit, Bornit, Chalkosin). Keine Zwillingsbildung, kein Zonenbau; manchmal feine Entmischungsdisken $\|$ (100) von Chalkopyrit und Millerit (NiS) sowie Myrmekite mit Chalkopyrit. Häufig wird er verdrängt von jüngerem Chalkopyrit, Bornit und Pyrit (Bild 5.126); er selbst verdrängt seinerseits Bornit und Chalkosin (in Form koksartig poriger Aggregate = »Sychnodymit«).

Uranpecherz UO_2: Tritt in dieser Paragenese in mehreren Strukturvarietäten auf:
– als Zwickelfüllung in Sandsteinen (Bild 5.125)
– als Verdrängungsbildung von organischer Substanz; z. T. das inkohlte Holz – oft über Pyrit – völlig ersetzend (Bild 5.127); stützt die Bildungstheorien 1 und 2
– in feinkugeligen, konzentrisch-schaligen Aggregaten (»Mausaugen«) in mergeligtoniger Matrix
– als Pechblende-Ausscheidung in Störungen und Breccien sowie auf Gängen zusammen mit Coffinit, Sulfiden, Arseniden, ged. Kupfer, Quarz und Karbonaten
– in Imprägnationen von erdiger Pechblende (Uranschwärze) und Coffinit entlang von Störungen und Klüften (= Umlagerungsparagenese).

Außer organischer Substanz verdrängt Uranpecherz auch Pyrit, Coffinit und Calcit.

Coffinit $USiO_4$: Teils als Zwickelfüllung der Quarzkörner (gemeinsam mit Uranpecherz), teils auch in Konkretionen um größere Quarzkörner. Selten in kleinen, säuligen Kristallen. Häufig verwachsen mit Uranpecherz, Pyrit und Thucholith. Tritt oft als Verdränger auf und wird selbst von Uranpecherz verdrängt.

Carnotit $K_2[UO_2/VO_4]_2 \cdot 3 H_2O$: Körnige und schuppenförmige Aggregate mit teilweiser Spaltbarkeit nach (001) in quarziger Matrix. *R* ähnlich Siderit.

Galenit PbS: Kann in eigener Paragenese gleichfalls sehr verbreitet sein. Er tritt in kleinen Koagulaten und Konkretionen auf, z. T. um die Quarzkörner der Sandsteinfazies angeordnet (= »Knottenerze«; Bild 5.128). Diese »Knottenerze« sind relativ Ag-arm und V-reich. Sie füllen die Zwischenräume zwischen den Körnern des psammitischen

Bild 5.126. Linneit (weiß) wird entlang von (100) verdrängt durch Chalkopyrit (punktiert) und Bornit (grau). Mt. Lyell (Tasmania)/Australien
Vergr. 75× (nach RAMDOHR [52])

Bild 5.127. Durch Uranpecherz (punktiert) und Pyrit (weiß) werden die Strukturen von inkohltem Holz einer triassischen Conifere abgebildet. Daneben ist noch kieseliges und karbonatisches Bindemittel (schwarz) vorhanden. Bei den Verdrängungen der organischen Substanz ist zu erkennen, daß das Uranpecherz bevorzugt die Zellwände, der Pyrit vorwiegend die Kerne abbildet. Ein Zellkern (in Bildmitte) ist durch deszendenten Greenockit (CdS; weit punktiert) ausgefüllt. Colorado-Plateau (Arizona)/USA
Vergr. 250×

Bild 5.128. Galenit (weiß) als Zwickelfüllung und Bindemittel von Quarzkörnern (punktiert) eines Arkosesandsteins im Buntsandstein. Der Sandstein ist vom Galenit völlig imprägniert, wobei die einzelnen Quarzkörner unterschiedlichen Abrundungsgrades zunächst umkrustet und dann in größeren Partien verkittet und z. T. auch verdrängt werden (»Knottenerz«). Der Galenit ist durch diagenetisch-epimetamorphe Überprägung rekristallisiert. Mechernich (Eifel)/BR Deutschland
Vergr. 7,5×

Sediments und korrodieren die Körner teilweise intensiv. Durch diagenetische und metamorphe Überprägung kann es zu Rekristallisationen und Umlagerungen kommen, und zwar sowohl ohne als auch mit der Matrix.

Sphalerit ZnS: Ist in ähnlichen Erscheinungsformen vorhanden wie der Galenit. Verbreitet als Schalenblende und aufgrund der geringen Bildungstemperatur relativ Fe-arm. Auch hier kann es zu Rekristallisations- und Umbildungen kommen.

Bravoit (Fe, Ni) S_2: Als Schichtgittersilikat der Chlorit- bzw. Serpentingruppe gelangt auch Ni in die sandig-tonigen Sedimente. Durch die H_2S-Lösungen im Porenwasser (bakterieller S-Kreislauf) kommt es daraus zur Bildung von Bravoit.

Hämatit Fe_2O_3: Ist sehr verbreitet, aber von geringer Intensität. Er tritt sowohl in konkretionären als auch in feindispers verteilten, körnigen bis schuppigen Aggregaten auf; dadurch wird die Rotfärbung der Sandsteine verursacht (»red bed«-Gesteine). Wird häufig von den Sulfiden verdrängt (Ionenaustausch!).

Argentit Ag_2S und **ged. Silber Ag:** Argentit tritt hier in Konkretionen und als Zwickelfüllung in der sandig-tonigen Matrix auf. Manchmal vergesellschaftet mit Chlorsilber, ged. Silber und Sulfiden, die er häufig verdrängt. Ged. Silber liegt vorwiegend in feinkörnig-allotriomorphen Aggregaten vor (Mineraleigenschaften s. Abschn. 5.3.3.).

Bild 5.129 zeigt am Beispiel des Kupferschiefers ein Mineralisationsschema dieses Paragenesetyps. Es handelt sich dabei nicht um eine »Altersfolge« im magmatogenen Sinne, sondern um eine diagenetisch(-metamorphogen) geprägte Bildungsfolge im sedimentären Ausscheidungsraum.

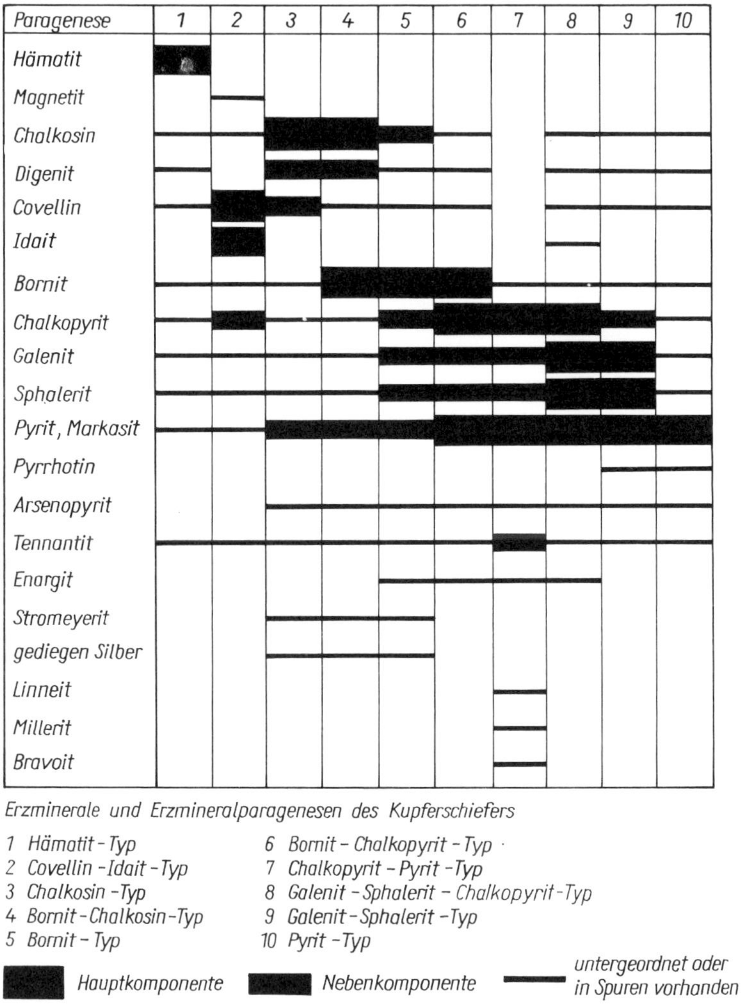
Paragenese
1
2
3
4
5
6
7
8
9
10
Hämatit
Magnetit
Chalkosin
Digenit
Covellin
Idait
Bornit
Chalkopyrit
Galenit
Sphalerit
Pyrit, Markasit
Pyrrhotin
Arsenopyrit
Tennantit
Enargit
Stromeyerit
gediegen Silber
Linneit
Millerit
Bravoit
Erzminerale und Erzmineralparagenesen des Kupferschiefers
1 Hämatit-Typ
2 Covellin-Idait-Typ
3 Chalkosin-Typ
4 Bornit-Chalkosin-Typ
5 Bornit-Typ
6 Bornit-Chalkopyrit-Typ
7 Chalkopyrit-Pyrit-Typ
8 Galenit-Sphalerit-Chalkopyrit-Typ
9 Galenit-Sphalerit-Typ
10 Pyrit-Typ
Hauptkomponente
Nebenkomponente
untergeordnet oder in Spuren vorhanden

Bild 5.129. Erzminerale und Paragenese-Untertypen des Kupferschiefers (nach RENTZSCH und KNITZSCHKE, 1968)

5.5.2.4. Vertiefende Literatur

FISCHER, R. P.: The uranium and vanadium deposits of the Colorado Plateau region. In: J. D. Ridge, ed.: Ore Deposits of the United States 1933/67. A.I.M.E., New York 1968, 735—746

KIMBERLEY, M. M., ed.: Uranium Deposits, Their Mineralogy and Origin. Mineral. Assoc. Canada Short Course Handbook, Vol. 3, 1978

RENTZSCH, J., und G. KNITZSCHKE: Die Erzmineralparagenesen des Kupferschiefers und ihre regionale Verbreitung. Freib. Forsch.-H. C 231. Leipzig: Deutscher Verlag für Grundstoffindustrie 1968, 189—211

ROSE, A. W.: The effect of cuprous chloride complexes in the origin of Red-bed copper and related deposits. Econ. Geol. 71 (1976) 1036—1044

WOODWARD, L. A., W. H. KAUFMAN, O. L. SCHUMACHER und L. W. TALBOTT: Stratabound copper deposits in triassic sandstone of Sierra Nacimiento, New Mexico. Econ. Geol. 69 (1974) 108—120

5.5.3. Fe–Mn-Oolith-Paragenesen

5.5.3.1. Genetische Stellung

Die Paragenesen bilden sich aus Verwitterungslösungen, die bevorzugt terrestrisch-limnisch und in geringem Umfange auch untermeerisch zugeführt wurden. Der Transport kann als Humat, als Sol (+Schutzkolloid) oder adsorptiv an Tonmineralen erfolgen. Bei einem starken Relief des Verwitterungsbereiches überwiegt der Detritustransport und damit der adsorptiv gebundene Metallanteil; es bilden sich dann bei der Diagenese bevorzugt Erzkonkretionen. Bei geringem Relief und humidem Klima kommt es zu einem bevorzugten Transport als Sol und Humat mit wenig Detritus, und es bilden sich *oolithische* Erzlagerstätten.

Die Sinkgeschwindigkeit der Ooide ist abhängig von der Größe (vorwiegend 0,2 bis 2 mm), von der Form und vor allem von der Dichtedifferenz des Meerwassers (möglichst salzhaltig) zum Ooid (möglichst leichtes Komplexgel) ($\approx 0,1$). Der Bildungsraum der Ooide muß nicht immer mit ihrem Ablagerungsraum zusammenfallen (submarine Strömungsbewegungen mit Gefügeveränderungen!).

Die Mineralparagenesen können in Abhängigkeit vom Eh-Wert mit der Entfernung von der Meeresküste hydroxidisch-oxidisch, karbonatisch, silikatisch bis sulfidisch ausgebildet sein. Die umgebende Matrix ist sandig, kalkig oder tonig. Dabei sind Teilchen davon sowie auch organische Substanzen (Fossilien u. a.) Kristallisationskeime für die Ooidbildung.

Strukturell können mehrere oolithische Bildungstypen unterschieden werden:

1. *Bildungen im Schelfbereich:* innerhalb von tektonischen und Strömungssenken in ausgedehnten Schichten und flözartigen Lagern (Typ »Minette«)
2. *Bildungen im Küsten-Trümmerbereich* (Geoden und Oolithe): in kontinentalen Randsenken und Kolken als begrenzte Linsen und Lager (Typ »Salzgitter«)
3. *Bildungen im Gefolge des »initialen« Magmatismus:* in »geosynklinalen« Senken als Linsen und unregelmäßige Lager (Typ »Prager Mulde«) (Übergang zu den Paragenesen von Abschn. 5.4.1.).

Die Textur der Erze ist vorwiegend oolithisch, wobei die Ooide durch die Diagenese oftmals verändert worden sind (flachgedrückt, aufgeplatzt, zerbrochen). Im »Salzgitter«-

5.5. Sedimentäre Paragenesen

Typ treten aufgearbeitete Geodenbruchstücke noch hinzu, während im »Geosynklinal«-Typ auch feindisperse und rhythmisch-lagige Texturen auftreten können.

Bezüglich des Bildungsmechanismus der Ooide sind folgende Möglichkeiten gegeben:

— schwebend im bewegten Wasser (weitgehend gleiche Ooidgrößen; besonders in küstennahen Bereichen)
— rollend auf dem Meeresboden (unterschiedliche Ooidgrößen, Bildungsraum/Ablagerungsraum)
— Bildung im Meeresschlamm (in situ; z. T. aus kolloidaler Lösung durch Koagulation zu konzentrischen Konkretionen wechselnder Ladung: Fe-Oxide — Silikate; stark schwankende Ooidgrößen).

Stofflich lassen sich entsprechend den unterschiedlichen Redoxbedingungen im marinen Bildungs- und Ablagerungsraum mehrere Paragenesen unterscheiden, zwischen denen kontinuierliche Übergänge bestehen (Bild 5.130):

1. oxidisch-hydroxidische Paragenesen: *Nadeleisenerz* (Limonit i. e. S.), Rubinglimmer (Lepidokrokit, Goethit), Hämatit, Magnetit, Glaukonit; *Pyrolusit*, Psilomelan, Manganit; Lagerarten: Quarzsande, Feldspäte, Karbonate, Faunadetritus

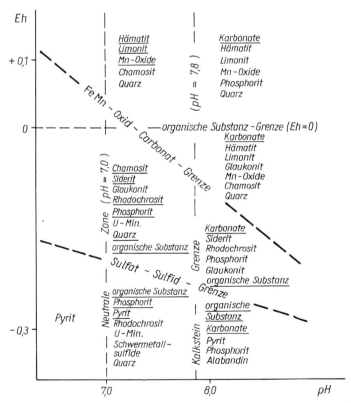

Bild 5.130. Eh-pH-Diagramm mit den Bildungsbereichen wichtiger Minerale sedimentärer Erzlagerstätten und anderer chemischer Sedimente (unter normalen Meereswasserbedingungen) (vereinfacht nach KRUMBEIN und GARRELS)

2. karbonatische Paragenesen: *Siderit*, Nadeleisenerz-Rubinglimmer, Hämatit; *Rhodochrosit*, Manganit, Pyrolusit; Lagerarten: Karbonate, Tonminerale, Quarz, Faunadetritus
3. silikatische Paragenesen: *Chamosit*-Thuringit, Hämatit, Magnetit, Glaukonit, Pyrit; Manganit, Rhodochrosit, Alabandin; Lagerarten: Tonminerale, Quarz.

Im »Salzgitter«-Typ ist das Fe in zweierlei Form konzentriert:

— in Geodentrümmern (karbonatisch-oxidisch): Sphärosiderite, z. T. umgewandelt in Limonit
— in oolithischen Bildungen (bevorzugt oxidisch): Limonit.

Neben der rein exogenen Herkunft des Fe und Mn aus Verwitterungslösungen ist auch noch eine endogene Zufuhr in den marinen Bereich möglich (exhalativ-sedimentär; s. Abschn. 5.4.1.). Letztere zeigt höhere Gehalte an Spurenelementen (Ti, V, Cr, Cu, Pb, Zn) und meist eine komplexere Paragenese (mehr Sulfide).
Die Fe–Mn-Oolith-Paragenesen zeigen manchmal Beziehungen zur

— Fe–Mn-Paragenese (s. Abschn. 5.4.1.) und
— metamorphen Fe–Mn-Paragenese (s. Abschn. 5.6.1.).

Typische Lagerstättenbeispiele
Fe: Lagerstätten des »Minette«-Typs in Mitteleuropa (Frankreich, Luxemburg, Deutschland), Kerč/UdSSR, Clinton/USA; Trümmer-Oolithlagerstätten von Salzgitter, Peine-Ilsede und am Kleinen Fallstein/BR Deutschland.
Mn: Čiatura und Nikopol/UdSSR.

5.5.3.2. Mineralisation

Hauptminerale: Nadeleisenerz (Limonit i. e. S.), Rubinglimmer (Lepidokrokit, Goethit), Siderit; Chamosit-Thuringit; Pyrolusit, Manganit, Rhodochrosit.
Begleitminerale: Hämatit, Magnetit, Pyrit; Psilomelan; Glaukonit; Karbonspäte; Quarz.
Nebenminerale: Greenalit, Phosphorit, Uranpechblende, Alabandin; Zirkon, Anatas, Graphit-Anthraxolit; Chalkopyrit, Sphalerit, Galenit.
Die wichtigsten auflichtmikroskopischen Bestimmungskriterien der Haupt- und Begleitminerale sind in Tabelle 5.15 zusammengestellt.

Tabelle 5.15. Bestimmungskriterien der Haupt- und Begleitminerale

Mineral	KS	R	F	AE	H	B. K.
Pyrit FeS_2	kb	53	weißgelb	(+)	<Quarz >Hämatit	wechselnde *Pol.*
Pyrolusit MnO_2	rh	41 bis 27	creme-weiß	++	<Hämatit ≥Psilomelan	schlechte *Pol.*; deutliche *BR*; häufig schalig und feinkörnig

5.5. Sedimentäre Paragenesen

Tabelle 5.15. (Fortsetzung)

Mineral	KS	R	F	AE	H	B. K.
Hämatit Fe_2O_3	tg	28	weiß (bläulich)	++	$\leq$ Pyrit $>$ Magnetit	schlechte *Pol.*; tiefrote *IR*; Zwillinge $\parallel$ (10$\bar{1}$1)
Psilomelane $(Ba, Mn)_3 (O, OH)_6 \cdot Mn_8O_{16}$	rh te	30 bis 15	weiß (bläulichgrau)	++	$\leq$ Pyrolusit	wechselnde *Pol.*; deutliche *BR*; z. T. braunrote *IR*; schalige Struktur
Magnetit Fe_3O_4	kb	21	grauweiß (bräunlich)	–	$<$ Hämatit $>$ Siderit	sehr gute *Pol.*; häufig idiomorph; Zwillinge $\parallel$ (111)
Manganit MnOOH	mk	18	grauweiß (bräunlich)	++	$<$ Pyrolusit	wechselnde *Pol.*; schwache *BR*; z. T. rote *IR*; idiomorphe Prismen
Lepidokrokit γ-FeOOH (Rubinglimmer)	rh	20 bis 15	grauweiß	++	$<$ Limonit $>$ Calcit	wechselnde *Pol.*; deutliche *BR*; braunrote *IR*
Limonit α-FeOOH (Nadeleisenerz)	rh	$\approx$ 17	grauweiß	++	$<$ Siderit $>$ Lepidokrokit	wechselnde *Pol.*; schwache *BR*(!); gelbbraune *IR*
Siderit $FeCO_3$	tg	$\approx$ 10	mittelgrau	+++	$<$ Hämatit $>$ Limonit	sehr gute *Pol.*; starke *BR*; weißgelbe *IR*; Spaltbarkeit $\parallel$ (10$\bar{1}$1)
Rhodochrosit $MnCO_3$	tg	$<$ 10	mattgrau	++	$<$ Hämatit $>$ Siderit	sehr gute *Pol.*; z. T. rosa *IR*
Karbonspäte $MeCO_3$	tg	10 bis 5	mattgrau	+++	$<$ Siderit $>$ Manganit	gute *Pol.*; deutliche *BR*; *IR*
Chamosit--Thuringit	mk	$\approx$ 6	grau	–	$<$ Calcit $\geq$ Limonit	mäßige *Pol.*; deutliche Spaltbarkeit $\parallel$ (001)
Glaukonit	mk	$\approx$ 5	dunkelgrau	–	$<$ Karbonspat $\geq$ Limonit	mäßige *Pol.*; keine *BR*; deutliche Spaltbarkeit $\parallel$ (001)
Quarz SiO_2	tg	4,5	dunkelgrau	–	$>$ Hämatit $>$ Pyrit	mäßige *Pol.*; deutliche *IR*

Erklärung der Abkürzungen: s. Legende zur Tabelle 5.1

5.5.3.3. Mikrogefüge der wichtigsten Minerale

Limonit oder **Nadeleisenerz** $\alpha\text{-Fe}_2\text{O}_3 \cdot \text{H}_2\text{O}$: Ist das am meisten verbreitete Erzmineral der Fe-Paragenese. In Abhängigkeit von Korngröße, Porosität, Verwachsungsart und Begleitmineralen zeigt es eine sehr unterschiedliche Polierfähigkeit, Schleifhärte und unterschiedliche R. Hinsichtlich seines Auftretens sind drei Varietäten zu unterscheiden:

- Limonitooide mit konzentrischem, feinschichtig-rhythmischem Schalenbau, der durch geringe Unterschiede in Polierverhalten und Reflektanz sichtbar wird (Bild 5.131); die Limonitooide können als Wechselooide, als Verdrängungsooide, als Hiatusooide, als Deformationsooide und als Schrumpfungsooide auftreten;
- Limonitkonkretionen in größeren Geoden bzw. Geodenbruchstücken (Bild 5.132), z. T. in traubig-niedrigen oder krustenförmigen Aggregaten mit radialfaseriger Struktur (Brauner Glaskopf); manchmal werden die Bruchstücke oolithisch umkrustet (Bild 5.134);
- körnig-nadelige Limonitindividuen in sandig-karbonatischer Matrix als makroskopisch dicht erscheinendes »Brauneisenerz« (= Nadeleisenerz).

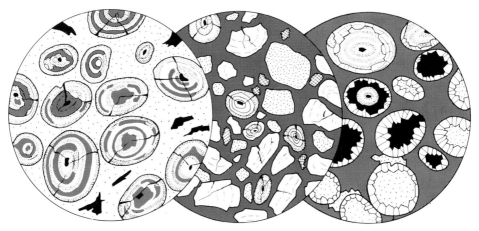

Bild 5.131. Limonit-Chlorit-Wechselooide (weiß, punktiert). Während der Diagenese erfolgte eine selektive karbonatische Verdrängung der chloritischen Schalen (instabile Fe-Verbindung) durch Siderit (grau). Die Korngröße der Ooide schwankt zwischen 0,3 und 0,6 mm. Die Matrix ist karbonatisch (Calcit, Siderit; weit punktiert) mit toniger Beimengung (schwarz). Einige Ooide zeigen schwache Deformationen. Mecklenburg (Dogger)/BR Deutschland
Vergr. 32,5 ×

Bild 5.132. Geodenbruchstücke von Siderit (punktiert) und Limonit (weiß) sowie einige Limonitooide in karbonatisch-toniger Matrix (grau); in der Matrix sind noch Glaukonitidioblasten (schraffiert) eingesprengt. »Kleiner Fallstein« bei Osterwieck/BR Deutschland
Vergr. 15 ×

Bild 5.133. Verdrängungsooide von Siderit (weiß) nach Fe-Chlorit bzw. Chamosit (punktiert) in karbonatisch-toniger Matrix (grau). Die Karbonatisierung der Ooide kann auswahlweise auf einzelnen Schalen erfolgen (sekundäre »Wechselooide«) oder von vornherein das gesamte Korn erfassen. In letzterem Fall setzt die Verdrängung meist vom Rande her ein und kann schließlich das gesamte Ooid erfassen; häufig in zwei Generationen: sideritischer Endosaum (weiß), calcitische Kernzone (weit punktiert). Durch die Karbonatverdrängung geht der ursprüngliche konzentrisch-schalige Aufbau verloren; es liegen nur noch ovale Gebilde vor, die aus körnigen Karbonaten bestehen (»Verdrängungsooide«). Auslaugungshohlräume sind schwarz. Mecklenburg (Dogger)/BR Deutschland
Vergr. 30 ×

5.5. Sedimentäre Paragenesen

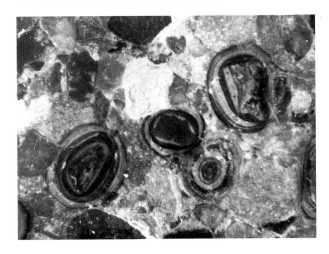

Bild 5.134. Limonitooide in verschiedener Größe mit Wechsellagerungen von Fe- und Si-Oxiden (grauweiß/schwarz), teils mit Lepidokrokit, in karbonatisch-glaukonitisch-toniger Matrix (weiß bis grau). Die Ooidkerne werden z. T. aus kleinen Geodenbruchstücken gebildet. Neben den Oolithbildungen befinden sich noch Bruchstücke von limonitisierten Sideritgeoden (dunkelgrau, narbige Oberfläche). »Kleiner Fallstein« bei Osterwieck/BR Deutschland
Vergr. 20× (Schrägauflicht; aus OELSNER, 1961)

Lepidokrokit oder **Rubinglimmer γ-FeOOH**: Wesentlich weniger verbreitet als Nadeleisenerz. Gegenüber letzterem etwas bessere Politur; R und F ähnlicher dem Hämatit. Teils im Schalenbau der Ooide (Bild 5.134), teils in rhythmischen Gelstrukturen. Auf Schrumpfungsrissen im Limonit sowie in radialstrahligen tafeligen Aggregaten auf dem Limonit; idioblastisches Wachstum im Inneren und am Rand des Limonits. Seinerseits wird Lepidokrokit auch durch Limonitsphärolithe verdrängt.

Siderit FeCO₃: Tritt ähnlich wie Limonit in drei Strukturvarietäten auf:

- in Ooidform mit konzentrischem Schalenbau, z. T. ältere Schalenablagerungen verdrängend (Bild 5.133);
- als Konkretion (Sideritgeoden) in toniger Matrix (»Toneisenstein«), z. T. durch Limonit verdrängt (Bild 5.135);
- als kristalline Aggregate in karbonatischer Matrix, meist als Verdränger von Calcit; zuweilen auch in Idioblasten in der Grundmasse.

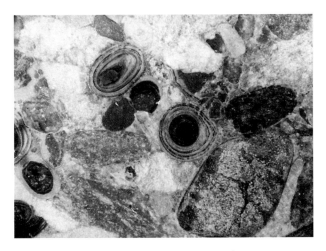

Bild 5.135. Bruchstücke von Sideritkonkretionen (mittel- bis dunkelgrau), z. T. in Limonit umgewandelt (schwarz), in tonig-glaukonitischer Matrix (hellgrau bis weiß). Einige Limonitbruchstücke werden von jüngeren Oolithschalen (Lepidokrokit) umschlossen (grau/schwarz). »Kleiner Fallstein« bei Osterwieck/BR Deutschland
Vergr. 20× (Schrägauflicht; aus OELSNER, 1961)

Chamosit 3 FeO · Al$_2$O$_3$ · 2 SiO$_2$ · 3 H$_2$O: Tritt in feinkristallinen bzw. feinschuppigen Aggregaten auf, mit z. T. guter Spaltbarkeit. Er tritt sowohl in Ooidform als auch in deren Matrix auf (Bilder 5.136, 5.137 und 5.138). Eine genauere Untersuchung der Fe-Silikate muß zusätzlich noch mit Hilfe des Dünnschliffs erfolgen.

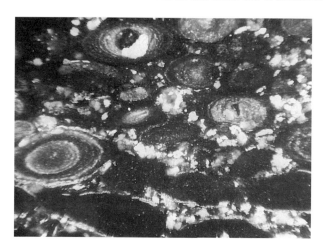

Bild 5.136. Fe-Silikatooide bevorzugt aus Chamosit- und Thuringitschalen zusammengesetzt (hell- bis mittelgrau) in karbonatisch-silikatischer Matrix (schwarz); in letzterer befindet sich gleichfalls eingesprengter Chamosit (weißgrau). Die Ooide, die diagenetisch verfestigt wurden, sind flachgedrückt. Grube Schmiedefeld (Thüringen)/BR Deutschland Vergr. 30×, N+ (aus OELSNER, 1961)

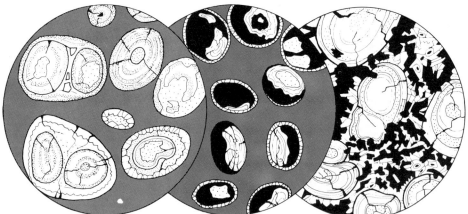

Bild 5.137. Fe-Chloritooide (punktiert, weiß) in tonig-karbonatischer Matrix (grau). Die Ooide sind z. T. als »Verdrängungsooide« (weit punktiert), als »Zwillingsooide« (links oben), als »Hiatusooide« (mit 2 Ooidgenerationen; links unten) und als unterschiedlich deformierte Ooide (durch Diagenese, rechts unten) entwickelt. Letztere können schließlich zu aneinandergefügten und parallel der Schichtung orientierten Gefügebildern führen (s. Bild 5.136). Mecklenburg (Dogger)/BR Deutschland
Vergr. 30×

Bild 5.138. »Schrumpfooide« (weiß) und »Hohlooide« (schwarz), z. T. mit Siderithülle (Schraffur) in karbonatisch-toniger Matrix (grau). In den »hohlen« Ooidformen liegen Schrumpfungsooide vor, bei denen die ursprüngliche oolithische Struktur noch gut erkennbar ist; die Kernbereiche sind z. T. calcitisch (punktiert). Die Schrumpfung wurde durch Wasserabgabe und Veränderung der Ooidsubstanz hervorgerufen. Mecklenburg (Dogger)/BR Deutschland
Vergr. 30×

Bild 5.139. Pyrolusitooide (weiß) mit konzentrischem Schalenaufbau, z. T. mit Manganit (punktiert) und Rhodochrosit (grau). Die Matrix wird von Quarzdetritus (schwarz) und rekristallisiertem Pyrolusit (weiß) gebildet. Čiatura/UdSSR
Vergr. 25×

5.5. Sedimentäre Paragenesen

Bei niedrigem Redoxpotential kann oftmals noch *Glaukonit* (Fe—Al-Silikat) hinzutreten und zwar sowohl in der Matrix als auch in einzelnen Schalen der Ooide. Lokal kann es dabei bis zur Bildung von *Magnetit* (Fe_3O_4) kommen.

Pyrit FeS_2: Bei H_2S-Anwesenheit in den marinen Ablagerungen kommt es im reduzierenden Medium innerhalb der Sedimente oftmals zur Bildung von Pyrit. Er tritt sowohl in Form von Pyritsphäroiden als auch in Pyritkonkretionen auf (s. auch Abschn. 5.4.2.).

Pyrolusit MnO_2: Ist das wichtigste Erzmineral der Mn-Paragenese. Er zeigt in Abhängigkeit von Porosität und Begleitmineralen eine unterschiedliche Polierfähigkeit, Schleifhärte und Reflektanz. Er tritt in drei Strukturvarietäten auf:

— Pyrolusitooide mit konzentrischem Schalenbau, z. T. in Wechsellagerung (+ Umwandlung) mit Manganit (MnOOH) und Rhodochrosit (Bild 5.139); die »gemischten« Pyrolusitooide können als Wechsel- oder Verdrängungsooide sowie auch als Deformationsooide auftreten; meist werden sie von kristallinem Pyrolusit in silikatischer oder karbonatischer Matrix verkittet (Bild 5.140);

Bild 5.140. MnO_2-Ooide (weiß) in verschiedenen Größen, z. T. deformiert und verdrängt (Pyrolusit ← Psilomelane), werden von silikatischer Matrix (dunkelgrau) mit jüngerem Pyrolusit verkittet. Čiatura/UdSSR
Vergr. 8× (aus OELSNER, 1961)

— Pyrolusitkonkretionen in Geoden bzw. Geodenbruchstücken, z. T. in krustenförmigen Aggregaten mit radialfaseriger Struktur sowie in Wechsellagerung mit Psilomelan und anderen Mn-Oxiden (Schwarzer Glaskopf);
— fein- bis grobkristalline Aggregate als Verdrängungen in Karbonatgeoden sowie in der Matrix der Oolithe.

Psilomelane $(Ba, Mn)_3 (O, OH_6) \cdot Mn_8O_{16}$: Sind neben dem Pyrolusit die wichtigsten Mn-Minerale. Sie treten meist als Verdränger der Ooidschalen von Pyrolusit und Rhodochrosit auf (bei Erhöhung des Redoxpotentials) sowie in feinkörnigen Aggregaten in der Matrix. Daneben auch in den Geoden als schalig-konkretionäre, glaskopfartige Verdrängungsbildungen. Bei stärkerer Oxydation zelliges »Oolithgefüge« (= »Wad«).

Rhodochrosit MnCO$_3$: Kann ähnlich dem Siderit in drei Strukturvarietäten vorkommen:

- in Ooidform mit konzentrischem Schalenbau, z. T. auch ältere Schalen verdrängend (Bild 5.139);
- als Konkretion (Rhodochrositgeoden), z. T. durch Pyrolusit bzw. Psilomelan verdrängt;
- als kristalline Aggregate in karbonatischer Matrix, häufig umgewandelt in Pyrolusit und Psilomelan.

5.5.3.4. Vertiefende Literatur

CRAIG, J. R., und D. J. VAUGHAN: Ore Microscopy and Ore Petrography. New York: John Wiley & Sons 1981, 234–246

GLASBY, G. P., ed.: Marine Manganese Deposits. Elsevier Oceanography Series (15). Amsterdam: Elsevier 1977

OELSNER, O.: Atlas der wichtigsten Mineralparagenesen im mikroskopischen Bild. Bergakademie Freiberg, Fernstudium 1961, 263–269

OELSNER, O.: Zur Herkunft des Eisens in oolithischen Eisenerzlagerstätten. Freib. Forsch.-H. C129. Leipzig: Deutscher Verlag für Grundstoffindustrie 1962, 5–19

TURNER, P.: Ironstones. Brit. Assoc. Adv. Sci. Ann. Mtg. Aston. Univ., 1977

VARENTSOV, I. M.: Sedimentary Manganese Ores. Amsterdam: Elsevier 1964

5.6. Metamorphe Paragenesen

Alle Mineralparagenesen endogener und exogener Bildung können durch entsprechende geologisch-tektonische Vorgänge einer Metamorphose (statisch, kinetisch, thermisch) unterliegen. Entsprechend ihrer Intensität kann es dabei zu

- metamorphosierten Bildungen (Umwandlungsparagenesen) und
- metamorphogenen Bildungen (Mobilisationsparagenesen)

kommen. Während die metamorphosierten Paragenesen im auflichtmikroskopischen Bild aufgrund charakteristischer Eigenschaften bestimmbar sind, ist die exakte Zuordnung von metamorphogenen Paragenesen infolge ihrer Konvergenzerscheinungen mit »postmagmatogenen« Mineralisationen oft nur sehr schwer bzw. überhaupt nicht möglich.

Bei den metamorphosierten Bildungen kommt es entsprechend den veränderten Zustandsbedingungen (p + Streß, t, pH, Eh) zu Umwandlungen (Um- und Neubildungen)

- des Mineralbestandes (Mineralart und -modifikation),
- der Mineralparagenese (Haupt- und Nebenminerale, Einschlußminerale),
- des Mineralgefüges (Mineralstruktur und -textur).

Zu ähnlichen Umwandlungen kann es auch im Rahmen der Diaphthorese (= rückläufige Metamorphose bei $p-t$-Erniedrigung) kommen. So sind z. B. viele Entmischungen, der Zerfall mancher Minerale sowie Verdrängungen und Umwandlungslamellierungen Zeichen einer Abkühlungsmetamorphose bzw. einer Diaphthorese. Bei den Ummineralisierungen entstehen häufig Myrmekite.

5.6. Metamorphe Paragenesen

5.6.1. Oxidische Fe- und Mn-Paragenesen

5.6.1.1. Genetische Stellung

Die Paragenesen sind kennzeichnend für die »gebänderten Eisenquarzite« (Banded Iron Formation) vom Typ der Fe-Jaspilite, Itabirite bzw. Taconite sowie für die »gebänderten Mn-Quarzite« vom Typ der Gondite. Die Paragenesen repräsentieren bedeutende Fe- bzw. Mn-Lagerstätten, die ausschließlich in den hochmetamorphen Gesteinsserien der »Alten Schilde« eingelagert sind. Die Metallherkunft (endogen, exogen) und ihre Genese sind teilweise noch nicht eindeutig geklärt.
Strukturell (-genetisch) werden zwei »Eisenquarzit«-Typen unterschieden:

– Algoma-Typ, verbunden mit basischen Gesteinen in »eugeosynklinalem« Milieu (Analogien zum Lahn-Dill-Typ; s. Abschn. 5.4.1.)
– Lake-Superior-Typ, in rein sedimentären Schichten »miogeosynklinalen« Milieus (Analogien zum Oolith-Typ; s. Abschn. 5.5.3.).

Die Mineralisationen bilden gut geschichtete, linsenförmige Körper und Lager, meist in Wechsellagerungen von Fe-Mineralen und Quarz (»chert«). Die Bänderungsgefüge werden durch den Wechsel von Fe-Oxiden und Quarz sowie durch eine grob- und feinkörnige Ausbildung der Hauptminerale bestimmt (Bild 5.141). Die metamorphe Beanspruchung bewirkt häufig Faltungsstrukturen unterschiedlicher Dimensionen.
Stofflich lassen sich entsprechend den Hauptelementen sowie den primären Bildungs- und sekundären Umbildungsbedingungen (durch Wechsel von p, t, pH und Eh) mehrere Mineralparagenesen unterscheiden (s. Bild 5.130):

1. Fe: *mittelmetamorph* – Hämatit (z. T. als Martit), Magnetit, Greenalit, Stilpnomelan, Minnesotait; Quarz, Karbonate;
hochmetamorph – Magnetit, Hämatit (Specularit), Grunerit; Granat, Quarz, Epidot, Pyroxene
2. Mn: *mittelmetamorph* – Hausmannit, Braunit, Bixbyit-Sitaparit, Polianit, Jakobsit, Psilomelan (Hollandit); Quarz, Karbonate
hochmetamorph – Spessartin, Braunit, Rhodonit, Bixbyit (Sitaparit), Polianit; Quarz.

Als »Lagerarten« treten bei diesen metamorphen Paragenesen bevorzugt Silikate (Quarz, Granat, Pyroxene u. a.) auf.
Die *Fe-Oxidbildungen* treten weiterhin noch in zwei paragenetischen Varianten auf:

– »gebänderte Hämatit-Quarzite« = Wechsellagerungen von Hämatit und Quarz (chert), wobei der Hämatit tafelig parallel zur Schichtung/Schieferung (Bild 5.141), in feinkristallinen dünnen Schichten, pisolithisch (erbsenförmig) oder oolithisch auftreten kann;
– »gebänderte Magnetit-Quarzite« = Wechsellagerungen von Magnetit und Quarz (chert), wobei der Magnetit in imprägnativen bis massiven Lagen von hypidiomorphen bis idiomorphen Kornaggregaten auftritt (s. Bild 5.142).

Die *Mn-Oxidbildungen* treten gleichfalls in zwei paragenetischen Varianten auf:

– »gebänderte Mn-Quarzite« (vergleichbar den »Fe-Quarziten« bzw. »Jaspiliten«) = Wechsellagerungen von Mn-Oxiden (Pyrolusit, Psilomelan, Manganit) und Quarz;

mit zunehmender Metamorphose bildet sich Braunit, dann Bixbyit, Hausmannit, Hollandit und Jakobsit; katazonale Bildungen sind Spessartin; Rhodonit u. a. Mn-Silikate;

— »karbonatische Mn-Lager« = Wechsellagerungen von karbonatischen Mn-Lagern mit kristallinen Schiefern und Quarziten; die charakteristischen Erzminerale sind hier Rhodochrosit, Rhodonit, Spessartin sowie weitere Mn-Silikate, außerdem noch Braunit, Hausmannit u. a. Mn-Oxide (Gondit-Typ i. e. S.).

Die metamorphen Fe- und Mn-Paragenesen zeigen manchmal Beziehungen zu den
— hydrothermal-sedimentären Fe-Mn-Paragenesen (s. Abschn. 5.4.1.),
— sedimentären Fe- und Mn-Oolith-Paragenesen (s. Abschn. 5.5.3.).

Typische Lagerstättenbeispiele
Fe: Krivoi Rog und Kursk/UdSSR, Lake Superior Distrikt (Minnesota – Michigan – Ontario – Quebec)/USA — Kanada, Minas Geraes/Brasilien, Singhbhum-Distrikt/ Indien, Hamersley Becken/W-Australien.
Mn: Postmasburg/Südafrika; Långban/Schweden; Sitapar, Nagpur und Madras/Indien; Minas Geraes/Brasilien.

5.6.1.2. Mineralisation

Hauptminerale: Hämatit (z. T. als Martit), Magnetit; Braunit, Hausmannit, Rhodonit, Bixbyit (Sitaparit); Quarz, Karbonate

Begleitminerale: Greenalit, Grunerit; Jakobsit, Psilomelan (Hollandit), Spessartin (Mn-Granat); Epidot, Pyroxene

Nebenminerale: Stilpnomelan, Minnesotait, Siderit, Chamosit; Pyrolusit, Rhodochrosit; Pyrit, Pyrrhotin, Alabandin, Limonit.

Die wichtigsten auflichtmikroskopischen Bestimmungskriterien der Haupt- und Begleitminerale sind in Tabelle 5.12 (s. Abschn. 5.4.1.) zusammengestellt.

5.6.1.3. Mikrogefüge der wichtigsten Minerale

Hämatit Fe_2O_3: Ist in den metamorphen Fe-Paragenesen das am meisten verbreitete Erzmineral. Das Gefüge wird im wesentlichen von den metamorphen Bedingungen bestimmt; dabei Unterscheidung von vier Varietäten:

— epizonal: glimmerartiger, dünntafeliger Hämatit nach (0001), der sich an Stelle anderer Fe-Minerale im Verlauf der Metamorphose bildet und z. T. tektonisch verbogen wird (Bild 5.141); dieser geht oftmals über in
— ovale, wenig verzahnte Hämatitkörner, die sich durch Rekristallisationsvorgänge aus den Glimmer-Hämatiten umgebildet haben;
— mesozonal: zunehmend grobkörnige, granoblastische Hämatitindividuen mit deutlicher Einregelung; katazonal erfolgt dann eine Umwandlung des Hämatits in Magnetit (Bild 5.142);
— bei Vorhandensein von Fe-Silikaten bzw. Hämatit und Quarz kann es zur Bildung von Magnetit und Fayalit (Fe_2SiO_4) kommen (Bild 5.143); Fayalitbildung und Umwandlungsgrad in Magnetit (magnetische Aufbereitung) beeinflussen die Bauwürdigkeit der Lagerstätte.

5.6. Metamorphe Paragenesen 265

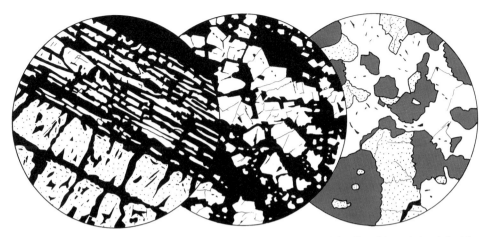

Bild 5.141. Geschichteter, dünntafeliger Hämatit (weiß) und blockiger, grobkristalliner Magnetit (punktiert) in silikatischer Lagerart (schwarz). Rana Gruber Mine/Norwegen
Vergr. 40× (nach Craig und Vaughan [17])

Bild 5.142. Lagig-schichtiger, hypidiomorpher Magnetit (weiß) mit unterschiedlicher Korngröße in silikatischer Lagerart (schwarz); typisches Gefüge der »Banded Iron Formation« (BIF). Eastern Gogebic Range (Michigan)/USA
Vergr. 15× (nach Craig und Vaughan [17])

Bild 5.143. Kontaktmetamorphe Bildung von Pyrrhotin (weiß), Magnetit (punktiert) und Fayalit (grau). Die ursprüngliche Zusammensetzung war hier Pyrit, Chamosit und Quarz; die Metamorphose bewirkte neben der Mineralumwandlung noch eine Kornvergröberung und -vereinheitlichung. Riekensglück bei Harzburg/BR Deutschland
Vergr. 85×

Die metamorphe Umwandlung zu Hämatit kann aus den verschiedensten Eisenerzen erfolgen, so z. B. aus Limonitoolitherzen (Bild 5.144), aus chamositisch-thuringitischen Erzen, aus sideritischen Erzen sowie aus kontaktmetasomatischen bzw. Skarn-Vererzungen (Zerfall der Fe-haltigen Kalksilikate zu Hämatit und Quarz).
Eine spezifische Erscheinung im Rahmen der retrograden Metamorphose ist die *Martitisierung* (Hämatit ist Verdränger gegenüber Magnetit). Dabei kann die Hämatitbildung entweder deformativen Mikrorupturen im Magnetit folgen (= »Strainmartitisierung«; Bild 5.145), oder sie geht von den Korngrenzen des Magnetits aus (= »Randmartitisierung«); bei vorhandenem Zonarbau des Magnetits kann schließlich auch eine Hämatitbildung entlang der Zonarstrukturen erfolgen (= »Zonarmartitisierung«). Die Martitisierung hat großen Einfluß auf die Aufbereitung der Eisenerze.

Magnetit Fe_3O_4: Tritt vorwiegend in hypidiomorphen bis idiomorphen Kornaggregaten unterschiedlicher Größe auf, die meistens eine schichtförmige Regelung aufweisen (Bild 5.142). Zonarbau ist für metamorphe Magnetite nicht typisch und dort, wo er primär vorhanden gewesen ist, wird er durch die metamorphe Umkristallisation zerstört (Bild 5.146). Mit den Rekristallisationserscheinungen eng verknüpft ist die Bildung von Porphyroblasten, z. T. mit »primären«, d. h. vor der Metamorphose bereits vorhandenen, Fremdeinschlüssen als »Idioblastensieb« (z. B. Ilmenit, Pyrit, Pyrrhotin). Charakteristisch ist die Tendenz zur Korngrenzenbegradigung zwischen den Magnetit-

Bild 5.144. Ehemalige Limonitoolithe vollständig in Hämatit (weiß, feinkristallin) umgebildet (epizonale Metamorphose). Daneben mittlere bis größere Magnetitidioblasten (weiß, glatte Oberfläche). Die karbonatische Lagerart ist mit Hämatit durchstäubt (mittleres bis helleres Grau). Golzer Berg/Schweiz Vergr. 100× (aus RAMDOHR [52])

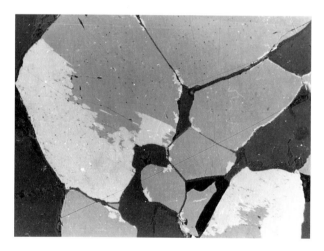

Bild 5.145. Magnetit (grauweiß) wird orientiert von Hämatit (weiß) verdrängt (»Strainmartitisierung«). Deutlich ist die Bevorzugung der von der Martitisierung nachgezeichneten Oktaederflächenspuren zu erkennen; diese Richtung entspricht häufig dem Verlauf von Mikrorissen im Magnetit. Mezilei-Orpus/ČSFR Vergr. 115× (aus JOSIGER, BAUMANN und LEGLER, 1985)

blasten (s. Bild 5.142). Es treten keine Kornverzahnungen auf, die Korngrenzen bilden beim Aufeinandertreffen häufig eine »triple junction«-Beziehung (mit etwa 120°). Mit zunehmendem Metamorphosegrad wird ein granoblastisches Gefüge bei relativer Gleichkörnigkeit der Magnetite charakteristisch. Vorhandene Einschlußminerale verschwinden und bilden im granoblastischen Gefüge eigene Kristallisate (Bild 5.147).
Das vorhandene Richtungsgefüge des Magnetits entspricht meist einer b-Lineation. Manchmal verdrängt Magnetit den Hämatit (»Mušketovitisierung« durch Reduktionswirkung; besonders bei Kontaktmetamorphose). Bei dieser Umwandlung des Hämatits in Magnetit wird die Basisfläche (0001) des Hämatits zu einer der Oktaederflächen des Magnetits.

Bixbyit-Sitaparit $(Mn, Fe)_2O_3$: Wichtiges Mineral der metamorphen Mn-Erzlagerstätten (Sitapar, Postmasburg, Långban u. a.). Sowohl xenomorphe Kornaggregate als auch idiomorphe Porphyroblastenbildungen. Häufig charakteristische Zwillingsparkettierung (Bild 5.150); die Parkettierung zeigt manchmal zwei Generationen. Oftmals Entwicklung

5.6. Metamorphe Paragenesen

Bild 5.146. Deutliche Zonarstruktur eines primär magmatischen Magnetitblasten (grau/grauweiß), die durch metamorphe Überprägung von den Rändern her zerstört wird (beginnende metamorphe Umkristallisation des Magnetits). Silikatische Lagerart (dunkelgrau). Niederschmiedeberg (Erzgebirge)/ BR Deutschland Vergr. 110× (geätzt mit HCl) (aus JOSIGER, BAUMANN und LEGLER, 1985)

von Zonenbau. Teilweise Reaktionsprodukt von Braunit und Hämatit; dabei feinlamellare Verdrängung des Braunits. Bixbyit ist ähnlich dem häufig mit auftretenden Braunit (niedrigere R, weniger gelblich) und Jakobsit (IR, mehr gelblich).

Braunit 3 (Mn, Fe)$_2$O$_3$ · MnSiO$_3$: Bevorzugte Bildung unter hohen p-t-Bedingungen aus Psilomelan und Pyrolusit (Bild 5.148). Meist hypidiomorphe bis idiomorphe Kornentwicklung, z. T. oktaederähnliche Kristalle mit (111) bzw. (001); angedeuteter Zonenbau. Die Körner sind innen oftmals porig. Manchmal als Einschluß im Hausmannit, mit dem er selten auch schöne Myrmekitverwachsungen zeigt (diaphthoretisch?; z. B. Nagpur).

Hausmannit Mn$_3$O$_4$: Ist besonders als kontaktmetamorphe Bildung bekannt, meist idiomorph nach (111) oder hypidiomorph. Häufig ist eine Zwillingslamellierung nach (101), die erscheinungsmäßig ähnlich der von Plagioklas ist (geht z. T. auf Druckbeanspruchung zurück). Oftmals bildet sich Hausmannit aus Mn-Karbonaten.

Jakobsit (Mn, Fe)$_3$O$_4$: Bevorzugt nur in metamorphosierten Mn-Lagerstätten gebildet. Polygonale Körner, die kaum verzahnt sind. Häufig randliche Umbildung in Pyrolusit und Hämatit und Limonit (Verwitterung). Teilweise bildet Jakobsit nur die Füllmasse zwischen Lamellen aus Hausmannit, die beide das Zerfallsprodukt eines Hochtemperaturminerals darstellen (sog. »Vredenburgit« 3 Mn$_3$O$_4$ · 2 Fe$_2$O$_3$).

Psilomelan (Ba, Mn)$_3$(O, OH)$_6$ · Mn$_8$O$_{16}$: Tritt als Hollandit (Ba-Vormacht) bevorzugt in kontaktmetamorphen Mn-Lagerstätten auf. Bildet grobstrahlige Aggregate von wechselnder Größe mit (110) und (100). Wahrscheinlich durch Druck hervorgerufene Zwillingslamellierungen sind häufig (selten als feine Gitterlamellierung). Translationen nach (001) führen zu »undulösen« Auslöschungen (bei Ni +). Kann dem Pyrolusit sehr ähnlich sein (demgegenüber niedrigere R, z. T. geringere H, selten IR).

Spessartin Mn$_3$Al$_2$Si$_3$O$_{12}$: Ist in den hochmetamorphen Mn-Lagerstätten in Form idiomorpher bis hypidiomorpher Kristallisate am meisten verbreitet (z. B. Gondite) und kann häufig bis zu monomineralischen Bildungen führen (z. B. Spessartinfels von Minas Geraes; Bild 5.149). Durch die Diaphthorese bzw. durch Verwitterungsprozesse erfolgt manchmal eine randliche Umwandlung in Pyrolusit.

5.6.1.4. Vertiefende Literatur

GLASBY, G. P., ed.: Marine Manganese Deposits. Elsevier Oceanography Series (15). Amsterdam: Elsevier 1977
JAMES, H. L.: Sedimentary facies of iron formation. Econ. Geol. 49 (1954) 235–293
JAMES, H. L.: Chemistry of the iron-rich sedimentary rocks. U.S. Geol. Surv. Prof. Paper 440, 1966
JAMES, H. L., und P. K. SIMS: Precambrian Iron-Formations of the World. Econ. Geol. 68 (1973) 7, 913–914
JOSIGER, U., L. BAUMANN und C. LEGLER: Gefüge schichtgebundener Magnetitparagenesen im kristallinen Grundgebirge. Freib. Forsch.-H. C 390. Leipzig: Deutscher Verlag für Grundstoffindustrie 1985, 140–165
TURNER, P.: Ironstones. Brit. Assoc. Adv. Sci. Ann. Mtg. Aston. Univ., 1977
VARENTSOV, I. M.: Sedimentary Manganese Ores. Amsterdam: Elsevier 1964

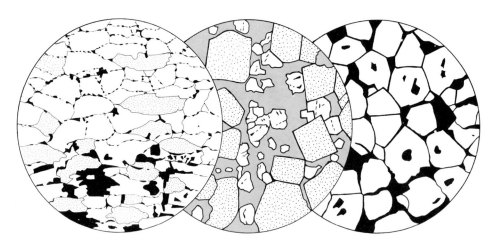

Bild 5.147. Rekristallisierter Magnetit (weiß) und Ilmenit (punktiert) in deutlich geregeltem Gefüge. Auf den Kornintergranularen ist Spinell in feinen Körnchen (schwarz) angeordnet; daneben auch einige größere Spinellkörner. Die ursprünglich als Entmischung im Magnetit vorgelegenen Ilmenite und Spinelle wurden umkristallisiert (zu eigenen eingeregelten Kornaggregaten: Ilmenit) und umgelagert (auf die Intergranulare der eingeregelten Kornneubildungen: Spinell). Routivare/Schweden
Vergr. 125× (nach RAMDOHR [52])

Bild 5.148. Idiomorphe Aggregate von Braunit (punktiert) in einer Füllmasse von Psilomelan (grau) und Hämatit (weiß). Postmasburg/Südafrika
Vergr. 100× (nach RAMDOHR [52])

Bild 5.149. Rekristallisierter, hypidiomorpher Mn-Granat (Spessartin, weiß). Auf den Korngrenzen des Spessartins befindet sich sekundär infiltrierte silikatische Lagerart (schwarz). Minas Geraes/Brasilien
Vergr. 85× (nach RAMDOHR [52])

5.6. Metamorphe Paragenesen

Bild 5.150. Bixbyit-Sitaparit (weißgrau) in quarziger Lagerart (dunkelgrau). Der Schnitt parallel zur Würfelfläche zeigt ausgezeichnete, z. T. parkettierte Zwillingslamellen (hellgrau/weißgrau) sowie die geringe Andeutung eines Zonenbaus. Postmasburg/Südafrika
Vergr. 30×, N+
(aus RAMDOHR [52])

5.6.2. Sulfidische Polymetall-Paragenesen

5.6.2.1. Genetische Stellung

Die Paragenesen sind charakteristisch für die sog. »metamorphen Kieserzlager« (Typ Leksdal, Bayerland) sowie für die metamorphen Polymetallerzlagerstätten (Typ Røros, Sullivan). Sie repräsentieren bedeutende Pyrit- und Buntmetall-Lagerstätten, die in den metamorphen Grundgebirgskomplexen aller Kontinente der Erde eingelagert sind. Die primäre Metallherkunft ist bevorzugt auf

— submarin-exhalativ-sedimentäre Mineralisationen (s. Abschn. 5.4.2.),
— intrakrustal-metasomatische Vererzungen (z. T. Skarne; s. Abschn. 5.2.2.)

zurückzuführen. Die eindeutige genetische Zuordnung zu einem dieser beiden Bildungstypen ist manchmal noch umstritten (Konvergenzerscheinungen).
Strukturell bilden die metamorphosierten Mineralisationen geschichtete, linsenförmige Imprägnationen bis kompakte Lager innerhalb von kristallinen Schiefern (Phyllite, Glimmerschiefer, Gneise; Quarzite, Karbonatgesteine) und metamorphosierten Magmatiten (Amphibolite, Porphyroide, Rotgneise u. a.). Häufig sind Bänderungsgefüge der verschiedenen Sulfide durch Wechsel mit dem Nebengestein (»Banderze«). Verbreitet sind Faltungsstrukturen unterschiedlicher Dimensionen: Schleppfalten, Brecciierungen und Boudinage-Bildungen. Bei der Verformung zeigen die meisten Sulfide mit zunehmender Temperaturbeeinflussung eine deutliche Abnahme ihrer Scherfestigkeit (Bild 5.151).

Die wichtigsten *Gefügewandlungen* sind folgende:

1. *Wachstumsentwicklungen* (metamorphe Blastese)
— Rekristallisation und Sammelkristallisation: Die metamorphe »Temperung« der Minerale führt zu Gleichkörnigkeit, zu optimaler Raumerfüllung und zur Minimierung ihrer freien Oberflächen (»triple junction«-Verwachsungen; Bild 5.152).

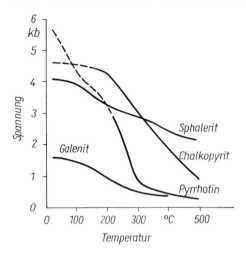

Bild 5.151. Scherfestigkeit einiger Sulfide in Abhängigkeit von der Temperatur (nach KELLY und CLARK, 1975)

Bei mehreren Mineralen entwickelt sich bezüglich ihrer Verwachsung eine *kristalloblastische Reihe*, in der die Minerale nach abnehmender Idiomorphietendenz geordnet sind (SPRY, 1974): Granat — Magnetit/Arsenopyrit — Pyrit — Dolomit — Glimmer — Pyrrhotin — Sphalerit — Chalkopyrit — Galenit. Verdrängungen sind stets synmetamorphe Umlagerungen (z. B. Abwanderung in Druckschattenlagen).

— Mineral-»Reinigung«: Einschlüsse sind energiereiche Defekte im Kristallgitter des Wirtsminerals und werden auf das kleinstmögliche Volumenverhältnis beschränkt (»Sphäroidation«: Bildung gerundeter Formen); des weiteren erfolgt eine zunehmende Abdrängung auf die Intergranulare (Bild 5.153).

Häufig weisen orientierte Sulfideinschlüsse in Silikaten (Amphibole, Granate) auf eine prämetamorphe Entstehung hin (Bild 5.155).

2. *Tektonische Beanspruchungsentwicklungen*

— Deformations- und Faltungsreaktionen (Strain und Stress): Abhängig von der Duktilität und Festigkeit der Minerale. Kataklase (z. B. Pyrit) mit Einregelungen, Fließfältelungen und Stauchungen von duktilen Sulfiden durch Klasten im Scheitelbereich. Viele Minerale zeigen charakteristische »Zerknitterungs«-Lamellierung (z. B. Pyrrhotin) sowie die Tendenz zur Abwanderung in streßfreie Bereiche (z. B. Chalkopyrit).

— Sulfidimprägnationen in lagernahe Metamorphite und in Zerrungsrisse von Quarzknauern (die Sulfide treten dabei nicht als »Verdränger«, sondern als xenomorphe »Füller« auf; Bild 5.154).

Diese Entwicklung kann bis zur Bildung metamorphogener Trümermineralisationen vom Typ »alpiner« Gangbildungen führen.

3. *Metamorphogene Mobilisierung*

(durch Drucklösungserscheinungen — s. vorhergehende Abs. — und thermisch-chemische Mobilisierung)

— sulfidische Schmelzmobilisate in Form von polymetallischen »Sulfidbällchen« (Bild 5.157) bei meso- bis katazonaler Metamorphose

5.6. Metamorphe Paragenesen

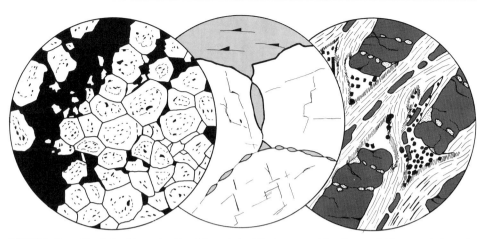

Bild 5.152. Granoblastisches Magnetitgefüge. Magnetit (weiß) mit granatreicher (Spessartin) Lagerart (schwarz). Charakteristisch sind die fehlende Korngrenzenverzahnung, das Zusammentreffen der Korngrenzen in »triple junctions« (mit etwa 120°) und der nur schwache Zonarbau der Magnetite. »Treue Freundschaft«, Johanngeorgenstadt (Erzgebirge)/BR Deutschland
Vergr. 150× (nach JOSIGER und BAUMANN, 1984)

Bild 5.153. Pyrit (weiß) mit linsenförmigen Galeniteinschlüssen (grau); die Galeniteinschlüsse sind auf die Korngrenzen des rekristallisierten Pyrits abgedrängt. Mineral-Distrikt (Virginia)/USA
Vergr. 125× (nach CRAIG und VAUGHAM [17])

Bild 5.154. Typisches Gefüge einer »lagernahen« Sulfidvererzung. Quarzboudins (grau) in Glimmerschiefermatrix (gestrichelt); zwischen den Boudins Almandinaggregate (schwarz) unterschiedlicher Blastengröße und Pakkungsdichte, dabei deutliche Granatblastese im Druckschatten der Boudins. Pyrit (weiß, pseudomorph nach Pyrrhotin) gleichfalls in ausgeprägter Druckschattenposition; Sphalerit und Chalkopyrit (punktiert) markieren feine Zerrungsrisse der Quarzboudins bzw. sitzen in Zwickeln des granoblastischen »Pflasterquarzes«. »Untere Kiesgrube«, Geyer (Erzgebirge)/BR Deutschland
Vergr. 8× (nach JOSIGER und BAUMANN, 1984)

— polymetallische Mobilisate in Aufblätterungszonen des Nebengesteins, besonders in Scheitelbereichen
— polymetallische Mobilisate in diskordanten Gangstrukturen.

Stofflich lassen sich entsprechend den vorherrschenden Mineralen mehrere Paragenesen unterscheiden:

1. »kiesiger« Paragenesentyp: Pyrit (vorherrschend), Pyrrhotin, Chalkopyrit; Markasit, Magnetit
2. polymetallische Paragenesetypen
   — *mittelmetamorph:* Chalkopyrit, Sphalerit, Galenit, Pyrrhotin, Pyrit, Markasit, Chalkosin, Pb—Sb-Sulfosalze
   — *hochmetamorph:* Pyrit, Arsenopyrit, Sphalerit, Pyrrhotin, Chalkopyrit (und Cubanit), Galenit; z. T. Molybdänit, Scheelit, Cobaltin, Magnetit, Pb—Sb-Sulfosalze, ged. Gold; Spessartin, Gahnit (Zinkspinell).

Als »Lagerarten« treten bei diesen metamorphen Paragenesen vor allem Silikate auf (Amphibole, Hornblenden, Feldspäte, Glimmer, Quarz, Granate, Vesuvian, Epidot, Aktinolith u. a.) sowie Turmalin, Apatit, Fluorit, Spinell, Rhodonit, Fe—Mg—Ca-Karbonate und Baryt.

Bild 5.155. Im Granat (Spessartin, dunkelgrau) zahlreiche Einschlüsse von sphäroidischem Sphalerit (mittelgrau) und Galenit (hellgrau). Derartige sulfidreiche Granatpoikiloblasten bilden mit den prämetamorphen Sulfidbänderungen konforme Züge. Randlich Markasit (weiß) sowie als Lagerart Quarz und Chlorit (schwarz). »Fastenberg«, Johanngeorgenstadt (Erzgebirge)/ BR Deutschland
Vergr. 140× (aus JOSIGER und BAUMANN, 1984)

Die sulfidischen Polymetall-Paragenesen zeigen Beziehungen zu den
- Skarnparagenesen (s. Abschn. 5.2.2.5.),
- hydrothermal-sedimentären Sulfidparagenesen (s. Abschn. 5.4.2.).

Typische Lagerstättenbeispiele
»Kiesig«: Leksdal und Rödhammer/Norwegen, Bayerland und Bodenmais (Bayern), Elterlein und Geyer (Erzgebirge)/BR Deutschland, Kraslice-Tisova/ČSFR.
Polymetallisch: Röros, Sulitjelma und Lökken/Norwegen, Skellefte Distrikt und Falun/Schweden, Outukumpu/Finnland, Pitkäranta/UdSSR; Flin Flon (Manitoba) und Sullivan (Britisch Kolumbien)/Kanada, Ducktown (Tennessee) und Ore Knob (N-Carolina)/USA; Mt. Isa und Broken Hill/Australien; Johanngeorgenstadt und Jahnsbach (Erzgebirge)/BR Deutschland

5.6.2.2. Mineralisation

Hauptminerale: Pyrit, Pyrrhotin, Chalkopyrit, Markasit, Sphalerit, Galenit; Silikate, Karbonate
Begleitminerale: Magnetit, Arsenopyrit, Chalkosin, Cobaltin, Spessartin
Nebenminerale: Ged. Gold, Molybdänit, Scheelit, Kassiterit, Pb–Sb-Sulfosalze; Ilmenit, Rutil; Gahnit (Zn-Spinell), Rhodonit, Spinell, Fluorit, Baryt u. a.
Die wichtigsten auflichtmikroskopischen Bestimmungskriterien der Haupt- und Begleitminerale sind in Tabelle 5.8 (s. Abschn. 5.3.3.) zusammengestellt.

5.6.2.3. Mikrogefüge der wichtigsten Minerale

Bezüglich der allgemeinen Charakterisierung der hier auftretenden Sulfidminerale wird auf die Abschnitte 5.3.3.3. und 5.4.2.3. verwiesen.

Pyrit FeS_2: Ist das Haupterzmineral des »kiesigen« Paragenesentyps sowie auch im »polymetallischen« Typ sehr verbreitet. Da er in der »kristalloblastischen Reihe« an vorderster Stelle steht, verkörpert er in den metamorphen Paragenesen immer eine

5.6. Metamorphe Paragenesen

»ältere« Position (neben Arsenopyrit und Magnetit). An charakteristischen metamorphen Umwandlungen sind zu nennen:

— Rekristallisation mit zunehmender Gleichkörnigkeit und Entwicklung von »120°-triple-junctions«; zeigt im Gegensatz zu den »magmatischen« Pyriten nur einen unvollständigen zonaren Wachstumsbau;
— Volumeneinschränkung der Einschlüsse und Abdrängung derselben auf die Korngrenzen (s. Bild 5.153);
— Kataklase von Pyritblasten und Einregelung derselben in das Schieferungsgefüge (Bild 5.156);

Bild 5.156. Pyrit-»Härtling« (weiß), stark kataklastisch beansprucht, im durchbewegten Chlorit-Amphibol-Schiefer (schwarz). Die eine Hälfte des Pyritblasten liegt als Markasit vor (grauweiß; ehemaliger Pyrrhotin). Derartige Strukturen weisen auf eine postdeformative Phasenumwandlung Pyrit → Pyrrhotin sowie retrograd Pyrrhotin → Markasit (»Leberkies«) hin. Grube »Fastenberg», Johanngeorgenstadt (Erzgebirge)/BR Deutschland
Vergr. 20 × (aus JOSIGER und BAUMANN, 1984)

— mit zunehmendem Metamorphosegrad erfolgt ein Phasenübergang von Pyrit zu Pyrrhotin (z. T. auch zu Magnetit); das ist vor allem abhängig von der Temperatur und dem S-Partialdruck, weniger vom Gesamtdruck; bei Pyritimprägnationen erfolgt die Pyrrhotinumwandlung schneller als in massiven Pyriterzen (S-Pufferung; THOMPSON, 1972);
— Pyritmobilisate in Form von »Pyritbällchen« (Bild 5.157), deren Entstehung teils dynamometamorph, teils als Schmelzmobilisate gedeutet werden (STAROSTIN u. a., 1981); des weiteren können Pyritmobilisate in Aufblätterungszonen und in diskordanten Gangstrukturen auftreten.

Markasit FeS$_2$: Ist in den metamorphen Paragenesen weit verbreitet, aber von relativ geringer Intensität. Am häufigsten tritt er als postdeformative, retrograde Phasenumwandlung Pyrrhotin-»Leberkies« auf. Der Markasit verdrängt den Pyrrhotin und in dessen Gefolge den prä- bis synmetamorphen Pyrit (Bild 5.156).
Neben dem »Leberkies«-Markasit kann auch in geringeren Mengen primärer Markasit in Verwachsung mit Pyrit auftreten.

Pyrrhotin FeS: Ist in den Sulfidparagenesen relativ weit verbreitet. Bei Druckbeanspruchung erscheint er aufgrund seines duktilen Verhaltens injektionsförmig gegenüber Silikaten und härteren Sulfiden (Pyrit, Arsenopyrit); bildet meist xenomorphe Aggregate und weist kaum Zwillingslamellen auf. Zeigt regionalmetamorphe Koexistenzverwachsungen mit Pyrit, Chalkopyrit und Magnetit (Bild 5.158). Manchmal befindet sich

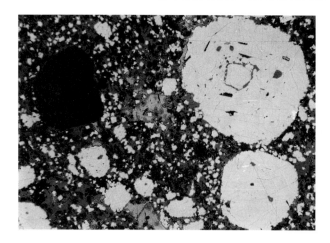

Bild 5.157. Sog. »Pyrit-Bällchen« (weiß) als metamorphe Pyritmobilisate in stark durchbewegtem, feinkörnigem Sphalerit (dunkelgrau), Galenit (hellgrau) und Pyrit (weiß). Randlich ein gerundeter Quarzblast (schwarz). Grube »Churprinz Segen Gottes«, Elterlein (Erzgebirge)/BR Deutschland Vergr. 30 × (aus JOSIGER und BAUMANN, 1984)

»primärer« Pyrrhotin auch als Einschlußmineral in Granatpoikiloblasten. Trotz der häufigen Umwandlung zu »Leberkies« sind oft noch die alten Korn- und Mineralverwachsungen zu erkennen. Neben dem hexagonalen Pyrrhotin kann es im Rahmen der Metamorphose auch zur Bildung des tetragonalen *Machinawit* als niedrigthermalere Form von FeS kommen. Er bildet meist sehr feine, wurmartige Einschlüsse im Chalkopyrit.

Chalkopyrit $CuFeS_2$: Vorwiegend in xenomorphen Aggregaten; zeigt aufgrund seiner Duktilität ein injektionsartiges, »jüngeres« Verhalten gegenüber den Silikaten und härteren Sulfiden. Bevorzugt Anreicherung in den streßfreien Zwickelräumen zwischen den Pyritblasten (= Druckschattenbildung; Bild 5.159). Oftmals weist er »Oleanderblatt«-Lamellierungen auf (Hinweis auf ehemaligen Hochtemperatur-Chalkopyrit). An Entmischungen treten vor allem Cubanitlamellen nach (111) sowie Valleriit und Mackinawit (niedrigthermale Form von FeS) auf, die gleichfalls Indikatoren für primär hohe Bildungstemperaturen sind.

Bild 5.158. Stark durchbewegtes Pyrrhotin-Pyrit-Erz mit Stauchungswirbel. Pyrrhotin (hellgrau) mit Pyritblasten (weiß), wenig Magnetit (mittelgrau) und silikatische Lagerart (schwarz). Auf Intergranularen des Pyrits stellenweise Pb–Sb-Sulfide (hellgrau, Pfeil!). Klingenthal (Vogtland)/BR Deutschland Vergr. 10 × (aus JOSIGER und BAUMANN, 1984)

5.6. Metamorphe Paragenesen 275

Sphalerit ZnS: Kommt in derben und imprägnativen xenomorphen Aggregaten vor. Zeigt gemeinsam mit den anderen »duktilen« Sulfiden (Pyrrhotin, Chalkopyrit, Galenit) häufig feine Fließfältelung (Bild 5.160). Bevorzugte Anreicherungen in den Druck-(Streß-)Schattenlagen sowie in den Zerrungsrissen dynamometamorph beanspruchter Quarzknauer (s. Bild 5.154). Bemerkenswert ist die Bildung polysynthetischer Zwillingslamellen im Sphalerit von »Breccienerzen« (z. B. Hermsdorf/Erzgebirge; JOSIGER und BAUMANN, 1984).

Aufgrund der Druckabhängigkeit des FeS-Gehaltes im Sphalerit kann dieser als Geobarometer genutzt werden (Bild 5.162), wobei die dazu notwendige Temperatur durch andere Verfahren bestimmt werden müßte (z. B. Spurenelemente, Isotopenverteilung, Einschlußuntersuchung).

Ehemalige Chalkopyritentmischungen tendieren zur Sammelkristallisation und zur Verlagerung zu den Korngrenzen.

Galenit PbS: Tritt in derben und imprägnativen xenomorphen Aggregaten auf. Als »duktiles« Mineral Neigung zur lamellaren Beanspruchung und Fließfältelung (»Bleischweifbildung«). Je stärker die Beanspruchung (Auswalzung), um so feiner die Lamellenausbildung; je feiner der Lamellenbau, um so stärker ist wiederum die Rekri-

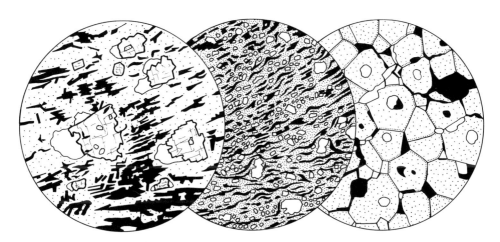

Bild 5.159. Chalkopyritanreicherungen (weiß, glatte Oberfläche) im Druckschatten stark korrodierter Pyritidioblasten (weiß, rissige Oberfläche); beide befinden sich in einer neugebildeten Pyrrhotin-Chlorit-Matrix (punktiert bzw. schwarz). Der Pyrit wird verdrängt von Chalkopyrit und Pyrrhotin. Litlabö/Norwegen
Vergr. 100× (nach ANGER, 1971)

Bild 5.160. Stark durchbewegter Sphalerit (punktiert) mit geregeltem Serizit (schwarz), z. T. als Stauchungswirbel. Um Pyrit-»Härtlinge« (weiß) deutliches Abbiegen der Paralleltextur. Rammelsberg (Harz)/BR Deutschland
Vergr. 40× (nach RAMDOHR [52])

Bild 5.161. Hochmetamorphe Paragenese mit Granatrekristallisaten (weit punktiert). Bei der Umkristallisation erfolgte der Einschluß von Galenit und Pyrrhotin (beide weiß) sowie von Quarz (schwarz) in rundlichen Aggregaten oder als Zwickelfüllung. Auf den Korngrenzen der Granate befinden sich metamorphogen mobilisierter (infiltrierter) Pyrit (punktiert) und Quarz (schwarz). Broken Hill (N.S.W.)/Australien
Vergr. 100× (nach RAMDOHR [52])

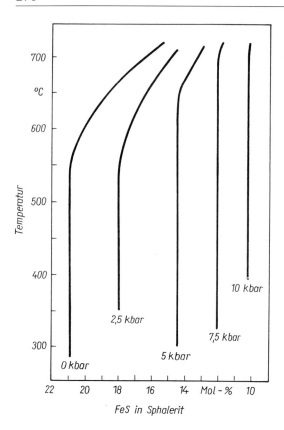

Bild 5.162. Die FeS-Gehalte im Sphalerit in Abhängigkeit von Druck (kbar) und Temperatur (°C). Der Sphalerit muß dabei in Paragenese mit Pyrit und Pyrrhotin sein (nach Scott, 1976)

stallisationsneigung. Gemeinsam mit Pb–Sb-Sulfosalzen als Ausfüllung in Rissen und Sprüngen von Pyritblasten, in metamorphen Zerrungsrissen von Quarzknauer-Boudins sowie als Druckschattenbildungen. Allgemein sehr mobilisationsfreudig.

Arsenopyrit FeAsS: Geringe Extensität und Intensität. In den metamorphen Paragenesen meist als idiomorpher »Härtling« stark kataklastisch beansprucht. Auf den Sprüngen des Arsenopyrits ist manchmal ged. Gold ausgefällt (z. B. Barberton).

Magnetit Fe_3O_4: Ist in idiomorphen Porphyroblasten (Oktaeder) unterschiedlicher Größe entwickelt. Kein Zonarbau. Charakteristische Tendenz zur Korngrenzenbegradigung zwischen mehreren Magnetitblasten (s. Bild 5.152). Häufig Richtungsgefüge der Magnetitkörner. Selten vorkommende Fremdeinschlüsse (Pyrit, Pyrrhotin, Ilmenit u. a.).

Cobaltin CoAsS: Tritt meist in Paragenese mit Pyrrhotin, Pyrit, Chalkopyrit, Chalkosin, Sphalerit, Molybdänit und Magnetit in den sog. »fahlbandähnlichen« Lagerstätten auf, die z. T. noch von unklarer Genese sind (Kongsberg/Norwegen, Gierczyn/Polen, »Schwebende«/Erzgebirge). Manchmal treten dazu noch Granat, Ilmenit und Kassiterit. Der Cobaltin hat eine starke Neigung zur Idiomorphie und zur Zwillingslamellierung. Auch »jüngeren«, duktilen Mineralen ist er in Blasten eingelagert (s. Bild 5.90). Oftmals ist er kataklastisch beansprucht.

Chalkosin Cu_2S: Bildet sich durch metamorphen Zerfall des Chalkopyrits (bei teilweiser Oxydation) zu Chalkosin und Magnetit. Bevorzugt handelt es sich dabei um hexagonalen und rhombischen (»lamellaren«) Chalkosin (Umwandlung bei 300 bis 103 °C). Als duktiles Mineral erscheint er als »Verdränger« gegenüber Pyrit und Cobaltin. Gegenüber Chalkopyrit tritt er auch als echter Verdränger auf (z. T. gemeinsam mit Bornit und Covellin).

Spessartin $Mn_3Al_2Si_3O_{12}$: Ist teilweise in den hochmetamorphen Sulfidlagerstätten (Typ Broken Hill) in Form idiomorpher Kristallisate ausgebildet (Bild 5.161). Im Rahmen der Rekristallisation zeigt der Granat neben Magnetit und Pyrit die stärkste Neigung zur Porphyroblastenbildung. Die Porphyroblasten zeigen oft Mineraleinschlüsse in der Korngröße und Orientierung, die sie vor und während der Durchbewegung hatten (s. Bild 5.155). In den Spessartinblasten sind manchmal Einschlüsse von Pyrrhotin und Galenit zu beobachten. Auf den Integranularen ist teilweise infiltrierter Pyrit vorhanden (s. Bild 5.161).

5.6.2.4. Vertiefende Literatur

ANGER, G.: Microfabrics in Geosynclinal Sulfide Deposits. Clausthaler Hefte zur Lagerstättenkunde und Geochemie der mineralischen Rohstoffe, H. 10, 1971, 1–42

DEB, M.: Polymetamorphism of Ores in Precambrian Stratiform Massive Sulphide Deposits at Ambaji-Deri, Western India. Mineral. Deposita 14 (1979) 1, 21–31

HUTCHINSON, M. N., und S. D. SCOTT: Sphalerite geobarometry applied to metamorphosed sulphide ores of the Swedish Caledonides and U.S. Appalachians. Bull. Norg. Geol. Unsers. 57 (1980) 59–71

JOSIGER, U., und L. BAUMANN: Paragenesen und Erzgefüge regionalmetamorpher Sulfidlager des Erzgebirges. Freib. Forsch.-H. C 393. Topical Report of IAGOD, Vol. XIII – 1983. Leipzig: Deutscher Verlag für Grundstoffindustrie 1984, 62–95

KELLY, W. C., und B. R. CLARK: Sulfide deformation studies: III. Experimental deformation of chalcopyrite to 2000 bars and 500 °C. Econ. Geol. 70 (1975) 431–453

LAWRENCE, L. J.: Polymetamorphism of the sulphide ores of Broken Hill, N.S.W., Australia. Mineral. Deposita 8 (1973) 211–236

LEGLER, C.: Die schichtgebundenen Mineralisationen des Erzgebirges. Freib. Forsch.-H. C 401. Topical Report of IAGOD, Vol. XIV – 1984. Leipzig: Deutscher Verlag für Grundstoffindustrie 1985, 93 S.

MOOKHERJEE, A.: Ores and metamorphism. Temporal and genesis relationships. In: K. H. Wolf, ed.: Handbook of Stratabound and Stratiform Ore Deposits. Amsterdam: Elsevier 4, 1974, 203–260

RICHARD, D. T., und H. ZWEIFEL: Genesis of Precambrian sulfide ores, Skellefte District, Sweden. Econ. Geol. 70 (1975) 255–274

ŠADLUN, T. N.: Metamorphic textures and structures of sulphide ores. In: Y. Takeuchi, ed.: Proc. IMA-IAGOD Meeting 70, Soc. Min. Geol. Jap. Special Issue No. 3 (1971) 241–250

SCOTT, S. D.: Application of the sphalerite geobarometer to regionally metamorphosed terrains. Amer. Min. 61 (1976) 661–670

SCOTT, S. D., R. A. BOTH und S. A. KISSIN: Sulfide petrology of the Broken Hill region, New South Wales. Econ. Geol. 72 (1977) 1420–1425

SPRY, A.: Metamorphic textures. Oxford–New York–Toronto–Sydney: Pergamon Press 1974

STAROSTIN, V. I., V. A. LYČAKOV und N. E. SEGEEVA: Metamorphogene Umverteilung der chemischen Elemente der polymetallischen Schwefelkieslagerstätten. Geol. rudn. Mestorožd., Moskva 23 (1981) 4, 30–43 (russ.)

THOMPSON, J. B., jr.: Oxides and sulfides in regional metamorphism of pelitic schists. 24th Internat. Geol. Congress, Montreal 1972, sect. 10, 27–35

TUFAR, W.: Ore mineralization from the Eastern alps, Austria, as Strata-Bound-Syngenetic Formations of Pre-Alpine and Alpine Age. Proceedings of the Fifth Quadrennial IAGOD Symposium, Snowbird/Utah, Vol. I. Stuttgart: E. Schweizerb. Verlagsbuchh. 1980, 513–544

6. Mikroskopie von Kohlen und Koks

6.1. Vorbemerkungen

Kohlen nehmen unter den Gesteinen eine Sonderstellung ein. Die Ursachen hierfür liegen in ihrer primär pflanzlichen Herkunft und großen praktischen Bedeutung begründet. Weltweit wird aus Stein- und Braunkohlen die Hauptmasse der Energie erzeugt. Das wichtigste technische Veredlungsprodukt, der Koks, bildet die unentbehrliche Basis der Metallurgie. Bedeutsam ist der Einsatz organischer Kohlenstoffträger (Kohlen, Teer, Synthesegas) in der chemischen Industrie zur Plasterzeugung, Gewinnung von Kohleninhaltsstoffen und Flüssigprodukten. Es ist daher nicht verwunderlich, daß die Kohlenpetrographie — mit ihrem Hauptfeld, der Kohlenmikroskopie — sich zu einem eigenen Zweig mit gleicher Bedeutung für Wissenschaft und Industrie entwickelt hat. Ihre Aufgabe ist es, dieses einmalige Gestein Kohle detailliert zu analysieren, die Eigenschaften kohlenaufbauender Bestandteile zu bestimmen und durch das Studium ihrer Entstehung und ihres Vorkommens qualitative und quantitative Aussagen für Erkundung, Abbau und Verwendung zu treffen.

Bei der Entwicklung der Auflicht-Kohlenmikroskopie spielte seit 1925 besonders E. STACH eine aktive Rolle. Vielfältige Anregungen zum Problem kohlenaufbauender Mikrokomponenten, Techniken zur Herstellung polierter Anschliffe und die Mikroskopie mittels Ölimmersions-Objektiven sowie zahlreiche apparative Verbesserungen gehen auf seine Arbeiten zurück [63], [64]. 1935 führte M. C. STOPES in Analogie zum Mineral der Gesteine anorganischer Natur den Maceralbegriff in die Kohlenpetrologie ein und definierte somit die Basis sämtlicher heute gültigen mikropetrographischen Nomenklatursysteme. Von fundamentaler Bedeutung für die Entwicklung der Kohlenmikroskopie war die verstärkte Einbeziehung photometrischer Meßverfahren. Bereits 1932 zeigten HOFFMANN und JENKER durch Einsatz eines einfachen BEREK-Photometers die Abhängigkeit der Vitrinit-Reflexion vom Rang der Kohlen. In den Folgejahren, besonders nach dem 2. Weltkrieg, wurden die Instrumentarien und Verfahren weiter verbessert. Heute sind subjektive Methoden ersetzt durch objektive Messungen und die Verwendung hochempfindlicher Photomultiplier mit elektronischen Auswerteeinheiten (s. Abschn. 2.3.3., 3.2.2.).

Die Gründung der Internationalen Kommission für Kohlenpetrologie (ICCP) auf dem 3. Kongreß für Karbongeologie und -stratigraphie in Heerlen (1953) resultiert aus der wirtschaftlichen und wissenschaftlichen Bedeutung des Rohstoffs Kohle und stellt den entscheidenden Meilenstein auf dem Wege zur international einheitlichen Terminologie einer in der Praxis anwendbaren Kohlenpetrologie dar. Zunächst vorwiegend steinkohlenorientiert, begann 1963 eine spezielle Arbeitsgruppe für Braunkohlenpetrologie ihre Tätigkeit auf dem Gebiet der Standardisierung der Nomenklatur dieses Bereiches. Ergebnis dieser umfassenden Arbeiten ist das Internationale Lexikon für Kohlenpetrologie mit seiner ersten Ausgabe 1957, der zweiten 1963 und weiteren Ergänzungen 1971 und 1975 [30].

Neben der Auflicht-Hellfeld-Mikroskopie bei konventioneller Beleuchtung wurde schon relativ früh der diagnostische Wert der Lumineszenzmikroskopie erkannt. Anwendbar für Kohlen niederen Ranges und hochflüchtige Steinkohlen ist diese Betrachtungsweise unerläßlich zur eindeutigen Identifikation fossiler pflanzlicher Bitumenträger (Liptinite und Exinite) und bituminöser Inkohlungsprodukte. Hohen Stellenwert besitzt auch die Lumineszenz-Mikrophotometrie mit ihren Haupteinsatzgebieten: substanzorientierte Maceralanalytik und Rangdiagnose niedriginkohlter Organite, insbesondere von Kohlenwasserstoff-Muttergesteinen.

Mit wenigen Worten läßt sich nur schwer der Fortschritt umreißen, der sich in den letzten 60 Jahren auf dem Gebiet der Kohlenmikroskopie und im Verständnis über Genese, Eigenschaften und technologische Verwertbarkeit dieses Rohstoffs vollzogen hat. Ausdruck dessen sind die in heutiger Zeit an dieses Arbeitsgebiet gestellten Aufgaben in Erkundung, Qualitätsbewertung und Veredlung von Kohlen, der Erdöl-Erdgas-Prospektion, der Untersuchung sedimentärer und metamorpher Gesteine sowie der Umweltanalytik.

Dieses Kapitel kann die Komplexität moderner mikropetrographischer Auffassungen nur abrißhaft widerspiegeln. Es soll jenen helfen und als Anregung dienen, die beginnen, sich mit dem vielfältigen Gebiet der Kohlenpetrologie − speziell der Mikroskopie − zu beschäftigen. Diesem Anliegen entsprechend werden neben grundlegenden, dem Verständnis der Petrographie dienenden Fragen der Kohlengenese besonders die Möglichkeiten der Mikroskopie von Kohlen, natürlichen und technischen Koksen sowie eine Auswahl bereits erprobter und neuentwickelter mikroskopischer Analysenverfahren behandelt.

6.2. Grundlagen der Kohlenpetrographie

6.2.1. Voraussetzungen für die Kohlenbildung

Kohlen sind brennbare Sedimentgesteine pflanzlicher Herkunft, sogenannte Kaustobiolithe (griech. *kaustos* brennbar, *bios* Leben, *lithos* Gestein). Hervorgegangen aus dem Torfsubstrat der Paläomoore großer Sedimentationsbecken ist ihre Entstehung im Verlauf der Erdgeschichte entscheidend an eine Vielzahl geologischer, fazieller, paläoklimatischer und phylogenetischer Bedingungen geknüpft.

Nach ihrer paläogeographischen Position und dem sich daraus ableitenden Sedimentationsregime werden diese Gebiete in limnische (festländische) und paralische (den Meeresvorstößen geöffnete) Becken unterteilt. Die für eine langanhaltende Vermoorung

6.2. Grundlagen der Kohlenpetrographie

notwendige Absenkung des Untergrundes kann dabei durch unterschiedliche Faktoren bedingt sein:

— epirogene Absenkung verbunden mit mariner Regression/Emersion (epirogene Flözbildung) und entsprechend der Reliefenergie unterschiedlich intensiver limnischfluviatiler Schüttungen in das Paläomoor (Schwemmfächerrand-Flöze)
— Salzauslaugung bzw. Salzabwanderung im Untergrund
— syngenetisch wirkende Bruchtektonik.

Der stoffliche und strukturelle Charakter der Kohlen und damit ihr petrographischer Habitus wird geprägt durch die pflanzliche Ausgangssubstanz und ihre Veränderung im Inkohlungsprozeß (Karbonifikation — s. Abschn. 6.2.2.). Zusammenfassend lassen sich folgende Gruppen phytogener Edukte abgrenzen (vgl. Tab. 6.2):

— Humusbildner: Zellulose, Lignin, Gerbstoffe, Eiweiße, Saccharide
— Phytobitumina: Harze, Wachse, Öle, Fette, Latex, Kork (Suberin), Farbstoffe, Sporopollenin, Kutin
— weitgehend inkohlungsinerte Komponenten: Chitin, kohlenstoffreiche thermische bzw. mikrobielle Produkte von Holz und pflanzlichen Bitumina.

Für die Hauptmasse der Braun- und Steinkohlen, eingeschlossen die Anthrazite, sind die Humusbildner dominierend (= Humuskohlen). Daneben existieren besonders im Steinkohlenstadium (für Torfe und Braunkohle s. [39]) fazielle Sonderbildungen (Sapropelkohlen), die sich überwiegend aus fett- und ölreicher Substanz fossiler Algen (Bogheadkohle) bzw. Sporenrelikten (Cannelkohle) aufbauen. Zwischen beiden bestehen Übergänge. Inerte Bestandteile sind für die meisten europäischen und nordamerikanischen Kohlen quantitativ von geringer Bedeutung, erreichen jedoch in vielen Flözen der südlichen Hemisphäre rohstofflich bedeutsame Gehalte.

6.2.1.1. Klima und Florenentwicklung

Der Einfluß des Klimas ist in mehrerer Hinsicht kohlengenetisch bedeutsam. Zum einen wirken sich feuchtwarme bis gemäßigte Bedingungen günstig auf das Wachstum der Moorpflanzengesellschaften und somit auf die Entstehung mächtiger Torflager aus. Darüber hinaus haben klimatische Faktoren direkte Bedeutung für die Intensität des biochemischen Abbaus pflanzlicher Edukte (vgl. Abschn. 6.2.2.).

Im erdgeschichtlichen Rahmen betrachtet, sind es aber vor allem die phylogenetischen Veränderungen der Pflanzenwelt, die einen großen Einfluß auf die petrographische und stoffliche Zusammensetzung der Kohlen besitzen. In der mikroskopischen Analytik werden hierdurch entscheidende Randbedingungen fixiert, deren Kenntnis grundlegend notwendig für das Verständnis der Kohlenpetrographie ist und die für praktische Fragen der rohstofflichen Bewertung von Kohlen unterschiedlicher Altersstellung zu beachten sind.

Bereits aus dem Algonkium des Baltischen Schildes (Schungit), dem Huron Kanadas und der Fig-Tree-Serie des südlichen Afrika sind hochinkohlte Reste, hervorgegangen aus primitiven marinen Pflanzen, bekannt. Das erste Auftreten von Landpflanzen (Psilophyten) an der Wende vom Silur zum Devon bildet die fundamentale Voraussetzung für die Entstehung echter Humuskohlen. Für unterdevonische Moore — z. B. Haliseritenkohlen der Eifel, Steinkohlen und Brandschiefer des Rheinischen Schiefergebirges und des Kusnezk-Beckens (Hauptflözbildung im Perm) — ist nur eine unterentwickelte, submerse Vegetation charakteristisch. Erst mit dem Einsetzen der Sporenpflanzen (Pteridophyten) ab höherem Oberdevon kommt es zur Bildung bauwürdiger Flöze (Kusnezk-Becken, Bäreninsel).

Die Hauptphasen der Kohlenbildung sind im europäischen und nordamerikanischen Raum im Karbon angesiedelt, während sie auf der südlichen Hemisphäre im Perm, teilweise im Jura (Ostasien) liegen. Als Kohlenbildner treten im Karbon vor allem baumförmige Pteridophyten (Lepidophyten, Sigellarien, Lepidodendren, Articulaten, Filices) und erste Gymnospermen (Farnsamer, Cordaiten) auf. Das Permokarbon ist darüber hinaus gekennzeichnet durch die Herausbildung bedeutsamer pflanzengeographischer Provinzen:

— euramerische Flora (tropische Steinkohlenwälder Nordamerikas, Europas und Westasiens)
— Angara-Flora (Asien, insbesondere Sibirien)
— Gondwana-Flora; syn. *Glossopteris*-Flora (Permokarbon Südamerikas, Afrikas, Vorderindiens, Westaustraliens und der Antarktis)
— Cathaysia-Flora; *Gigantopteris*-Flora (Ost- und Südostasiens).

Die Florenentwicklung erreicht an der Wende von der Unter- zur Oberkreide (Wealdenkohle des Deister/BR Deutschland, Jugoslawien, Provinz Alberta/Kanada, Westteil USA und Nordmexiko) mit dem Auftreten der Bedecktsamer (Angiospermen) einen neuen Höhepunkt. Diese Pflanzengruppe wird zum bestimmenden Element der känozoischen und rezenten Flora.

Die Tertiärzeit stellt die zweite weltweite Hauptbildungsphase der Kohlen mit Flözen hoher Mächtigkeit dar. Als Substanzlieferanten treten vor allem Nadel- und Laubbäume, Palmen sowie unterschiedliche Strauchgewächse und Gräser in Erscheinung (s. Bild 6.1). Die Inkohlungspalette reicht von den Steinkohlen Spitzbergens, Südamerikas und Japans über die Hartbraunkohlen (Süd- und Osteuropa, Nordamerika, Grönland, Sowjetunion, Alaska) bis hin zu den großen Weichbraunkohlenlagerstätten des nördlichen Mitteleuropa, Chinas und Australiens.

6.2.1.2.   Moorfazies – Petrographie – Rohstoff

Neben globalen Veränderungen der Pflanzenwelt innerhalb geologischer Zeiträume ist die fazielle Differenzierung des Vermoorungsgebietes für die Natur pflanzlicher Edukte entscheidend und besitzt insbesondere für die Qualitätsbewertung von Weichbraunkohlen hohen Stellenwert. Die torfliefernde Vegetation reagiert sensibel auf die durch unterschiedliche Senkungsgeschwindigkeit des Untergrundes bzw. zeitlich und räumlich differenzierte limnisch-fluviatile Einflüsse ausgelösten Schwankungen des Grundwasserspiegels. Es treten Flach-, Zwischen- und Hochmoorphasen auf, in denen sich den konkreten edaptischen Verhältnissen angepaßte Phytozönosen (Moorfazies) einstellen, die vom feuchten baumlosen Ried, über periodisch überflutete Busch- und Bruchwaldmoore, bis hin zu den Waldmooren trockenerer Biotope reichen und charakteristische Kohlentypen hervorbringen. Stellvertretend für die Kausalkette Moorfazies — Petrographie — rohstoffliche Wertigkeit seien die Verhältnisse des 2. Miozänen Flözes der Lausitz dargestellt (Bild 6.1), wobei die gegebenen Rohstoffaussagen allgemeingültigen Charakter tragen.

6.2. Grundlagen der Kohlenpetrographie

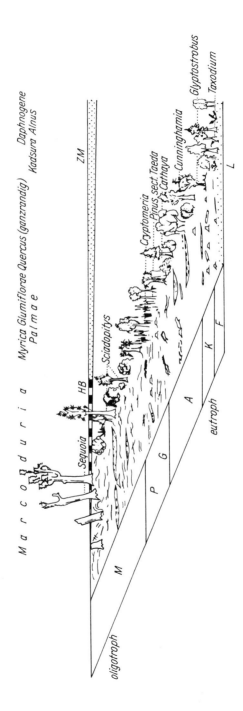

Bild 6.1. Gliederung der Moorfazies-Abfolge im 2. Miozänen Flöz (nach SCHNEIDER, 1978)
K Koniferen-Bruchwald-Fazies: reich an Xylit, stark gelifiziert; rein energetische Nutzung (Kesselkohlen). In Stagnationsphasen der Absenkung schieben sich lokal geringmächtige liptinitreiche Straten (helle Bänder in *K*) ein; *A* Angiospermen-Bruchwald-Fazies: gewebeführend, oft detritisch und wenig vergelt; hochwertige Veredlungskohlen (Brikettierung, Verkokung). Stagnationsphasen durch liptinitreiche Straten (*HB*/*A*) gekennzeichnet (Schwel- und Extraktionskohlen); *P* Pinus-Myricaceen-Fazies: schwach bis mittelvergelt, gewebe- und xylitführend, partiell detritische Kohlen des periodisch überfluteten Buschmoorgürtels; Brikettierkohlen; *G* Glumifloren-Riedmoor-Fazies: stark vergelte, gewebereiche, liptinitarme Kohlen; veredlungsproblematisch (Kesselkohlen); *M* Marcoduria-Fazies: schwach vergelte, partiell stark gewebe- und xylitführende Kohlen; hochwertige Veredlungskohlen (Brikettierung, Verkokung); *HB* helles Band im Zwischenmittelniveau; liptinitreiches feindetritisches Äquivalent der Zwischenmittel, gelegentlich mineralreich; kaum selektiv gewinnbar (Brikettierung, Karbochemie)

6.2.2. Die biochemische und geochemische Phase der Inkohlung

Nach dem grundsätzlichen Charakter substanzverändernder Prozesse wird der Inkohlungsverlauf in eine biochemische (Torf-Mattbraunkohle) und geochemische Phase (Glanzbraunkohle-Anthrazit) unterteilt (s. Tab. 6.1). Hauptelement der biochemischen Inkohlungsphase stellt die Torfbildung dar, liegen doch bereits hier die Wurzeln für den differenzierten petrographischen und stofflichen Aufbau der Kohlen begründet. Ursachen hierfür sind neben dem faziell differenzierten Substanzeintrag aus der Vegetationszone des Moores (s. Abschn. 6.2.1.2.) vor allem der vorwiegend mikrobielle Biomasseabbau. Die aeroben Verhältnisse an der Torfoberfläche (primäre Oxydationszone) bilden im Zusammenspiel mit günstigen Temperaturbedingungen und einem niedrigen Säuregrad des Mediums den Rahmen für eine intensive Mikroorganismentätigkeit und damit für eine besonders tiefgreifende Umwandlung pflanzlicher Substanzen (Destruktion, Humifikation). Im Ergebnis dessen stehen eine deutliche Verringerung des Porenvolumens, die Freisetzung von Wasser und Inkohlungsgasen sowie die Anreicherung von »gebleichtem« humosem Detritus (Attrinit) bzw. von weitgehend zersetzungsresistenten bituminösen (Liptinit) und inerten Komponenten. Die durch Absenkung und natürlichen Aufwuchs gesteuerte Verweildauer des Torfes im oxidativen Milieu ist der entscheidende Faktor für die Herausbildung rohstofflich bedeutsamer Kohlentypen.

In der im unmittelbaren Liegenden sich anschließenden Reduktionszone vollzieht sich die eigentliche Umwandlung von Torf in Weichbraunkohle. Fortschreitende Wasserabgabe und Verfestigung sind die äußeren Kennzeichen hierfür. Die Humifikation erreicht unter den hier herrschenden anaeroben Bedingungen ihren Höhepunkt. Freie Huminsäuren werden weitgehend zu Huminen und Humaten umgebaut, imprägnieren pflanzliche Gewebe (Ulminit), Hohlräume (Gelinit) und porösen Detritus (Densinit) oder flocken an geochemischen Barrieren (Flözbasis, Zwischenmittelbereich, Frischwasserzufluß) gehäuft aus (Vergelung/Gelifikation).

Innerhalb der Hartbraunkohle, an der Grenze Matt-/Glanzbraunkohle, vollzieht sich mit der Bildung des Vitrinits aus humosen Komponenten ein entscheidender qualitativer Umschlag (1. Inkohlungssprung). Während sämtliche bisher verlaufenden biochemischen Prozesse lediglich zur diagenetischen Veränderung der Kohlen führten, vollzieht sich im anschließenden geochemischen Inkohlungsabschnitt (Metamorphose) die Reifephase der organischen Substanz. Für die chemischen Veränderungen ist in erster Linie die Zeitdauer der Temperatureinwirkung infolge der Versenkung der Flöze in größere Teufen verantwortlich. Der Druck beeinflußt vor allem physikalische Eigenschaften wie Porosität und in hohen Rangstufen die optische Anisotropie. Radioaktive Strahlung und der von aufdringenden Gesteinsschmelzen ausgehende Wärmefluß beschleunigen die Metamorphose, erzeugen in der Regel jedoch nur lokale Inkohlungsanomalien.

Der unterschiedliche Inkohlungsverlauf stofflich verschiedener Maceralgruppen wird besonders beim Vergleich von Vitrinit und Exinit sichtbar. Ersterer ist bis ins Anthrazitstadium nachweisbar. Mit steigendem Rang vollzieht sich eine zunehmende Aromatisierung seiner chemischen Bindungsverhältnisse, die einhergeht mit der Erhöhung des Reflexionsgrades (wichtiger Inkohlungsgrad-Anzeiger) und weitgehender struktureller Homogenisierung. Die Lumineszenz des Exinits, eine besonders markante optische Eigenschaft dieser Maceralgruppe, ist nur etwa bis zur Grenze Gas-/Fettkohle ($\approx 1,2\%$ $R_{m(Öl)}$ Vitrinit, s. Tab. 6.1) nachzuweisen. In diesem Reifestadium erfolgt unter Abgabe großer Mengen Methan der weitgehende Abbau bituminöser Komponenten

(2. Inkohlungssprung). Bereits mit dem Beginn des Eßkohlen-Stadiums (1,6% $R_{m(Öl)}$ Vitrinit) sind noch vorhandene Reflexionsunterschiede beider Maceralgruppen beseitigt (vgl. Abschn. 6.3.3.2).

Durch den *Inkohlungsgrad* (Rang) sind nicht nur rein petrographische Veränderungen, sondern auch wichtige rohstoffliche und veredlungstechnologische Grenzen definiert. So endet die Anwendbarkeit der bindemittellosen Brikettierung, bedingt durch zunehmende Verdichtung und Gelifikation, mit dem Eintreten in das Glanzbraunkohlenstadium. Steinkohlenbezogen ist die Bindung guter Hydrier- und Verkokungseigenschaften an niedere und mittlere Rang-Stufen zu beachten (s. Tab. 6.6).

Über den kohlengeologischen Rahmen hinausgehend bildet der Rang-Parameter ein unverzichtbares Hilfsmittel in der Erdöl-Erdgas-Prospektion (vgl. Abschn. 6.4.2.1.).

In den kohlenfördernden Ländern sind unterschiedliche, in nationalen Standards fixierte Grenzen und Bezeichnungen der Rang-Stufen im Gebrauch (s. Tab. 6.1) [37], [66]. Durch die UNO-Wirtschaftskommission für Europa (79. Session des ECE-Kohlenkomitees, Genf 1983) wurde eine allgemeinen petrographischen und rohstofflichen Gegebenheiten entsprechende Klassifikation als verbindlich erklärt,. die im vorliegenden Kapitel gleichwertig zu den bisher im deutschsprachigen Raum gebräuchlichen Bezeichnungen Anwendung findet (Tab. 6.1).

6.3. Kohlenaufbauende Mikrokomponenten

6.3.1. Grundzüge der mikropetrographischen Nomenklatur

Bereits die übersichtsmäßige Mikroskopie einiger Kohlenanschliffe macht es dem Betrachter deutlich: Die kohlenaufbauende organische Substanz ist selten homogen, sondern durch eine Vielzahl kleinster Gefügebestandteile – die *Macerale* (Endsilbe *init*) – gekennzeichnet. Nur gelegentlich ist es möglich, das pflanzliche Ausgangsmaterial zu erkennen (Tab. 6.2). Besteht eindeutige Bindung an pflanzliche Organ- bzw. Gewebeteile (z. B. Sporinit, Cutinit, Alginit), so ist die Bezeichnung *Phyteral* anwendbar. Entsprechend ihrer mengenmäßigen Beteiligung und Vergesellschaftung sind die Macerale bestimmend für die physikalischen, chemischen und veredlungstechnologischen Eigenschaften einer Kohle definierten Ranges. Gegenüber ihren anorganischen Analoga – den Mineralen – zeichnen sie sich durch zwei entscheidende Besonderheiten aus:

– substanzielle Inhomogenität
– extreme Veränderlichkeit physikalischer und chemischer Eigenschaften im Inkohlungsprozeß.

Den Maceralen fehlt definitionsgemäß jegliche lichtmikroskopisch erkennbare Mineralsubstanz, nicht jedoch anorganische Beimengungen, submikroskopische Minerale und organisch-anorganische Komplexverbindungen (Tab. 6.3).

Für die Maceralansprache im Auflicht sind besonders Reflexionsvermögen, ggf. Lumineszenz, Gestalt und Destruktionsgrad von Bedeutung. Bei Braunkohlen wird darüber

Tabelle 6.1. Abgrenzung der Inkohlungsstufen nach physiko-chemischen und mikroskopischen Merkmalen; nach [30], [66] ergänzt

RANG				C^{daf} Huminit Vitrinit (%)	$R_{m(Öl)}$ Vitrinit (%)	w_t^{raf} (%)	Anwendbarkeit der Parameter zur Rangbestimmung	Wichtige mikroskopische Merkmale
Deutschsprachiger Raum	UdSSR (GOST 25543-82)	USA	ECE					
Torf	ТОРФ	Peat	Peat	60	0,3	75		pflanzliche Edukte im Detail erkennbar, großer Porenraum, freie Zellulose
Weich- Braunkohlen Hartbraun- kohlen	БУРЫЙ УГОЛЬ	Lignite	low rank coals (l.r.c.)	≈71	0,4	35		pflanzliche Strukturen noch erkennbar, Porenraum vielfach leer, keine freie Zellulose
Matt-								
Glanz-	ДЛИННО- ПЛАМЕННЫЙ УГОЛЬ	Sub- bituminous	C / B / A	≈77	0,5	25		Gelifizierung und Verdichtung, pflanzliche Strukturen z.T. erkennbar, Porenräume mit Collinit gefüllt
Flamm-		C — High Volatile Bituminous			0,7	8···10	Verbrennungswärme (af) oder w_t^{raf}	
Gasflamm- Steinkohlen	ГАЗОВЫЙ УГОЛЬ	B —	medium rank coals (m.r.c.)	≈87	1,0			
Gas-		A —			1,2			
Fett-	ЖИРНЫЙ УГОЛЬ	Medium Volatile Bituminous			1,4			starke Aufhellung des Exinits und Verlöschen seiner Lumineszenz
Eß-	КОКСОВЫЙ УГОЛЬ	Low Volatile Bituminous			1,6		C^{daf}	
Mager-	ТОЩИЙ УГОЛЬ	Semi- anthracite		≈91	1,8 2,0		V^{daf}	
Anthrazit	АНТРАЦИТ	Anthracite	high rank coals (h.r.c.)		3,0		R_m Vitrinit	Exinit nicht mehr von Vitrinit unterscheidbar, zunehmende Reflexionsanisotropie
Meta-Anthrazit		Meta-Anthracite			4,0		H^{daf}	
Graphit	ГРАФИТ	Graphite		100	11,0		Röntgenstrahlung	

Erläuterung der Abkürzungen: $R_{m(Öl)}$ Reflexion, gemessen bei Ölimmersion, C Kohlenstoffgehalt, w_t^r Rohkohlenwassergehalt, H Wasserstoffgehalt, V Gehalt an flüchtigen Bestandteilen der organischen Substanz; Bezugsniveaus: *af* aschenfrei, *daf* wasser- und aschenfrei

6.3. Kohlenaufbauende Mikrokomponenten

Tabelle 6.2. Die Macerale der Braun- und Steinkohlen

Genetische Zuordnung	Braunkohlen (low rank coals)		Steinkohlen (medium rank coals/ high rank coals)	
humose pflanzliche Gewebe mit erkennbaren Zellstrukturen	Maceralgruppe	Macerale	Macerale	Maceralgruppe
	Huminit	Textinit (unvergelt) Ulminit (vergelt)	Telinit	Vitrinit
feiner humoser Detritus; Gewebefragmente		Attrinit (unvergelt)	Vitrodetrinit	
		Densinit (vergelt)	Collinit	
nahezu strukturlose Humusgele, Humate		Gelinit		
oxidierte Gerbstoffkomponenten (Phlobaphenite)		Corpohuminit		
figurierte und destruierte Phytobitumina unterschiedlichster Zuordnung	Liptinit	Sporinit	nur existent für $R_{m(Öl)}$ < 1,6%	Exinit
		Cutinit		
		Resinit		
		Alginit		
		Liptodetrinit		
		Suberinit Chlorophyllinit	–	
frühe thermische bzw. mikrobielle Inkohlungsprodukte humoser und bituminöser Ausgangssubstanzen; figuriert oder als Detritus; Pilzdauersporen; »inert« im weiteren Inkohlungsprozeß	Inertinit	Fusinit		Inertinit
		Semifusinit		
		Sclerotinit		
		Inertodetrinit		
		Macrinit		
	–		Micrinit	

Tabelle 6.3. Kohle-Mineral-Verwachsungen; nach [30]

Bezeichnung	Zusammensetzung*
Carbargilit	Kohle + 20 ... 60 Vol.-% Tonminerale
Carbopyrit	Kohle + 5 ... 20 Vol.-% Sulfide
Carbankerit	Kohle + 20 ... 60 Vol.-% Karbonate
Carbosilicit	Kohle + 20 ... 60 Vol.-% Quarz
Carbopolyminerit	Kohle + 20 ... 60 Vol.-% verschiedener Minerale

* Die untere Grenze kann sich in Abhängigkeit vom Pyrit-Anteil auf 5 Vol.-% reduzieren.

hinaus nach dem Vergelungsgrad differenziert. Die übliche Zusammenfassung in Maceralgruppen ähnlicher Reflexion entspricht der allgemeingültigen Dreigliederung pflanzlicher Edukte (humose, bituminöse und inerte Ausgangssubstanzen, vgl. Abschn. 6.2.1.).
Genetisch und strukturell bedingte Unterschiede der Macerale werden als Maceral-Typen ausgehalten (Maceral: Fusinit; Maceraltyp: Pyrofusinit). Von Maceral-Varietät wird hingegen bei Erkennbarkeit bestimmbarer pflanzlicher Strukturen (Maceral: Telinit; Maceral-Varietät: Fungotelinit) bzw. für Braunkohlen beim Vorliegen von Reflexionsunterschieden (Textinit A *dunkel*; Textinit B *hell*) gesprochen.
Können durch Anwendung spezieller Methoden (Lumineszenz, Elektronenmikroskopie, Ätzen) innerhalb der Macerale zusätzlich Strukturelemente sichtbar gemacht werden, so bezeichnet man diese mittels konventioneller Mikroskopie nichtidentifizierbaren Komponenten als Kryptomacerale (z. B. liptodetrinitaufbauende Komponenten).
Die Identifikation von Maceral-Varietät, Maceral-Typ und Kryptomaceralen ist besonders für die Klärung flözgenetischer Fragen von Bedeutung. Stärker rohstofflich ist der Mikrolithotypen-Begriff (Endsilbe *it*), die Bezeichnung für typische Maceralparagenesen, orientiert.

6.3.2. Kohlen niederen Ranges

6.3.2.1. Maceralgruppen und Macerale

Das international verbindliche Maceral-Nomenklatursystem für Kohlen niederen Ranges unterscheidet sich von der bereits im Glanzbraunkohlenstadium angewandten Steinkohlen-Nomenklatur (System STOPES-HEERLEN) vor allem durch eine stark differenzierte Huminit-Gruppe, die als Vorläufer der Vitrinite anzusehen ist. Hingegen sind die Liptinit-/Exinitgruppe und Inertinite bei Braun- und Steinkohlen nahezu analog aufgebaut (s. Tab. 6.2).
Die Maceralgruppe der *Huminite* ist in Braunkohlen des Tertiärs quantitativ dominierend und damit auch Hauptträger technologischer Eigenschaften. Im wesentlichen hervorgegangen aus Lignin und Zellulose, sind sie nach dem morphologischen Erhaltungszustand (Destruktionsgrad) der Gefügeelemente in die drei Maceral-Subgruppen Humotelinit (intakte Zellwände und Gewebe), Humodetrinit (humoser Detritus) und Humocollinit (Humusgel) unterteilt.
Rein morphographisch entsprechen sie damit den Steinkohlen-Maceralen Telinit, Vitrodetrinit und Collinit. Jede dieser Subgruppen umfaßt eine Reihe von Maceralen, die

6.3. Kohlenaufbauende Mikrokomponenten

sich vor allem durch ihren Vergelungszustand unterscheiden. Für den Mikroskopiker wichtig ist die Tatsache, daß zunehmende Gelifikation stets mit deutlicher Helligkeitszunahme (Reflektanz), einem Schwinden der ohnehin geringintensiven Lumineszenz und in höheren Vergelungsstufen mit dem Auftreten scharf begrenzter Schrumpfrisse konform geht. Darüber hinaus zeichnen sich die Huminit-Macerale durch nachfolgend dargestellte, für ihre Identifikation wesentliche Merkmale aus:

Textinit (Bilder 6.2, 6.3)
Intakte Gewebe und mit maximal einem Riß versehene Einzelzellen; auch gerissene Gewebeteile bei erkennbarer Zellform. Lumina meist offen. Pflanzliche Strukturen (Membranen, Tüpfelung) noch gut erkennbar; unvergelt.
Varietät *A* reflektiert schwächer; Varietät *B* gleich oder stärker als benachbarter Densinit.

Ulminit (Bilder 6.3, 6.4, 6.10, 6.16)
Teilweise oder völlig gelifizierte Zellwände von Einzelzellen und Geweben. Meist geschlossene Lumina. Typische Gel-Schrumpfrisse. Zellwandstrukturen nicht oder nur undeutlich erkennbar. Varietät Texto-Ulminit = halbvergelter Textinit, Lumina z. T. offen; Varietät Eu-Ulminit = vergelter Textinit, Lumina völlig geschlossen, Erscheinungsbild entspricht Steinkohlen-Telinit.

Attrinit (Bild 6.5)
Unfigurierter, locker gepackter Huminit-Detritus und Zellfragmente, verwachsen mit feinster schaumig-poröser Substanz; unvergelt, dunkelgrau, grundmassebildend.

Densinit (Bild 6.7)
Morphographie etwa analog Attrinit, jedoch dicht gepackt und infolge Vergelung verkittet; hellgrau, grundmassebildend.

Gelinit (Bilder 6.8, 6.9)
Ausgefällte Humusgele ohne spezifische Figuration, jedoch mit ausgeprägten Schrumpfrissen. Bilden Hohlräume (auch Zellumina) nach. Partikel < 10 µm werden zum Densinit gestellt. Zwei texturelle Typen: Porigelinit mit feinporösem mikrokörnigem Habitus; Levigelinit erscheint homogen, teilweise schlierig.

Corpohuminit (Bilder 6.3, 6.10, 6.16 bis 6.18)
Oxidierte Gerbstoffe (Phlobaphenite) und sekundäre huminitische Zellfüllungen, welche nicht zum Gelinit gestellt werden. Kugelige, elliptische oder plattige Gestalt. Zwei genetische Typen: Phlobaphenit = von Gerbstoffen hergeleitete primäre Zellexkrete; Pseudo-Phlobaphenit = aus Humuskolloiden hervorgegangene Lumenfüllungen.

Die Macerale der *Liptinitgruppe* gehen direkt auf pflanzliche Primärbitumenträger (Phytobitumina) zurück. In der Regel liegen sie figuriert vor und entsprechen der Formenspezifik ihrer Edukte. Feindetritische Bestandteile (Liptodetrinit/Bituminit) sind grundmassebildend für gelbe Kohlentypen.
Die Hauptmasse des Liptinits ist biochemisch weitgehend inkohlungsresistent. Lediglich Destruktion, mikrobielle Zersetzung der Randzonen und Polymerisationsvorgänge

wirken substanzverändernd. Weitaus stärker abgebaut sind die Stützfunktion besitzenden Zellulosemembranen bzw. geringpolymere Intinen destruierter Sporinite. Im Glanzbraunkohlenstadium treten als Anzeiger einer sich mit zunehmendem Rang fortsetzenden stofflichen Instabilität erstmals liptinitisch-exinitische Inkohlungsprodukte (Exsudate) auf.

Die praktische Bedeutung der Liptinite liegt vor allem auf dem Gebiet der Karbochemie (Extraktion, Verschwelung, Verflüssigung). Darüber hinaus bilden sie den Gegenstand spezieller mikroskopischer Verfahren mit stratigraphischer und kohlengenetischer Zielstellung.

Im konventionellen Auflicht erscheinen sämtliche Liptinite in nur wenig nunciertem Dunkelgrau und sind daher lediglich in gutfiguriertem bzw. hochangereichertem Zustand vom humosen Detritus zu trennen. Besonderer diagnostischer Wert ist hingegen der Lumineszenzmikroskopie beizumessen. Bereits die subjektive Bewertung der vom Hellgrün über Gelb bis zum langwelligen Rot reichenden Emission (Breitband-Blau-Anregung) erlaubt eine stets eindeutige Klassifikation der Liptinite. Zur Lösung spezieller Probleme existieren darüber hinaus bewährte mikrophotometrische Verfahren (vgl. Abschn. 6.4.2.2).

Nachfolgende Übersicht umfaßt die wichtigsten der zur Maceraleinordnung notwendigen Informationen.

Sporinit (Bilder 6.20, 6.21, 6.23)

Sehr häufig. Figuriert, meist jedoch als Hauptbestandteil des liptinitischen Detritus auftretend (s. Liptodetrinit/Bituminit). Gelbe, selten braune bis rotbraune Lumineszenz.

Cutinit (Bild 6.24)

Hauptsächlich in Blätterkohlen vertreten. Bruchwaldkomponente. Meist mit zahnartigen Kutikularleisten, selten glatt oder undulös. Hauptemission im gelben Spektralbereich.

Resinit (Bilder 6.2, 6.10, 6.16, 6.17, 6.22, 6.23)

Morphographisch äußerst vielgestaltig. Sowohl isoliert als auch als Zellumenfüllung auftretend. Gelegentlich mit innerer Strukturierung, randlicher Korrosion und lumineszenzvermindernder Zonarpolymerisation. Lumineszenz reicht von Hellgelb (negatives Fading) bis zum Braun der Hochpolymere (positive Alteration).

Suberinit (Bilder 6.18, 6.19)

Meist in Form grün-gelbgrün lumineszenzierender Korkgewebe vorliegend. Bruchwaldelement bzw. Kennzeichen sekundärer Durchwurzelung (Radicellen). Lumina oft mit Pseudo-Phlobaphenit gefüllt.

Alginit (Bilder 6.14, 6.15)

Kolonien fossiler Algen mit oft buchtiger Struktur; sehr selten. Stillwasser-Element. Extrem hellgelbe Lumineszenz.

Chlorophyllinit

In der Regel an Cutinit gebundene, selten dispers auftretende pflanzliche Farbstoffe. Wenige Mikron groß; prismatisch. Nur in betont anaeroben Vertorfungsphasen erhaltungsfähig. Blutrote Lumineszenz mit extrem schnellem Negativfading nach Gelb.

6.3. Kohlenaufbauende Mikrokomponenten

Liptodetrinit (L) und **Bituminit (B)** (Bilder 6.6, 6.13, 6.23, 6.24)
Ergebnis betont aeroben Torfzersatzes (Gelbe Kohlen). Kryptomacerale bestehen aus Fragmenten o. g. Liptinite (ohne Chlorophyllinit und Alginit). Körniger, schlieriger Habitus (L), aber auch nahezu formlos (B). Hauptemission im Gelbbereich, nuanciert entsprechend Kryptomaceralbestand. Charakteristischer Alterationsverlauf.

Die Macerale der *Inertinit*-Gruppe sind in mitteleuropäischen Braunkohlen von geringer Bedeutung. Im mikroskopischen Bild zeichnen sie sich durch ihr hohes Reflexionsvermögen aus und sind völlig lumineszenzfrei. Substanziell stellen sie weitestgehend reaktionsinerte, extrem kohlenstoffreiche bzw. chitinöse Komponenten dar und umfassen sowohl Produkte thermischer oder mikrobieller Einflüsse im Torfstadium (Fusinit, Makrinit) als auch mycoide Reste (Sclerotinit). Ihre Gestalt ist mannigfaltig. Im Detail sind für die mikroskopische Identifikation folgende Spezifika von Bedeutung:

Sclerotinit (Bilder 6.6, 6.7, 6.11, 6.22)
Meist rundlich-ovale Formen, gekammert (Pilzdauersporen, Sclerotien), auch schlauchförmig (Hyphen) und als fädige Geflechte (Mycele, Plektenchym) auftretend. Größenverhältnisse unterschiedlich. Reflexion stets hoch (0,4 bis 1,1% $R_{m(\text{Öl})}$). Isotrop, starkes Relief.

Fusinit und **Semifusinit** (Bild 6.12)
Repräsentieren verschiedene Stadien der »Holzkohle«-Bildung. Gut erhaltene Zellstruktur, auch Gewebe- bzw. Zellwandfragmente (Bogenstruktur häufig). Fusinit = gelblich weiß ($R_{m(\text{Öl})}$ = 0,4 bis 1,1%); Semifusinit = hellgrau, Reflexion zwischen Huminit und Fusinit, isotrop; starkes Relief.

Macrinit (Bild 6.11)
Hochreflektierende (0,5 bis 6,0% $R_{m(\text{Öl})}$) amorphe Teilchen (10 bis 500 µm) verschiedenster Gestalt. Oft gebunden an liptinitreiche Kohlen, gelegentlich Liptinit partiell erfassend (»steinkohlenartige Teilchen« nach TEICHMÜLLER). Hellgrau bis weiß, schwach anisotrop, schwaches Relief.

Inertodetrinit (Bild 6.13)
Sammelbegriff für Inertinit-Bestandteile, die sich wegen ihres detritischen Habitus nicht mehr sicher figurierten Komponenten zuordnen lassen. Kryptomacerale (2 bis 20 µm) oft splittrig und eckig. Hellgrau bis weiß, selten hellgelb ($R_{m(\text{Öl})} > 0,5\%$), isotrop.

6.3.2.2. Die Mikrolithotypen der Weichbraunkohlen

Mikrolithotypen (MLT) entsprechen Maceral-»Paragenesen« (Mindestgröße 50 µm) mit einer auf technologischen Erfordernissen beruhenden Abgrenzung zueinander. Im Gegensatz zu Kohlen mittleren und hohen Ranges sind die MLT der Weichbraunkohlen nicht international verbindlich definiert. Theoretische Basis bildet ein für spezielle Belange der Weichbraunkohlen-Veredlung (Brikettierung, BHT-Verkokung, Vergasung) erarbeitetes Klassifikationssystem (vgl. Abschn. 6.4.1.3) mit den genetisch orientierten Prämissen

— Zellwandvergelung der Gewebe,
— Gewebedestruktion und
— Verdichtung des Detritus (auch infolge Humusgel-Einwanderung).

Nachstehender Übersicht (Tab. 6.4) sind die detaillierten Bezeichnungen der Weichbraunkohlen-MLT einschließlich ihrer allgemeinen Maceralcharakteristik zu entnehmen; Kohlen mit erhöhten Gehalten anorganischer Bestandteile werden gesondert ausgehalten (carbargilitische MLT). Hinsichtlich der Darstellung des mikroskopischen Bildes sei zum Zwecke der Beibehaltung einer einheitlichen Grenzziehung auf die Ursprungsliteratur verwiesen (SONTAG u. a. 1965). Die folgenden Bilder tragen ergänzenden Charakter.

Tabelle 6.4. Nomenklatur der Weichbraunkohlen-Mikrolithotypen (MLT)

MLT-Gruppe		MLT	Maceralgruppe/Maceral
Textit	(G)	Eu-Textit	Textinit, unvergelt
		Medio-Textit	Textinit, halbvergelt
		Gelo-Textit	Textinit, vergelt
Detrit	(G)	Texto-Detrit	Textinit + Detrinit
		Eu-Detrit	Detrinit, unvergelt
		Gelo-Detrit	Detrinit, vergelt
Gelit	(G)	Texto-Gelit	Gelinit, strukturiert
		Detro-Gelit	Gelinit, detritusführend
		Eu-Gelit	Gelinit, homogen
Inertit			Inertinite
Bitumit			Liptinite
anorganische Komponenten			Ton, Quarz, Gips, FeS_2 $CaCO_3$ u. a.

Erläuterung: (G) grundmassebildend

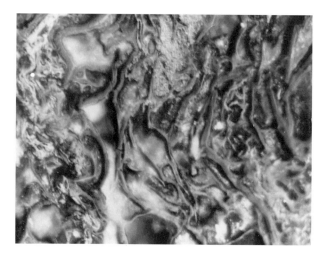

Bild 6.2. Unvergeltes Holzgewebe (Textinit) mit Resinit-Lumenfüllung; *MLT:* Eu-Textit, Bitumit.
Ölimm., Vergr. 300 ×

6.3. Kohlenaufbauende Mikrokomponenten 293

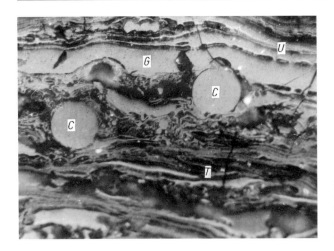

Bild 6.3. Unvergelte (*T* Textinit)
und vergelte (*U* Ulminit) Gewebe,
Corphohuminit (*C*) und Gelinit
(*G*); *MLT:* Medio/Gelo-Textit.
Ölimm., Vergr. 240×

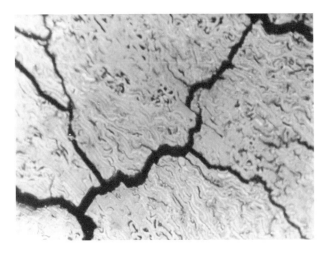

Bild 6.4. Stark vergeltes, extrem
verdrücktes Gewebefragment
(Ulminit); *MLT:* Texto-Gelit.
Ölimm., Vergr. 300×

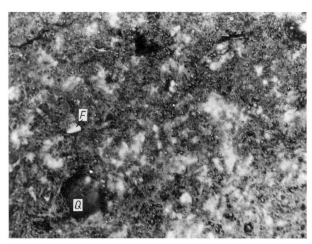

Bild 6.5. Unvergelter, zahlreiche
Innenreflexe zeigender Detritus
(Attrinit), Fusinitsplitter (*F*)
und Quarz (*Q*); *MLT:* Eu-Detrit.
Ölimm., Vergr. 240×

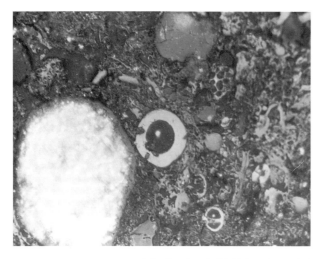

Bild 6.6. Verschiedene Resinit-Typen (körnig, dunkelgrau) und hochreflektierender Sklerotinit (Teleutospore), eingebettet in partiell vergeltem Detritus (Densinit); *MLT:* Gelo-Detrit, Bitumit.
Ölimm., Vergr. 300×

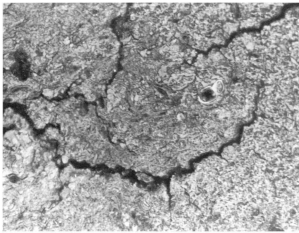

Bild 6.7. Hochreflektierender Sclerotinit (Teleutospore) in partiell vergeltem Detritus (Densinit); *MLT:* Gelo-Detrit.
Ölimm., Vergr. 300×

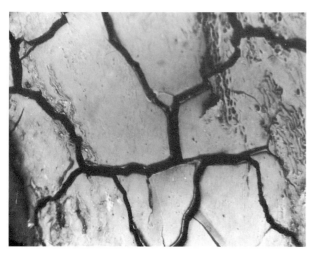

Bild 6.8. Gelinit (Levigelinit) mit zahlreichen Strukturrelikten; *MLT:* Eu-Gelit (homogen), Detro-Gelit (strukturiert).
Ölimm., Vergr. 300×

6.3. Kohlenaufbauende Mikrokomponenten

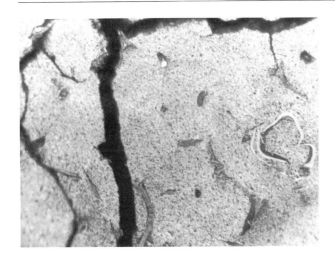

Bild 6.9. Gelinit (Porigelinit).
Ölimm., Vergr. 300 ×

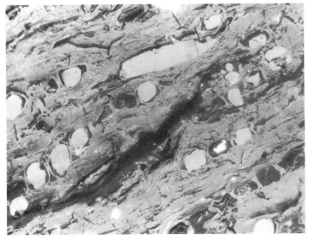

Bild 6.10. Vergelte, in Auflösung befindliche Gewebeteile (Ulminit), Resinit (dunkel) und Corpohuminit (hell) als Lumenfüllung; *MLT:* Gelo-Textit.
Ölimm., Vergr. 300 ×

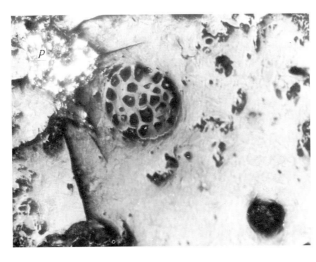

Bild 6.11. Typischer Tertiär-Sclerotinit (*Sclerotites brandonianus*), eingebettet in Makrinit; Pyrit (*P*).
Ölimm., Vergr. 240 ×

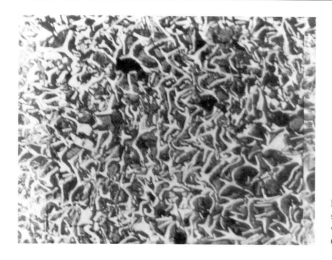

Bild 6.12. Fusinit; thermisch beanspruchte, hochreflektierende Zellwandfragmente.
Ölimm., Vergr. 300×

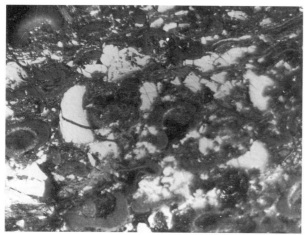

Bild 6.13. Liptodetrinit, bestehend aus Fragmenten pflanzlicher Bitumenträger (dunkel) und hochreflektierender Inertodetrinit (Fusinit- und Makrinitfragmente).
Ölimm., Vergr. 300×

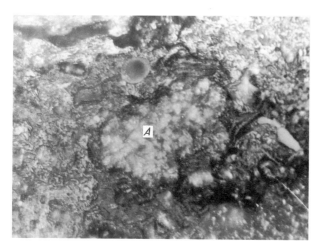

Bilder 6.14. und 6.15. Alginit (*A*) vom *Bottryocus*-Typ und Sporinit (*S*), eingebettet in gelifiziertem, lumineszenzfreiem Detritus (Densinit); *MLT:* Gelo-Detrit.
Konvent. Beleuchtung (Bild 6.14) und Lumineszenz (Bild 6.15)
Ölimm., Vergr. 240×

6.3. Kohlenaufbauende Mikrokomponenten

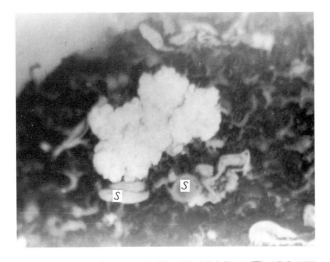

Bild 6.15

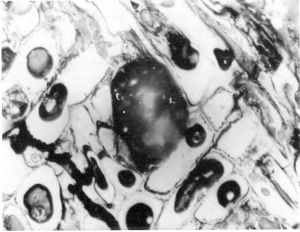

Bilder 6.16. und 6.17. Resinit (Zentrum) und zahlreiche lumineszenzfreie Corpohuminite in gelifiziertem Holzgewebe (Ulminit); *MLT:* Gelo-Textit. Konv. Beleuchtung (Bild 6.16) und Lumineszenz (Bild 6.17).
Ölimm., Vergr. 300×

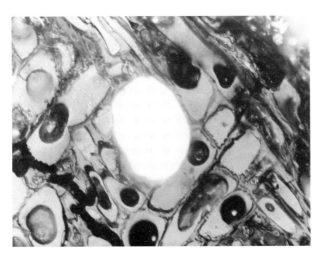

Bild 6.17

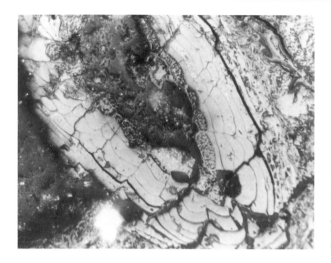

Bild 6.18. Suberinit (Cormusquerschnitt, Radicellen), Lumina völlig durch Pseudo-Phlobaphenit erfüllt. *MLT:* Rhizo-Textit, Gelo-Textit.
Ölimm., Vergr. 300 ×

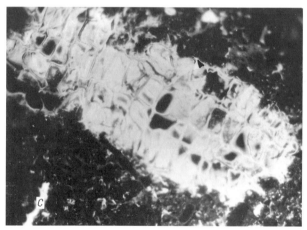

Bild 6.19. Großflächiger Suberinit, eingebettet in lumineszenzfreiem, vergeltem Detritus (Densinit).
Lumineszenz, Ölimm., Vergr. 240 ×

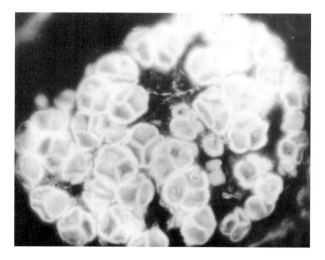

Bild 6.20. Sporinit (*Ericipites*-Typ), eingebettet im geschlossenen Staubgefäß.
Lumineszenz, Ölimm., Vergr. 480 ×

6.3. Kohlenaufbauende Mikrokomponenten

Bild 6.21. Isolierter Sporinit (*Pityosporites*).
Lumineszenz, Ölimm.
Vergr. 480 ×

Bild 6.22. Verschiedene Resinit-Typen: stark randlich korrodiert (*1*), mit innenreflexerzeugenden Blasenräumen (*2*). Mehrkammeriger Sclerotinit (hell) und unvergelter Detritus (Attrinit).
Lumineszenz, Ölimm.
Vergr. 240 ×

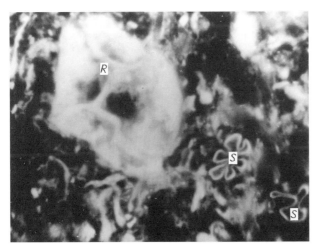

Bild 6.23. Kryptomacerale des Liptodetrinit/Bituminit. Resinit (*R*), Sporinit (*S*) mit amoeboidem Habitus und fädigen Suberinitfragmenten, verkittet durch unfigurierte lipoid-humose Substanz. Detailaufnahme zu Bild 6.22 (Attrinit).
Lumineszenz, Ölimm.
Vergr. 720 ×

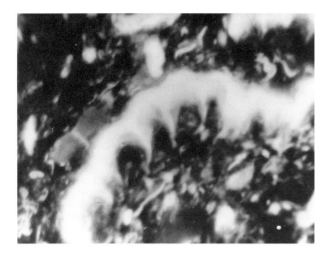

Bild 6.24. Fragmente einer Laubblattkutikula (Cutinit) mit ausgeprägten Kutikularleisten. *Matrix:* Liptodetrinit; *MLT:* Eu-Detrit. Lumineszenz, Ölimm.
Vergr. 480×

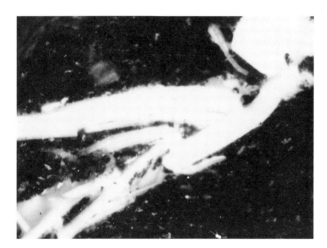

Bild 6.25. Hellumineszierende Faunenreste (Gastropoden-/Molluskenschill), eingebettet in schlierigem humosem Detritus (Densinit). Typische Gyttjenbildung.
Lumineszenz, Ölimm.
Vergr. 300×

6.3.3. Kohlen mittleren und hohen Ranges

6.3.3.1. Maceralgruppen, Macerale und Mikrolithotypen

Das international verbindliche Klassifikationssystem für Steinkohlen (System SPOPES-HEERLEN [30]) ist analog dem bereits für Kohlen niederen Ranges dargestellten aufgebaut (s. Tab. 6.2). Nach dem Reflexionsgrad lassen sich besonders in niederen Rang-Stufen drei Maceralgruppen unterscheiden:

— die Vitrinitgruppe mit mittlerer Reflektanz
— die Exinitgruppe mit geringerem Reflexionsvermögen im Vergleich zu dem dazugehörigen Vitrinit
— die Inertinitgruppe mit gegenüber dem Vitrinit höherem Reflexionsvermögen.

6.3. Kohlenaufbauende Mikrokomponenten

Die mit steigender Inkohlung fortschreitende Substanzhomogenisierung führt zur schrittweisen Reduzierung, jenseits des 2. Inkohlungssprunges zum völligen Angleichen der Reflektanzunterschiede von Vitrinit und Exinit.

Die häufigste Maceralgruppe der Steinkohlen der Nord-Hemisphäre sind die *Vitrinite*. Zu ihr gehören der im Auflicht Zellstrukturen zeigende **Telinit** (Bild 6.26). Völlig strukturloser **Collinit** (Bild 6.27) und dem Attrinit der Braunkohlen vergleichbarer **Vitrodetrinit**.

Die Macerale der *Exinit*gruppe sind mit Ausnahme der Sapropelkohlen weitaus spärlicher vertreten als Vitrinit. Es lassen sich vier Macerale mit charakteristischer, vorwiegend phytogen geprägter Spezifik aushalten:

Sporinit, bestehend aus Exinen von Mega- und Mikrosporen (Bilder 6.31 bis 6.33, 6.36) bzw. deren Fragmenten (Bild 6.28). Unter besonderen genetischen Bedingungen kann Sporinit nahezu gesteinsbildend auftreten (= Cannelkohlen; s. Abschn. 6.2.1.).

Cutinit (Bild 6.34), **Alginit** und **Resinit**
Letzterer tritt meist als Imprägnation oder Lumenfüllung im Vitrinit auf (Bild 6.35). Alginit hingegen ist in der Hauptmasse der Steinkohlen nur sporadisch vertreten. Gesteinsbildend ist er in Bogheadkohlen (Bild 6.37) zu finden und zeigt hier besonders bei Lumineszenzbeleuchtung (hellgelbe Emission) seine typische Gestalt. Bei gutem Erhaltungszustand ist, ebenso wie beim Cutinit, eine paläobotanische Einordnung möglich.

Die *Inertinite* sind sowohl untereinander als auch von Vertretern bereits dargestellter Maceralgruppen durch Reflektanz, Relief und Formenspezifik gut unterscheidbar.

Fusinit (Bilder 6.29 bis 6.31) zeigt stets höchstes Reflexionsvermögen, während die übrigen Macerale dieser Gruppe eine Reflektanz besitzen, die zwischen der des Vitrinits und Fusinits liegt.
Weitere Vertreter dieser Gruppe sind:

Mikrinit (Bilder 6.28, 6.32) und in Analogie zu den Braunkohlen (s. Tab. 6.1) **Semifusinit** (Bilder 6.31, 6.34), **Inertodetrinit** (Bilder 6.30, 6.33) und **Sclerotinit.**

Morphographisch lassen sich kaum entscheidende Unterschiede zum Braunkohlen-Inertinit feststellen. Ausnahmen bilden die für paläozoische Steinkohlen gegenüber tertiären Bildungen abweichenden Formen der Sclerotinite [1], [30], [66] und das rangbedingte Auftreten von feinkörnigem Mikrinit. Technologisch wirken sämtliche Inertinite als Magerungsmittel (Verkokung), obwohl sie sich nicht in jedem Falle völlig reaktionsinert verhalten (Semifusinit, Macrinit).
Die Mikrolithotypen der Steinkohlen (Mindeststreifenbreite 50 μm) sind in Analogie zu Weichbraunkohlen verwertungsorientiert definiert. Entsprechend ihrer Zusammensetzung aus Vertretern einer oder mehrerer Maceralgruppen werden mono-, bi- und trimaceralische Typen unterschieden (Mindestgehalt 5 Vol.-%). Eine übersichtsmäßige Darstellung der Steinkohlen-MLT gibt Tabelle 6.5. Detaillierte Angaben sind dem Internationalen Lexikon für Kohlenpetrologie, Ausgabe 1971 [30] zu entnehmen. Zur Illustration wird auf die entsprechenden Darstellungen (Bilder 6.26 bis 6.36) verwiesen.

Bild 6.26. Telinit (*MLT* Vitrit) einer Gasflammkohle. Aufgrund der geringen Inkohlungsstufe sind Reste des ehemaligen Zellgefüges erkennbar.
Ölimm., Vergr. 300 ×

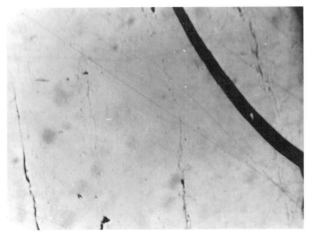

Bild 6.27. Vitrinit (Collinit) einer Fettkohle mit streifenförmiger Einlagerung von Bitumenkörpern und fleckigen Exsudaten.
Ölimm., Vergr. 300 ×

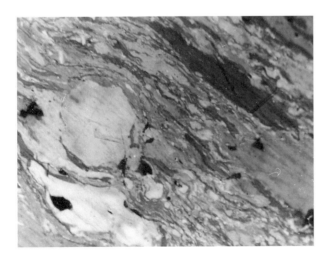

Bild 6.28. Clarit-Durit-Zwischenstufe (Gasflammkohle), bestehend aus Lagen von Vitrinit (grau), Exinit (dunkelgrau), Mikrinit (feinkörnig, hell) und großflächigem Macrinit.
Ölimm., Vergr. 300 ×

6.3. Kohlenaufbauende Mikrokomponenten

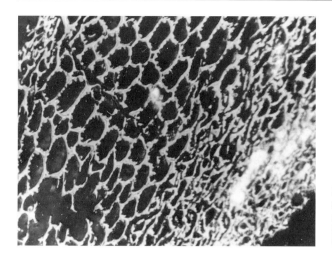

Bild 6.29. Fusinit; gut erhaltenes großzelliges Gewebe und ineinandergeschobene Zellwandtrümmer (Bogenstrukturbildung).
Ölimm., Vergr. 300×

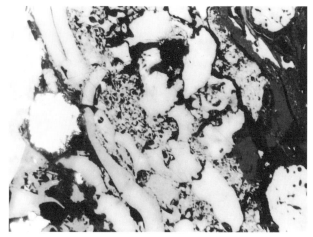

Bild 6.30. Pyrit (weiß), Inertodetrinit, Fusinit-Bogenstrukturen, Sclerotinit (hell, porig) und Vitrodetrinit (dunkelgrau) einer Flammkohle.
Ölimm., Vergr. 300×

Bild 6.31. Fusinit (hell), Semifusinitlagen (hellgrau) und Exinit (dunkelgrau) in Form von Makro- und Mikrosporen.
Ölimm., Vergr. 300×

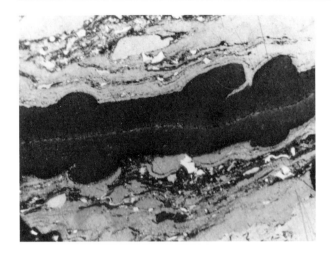

Bild 6.32. Makrospore (Sporinit) einer Gasflammkohle mit schwach erkennbarem ehemaligem Hohlraum und peripherer Skulpturierung, Mikrinit (weiß) und Vitrinit (hellgrau); *MLT:* Clarodurit. Ölimm., Vergr. 300×

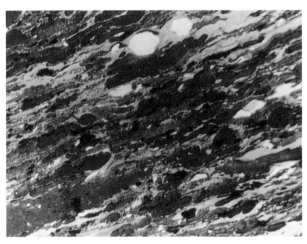

Bild 6.33. Clarit-Durit-Zwischenstufe (Clarodurit), Sporinit (Mikrosporen, dunkel), Inertodetrinit, Vitrinit (Collinit) und Pyrit (strahlend hell) einer Gasflammkohle. Ölimm., Vergr. 300×

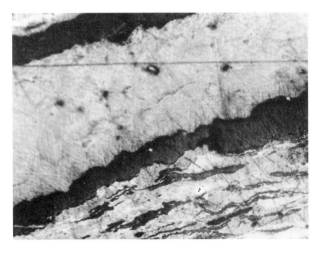

Bild 6.34. Clarit einer Gasflamm-/Gaskohle. In die hellgraue vitrinitische Grundmasse sind schichtparallel zahlreiche Cutinite (dunkelgrau) und Semifusinite eingelagert. Ölimm., Vergr. 300×

6.3. Kohlenaufbauende Mikrokomponenten

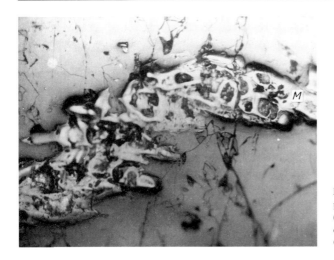

Bild 6.35. Vitrit einer Gaskohle mit partiell thermisch beanspruchtem (makrinitisiertem) Resinit (M) und dunkelgrauen Resiniten.
Ölimm., Vergr. 240 ×

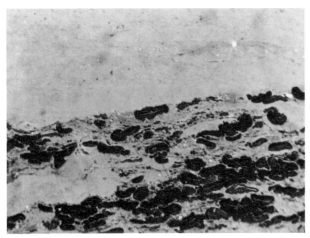

Bild 6.36. Vitrit (hellgrau) und Clarit. Letzterer bestehend aus zahlreichen Mikrosporen (dunkel) in collinitischer Grundmasse; Flammkohle.
Ölimm., Vergr. 300 ×

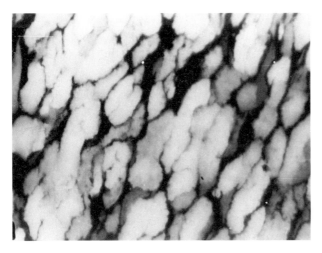

Bild 6.37. Boghead-Kohle. Typische (hellgelbe) Eigenlumineszenz des Alginits.
Lumineszenz, Ölimm., Vergr. 300 ×

Tabelle 6.5. Steinkohlen-Mikrolithotypen (MLT), nach [30]

Mikrolithotyp	Maceralgruppen	Anzahl der Maceralgruppen, die zum Aufbau der MLT erforderlich sind
Vitrit	Vitrinit	monomaceralisch
Liptit	Exinit	
Fusit	Inertinit (außer Mikrinit)	
Clarit	Vitrinit + Exinit	bimaceralisch
Durit	Inertinit + Exinit	
Vitrinertit	Vitrinit + Inertinit	
Duroclarit	Vitrinit + Exinit + Inertinit	trimaceralisch
Clarodurit	Inertinit + Exinit + Vitrinit	

6.3.3.2. Inkohlungsbedingte Veränderungen des Mikrobildes

Von besonderer Wichtigkeit für die Mikroskopie von Kohlen mittleren und hohen Ranges ist die zumindest näherungsweise Kenntnis des jeweiligen Inkohlungsgrades, treten doch rangspezifische Veränderungen des Maceral-Erscheinungsbildes auf, deren richtige Einordnung Fehlinterpretationen verhindert und bereits eine erste veredlungstechnologische Orientierung geben kann.

Bei den gering inkohlten *Glanzbraunkohlen, Flamm- und Gasflammkohlen* sind die Maceralunterschiede besonders gut erkennbar. Makro- und Megasporen weisen in Glanzbraunkohlen und Flammkohlen eine braun-gelbliche, im Bereich der Gasflammkohlen hingegen eine braune Färbung auf (Bilder 6.28, 6.31 bis 6.33, 6.36). Hohe H-Gehalte der Vitrinit- und besonders Exinit-Macerale bewirken eine gute Schwel- und Hydriereignung des Rohstoffs.

Im *Gaskohlenstadium* sind die Gefügebestandteile trotz beginnender Angleichung von Reflektanz und Farbe noch deutlich unterscheidbar (Bild 6.34). Vitrinit besitzt jetzt einen helleren Grauton. Typisch für Sporinite ist das Fehlen sämtlicher Braunnuancen zugunsten einer dunkelgrauen Färbung.

Das Erscheinungsbild der Macerale der *Fettkohle* unterscheidet sich grundlegend von dem niedrigerer Rangstufen. Sämtliche Exinite zeigen bedeutend hellere Färbung bei zunächst schwachem, am Ende des Fettkohlenstadiums nahezu fehlendem Relief (2. Inkohlungssprung, vgl. Abschn. 6.2.2.). Auch die Reflektanz des Vitrinits ist erhöht, so daß die einzelnen Komponenten in ihren Graunuancen weitgehend angeglichen sind. Exinite der *Eßkohle* sind rangbedingt kaum nachzuweisen. Die Vitrit-Clarit-Differenzierung ist daher erschwert, für technologische Belange aufgrund der annähernden Gleichwertigkeit beider MLT auch unnötig.

In der *Magerkohle* setzen sich die Verhältnisse des Eßkohlenstadiums auf höherer Stufe fort. Exinite heben sich nur noch im polarisierten Licht schwach von der vitrinitischen

Grundmasse ab. Für praktische Fragen aussagefähige MLT-Abgrenzungen werden unmöglich.

Im *Anthrazit* sind die MLT Vitrit, Clarit und Durit soweit angeglichen, daß bei normaler Hellfeldbeleuchtung keine Unterscheidung möglich ist. Lediglich der Fusit hebt sich reflexionsoptisch von der weitgehend homogenen Grundmasse ab. Durch Bewertung der Anisotropieeffekte lassen sich Unterscheidungen in geringer und höher inkohlte Anthrazite vornehmen [1], [37], [66].

6.4. Kohlenpetrographische Untersuchungsverfahren

6.4.1. Quantitative Maceral- und Mikrolithotypen-Analyse

Die Ermittlung des mikropetrographischen Aufbaus der Kohlen ist vordergründig zur Kennzeichnung der Rohstoffeigenschaften von Bedeutung. Darüber hinaus erleichtert seine detaillierte Kenntnis die Flözparallelisierung und gibt genetische Informationen. Neben den organischen Komponenten werden in allen Analysenformen — einschließlich der »Kombinationsanalyse nach Maceralen und Mikrolithotypen« [30] — sämtliche anorganischen Bestandteile berücksichtigt. Nachfolgend sind die Wesenszüge der Analytik und der rohstofflich bedeutsame Aussagegehalt ihrer Ergebnisse abrißhaft dargestellt. Hinsichtlich der verbindlichen Arbeitsvorschriften wird auf die in den einzelnen Abschnitten angegebene Literatur verwiesen.

6.4.1.1. Analytik von Kohlen mittleren und hohen Ranges

Die Maceralzusammensetzung kann sowohl an senkrecht zur Sedimentationsebene orientierten Anschliffen als auch an einer repräsentativen Durchschnittsprobe ermittelt werden. Der Zerkleinerungsgrad des körnigen Probengutes ist zweckmäßigerweise so zu wählen, daß auch die quantitative Bestimmung der Mikrolithotypen am gleichen Schliff ausgeführt werden kann ($\leq 0{,}75$ mm).

Aus Gründen der Ergebnisrepräsentanz ist eine Anschlifffläche von 4 cm^2 anzustreben.

Die Maceralanalyse wird grundsätzlich mittels Point-Counter durchgeführt, wobei mindestens 500 Punkte in Kohle zu erfassen sind. Eine detaillierte, international verbindliche Vorschrift gibt das Internationale Lexikon für Kohlenpetrologie, Ausgabe 1963 [30].

Die Kennzeichnung der Maceralzusammensetzung einer Kohle reicht jedoch in vielen Fällen zur Klärung physikalischer und technologischer Eigenschaften nicht aus, da der Verwachsungsgrad der Mikrobestandteile nicht quantifizierbar ist. Von weitaus größerer praktischer Bedeutung ist somit die quantitative Erfassung technologisch wichtiger Maceralvergesellschaftungen (= Mikrolithotypen-Analyse). Angaben zum Analysengang sind der Literatur zu entnehmen [30].

Die Bedeutung quantifizierender mikropetrographischer Verfahren wird besonders bei Betrachtung des Hauptveredlungsprozesses der Steinkohlen, der Verkokung, deutlich (Tab. 6.6). Abhängig vom jeweiligen Rang des Einsatzrohstoffes unterliegen Produktenausbeute und -qualität (Druck- und Abriebfestigkeit, Porosität) in hohem Maße im Mikroaufbau begründeten Einflüssen.

Tabelle 6.6. Verkokungsverhalten der Steinkohlen-Mikrolithotypen unterschiedlichen Inkohlungsgrades, vereinfacht nach [1]

Rang	Vitrit	Clarit	Durit
Flammkohle	allein nicht verkokbar, nicht bis schwach blähend, Koks gesintert bis pulvrig		
Gasflammkohle	allein nicht verkokbar, Koks gesintert bis gebacken; nicht bis schwach blähend		wie oben, Koks pulvrig, nicht treibend, gut schwindend
Gaskohle	bedingt geeignet; gut backender, geschmolzener Koks, schwach treibend, gut schwindend		allein kaum verkokbar
Fettkohle	gut geeignet, Koks backend und geschmolzen, schwach bis mittelstark treibend, gut schwindend		bedingt verkokbar, Koks gut gebacken, wechselnder Schmelzfluß
Eßkohle	bedingt bis nicht geeignet; mäßig backend, wenig schwindend, oft stark treibend und pulvrig		
Magerkohle	allein nicht verkokbar, Koks schwach gesintert bis pulvrig		
Anthrazit	allein nicht verkokbar, Koks stets pulvrig		

Weitere Einsatzgebiete der mikropetrographischen Steinkohlen-Analytik sind in folgenden Bereichen der Veredlung zu finden:
— bei der Hydrierung im Hinblick auf die sehr unterschiedliche Reaktivität der Gefügebestandteile
— bei der Vergasung hinsichtlich der Menge und Qualität erzeugbaren Synthesegases
— bei der Beurteilung der Brikettierfähigkeit unter Verwendung geeigneter Bindemittel
— bei der Einschätzung auftretender bergbau- und aufbereitungsspezifischer Sicherheitsfragen wie Oxydierbarkeit und Selbstentzündlichkeit von Kohlenstückgut bzw. -stäuben.

6.4.1.2. Maceralanalyse von Kohlen niederen Ranges

Analog zu den im vorangestellten Abschnitt bereits getroffenen Aussagen ist auch die Maceralanalyse von Kohlen niederen Ranges (Braunkohlen) an senkrecht zur Schichtung orientierten Stückschliffen und Körnerschliffen ausführbar. Die Wahl der Schliffart ist dabei weitestgehend von der konkret zu lösenden Problemstellung abhängig, wobei aufgrund der naturgegebenen Heterogenität der Probensubstanz und der Möglichkeit einer weitgehend maschinellen Schliffanfertigung repräsentativen Durchschnittsproben körnigen Materials (Ringanschliffe) im Routinebetrieb der Vorzug gegeben wird.

6.4. Kohlenpetrographische Untersuchungsverfahren

Da die Maceralzusammensetzung kaum Abhängigkeiten zur Teilchengröße besitzt, ist keine spezielle Körnung vorgeschrieben. Es ist jedoch in Analogie zur Steinkohle zu empfehlen, eine auch hinsichtlich der Mikrolithotypen bewertbare Korngröße ($\leq 3,15$ mm) zu verwenden. Der Analysengang erfolgt grundsätzlich mittels automatischem Point-Counter bei Verwendung einer maximal 500fachen Gesamtvergrößerung. Es wird jeweils das im Fadenkreuz des Okulars befindliche Maceral bestimmt, wobei in Analogie zu Steinkohlen mindestens 500 Punkte in Kohle zu analysieren sind [30].

Trotz ihrer internationalen Verbreitung läßt sich die Bedeutung der Braunkohlen-Maceralanalyse nicht mit der von Steinkohlen messen. Die Ursachen liegen vor allem in der nur unvollständigen Erfaßbarkeit technologisch relevanter Komponenten für die Brikettierung und sämtlicher nachgeschalteter Stufen (Verkokung, Vergasung, Verschwelung) sowie im Fehlen eines die Anwendung international standardisierter Analysenverfahren stets fördernden, grenzüberschreitenden Handels mit Veredlungskohlen niederen Ranges.

Prognostisch ist ein Einsatz auf speziellen Gebieten der Karbochemie zu erwarten, da Produktenqualität und Verfahrensökonomie in hohem Maße von der stofflichen Zusammensetzung der Einsatzkohlen beeinflußt werden. Dies erfordert zwangsläufig die verstärkte Einbeziehung der Lumineszenzmikroskopie zur substanziellen Abgrenzung unterschiedlicher Kondensationsstadien der Huminitkomponente und eindeutigen Quantifizierung figurierter bzw. destruierter Liptinite.

6.4.1.3. Weichbraunkohlen-Mikrolithotypen-Analyse

Die Methode der quantitativen mikropetrographischen Analyse nach Mikrolithotypen von Weichbraunkohlen (QMA) geht auf Arbeiten von SONTAG, TZSCHOPPE und CHRISTOPH zurück. Mit ihrer kohlengenetisch und veredlungsorientierten Aussage findet sie seit mehr als zwei Jahrzehnten in der Erkundung und Rohstoffbewertung Niederlausitzer Flöze breite Anwendung. Grundsätzlich unterscheidet sich der Analysengang nur unwesentlich von den bereits dargestellten Methoden.

Verwendung finden probenrepräsentative Körner-Anschliffe. Da die bestimmbare Mikrolithotypenzusammensetzung Korngrößenabhängigkeit zeigt, ist eine feinkornarme Fraktion von $\leq 3,15$ mm zu empfehlen. Die Analytik selbst wird mittels Point-Counter und automatischem Gleittisch bei 250- bis 400facher Gesamtvergrößerung (konventionelle Hellfeldbeleuchtung; Ölimmersion) nach dem Punktrasterverfahren durchgeführt. Repräsentativ für ein veredlungstechnologisch aussagefähiges Ergebnis ist die Erfassung von 1000 Punkten, wobei aufgrund der naturgegebenen Heterogenität der Weichbraunkohlen Doppelanalysen zu empfehlen sind.

Hinsichtlich der veredlungstechnologischen Eignung der Mikrolithotypen läßt sich folgende allgemeingültige Aussage treffen [69]:

— Der Gelit zeigt durchweg veredlungsungünstige Eigenschaften. Infolge seines klastischen Verhaltens verhindert er die Ausbildung eines druckfesten Brikettkornverbandes; bei der Pyrolyse löst er aufgrund ausgeprägter Neigung zum Schrumpfen vorzeitigen Brikettzerfall und Zusammenbruch des Stückkoksverbandes aus.

— Auch der Textit besitzt ungünstige Verkokungseigenschaften infolge Fusinitisierung. Wenig gelifizierte MLT (Eu- und Medio-Textit) zeichnen sich durch ein sehr gutes Brikettiervermögen aus, sind jedoch aufbereitungsschwierig.

— Der Detrit zeigt besonders in gering- bzw. nichtvergelter Form gute bis sehr gute Brikettier- und Verkokungseigenschaften und ist darüber hinaus Träger der Hauptmasse an Liptiniten (Extraktion, Verschwelung).

Die im Detail noch weitaus differenzierteren Eigenschaften der MLT im Veredlungsprozeß bilden die Basis für die Fixierung von MLT-Klassen zur halbquantitativen Beurteilung der zu erwartenden technologischen Eignung des Rohstoffs. Der Tabelle 6.7 sind die gegenwärtig für Kohlen des 2. Miozänen Flözes (2. Lausitzer Flöz) im Gebrauch befindlichen Grenzwerte der Kohlensorten »Kokskohle« — bezogen auf die Stückkoksbildung von Briketts der Körnung 1/0 mm bei einem Wassergehalt von etwa 11% — und die Einsatzkohle der Brikett-Festbettdruckvergasung (»Gaskohle«) zu entnehmen.

Tabelle 6.7. Zusammensetzung der Mikrolithotypen-Klassen für Einsatzkohlen der BHT-Verkokung (Kokskohlen) und Brikett-Festbettdruckvergasung (Gaskohlen)

Mikrolithotypen		Zulässige Anteile in %
Klassen	Zusammensetzung	
»Kokskohlen«		
I	Eu-Textit Gelit	≤ 20
II	Gelo-Textit Medio-Textit Texto-Detrit	≤ 30
III	Eu-Detrit Gelo-Detrit	≤ 50
»Gaskohlen«		
I	Gelit Gelo-Textit Inertit Bitumit (Minerale)	≤ 20 (≤ 25)
II	Gelo-Detrit Medio-Textit	≤ 50 (≤ 40)
III	Eu-Textit Texto-Detrit Eu-Detrit	 ≥ 30 (≥ 35)

Bild 6.38 zeigt die prinzipiell mögliche Zuordnung verschiedener Kohlensorten zu relativ eng begrenzten Bereichen der MLT-Klassen. Hinsichtlich der Brikettierung, Verkokung und Festbett-Druckvergasung von niederlausitzer Kohlen ist die Beziehung Mikropetrographie-Veredlungseignung auf der Basis zahlreicher technologischer Versuche relativ exakt definierbar (Tab. 6.7). Weniger eindeutig ist die Zuordnung des Schwelkohlen-»Feldes«. Seitens der Analytik liegt die Ursache hierfür hauptsächlich in der Nichterfaßbarkeit detritischer Liptinite mittels konventioneller Hellfeldbeleuchtung (vgl.

6.4. Kohlenpetrographische Untersuchungsverfahren

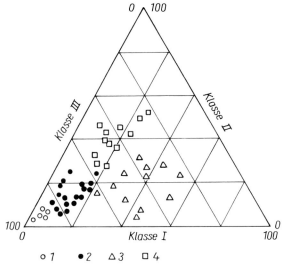

Bild 6.38. Kohlensortendiagramm Klasseneinteilung (Angaben in Vol.-%) Klasse I — zur Veredlung ungeeignete Mikrokomponenten; Klasse II — zur Veredlung mäßig geeignete Mikrokomponenten; Klasse III — zur Veredlung geeignete Mikrokomponenten; *1* Schwelkohlenbereich; *2* BHT-Kokskohlen; *3* Bereich der Kohlen zur Gaserzeugung und energetischen Nutzung; *4* Bereich der Brikettierkohlen

Abschn. 6.4.1.2.). Eine Alternative hierzu würde sich durch Einsatz der Lumineszenzmikroskopie und der Einführung eines dem Steinkohlen-Clarit äquivalenten Weichbraunkohlen-Mikrolithotyps ergeben.

6.4.1.4. Lumineszenzmikroskopische Faziesdiagnose

Die Verfahrensentwicklung geht auf Arbeiten von VOLKMANN aus dem Jahre 1982 zurück und stellt eine Ergänzung der seit langem zur Ableitung kohlengenetischer Gesetzmäßigkeiten gebräuchlichen Methoden (Kutikular- und Sporomorphenanalyse, mikropetrographische Analyse mit histologischer Bewertung des Textinits) dar. Mit seinem Hauptanwendungsgebiet, den hochdestruierten Weichbraunkohlen, schließt das Verfahren eine bislang durch den Mangel an paläoökologisch bewertbaren Florenresten bedingte Bearbeitungs- und Erkenntnislücke.

Hinsichtlich Probenaufbereitung und Schliffherstellung gelten die bereits diskutierten Grundsätze (vgl. Abschn. 6.4.1.2.). Neu ist der unbedingte Einsatz liptinitfremd lumineszierender Einbettungsmittel. Die Lumineszenzmikroskopie erfolgt bei Breitband-Blau-Anregung (*BB*) entsprechend den von der ICCP gegebenen Empfehlungen [30]. Die Erfassung der im Detail Bild 6.39 zu entnehmenden Liptinitspezifika basiert auf mikroskopischer Bildfeldauszählung. Da jedes Flöz verschiedene Absolutwerte hervorbringen kann, muß auf die Angabe konkreter Gehaltsspannen (nach rechts in Bild 6.39 steigend) verzichtet werden.

Neben den dargestellten Verhältnissen sind folgende Randbedingungen zu beachten:

— Konzentriertes Auftreten von Sporinit und Suberinit in *HB* der Bruchwälder (*K*- und *A*-Fazies) als einzig deutliches Differenzierungsmerkmal gegenüber petrographisch ähnlichen *HB* im Zwischenmittelniveau.

— Typisches Kennzeichen der nahezu liptinitfreien *G*-Fazies sind akzessorisch auftretende zarte Cutinite hellbrauner Lumineszenz.

— Langgestreckte inhomogen lumineszierende (fleckig; gelb und braun) Resinite besitzen Leitcharakter für die *P*-Fazies.

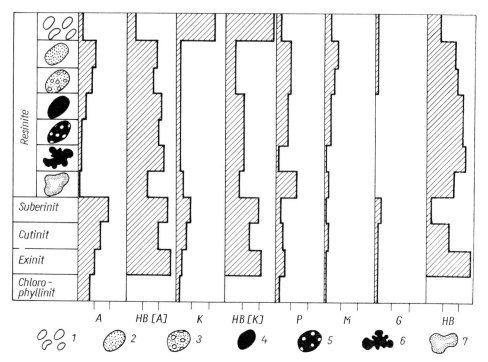

Bild 6.39. Verteilungstendenz figurierter Weichbraunkohlen-Liptinite in definierten Moorfaziesbereichen des 2. Miozänen Flözhorizontes der Niederlausitz
1 leuchtend hellgelb lumineszierende Resinite; *2* goldgelb lumineszierende Resinite; *3* goldgelb lumineszierende Resinite mit Blasenräumen; *4* (dunkel)ocker lumineszierende Resinite; *5* analog 4, aber mit Blasenräumen; *6* analog 4 und 5 bei ausgeprägter randlicher Korrosion; *7* Resinite verschiedener Lumineszenz und innerer Struktur, teilweise korridiert, stets mit dunkellumineszierendem randlichem Polymerisationssaum (Kennzeichnung der Faziesbereiche s. Bild 6.1)

6.4.2. Photometrie

6.4.2.1. Reflexionsphotometrie

Das Haupteinsatzgebiet der photometrischen Bestimmung des Reflexionsgrades ist die Inkohlungsgradbestimmung von Kohlen mittleren und hohen Ranges.

Die Messung wird am häufigsten und repräsentativsten Maceral der Steinkohlen, dem Vitrinit, ausgeführt und beruht auf der Tatsache, daß mit steigendem Rang Kohlenstoffgehalt und Reflexionsvermögen (Reflektanz) des Vitrinits zunehmen, während der Gehalt an flüchtigen Komponenten sinkt (s. Tab. 6.1; Bild 40). Wenn auch zwischen diesen drei rangrelevanten Parametern enge korrelative Beziehungen bestehen, so kommt der Reflexionsmessung in der Praxis besondere Bedeutung zu, ist ihr Ergebnis im Gegensatz zu chemischen Verfahren doch völlig unabhängig von der konkreten Maceralzusammensetzung der Gesamtkohle.

Inkohlungsbestimmungen aufgrund von Reflexionsmessungen sind darüber hinaus zur Qualitätskontrolle der Einsatzkohlen des Kokereibetriebes im Gebrauch und bilden hier eine ausgezeichnete Basis zur Ermittlung der Zusammensetzung von Kohlenmischungen (Bild 6.41).

6.4. Kohlenpetrographische Untersuchungsverfahren

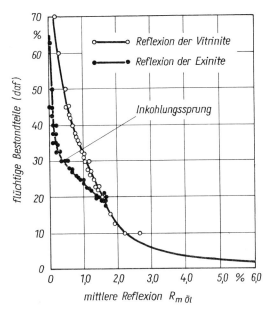

Bild 6.40. Beziehung zwischen Gehalt an flüchtigen Bestandteilen (daf) und der mittleren Reflexion (Öl) des Vitrinits bzw. Exinits (nach PREUSS, GINDORF und WINTRICH, 1977)

In den letzten zwei Jahrzehnten hat die Reflexionsmessung im internationalen Maßstab große Bedeutung für die Erdöl- und Erdgasprospektion erlangt. Unter Berücksichtigung der engen genetischen Beziehung, die zwischen dem Rang und der Bildung bzw. Zerstörung von Kohlenwasserstoffen besteht, wird das Reflexionsvermögen winziger, dispers verteilter organischer Substanzen (DIVOS) in minerogenen Sedimenten sowie

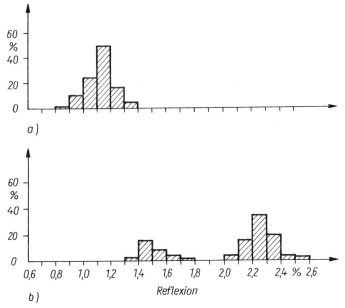

Bild 6.41. Typische Verteilung der Reflexions-Meßwerte
a) medium rank coal (Gas-/Fettkohle)
b) Kokskohlengemisch, bestehend aus Fettkohlen und Magerkohlen/Anthraziten

eingelagerter Kohlenflöze bestimmt und als Kriterium für Höffigkeitsaussagen (maximale Versenkungsteufe, Paläotemperatur) herangezogen.

Der Meßvorgang selbst unterscheidet sich prinzipiell nicht von dem zur Bestimmung der Reflektanz minerogener Komponenten (vgl. Abschnitt 3.2.2.2.).

Da das Reflexionsvermögen kohliger Substanzen jedoch in der Regel weit unter dem der Minerale liegt und aus kommerziellen Gründen eine internationale Vergleichbarkeit der Ergebnisse notwendig ist, sind eine Reihe von Besonderheiten zu beachten [30]:

- monochromatische Einstrahl-Messung mittels Photomultiplier (SEV) bei international verbindlicher Wellenlänge von 546 nm
- Verwendung von Ölimmersionsobjektiven mit 25facher bzw. 40- bis 60facher Eigenvergrößerung
- Brechungsindex des Immersionsöles $n_{546} = 1{,}516$ bis $1{,}528$
- weitgehende Temperaturkonstanz während der Messung (Veränderung des Brechungsindexes der Immersion!) — bei Temperaturschwankungen um $2{,}5\,°C$ ist das Ergebnis zu verwerfen.

Die Messung kann an Körner- und Stückanschliffen erfolgen. Weitgehende Relieffreiheit bildet das entscheidende Kriterium für reproduzier- und aussagefähige Ergebnisse. Eine weitere Besonderheit besteht in der Wahl geeigneter Standards, die den unteren Reflexionsbereich repräsentieren. In Ergänzung der in Tabelle 3.3 für anorganische Komponenten getroffenen Aussagen soll auf den Gebrauch folgender Eichsubstanzen hingewiesen werden (Angaben gültig für 546 nm und Ölimmersion):

- Leucosaphir $R = 0{,}598\%$
- Eichgläser mit verschiedenem Brechungsindex $R = 0{,}303$ bis $1{,}819\%$
- Diamant $R = 5{,}305\%$
- Carborundumstandard $R = $ etwa 7 bis $7{,}3\%$

In der Regel reicht die Bestimmung der mittleren Reflexion (R_m) im natürlichen Licht für praktische Fragen der Rangdiagnose aus. Für spezielle Problemstellungen ist hingegen auch der Grad der Vitrinitanisotropie interessant. Ein Maß dieser, bei allen Vitriniten vorhandenen, jedoch erst in höheren Rangstufen ausgeprägten Bireflexion ist das mittels polarisiertem Licht gemessene maximale und minimale Reflexionsvermögen (R_{max}, R_{min}).

Zur Rangdiagnose ist die Durchführung von mindestens 100 Einzelmessungen je Präparat notwendig. Werden die Untersuchungen an einem vertikalen Flözprofil vorgenommen, so ist auf äquidistante Verteilung der Meßpunkte über die gesamte Mächtigkeit zu achten. Die Ergebnisdarstellung sollte zweckmäßigerweise in Form von Reflektogrammen erfolgen, in denen die Einzelwerte zu Klassen definierter Reflektanz zusammengefaßt sind (Bild 6.41).

Neben der Vermessung der Vitrinit-Reflexion ist auch das Reflexionsvermögen des Exinits innerhalb naturgegebener Grenzen (2. Inkohlungssprung) rangdiagnostisch bedeutsam. Insbesondere bei der Bearbeitung von DIVOS in der Erdöl- und Erdgasprospektion ist durch Mangel an auswertbarem Vitrinit oftmals die Vermessung der im Sediment eingebetteten Exinite (meist Sporinitfragmente) die einzige Möglichkeit des Einsatzes der Reflexionsphotometrie. Grundvoraussetzung bildet eine exakte Maceralgruppenansprache und die detaillierte Kenntnis des speziellen Inkohlungsverlaufes dieser Komponenten (Bild 6.40).

6.4.2.2. Lumineszenzphotometrie

Auf Vorteile und Einsatzgebiete der Lumineszenzmikroskopie, insbesondere unter dem Aspekt der eindeutigen Identifizierbarkeit von Maceralen bituminöser Herkunft in Kohlen mittleren und niederen Ranges, wurde bereits mehrfach hingewiesen. Empfehlungen zur Methodik sind — vorwiegend bezogen auf Belange der subjektiven Mikroskopie und Mikrophotographie — dem Internationalen Lexikon für Kohlenpetrologie, Ausgabe 1975 [30] zu entnehmen.

Die gegenwärtig im Gebrauch befindlichen lumineszenzphotometrischen Methoden umfassen nicht nur die vergleichende Intensitätsmessung einer definierten Wellenlänge (mono- und polychromatisches Verfahren), sondern ermöglichen vor allem, deren spektrale Zusammensetzung und Veränderung zu registrieren (Spektralphotometrie). Da die Lumineszenz der Macerale eine stoffliche Eigenschaft darstellt, sind genannte Verfahren naturgemäß dazu geeignet, substantielle Fragen des Kohlenaufbaus zu klären. Darüber hinaus bilden sie eine ausgezeichnete Basis der Maceralidentifikation, insbesondere zur Bestimmung des Kryptomaceralbestandes feindetritischer Liptinite, und dienen zur Rangbestimmung niedriginkohlter Organite.

Einsetzbar sind sowohl Körner- als auch Stückanschliffe, wobei im Gegensatz zur Reflexionsphotometrie keine hohen Ansprüche an die Politur gestellt werden müssen (Eigenleuchten lumineszenzfähiger Macerale). Da die Lumineszenzintensität nicht optisch definiert ist, bleibt die Bezugnahme auf einen Standard unumgänglich. Im Gebrauch sind maskierte Uranylgläser, die von den optischen Firmen angeboten werden.

Monochromatische Lumineszenzmessungen werden insbesondere zur Maceralidentifikation angewandt, wobei die Anregung im Breitband-Blau-(*BB*-)Bereich mittels Glasfilter (s. Tab. 2.10) erfolgt. In Analogie zur Reflexionsphotometrie ist eine Intensitätsbestimmung bei 546 nm zu empfehlen. Bezogen auf Weichbraunkohlen sind höchste Werte der Lumineszenz bei Alginit und Suberinit zu verzeichnen, während die Resinite, substantiell bedingt, eine weite Spanne der Emissionsintensität besitzen. Auch Huminitmacerale sind meßbar, allerdings erreicht ihre Intensitätsdifferenzierung kaum auswertbare Größenordnungen. Völlige Lumineszenzfreiheit besitzen hingegen die Intertinite.

Eine besondere Form des monochromatischen Verfahrens stellt die Registrierung der Intensitätsentwicklung bei langandauernder Bestrahlung mit energiereichem Erregerlicht (Excitation) dar. Diese als Alteration bzw. Fading-Effekt (»Lichtätzung«) bekannte Erscheinung ist als stofflich-strukturelles Spezifikum zu werten (Bild 6.42). Hochpolymere zeichnen sich aufgrund der Umstrukturierung langer Seitenketten mit Kohlenstoff-Doppelbindungen zu stabilen Einfachbindungen stets durch positive Alteration aus. Ihre geringpolymeren Analoga zeigen stets negativen Fadingcharakter, d. h. Lumineszenzintensitätsverminderung.

Das *polychromatische* Verfahren besitzt vergleichsweise geringe Bedeutung und wurde in jüngster Zeit zunehmend durch die spektrale Lumineszenzphotometrie abgelöst. Wesentliches Element ist die punktartige Messung verschiedener Wellenlängen des sichtbaren Spektralbereiches. Durch Einsatz dieser Methode gelang erstmals HOHMANN der Nachweis einer rangabhängigen Veränderung des Lumineszenzspektrums definierter Macerale. Allerdings sind die inkohlungsbedingten Unterschiede aufgrund der vorzugsweise im Bereich der Hauptemission (500 bis 600 nm) ausgeführten Messung recht wenig aussagefähig, so daß die Verfahrensweise im Hinblick auf die Bestimmung des Inkohlungsgrades kaum zur Anwendung kommt.

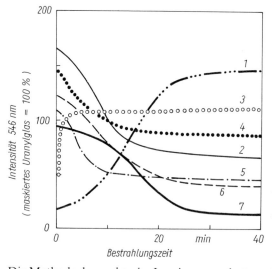

Bild 6.42. Alterationsverlauf verschiedener Weichbraunkohlen-Liptinite
1 hochpolymere, ocker lumineszierende Resinite; *2* geringpolymere, hellgelb lumineszierende Resinite; *3* Chlorophyllinit; *4* Suberinit; *5* Sporinit; *6* Alginit; *7* Cutinit

Die Methode der *spektralen* Lumineszenzphotometrie geht auf Arbeiten von OTTENJANN, TEICHMÜLLER und WOLF zurück. Apparative Besonderheiten des Verfahrens sind in Bild 6.43 dargestellt. Die Exitation kann sowohl im Breitband-Blau-Bereich als auch mittels Kurzpaßfilter im UV-Bereich (365 ± 30 nm) erfolgen. Die Autoren erweiterten die HOHMANNsche Methode dahingehend, daß sie

— durch Verwendung motorisch getriebener Verlauffilter die Punktmessung in eine kontinuierliche Vermessung des gesamten sichtbaren Emissionsspektrums umwandelten,

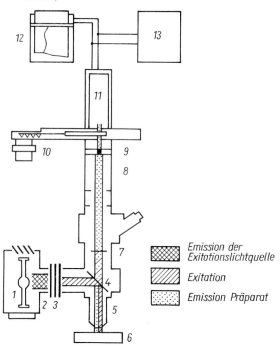

Bild 6.43. Prinzip der spektralen Lumineszenz-Photometrie
1 Lampenhaus mit Hg-Höchstdruckbrenner (Anregungslichtquelle); *2* Wärmeschutzfilter; *3* Anregungsfilterkombination; *4* dichromatischer Teilerspiegel; *5* Objektiv; *6* polierter Anschliff; *7* Excitations-Sperrfilter; *8* Photometrietubus; *9* variable Meßblende; *10* motorisch getriebener Verlauffilter; *11* Photovervielfacher; *12* Registriereinrichtung; *13* weitere periphere Registrier- und Auswerteinheiten

6.4. Kohlenpetrographische Untersuchungsverfahren

— gerätespezifische Einflüsse (Eigenlumineszenz des optischen Systems) korrigierten und
— die Messung mit hoher Geschwindigkeit zu Bestrahlungsbeginn ausführten, um Alterationseffekte weitgehend zu vermeiden.

Die Lumineszenz-Spektralcharakteristik stellt eine umfassende Möglichkeit der photometrischen Liptinit-Identifikation dar (Bild 6.44). Neben der Unterscheidbarkeit einzelner Macerale sind auch innerhalb der Maceralkategorien substantielle Differenzierungen aushaltbar.

Von besonderem Wert ist jedoch die aus der Lumineszenz des Sporinits ableitbare Inkohlungsgradaussage. Mit zunehmendem Rang ändern sich die Sporinitspektren nicht kontinuierlich. Es treten recht eng begrenzte Peak-Bereiche auf, die, verallgemeinert dargestellt, einer Verlagerung der Hauptemission in den längerwelligen Spektralbereich entsprechen (Bild 6.45).

Insbesondere für geringinkohlte Organite (Torfe, Braunkohlen, hochflüchtige Steinkohlen), bei denen reflexionsoptische Bestimmungen aufgrund der noch vorhanden stofflichen Heterogenität zu Fehlaussagen führen können, aber auch bei sapropelitischen, nahezu vitrinitfreien Sedimenten ist die spektrale Lumineszenz-Photometrie der Reflexionsmessung zu Fragen der Rangdiagnose und Erdöl-Erdgas-Diagenese deutlich überlegen.

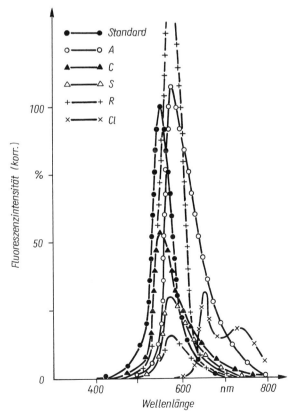

Bild 6.44. Spektrale Lumineszenz-Emission von Weichbraunkohlen-Liptiniten; maskiertes Uranylglas = 100% (Standard) *A* Alginit; *C* Cutinit/Sporinit; *S* Suberinit; *R* verschiedene Resinite; *Cl* Chlorophyllinit

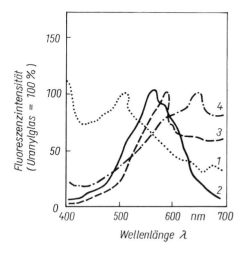

Bild 6.45. Sporinit-Fluoreszenz im Bereich des sichtbaren Spektrums
1 Torf; *2* Weichbraunkohlen; *3* Mattbraunkohlen; *4* Glanzbraunkohlen

6.5. Mikroskopie natürlicher und technischer Kokse

6.5.1. Petrographische Besonderheiten

Als technischer Koks wird der feste Rückstand trockener Destillation von Stein- bzw. Braunkohlen, Erdöldestillaten (Petrolkoks), Kohlenextrakten (Extraktkoks) und Stein- bzw. Braunkohlenteerpechen (Pechkoks) bezeichnet. Je nach der angewandten Temperatur werden in der Braun- und Steinkohlenkokerei Tieftemperatur-(Schwelkokse) und Hochtemperaturkokse unterschieden. Naturkokse stellen thermische Kohlenprodukte dar, die in der Regel lokal begrenzt vorliegen und im direkten Kontakt mit epi- bis postgenetisch zur Flözbildung aufgedrungenen Magmatiten stehen. Sie besitzen keinerlei praktischen Wert und werden in der Regel von der Gewinnung ausgenommen.

Ebenso vielfältig wie der Verwendungszweck technischer Kokse (direkte Energiegewinnung, Metallurgie, Elektrodenherstellung) sind die an sie gestellten Qualitätsansprüche. Neben relativ einfach bestimmbaren physiko-chemischen Güteparametern, wie Gehalt an Wasser, Aschen, flüchtigen Komponenten, Schwefel und Verbrennungswärme, sind es vor allem Eigenschaften, die mit der Struktur des Kokses — seinem »inneren und äußeren« Gefügeaufbau — verknüpft sind (z. B. Abrieb und Druckfestigkeit, Reaktivität, elektrischer Widerstand, Porosität) und die wirtschaftlich bedeutende Zielfunktion der angewandten Koksmikroskopie darstellen.

Unter äußerem Koksgefügeaufbau ist der mikroskopisch (bzw. makroskopisch) erkennbare Schmelzfluß sowie Menge und Art wenig bis ungeschmolzener Einlagerungen (inerte Komponenten), die Rissigkeit, Größenverteilung und Quantität der Poren (Porigkeit), die Stärke und Beteiligung der Kokszellwände als der eigentlichen Kokssubstanz (Zelligkeit) und das Verhältnis von Porenraum zu Gesamtkoksvolumen (Dichtigkeit) zu verstehen.

Der innere Gefügeaufbau beschreibt hingegen die Eigenschaften der Kokszellwände. Hauptuntersuchungsgebiet ist hier die mittels polarisierten Lichts vorgenommene Bestimmung des sog. Graphitisierungsgrades, des Anteils und der Güte sekundär entstandener Graphit-Kristallite, als wichtiger Parameter für eine Reihe spezieller physikalisch-chemischer Eigenschaften (Leitfähigkeit, Reaktivität u. a.). Zur komplexen Bewertung technischer Kokse sind eine Reihe optischer Untersuchungsverfahren im Gebrauch [20], die im einzelnen hier nicht dargestellt werden können. Zusammen mit der Methode der physiko-chemischen Analytik ermöglichen sie eine erschöpfende Beurteilung des Verkokungsprozesses und gestatten auf diese Weise die Erzeugung von Produkten mit definierter, dem Verwendungszweck entsprechender Qualität.

Die aus dem Gefügebau sich herleitenden Eigenschaften werden neben ihrer Abhängigkeit von aufbereitungs- und verkokungstechnischen Bedingungen (Körnung, Ofenart, Temperatur, Umsatzgeschwindigkeit, Garungszeit) vor allem durch den petrographischen Aufbau und den Rang der Einsatzkohlen bestimmt. Einzelne Kokstypen zeichnen sich durch charakteristische Besonderheiten ihres petrographischen Aufbaus aus, auf die nachfolgend anhand ausgewählter Beispiele eingegangen werden soll.

6.5.1.1. Naturkoks

Verglichen mit technischen Produkten, ähnelt die breite Palette natürlicher Koksbildungen sowohl einem aus dem mittleren bis niedrigen Temperaturbereich stammenden Schwelkoks als auch, mit Einschränkungen, Steinkohlenhochtemperaturkoksen.

Die in Bild 6.46 dargestellte Form entspricht einer mit deutlichen Anisotropieeffekten ausgestatteten Hochtemperaturbildung. Da Kohlen schlechte Wärmeleiter darstellen, beeinflußt die von aufdringenden Schmelzen ausgehende Temperatur nur die unmittelbare Kontaktzone. Nach wenigen Dezimetern schon fällt sie beträchtlich ab (Niedertemperaturbereich) und ist in einigen Metern Entfernung in der Regel ohne mikroskopisch sichtbare Wirkung. Es stellt sich eine zonar aufgebaute Verkokungsaureole ein, die vom Kontakt zum unbeeinflußten Flözbereich folgende Charakteristik besitzt:

— Magmatit
— Tonstein-/Aschenzone
— anisotroper Stengelkoks
— schwach anisotroper bis isotroper Kompaktkoks
— »anthrazitisierte« Kohle
— Flözkohle.

Fließgefüge, wie sie für technischen Steinkohlen-Hochtemperaturkoks typisch sind, treten nicht auf. Die einzelnen Streifenarten (Mikrolithotypen) des Ausgangsmaterials sind in der Regel noch gut identifizierbar. Als Besonderheit natürlicher Koksbildungen ist ihre außerordentlich hohe Dichte, hervorgerufen durch die im Flözverband eingeschränkte Möglichkeit zum Entgasen, zu nennen. Daraus abgeleitet ergibt sich eine typische Ausbildung zahlreicher Graphitausscheidungen (Kristallitgruppen, Sphärolithe), die vorhandene Schwundrisse und Hohlräume nahezu völlig auskleiden.

6.5.1.2. Braunkohlen-Hochtemperatur-Koks

Während der strukturelle Aufbau bei Steinkohlen im Verkokungsprozeß weitgehend verwischt wird und durch Prozesse des Teigigwerdens, Schmelzens und Backens eine völlig andersartige Sekundärstruktur entsteht, treten die Strukturelemente der Braunkohlen auch im BHT-Koks als Koksskelett noch deutlich hervor. Sie sind trotz tiefgreifender chemischer Umwandlungen nur geschrumpft (Bild 6.48), während ein Treiben, Schmelzen, Blähen und Backen nahezu völlig fehlt. Die Verkokungseigenschaften der Macerale sind noch nicht endgültig geklärt.

Unvergelte xylitische Substanz zeigt Volumenkontraktion bei gleichzeitiger Erhaltung ihrer Gewebeform (Koksfusitbildung). In der Regel entsteht ein sehr feinwandiges, durch eingelagerte Resinite lokal schaumiges Gerüst von geringer mechanischer Festigkeit.

Mittelvergelte humose Komponenten liegen sowohl in detritischer Form als auch gebunden an Textinit und in Übergängen zwischen beiden vor. Die Palette möglicher Destruktionsübergänge mittelvergelter Huminite spiegelt sich auch im Koks wider. Sie stellen die günstigsten Ausgangskomponenten der BHT-Verkokung dar (gute Brikettierbarkeit, geringe Rißbildung). Da sich im Prozeß selbst keine völlig neuen Sekundärstrukturen herausbilden, bleibt die destruktionsbedingte Vielfalt dieser Substanzen erhalten. Neben Koksfusit kann auch Koks-Semifusinit auftreten. Letzterer bildet den Übergang zum normalen detritischen Braunkohlenkoks, der keine pflanzlichen Strukturen zu erkennen erlaubt (Bild 6.48).

Hochvergelte humose Substanzen zeigen bereits in der Ausgangskohle Neigung zur Eigen- und Korngrenzenrißbildung, die sich im BHT-Koks noch verstärkt. Das Ergebnis ist ein dichter und sehr rissiger Koks minderer Qualität. Eine besondere Position nehmen reine Gelite ein. Die eine äußere Partikelschrumpfung in der Regel begleitende innere Kontraktion fehlt hier völlig. Das Gefüge ist mikroskopisch dicht und weist kaum Poren auf, Rißbildungen sind hingegen sehr ausgeprägt vorhanden.

Während liptinitische Bestandteile sich unter Bildung mikrinitähnlicher Rückstände nach bisherigen Kenntnissen relativ schnell verflüchtigen, werden die Inertinite nicht zersetzend angegriffen. Sie erfahren lediglich eine Erhöhung ihrer Reflektanz [20]. Quarzbestandteile bewirken einen Festigkeitsrückgang des erzeugten Kokses. Es bilden sich leere Höfe um Quarzkörner, die von Zonen undulöser Anisotropie im sonst isotropen Koks begleitet werden. Tonige Komponenten neigen naturgemäß zur Hydratwasserabspaltung und damit verbundenem erhöhten Gaswasseranfall. Sie zeigen Dispersionstendenzen, jedoch keine Korngrenzrißbildungen und bewirken bei niedrigen Gehalten eine nur unwesentliche Verschlechterung der Stückkoksgüte.

6.5.1.3. Steinkohlen-Hochtemperatur-Koks

Der petrographische Aufbau des Steinkohlen-Hochtemperatur-Kokses zeigt deutliche Abhängigkeiten vom Aufbau und Rang der Einsatzkohle (s. Tab. 6.6). Vitrinit und Exinit sind verantwortlich für das Treiben und Backen des Kokses. Die Inertinite verhalten sich indifferent, meist inert. Eine Mischung beider Gruppen ist notwendig für qualitativ hochwertige Kokse. Bezogen auf den Inkohlungsgrad ist der Fettkohlenbereich besonders geeignet. Höher oder niedriger inkohlte Einsatzkohlen weisen weniger gute bzw. keine kokenden Eigenschaften auf.

Bereits bei mäßigem Temperaturniveau (250 bis 300 °C) erfolgt eine Depolymerisation, verbunden mit rapider Volumenvergrößerung (Treiben) der Kohlensubstanz. Im Bereich von 350 bis 400 °C wird ein plastischer, teigartiger Zustand erreicht. Zusammen mit Bläherscheinungen infolge des Entweichens von Schwelgasen verschwindet das ursprüngliche Gefüge der Kohle völlig. Das Backen, ein Erstarren der Schmelze nahe 450 °C, fixiert das weitgehend fertig gebildete Blasengefüge des Kokses. Weiteres Aufheizen bewirkt die eigentliche Hochtemperatur-Koksbildung, wobei durch erneuten Gasaustrieb weitere strukturauflösende Risse entstehen. Bedeutsam ist die Graphitisie-

6.5. Mikroskopie natürlicher und technischer Kokse

rung (Kohlenstoffkristallitbildung an Riß- und Porenwänden) im höheren Temperaturniveau, zurückführbar auf Krackprozesse verbliebener Kohlenwasserstoffe.

Mikroskopisch zeichnet sich der so entstandene Koks durch seine Großporigkeit aus. Die Gefügebestandteile zeigen Aufschmelzerscheinungen und teigartigen Habitus (Bild 6.47). Hinsichtlich der großen Vielfalt rang- und kohlensortenspezifischer Besonderheiten wird auf ausführliche Darlegungen in der Litertatur [20] verwiesen.

6.5.1.4. Petrolkoks

Verkokungsprodukte von Erdöldestillationsrückständen (Petrolkoks) gehören zu den technischen Spezialkoksen. Grundsätzlich ist Petrolkoks in seinem Gefügeaufbau Pechkoksen ähnlich, zeichnet sich jedoch durch einen höheren Anteil an Zellwandmasse aus. Wesentliche Merkmale sind seine äußerst geringe Porenführung und – damit verknüpft – eine hohe Dichtigkeit des Gefüges bei ausgeprägter, oft strahliger Anisotropie (Bilder 6.50, 6.51). Die hierdurch bedingte gute elektrische Leitfähigkeit und mechanische Festigkeit gestatten einen Einsatz als Grundstoff zur Elektrodenherstellung.

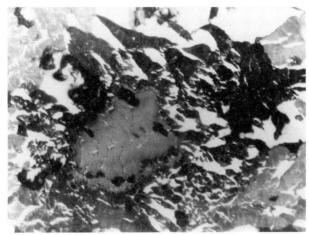

Bild 6.46. Naturkoks (Stengelkoks) mit ausgeprägter Anisotropie.
pol. Licht, Ölimm., Vergr. 300×

Bild 6.47. Steinkohlen-Hochtemperatur-Koks. Schwach anisotroper Vitrit-Durit-Koks mit kompaktem Gefüge, reliktartigen Duritlagen und mäßiger Porigkeit.
pol. Licht, Ölimm., Vergr. 300×

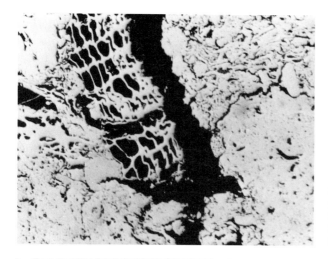

Bild 6.48. Braunkohlen-Hochtemperatur-Koks mit deutlichen Schrumpferscheinungen (Koksfusit).
Ölimm., Vergr. 300×

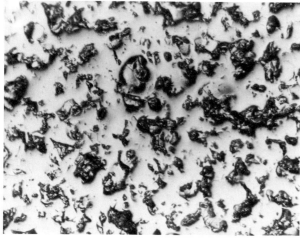

Bild 6.49. Stark löchrige Oberfläche eines schleifharten Anthrazit-Präparates täuscht koksähnliche Porigkeit vor. Ursache: mangelndes Feinläppen, unzureichende Politur.
Ölimm., Vergr. 300×

Bilder 6.50. und 6.51. Petrolkoks mit stengligem, feinporigem Habitus, deutlich anisotrop. Bild 6.50 ohne Nicols, Bild 6.51 N+.
Ölimm., Vergr. 300×

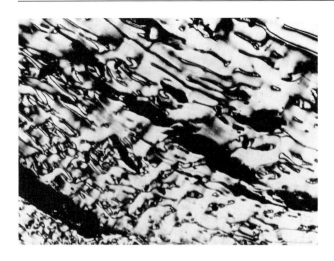

Bild 6.51

6.6. Vertiefende Literatur

ALPERN, B., B. DURAND, J. ESPITALIE und B. TISSOT: Localisation, characterisation et classification petrographique des substances organiques sedimentaires fossiles. Adv. in Org. Geoch. 71 (1972), S. 1—28

GIJZEL, P. VAN: Autofluorescence of fossil pollen and spores with special reference to age, determination and coalifikation. Leidse geol. Meded. 40 (1967), S. 263—317

HOFFMANN, E., und A. JENKNER: Die Inkohlung und ihre Erkennung im Mikrobild. Glückauf 68 (1932) H. 4, S. 81—88

JACOB, H.: Die biochemische Phase und das Weichbraunkohlenstadium. Chemie der Erde 18 (1956), S. 138—166

JACOB, H.: Die Bildung der Kohlen unter besonderer Berücksichtigung der biochemischen Phase. Geol. Jb. 78 (1961), S. 103—122

JACOB, H.: Neue Erkenntnisse auf dem Gebiet der Lumineszenzmikroskopie fossiler Brennstoffe. Fortschr. Geol. Rheinld. u. Westf. 12 (1964), S. 569—588

KÜNSTNER, E., und W. SCHNEIDER: Petrographische Aspekte bei der Klassifikation von Braunkohlen. Z. angew. Geol. 32 (1986), S. 237—243

KÜNSTNER, E., E. SONTAG und M. SÜSS: Zur petrographischen Bewertung von Braunkohlen für die Praxis. — Möglichkeiten, Fortschritte und Probleme. Z. angew. Geol. 26 (1980), S. 237—243

OTTENJANN, K., M. TEICHMÜLLER und M. WOLF: Spektrale Fluoreszenz-Messungen an Sporiniten mit Auflicht-Anregung — eine mikroskopische Methode zur Bestimmung des Inkohlungsgrades gering inkohlter Kohlen. Fortschr. Geol. Rheinld. u. Westf. 24 (1974), S. 1—36

PREUSS, B., L. GINDORF und H. WINTRICH: Zur Methodik mikrophotometrischer Untersuchungen an dispers verteilten organischen Substanzen zur Bestimmung des Diagenesegrades von Sedimenten. Z. angew. Geol. 23 (1977), S. 385—390

SCHNEIDER, W.: Zu einigen Gesetzmäßigkeiten der faziellen Entwicklung im 2. Lausitzer Flöz. Z. angew. Geol. 24 (1978), S. 125—130

SCHNEIDER, W.: Mikropetrographische Faziesanalyse in der Weichbraunkohle. Neue Bergbautechnik 10 (1980), S. 670—675

SONTAG, E., E. TZSCHOPPE und H.-J. CHRISTOPH: Beitrag zur mikropetrographischen Nomenklatur und Analyse der Weichbraunkohlen. Z. angew. Geol. 11 (1965), S. 647—658

STACH, E.: Fortschritte der Auflicht-Fluoreszenz-Mikroskopie in der Kohlenpetrographie. Freib. Forsch.-H. C 242 (1969), S. 35—55

STOPES, M. C.: On the petrology of banded bituminous coal. Fuel 14 (1935), S. 4—13

TEICHMÜLLER, M.: Zum petrographischen Aufbau und Werdegang der Weichbraunkohle. Geol. Jb. 64 (1950), S. 429—488

TEICHMÜLLER, M.: Die Genese der Kohle. C. r. 4. Congr. intern. Strat. Geol. Carb. (1962), S. 699—722

TEICHMÜLLER, M.: Über neue Macerale der Liptinit-Gruppe und die Entstehung von Mikrinit. Fortschr. Geol. Rheinld. u. Westf. 24 (1974), S. 37—64

TEICHMÜLLER, M.: Entstehung und Veränderung bituminöser Substanzen in Kohlen in Beziehung zur Entstehung und Umwandlung des Erdöls. Fortschr. Geol. Rheinld. u. Westf. 24 (1974), S. 65—112

VOLKMANN, N.: Die Anwendung fluoreszenzmikroskopischer Arbeitsmethoden in der Petrologie von Weichbraunkohlen. Freib. Forsch.-H. C 377 (1982), S. 129—152

7. Tabellen der erzbildenden und -begleitenden Minerale

Tabelle 7.1. Übersicht über die Abkürzungen in Tabelle 7.4

1	**Minerale**	2	**Mineralcharakteristik**
1a	Mineralnamen nach STRUNZ* Synonyme s. Mineralverzeichnis	2a	Mineralformeln in der Regel nach STRUNZ*
1b	Bemerkungen, Symbole	2b	Kristallsysteme (*KS*)
kurz	Abkürzung des Mineralnamens	*kb*	kubisch
ⓢ	Symbol zu Häufigkeit/Vorkommen	*hx*	hexagonal
●	häufig	*tg*	trigonal
◐	verbreitet	*te*	tetragonal
◑	verbreiteter Begleiter	*rh*	orthorhombisch
○	selten	*mk*	monoklin
∘	sehr selten; lokal	*tk*	triklin
✶	in Meteoriten	*mi*	metamikt
✕	organisch	*am*	amorph
◯	Nichterze	*ko*	kolloidal
gs	Genese		
mg	magmatisch	3	**Farben**
pg	pegmatitisch	3a	»in Luft« mit Trockenobjektiven
pn	pneumatolytisch	3b	»in Öl« mit Immersionsobjektiven
hy	hydrothermal	*bl*	blau
vu	vulkanisch	*bn*	braun
ox	oxydativ	*cr*	creme
zm	zementativ	*fl*	farblos
sd	sedimentär	*ge*	gelb
mm	metamorph	*gn*	grün
vv	mehrere Bildungen	*gr*	grau
sc	sekundär	*ol*	oliv
te	technisch	*or*	orange
M	Mischungsglied (zu Hauptmineral)	*ro*	rot
hami	Hauptmineral zu Mischungsgliedern	*rs*	rosa
PN	Paragenese-Nr. (s. Gliederung)		

Tabelle 7.1. (Fortsetzung)

vi	violett		**6**	**Härte**
ws	weiß			Mikrohärte (in kp/cm^{-2})
Stufen (Beispiele)				*VHN* »Vickers microhardness number«
h	hell			
d	dunkel		6a	VHN 50
(*hgr*	hellgrau)			Härtewerte für Belastungen mit 50 p
l	-lich		6b	(<50) Härtewerte ohne Angabe
(*rol*	rötlich)			der Belastung oder unter 50 p
Zeichen, Symbole				(>50) Härtewerte für Belastungen über 50 p, meist 100 p
→	Farbstich			
(*ws* → *bll* weiß mit bläulichem Farbstich)				
<	zunehmend			
>	abnehmend			
⊥	Extrema der Schnittlagen		**7**	**+ Polare**
				Beobachtungen unter gekreuzten Polaren
			7a	Anisotropie-Effekte (*AE*)
				Farbangaben s. **3**
4	**Bireflektanz (*BR*)**			Intensitäten s. **4**
4a	Intensität (*I*)		*ano ai*	anomal anisotrop
iso	isotrop		×*IR*	durch Innenreflexe nicht sichtbar
ns	nicht sichtbar		7b	Innenreflexe (*IR*)
sg	sehr gering			Farbangaben s. **3**
gg	gering			Intensitäten s. **4**
dt	deutlich		*ns*	nicht sichtbar, keine
st	stark			
ex	extrem stark			
4b	Bemerkungen (*B*)		**8**	**Gefüge**
KG	nur an Korngrenzen			Gefüge-Symbole
Ö	nur in Öl sichtbar		8a	Eigenschaften
			#	Spaltbarkeit
			▲	Spaltausbrüche
			8b	Gefüge-Merkmale
5	**Reflektanz**		××	Ausbildung idiomorpher Kristalle
	(in %) für grünes Licht (550 nm)		*erd*	erdig
5a	»in Luft« mit Trockenobjektiven		*koll*	kollomorph
5b	»in Öl« mit Öl-Immersion		*kry*	kryptokristallin
( )	fragwürdige Angaben, nicht definierte Bedingungen		*rad*	radialstrahlig
			sch	schalig
...	»bis« in Abhängigkeit von Schnittlage, Chemismus u. a.		⚹	Skelette
			8c	Zwillinge
⊥	s. Zeichen bei **3**		☐	allgemein
≈	ungefähr (vorangestellt)		◨	einfach
~	wechselnd (nachgestellt)		⊠	mimetisch
na	nicht angegeben		☰	lamellar
< >	s. Zeichen bei **3**		▦	polysynthetisch
			⊡	Zonarbau

7. Tabellen der erzbildenden und -begleitenden Minerale

Tabelle 7.1. (Fortsetzung)

8d	Entmischungen	⊜	Reaktionssaum
⊙	allgemein	**9**	**Seitenangaben**
⊕	lamellar		zu detaillierten physiographischen Beschreibungen in den speziellen Werken von
⊗	idiomorph		
Ⓢ	myrmekitisch		
●	Verdränger	9a	R RAMDOHR [52]
○	Umhüllung	9b	U UYTENBOGAARDT und BURKE [77]

* STRUNZ, H.: Mineralogische Tabellen. 6. Aufl. Leipzig: Akadem. Verlagsgesellschaft Geest & Portig K.-G. 1977

Tabelle 7.2. Symbole der Reflektanz (nach HENRY [26])

Symbol	Erläuterung
R	Reflektanz allgemein oder für kubische Minerale
R'	Reflektanz amorpher oder nichtidentifizierbarer Minerale
R_o, R_e	definierte Reflektanz optisch einachsiger Minerale
R_a, R_b, R_c	definierte Reflektanz orthorhombischer Minerale
R_1, R_2	Reflektanz für nichtdefinierte Schnitte anisotroper Minerale
R_{st} (R_{ref})	Reflektanz von Standard- oder Vergleichsmineralen
$R_{(\lambda)}$	Reflektanz für bestimmte Wellenlängen, z. B. $R_{(589)}$
R^*	Reflektanzangabe mit näherer Erläuterung
ϱ	Reflektanz in Quotientangabe, d. h. 0,42 anstelle 42%

Tabelle 7.3. Abkürzungen für Paragenesebezeichnungen

Kürzel	Magmatogen	Paragenese	Abschnitt
im-cr	intramagmatisch	Chromit	} 5.1.1
im-cp	intramagmatisch	Chromit, Platin	
im-ni	intramagmatisch	Nickelmagnetkies	} 5.1.2.
im-np	intramagmatisch	Nickelmagnetkies mit Platin	
im-fe	intramagmatisch	Titanomagnetit	5.1.3.
sm-se	spätmagmatisch	seltene Elemente	—
sm-fe	spätmagmatisch	Magnetit	—
pg-me	pegmatitisch	erzführend	—
pn-sn	pneumatolytisch	Kassiterit	} 5.2.2.
pn-sw	pneumatolytisch	Kassiterit, Wolframit	
pn-wm	pneumatolytisch	Wolframit, Molybdänit	5.2.1.
pn-sk	pneumatolytisch	Skarnparagenese	5.2.2.
hy-au	hydrothermal	Au–Ag-Formation	5.3.1.
hy-ni	hydrothermal	Fe–Ni-Formation	5.1.2.
hy-cu	hydrothermal	Cu–Fe–As-Formation	5.3.2.
hy-uf	hydrothermal	U–Fe-Formation	5.3.4.
hy-pb	hydrothermal	Pb–Zn–Ag-Formation	5.3.3.

Tabelle 7.3. (Fortstzung)

Kürzel	Magmatogen	Paragenese	Abschnitt
hy-fe	hydrothermal	Fe – Mn-(Ba – F-)Formation	5.4.1.
hy-fb	hydrothermal	(Fe – Mn-)Ba – F-Formation	5.4.1.
hy-bi	hydrothermal	Bi – Co – Ni-Formation	5.3.5.
hy-hg	hydrothermal	Hg – Sb-Formation	5.3.6.
hs-fx	hydrothermal-sedimentär	Fe, oxidisch	5.4.1.
hs-fs	hydrothermal-sedimentär	Fe, sulfidisch	5.4.2.
hs-mn	hydrothermal-sedimentär	Mn	5.4.1.
hs-pm	hydrothermal-sedimentär	polymetallisch	5.4.2.

Kürzel	Sedimentär	Paragenese	Abschnitt
sf-cr	Trümmer-(Seifen-)	Chromit	–
sf-au	Seifen	Gold (+U)	(5.5.1.)
sf-pt	Seifen	Platin	–
sf-sn	Seifen	Kassiterit	–
sf-fe	Seifen (marin)	Magnetit	–
ox-fe	Oxydationszone	Fe-reich	–
ox-pm	Oxydationszone	polymetallisch	–
zm-cu	Zementationszone	Cu-reich	–
zm-pm	Zementationszone	polymetallisch	–
ta-fe	terrestrische Ausscheidung	Fe	–
ak-ag	aride Konzentration	Ag	5.5.2.
ak-cu	aride Konzentration	Cu	5.5.2.
ak-pm	aride Konzentration	Polymetalle	5.5.2.
ak-ur	aride Konzentration	Uraninit	5.5.2.
ak-uv	aride Konzentration	Uran-Vanadium	5.5.2.
ma-fx	marine Ausscheidung	Fe, oxidisch	5.5.3.
ma-fc	marine Ausscheidung	Fe, karbonatisch	5.5.3.
ma-fs	marine Ausscheidung	Fe, silikatisch	5.5.3.
ma-fp	marine Ausscheidung	Fe, pyritisch	–
ma-mn	marine Ausscheidung	Mn	s. 5.5.3.
ma-kn	marine Ausscheidung	Mn-Knollen	–
mb-cu	marin-biogene Ausscheidung	Kupferschiefer	s. 5.5.2.
mm-fe	metamorph	Fe	5.6.1.
mm-pm	metamorph	polymetallisch	5.6.2.
mm-mn	metamorph	Mn	s. 5.6.1.

7. Tabellen der erzbildenden und -begleitenden Minerale   329

Tabelle 7.4. Erzminerale und Erzbegleiter

1	2	3	4	5	6	7	8	9
a) Mineralname **Minerale** b) kurz ⊚ gs/hami PN	a) Mineralformeln **Mineralcharakteristik** b) Kristallsysteme KS	a) in Luft **Farben** b) in Öl	a) I **BR** b) B	a) in Luft **Reflektanz** b) in Öl	a) $VHN\,50$ **Härte** b) (<50) >50	a) AE **+Polare** b) IR	a) c) **Gefüge** b) d)	a) R **Seite** b) U
Achavalit acha ○ hy	FeSe	dgr	na	na	na $\approx$PbS	$iso?$ na	⊙	(658) 216
Aguilarit agui ○ hy	Ag$_4$SeS kb/rh	$ws \to gnl$ $hgr \to gnl$	na (sg)	≈ 35 (≈ 26)	$na/10$ $25\ldots 35$	$iso\,(sg)$ keine		513 218
Aikinit aiki ○ hy	(2 PbS, Cu$_2$S, Bi$_2$S$_3$) PbCuBiS$_3$ rh	$ws \to cr$ $ws \to crrs$	dt: bnl	$39{,}2\ldots 45{,}7$ (≈ 33)	$201\ldots 246$	$dt\,(\ddot{O}\!:\,st)$ keine	# ××	⊙	793 292
Akaganéit akag ⊕ ox	β-FeOOH te			Bestandteil von Limonit — s. d.				
Akanthit akan ● hy	Ag$_2$S mk	$hgr \to gnl$ $gr \to gnl$	$sg/$ KG, Ö	$30{,}4\ldots 31{,}2$ (≈ 21)	$20\ldots 61$	$sg\text{-}dt$ keine	▥ ××	505 34
Alabandin alab ○ hy	α-MnS kb	$grws$ dgr	iso	$21\ldots 25$ (12,5)	$129\ldots 254$	iso dgn/bnl	▥ ××	689 124
Algodonit algo ○ hy α-, β- 5.3.1., 5.5.3., 5.6.1.	Cu$_{6\ldots 7}$As (Cu$_\alpha$ < Cu$_\beta$) rh	$hcr\text{-}gll$ α: $gegr\text{-}gngr$ β: $rsgel$	dt	$61{,}5$	$217\ldots 255$	$st\,(f\!l)$ na	⊙	427 114
Allargentum alla ● hy	ε-(Ag, Sb) $\approx$ Ag$_6$Sb hx	$hgews$ $ws \to gr$	na	≈ 65	$143\ldots 157$	dt keine	⊖	441 82

Tabelle 7.4. (Fortsetzung)

1	2	3	4	5	6	7	8	9
a) Mineralname **Minerale** b) kurz ⊚ gs/hami PN	a) Mineralformeln **Mineralcharakteristik** b) Kristallsysteme KS	a) in Luft **Farben** b) in Öl	a) I **BR** b) B	a) in Luft **Reflektanz** b) in Öl	a) VHN 50 **Härte** b) (<50) > 50	a) AE +**Polare** b) IR	a) c) **Gefüge** b) d)	a) R **Seite** b) U
Allopalladium allp ○ hy	Pd hx	gel/ws	sg-ns	≈ 50	na	gg-dt keine	# ×× ⊙	368 322
Altait alta ○ hy	PbTe kb	ws ws-gegnl	iso	70,5	34 ... 57 (39 ... 60)	iso keine	# ⊗	710 240
Anatas anat ● vv	TiO$_2$ te	gr	sg Ö	≈ 20	601 576 ... 623	dt × IR st: blgr	×× ⊖	1069 178
Andorit ando ○ hy	(Pb$_4$Ag$_4$Sb$_{12}$S$_{24}$) Pb(Ag, Cu)Sb$_3$S$_6$ rh	ws ge/gr	gg/L dt/Ö	≈ 30 (41,9 ⊥ 53,4)	192 ... 206 (140 ... 193)	dt-st, fa ro/gg	▥ ⊙ ××	797 260
Anglesit angl ● ox	Pb(SO$_4$) rh	gr dgr	ns	gg sg	na	ns st: w		1174 –
Anilit anil ○ vv	Cu$_7$S$_4$ rh	na – mit Djurleit; wie Digenit						478 61
Ankerit anke ● hy	CaFe(CO$_3$)$_2$ tg	gr dgr	stst	gg sg	na	st × IR dt: bnl	▥	1169
Annivit anni ○ hy M/tetr	Cu$_3$(Sb, Bi)S$_{3,25}$ kb	crbn-ws cr-ws	iso	≈ 33	251 ... 425	nicht dkl bnl		602 109
Anthrazit anth ≰ mm	(kohlige Substanz)							1183
Antimon anti ○ hy	Sb tg	ws	gg	70 ... 75	51 ... 135 (45 ... 101)	dt: fa keine	# ⊞	406 76

7. Tabellen der erzbildenden und -begleitenden Minerale 331

Mineral	Formel									
Antimonit anti ● hy 5.3.1./3., 5.3.6.	Sb_2S_3	rh	$ws \sim$ $ws\text{-}grws\text{-}bnl$	$st:$ s. Fa	$31,4 \perp 46,8$ $(38,5 \perp 53,6)$	$72 \ldots 138$	$str: gr/bn$ keine		▦ ⊙ rad	756 42
Antimonsilber ants ○ hy	$\alpha\text{-}(Ag, Sb)$	kb	ws	iso	≈ 90 <silb	na >silb, <alla	iso keine		▥	441 80
Aramayoit aram ○ hy	$Ag(Sb, Bi)S_2$	tk	$grws \rightarrow bll$ dgr	dt	$\approx 30 \ldots 35$	na <prou	$st: rs/bl$ $gg: ro$	#	▥	713 264
Argentit arge ● hy, zm	Ag_2S	kb	$gr \rightarrow gnl$	iso	$30,4 \ldots 31,2$	$20 \ldots 61$	iso keine	× ×	▥	505 34
Argentopyrit argo ○ hy	$AgFe_2S_3$	rh	$crws\text{-}bnl$ $grws\text{-}gel$	$dt:$ $gel\text{-}bnl$	≈ 45	$250 \ldots 252$	$st: bl/gr$ keine	× ×	▥ ⊙	687 268
Argyrodit argy ○ hy M/canf 5.3.5.	$(4\,Ag_2S \cdot GeS_2)$ Ag_8GeS_6	rh	$grws \rightarrow rsbn$ $drsbn$	$dt:$ $grws$	$21,8 \ldots 22,4$ (24)	$154 \ldots 172$ $(133 \ldots 171)$	$sg\text{-}gg: bll$ keine	× ×	▥ ⊙	515 256
Argyropyrit argp ○ hy	$Ag_3Fe_7S_{11}$	rh	$crws\text{-}bnl$ $gel\text{-}gelbnl$	$st:$ $bnl\text{-}gel$	≈ 45	na >pyra, prou	$st: fa$ keine	× ×	▦ ⊙	687 268
Arsen arse ● hy 5.3.5.	As	tg	$ws/anlfd$	$dt/\ddot{O}:$ $grws$	45 $(46,5 \ldots 57,5)$	$69 \ldots 137$ $(57 \ldots 167)$	$st: gr/gegr$ keine	# $koll$	▥ rad	398 84 ⊖
Arsenolamprit arsl ○ hy	As	rh	ws $ws \approx arse$	$dt:$ $\ddot{O} > L$	≈ 45	na $\approx arse$	$st: \ddot{O} > L$ keine	#	rad ⊖	403 86
Arsenopalladinit arsp ○ mg	Pd_3As	hx	$wsrs$	na	≈ 47	na	na na		▥	451 325
Arsen(o)sulvanit arss ○ hy?	$Cu_3(As, V)S_4$	kb	$gelbnl$	iso	na	na	iso na	# × ×		618 100
Arsenopyrit arsy ● hy Tab. 7.5.	$FeAsS$	rh	$ws \rightarrow gll$ $ws \rightarrow crrs$	$sg\text{-}gg$	$51,0 \perp 51,5$ $(\ldots 52,7)$	$715 \ldots 1354$	$st: fa$ keine	× ×	▥	920 190

Tabelle 7.4. (Fortsetzung)

1	2	3	4	5	6	7	8	9
a) Mineralname **Minerale** b) kurz ⊚ gs/hami PN	a) Mineralformeln **Mineralcharakteristik** b) Kristallsysteme KS	a) in Luft **Farben** b) in Öl	a) I **BR** b) B	a) in Luft **Reflektanz** b) in Öl	a) $VHN\ 50$ **Härte** b) (<50) >50	a) AE **+Polare** b) IR	a) c) **Gefüge** b) d)	a) R **Seite** b) U
Athabascait atha ○ hy	$Cu_5Se_4 \ldots Cu_9Se_7$ rh	ws-bll	dt-st	≈ 25	na	st na		503 –
Auricuprid aurc ○ hy M/gold	Cu_3Au kb	$wsgers$ $virs$	iso	≈ 70	na >90	iso na		351/63 71
Auripigment aurp ○ hy, ox	As_2S_3 mk	hgr gr	$st:$ gr/ws	≈ 25 $(19 \perp 28,7)$	$22 \ldots 58$	$st \times IR$ na	$rad \odot$	949 40
Aurorit aurr ○ ox	$(Ag, Ba, Ca, Mn \ldots)$ $Mn_3O_7 \cdot 3\,H_2O$ tk	na $crws$-gr	$st:\ cr$ ws/gr	$9,6 \perp 27,3$	na	$st:\ gegr/bnl$ $keine$	$\odot$	1148 344
Aurostibit aurs ○ hy	$AuSb_2$ kb	ws $ws \rightarrow bnlrs$	iso	$61,0$	$(248 \ldots 262)$	iso $keine$	$\odot$	882 72
Avicennit avic ○ hy	Tl_2O_3 kb	gr	iso	na	na	iso na	$\times\times\ \odot$	166 –
Awaruit awar ○ mm	Ni_3Fe kb	ws $ws \rightarrow gnl$	iso	$60 \ldots 61$	$209 \ldots 240$	iso $keine$	⋐ sch	390 128
Azurit azur ● ox 5.5.2.	$Cu_3[OH/(CO_3)_2]$ mk	gr	dt	na	na	$st \times IR$ $st:\ bl$		1173 –
Baddeleyit badd ○ mg, te	ZrO_2 mk	hgr gr	$gg/$ $KG, Öl$	≈ 14	na	gg $dt:\ ws$	$koll$	1111 –
Baryt bary ● hy Tab. 7.5	$BaSO_4$ rh	gr	ns	na	na	ns $st:\ ws$		1173 –

7. Tabellen der erzbildenden und -begleitenden Minerale

Mineral	Formel									
Baumhauerit baum ○ hy	Pb₅AsgS₁₈	tk	rws ws → bllgnl	dt	34 … 39	128 … 182	dtst: fa ro	#		807 300
Benjaminit benj ○ hy	Pb₂(Ag, Cu)₂Bi₄S₉	mk	ws → gel	dt: Ö > L	41 … 43	183 … 194 (161 … 179)	st: fa keine			802 284
Berndtit bern ○ hy?	SnS₂	tg	gr gr-grbnl	st: gr/ bnl	≈25	na	st × IR ge/or/bn	# × ×	⊙	939 308
Berryit berr ○ hy	Pb₂(Cu, Ag)₃Bi₅S₁₁	mk	ws-grws ws-dcrws	dt: Ö > L	41,8 … 43,0	131 … 171	st: fa keine	(▥)	⊙	– 284
Berthierit bert ○ hy 5.3.3.	FeSb₂S₄	rh	ws → grbn wsgr → rsbn	st: ws/bn	30 … 40 (30,7 ⊥ 42,8)	134 …206 (102 …213)	st: fa keine		⊙	776 48
Berzelianit berz ○ hy 5.3.4.	Cu₂Se	kb	blgr-dbl bl-dbl	iso	27 … 28,5	22 … 99	iso keine			502 216
Betafit beta ○ mg M/pyrc	(U, Ca)₂(Ti, Nb, Ta)₂ O₆(O, F)	kb	Pyrochlor mit Nb-Vormacht							1107 189
Betechtinit bete ○ hy	Pb₂(Cu, Fe)₂₁S₁₅	rh	wscr-gecr crgel	dt: Ö > L	≧44 (27 … 28)	na ≈ chan	st: fa keine	× ×	⊙	521 94
Billingsleyit bill ○ hy	Ag₇(As, Sb)S₆	rh	hgr	na	≈30	na	na keine			780 260
Birnessit birn ○ ox	(Ca, Mg, Ni…) ≪ 1 ko (Mn⁺⁴, Mn⁺²) (O, OH)₂		gr	gg	≈25	na	gg-dt: gr keine	koll		– 352
Bismuth bism ● hy 5.2.1./2., 5.3.5.	Bi	tg	ws → cr crws → bnrs	gg: Ö > L	59,9 … 64,9	10 … 26	dt-st keine	#	▥ ⊚	409 36
Bismuthinit bisn ● pn, hy 5.2.1./2., 5.3.5.	Bi₂S₃	rh	ws → gr ws → bll	gg-dt: wsl	37,8 … 50,2	68 … 190 (67 …216)	st: gr-gel keine	#	▥ ⊙	762 66

Tabelle 7.4. (Fortsetzung)

1	2	3	4	5	6	7	8	9
a) Mineralname Minerale b) kurz ⊚ gs/hami PN	a) Mineralformeln Mineralcharakteristik b) Kristallsysteme KS	a) in Luft Farben b) in Öl	a) I BR b) B	a) in Luft Reflektanz b) in Öl	a) VHN 50 Härte b) (<50) > 50	a) AE +Polare b) IR	a) Gefüge b)	a) c) d)	a) R Seite b) U
Bismutotantalit bist ○ hy, pn	(Bi, Sb)(Ta, Nb)O$_4$ rh	gr	gg	≈20	na	gg-dt $gebn$			— 200
Bixbyit bixb ○ pn? 5.6.1.	(Mn, Fe)$_2$O$_3$ kb	$grbnl$ $gr \to crgel$	(ns-sg)	22,7	882 ... 1168	(iso) keine	# ×××	▥	1015 352
Blei blei ○ ox	Pb kb	$grws$ $grws \to gr$	iso	60 ... 65	4 ... 6	($anom.$-ai) keine	⫷	□	367 36
Bonchevit bonc ○ hy	(PbS · 2 Bi$_2$S$_3$) PbBi$_4$S$_6$ rh	$crws$	gg: $Ö > L$	≈46,4	(129 ... 205)	dt-st keine	# ×××	⊙	835 288
Bornhardtit borh ○ hy	Co$_3$Se$_4$ kb	$ws \to rs$	iso	49,5	46 ... 74 (43 ... 63)	iso keine	×××		754 220
Bornit born ● vw 5.3.2., 5.4.2., 5.5.2.	Cu$_5$FeS$_4$ te	$rsbn$-$rovi$	sg (KG, $Ö$)	18,5 (20,3)	68 ... 124	ns-gg keine	#	□	523 88
Boulangerit boul ● hy 5.3.3.	Pb$_5$Sb$_4$S$_{11}$ mk	$ws \to blgn$ $hgr \to blgn$	dt: ws/bll	37,5 ⊥ 41,5	116 ... 182 90 ... 183	dt/L; $st/Ö$ rol			826 272
Bournonit bour ● hy 5.3.3., 5.4.2.	CuPbSbS$_3$ rh	$ws \to blgn$ $grws \to blgn$	dt: $Ö > L$	35,9 ⊥ 39,4 (33,9 ⊥ 35,6)	166 ... 212 132 ... 213	dt: fa keine		⊙	789 68
Braggit brag ○ mg	(Pt, Pd, Ni)S te	$ws \to rs$ $crws \to vi$	dt: $Ö > L$	≈35 (52)	742 ... 1030	$st/Ö$: fa keine	××	⊚	746 330
Brannerit bran ○ pg, hy 5.5.1.	(U, Ca, Th, Y) (Ti, Fe)$_2$O$_6$ mk	gr	$mkt.$	≈17	387 ... 907	$mkt.$ gr-bln	××		1103 196

7. Tabellen der erzbildenden und -begleitenden Minerale

Braunit brau ○ *pn, mn* 5.4.1., 5.6.1.	$Mn^{2+}Mn_6^{4+}$ [O$_8$/SiO$_4$]	*te*	$grws \to bnl$ $gr \to grbn$	$dt:$ $Ö > L$	20,4 ... 22,4 (29,9)	689 ... 766 280 ... 1187	$dt: fa$ $dro: dbn$		1017 350
Bravoit brav ○ *sc* M/vaes catt 5.1.2., 5.3.5.	(Ni, Fe, Co)S$_2$	*kb*	Fe: *bnlti* Ni: *bnlrs* Co: *crrs*	*iso*	30,9 ... 52,2 Ni, Co < Fe	668 ... 1535	*iso* keine	▫	867 132
Breithauptit brei ○ *hy* 5.3.5.	NiSb	*hx*	*rsvi* *rsvi-hrs*	$st: rs\text{-}vi$	36,9 ⊥48,2	412 ... 584	$stst: fa$ keine	▫ ⊙	670 148
Brezenait brez ✿	Cr$_3$S$_4$	*mk*	*bngr*	*na*	*na*	*na*	*na* keine		756 —
Briartit bria ○ *hy*	Cu$_2$(Fe, Zn)GeS$_4$	*te*	*blgr*	*ns*	27,6	*na*	$gg\text{-}dt: fa$ keine	▥ ⊙	616 90
Bursait burs ○ *hy?*	(5 PbS · 2 Bi$_2$S$_3$) Pb$_5$Br$_4$S$_{11}$	*mk*	*ws* *ws* → *bnl*	$dt:$ $Ö > L$	≈45	*na*	$dt\text{-}st: fa$ keine	# × ×	838 288
Cadmoselit cadm ○	β-CdSe	*hx*	*grw-bnl*	*ns*	≈20	203 ... 222	$sg\text{-}gg$ $bn: Ö > L$	*kry*	624 216
Calaverit cala ○ *hy* 5.3.1.	(Au, Ag)Te$_2$	*mk*	*ws* → *bnlge* *ws* → *crge*	$gg\text{-}dt$	64,4 (56 ⊥ 63,7)	199 ... 237 198 ... 209	$gg\text{-}dt: fa$ keine	× ×	465 240
Calcit calc ○ ● *vv*	Ca(CO$_3$)	*tg*	*gr*	$stst: gr$	<10	*na*	$st \times 1R$ $st: ws$	▥	1167 —
Calzirtit calz ○ *mg, pg*	CaTiZr$_3$O$_9$	*te*	*hgr*	$gg\text{-}dt$	≈15	626 ... 1035	$gg/L, dt/Ö$ *robn-gel*	◫	— 188
Canfieldit canf ○ *hy* M/argd	(4 Ag$_2$S · (Sn, Ge)S$_2$) Ag$_8$(Sn, Ge)S$_6$	*rh*	*grws* → *rs* *rsbn* → *gr*	$dt:$ $Ö > L$	21,8 ... 22,4	156 ... 172 (133 ... 171)	$ns\text{-}gg$ keine	▥	515 256
Cannizzarit cann ○ *hy*	Pb$_3$Bi$_5$S$_{11}$	*mk*	bisher keine Daten; nur mit *galb, bisn, gale*					◫	835 288

336 7. Tabellen der erzbildenden und -begleitenden Minerale

Tabelle 7.4. (Fortsetzung)

1	2	3	4	5	6	7	8	9
a) Mineralname **Minerale** b) kurz ⊚ gs/hami PN	a) Mineralformeln **Mineralcharakteristik** b) Kristallsysteme KS	a) in Luft **Farben** b) in Öl	a) *I* **BR** b) *B*	a) in Luft **Reflektanz** b) in Öl	a) *VHN* 50 **Härte** b) (<50) > 50	a) *AE* **+Polare** b) *IR*	a) c) **Gefüge** b) d)	a) *R* **Seite** b) *U*
Carrollit carr ○ *hy* M/linn	Co_2CuS_4 *kb*	$ws \to rscr$ hcrws	iso	42,6		iso keine		748 146
Castaingit cast ○ *pn*	$CuMO_2S_{5-x}$ *hx*	hgr gelgr	$gg: \ddot{O}$	36 … 39	351 … 566	st: fl keine	×× ⊙	938 102
Cattierit catt ○ *hy*	CoS_2 *kb*	$ws \to gllrs$ $gr \to rsvi$	iso	≈33	90 … 160	iso keine	koll	75 134
Cerussit ceru ● *ox* 5.5.2.	$PbCO_3$ *rh*	gr dgr	st: gr	<10	na (950 … 1110)	$st \times IR$ st: ws, fa	# (× ×)	1172 —
Cesarolith cesa ○ *ox*	$(PbO \cdot 3 MnO_2, H_2O)$ $PbMn_3O_7 \cdot H_2O$ *ko*	ws	gg: am krist	28 (10 … 30)	na	gg: am < kri keine	koll	— 354
Chalkophanit chah ○ *ox*	$ZnMn_3O_7 \cdot 3 H_2O$ *tk*	ws-hgr ws-dgr	ex: ws-gr	9,6 ⊥ 27,3	na	stst: gr rol	(koll)	1147 344
Chalkopyrit chal ● *vv* Tab. 7.5	$CuFeS_2$ *te*	ge ge (→ bnl)	sg-gg	43,8 ⊥ 48,8	107 … 246 71 … 194	gg-dt: fa keine	||| ⊙	564 92
Chalkopyrrhotin chap ○ *mg, hy*	$CuFeS_2 \cdot FeS$ (var.) $CuFe_2S_3$ *kb*	hge-gebnl drs	iso	≈35 wechselnd	174 … 219	iso keine		583/682 (96)
Chalkosin chan ● *vv* Tab7.5	Cu_2S *hx*	$ws \to bll$ blws	sg	32,2	na	gg-dt: fa keine	||| Ⓢ	475 58

7. Tabellen der erzbildenden und -begleitenden Minerale 337

Name	Formel		Farbe	R (%)						
Chalkostibit chas ○ hy	(Cu$_2$S · Sb$_2$S$_3$) CuSbS$_2$	rh	ws ws → rsgr	crws: hbn	36,0 ... 37,5 ⊥ 43,5 ... 43,8	212 ... 249 193 ... 285	dt: fa (rol)	#	⊙	769 86
Chalkothallit chat ○ hy	Cu$_3$TlS$_2$	?	hgr	gr: rs grbl	30,5	61 ... 90	dt: or/bn keine	#	▦	– 46
Chaoit chao ○ mit grap	C	hx	ws hgr-ws	ns	≈40	na	na keine			– 104
Chlorargyrit chlo ○ ox 5.5.2.	AgCl	kb	gr	iso	≈11	na	iso st: ws			1174 –
Chromit chro ● mg, sd 5.5.1.	Cr$_2$FeO$_4$	kb	grws → bnl dgr → bngr	iso	11,5 ... 13,3 Mg, Al < Fe, Cr 1036 ... 2000		ano ai robnl	××	□	1000 174
Cinnabar(it) cinn ● hy 5.3.6.	HgS	tg	ws → blgr bllgr	gg-dt/Ö 25,0 ... 29,3		(51 ... 98)	dt × IR ro	××		723 78
Clausthalit clau ○ hy 5.3.4.	PbSe	kb	ws	iso	49,5 (52,5)	46 ... 74 (43 ... 63)	iso keine	# (koll)		709 220
Cobaltin(it) coba ● hy 5.3.4., 5.6.2.	CoAsS	kb	ws → rs ws → rsvi	gg: ws/rs	56,2 (50,5)	948 ... 1367	gg-dt: fa keine	# ××	▤	885 192
Coffinit coff ● hy, sd 5.3.4., 5.5.2.	U(SiO$_4$)	te	gr	sg (mkt)	7 ... 10	236 ... 333	ns-sg (mkt) bnl/Ö	×× / koll	⊙	1160 196
Cohenit cohe ✿ mg, te	Fe$_3$C	rh	ws → gll crws	gg-dt	na	na	gg-dt keine			391 142
Coloradoit colo ○ hy	HgTe	kb	ws → bn/gr gr → rsbnl	iso	33,9 (... 37,6)	23 ... 28 (26 ... 35)	iso keine		⊙	562 234

22 Auflichtmikroskopie

338 7. Tabellen der erzbildenden und -begleitenden Minerale

Tabelle 7.4. (Fortsetzung)

1	2	3	4	5	6	7	8	9
a) Mineralname **Minerale** b) kurz ⊚ gs/hami PN	a) Mineralformeln **Mineralcharakteristik** b) Kristallsysteme *KS*	a) in Luft **Farben** b) in Öl	a) *I* **BR** b) *B*	a) in Luft **Reflektanz** b) in Öl	a) *VHN* 50 **Härte** b) (<50) > 50	a) *AE* **+Polare** b) *IR*	a) c) **Gefüge** b) d)	a) *R* **Seite** b) *U*
Columbit colu ⬤ *pg* M/tant 5.2.1./2.	(Fe, Mn) (Nb, Ta)$_2$O$_6$ (Fe > Mn) (Nb > Ta) *rh*	*grws-bnl*	*sg:* (KG, Ö)	15,3 ... 17,7	100 ... 400	*dt bntrol*	# ××	1099 202
Colusit cols ○ *hy*	Cu$_3$(Fe, As, Sn)S$_4$ *kb*	*grgll rolcr-cr*	*iso*	28,2 ... 29,9	296 ... 376	*iso keine*	××	602 108
Cooperit coop ○ *mg* 5.1.1.	PtS *te*	*hgrbnl bnl*	*sg* (KG, Ö)	39,0	505 ... 588	*sg/L-dt/Ö keine*	▨ ⊚	747 322
Coronadit coro ○ *ox*	Pb$_{<2}$Mn$_8$O$_{16}$ *te*	*grws ws-grws*	*dt*	26,7 ... 32,3	327 ... 357	*st: ws/gr keine*	(××)	1096 356
Cosalit cosa ○ *pg, hy*	(2 PbS · Bi$_2$S$_3$) Pb$_2$Bi$_2$S$_5$ *rh*	*ws → cr ws → grrs*	*sg:* Ö > L	≈43 (39,2 ⊥ 46,3)	83 ... 161 74 ... 152	*gg: fa keine*	*koll*	835 286
Costibit cost ○ *hy*	CoSbS *rh*	*ws → rs*	*gg*	≈50	*na*	*gg na*	*na*	920 —
Coulsonit coul ○ *mg* 5.1.3.	V$_2$FeO$_4$ *kb*	*gr → bll bllgr*	*iso*	≈25	*na*	*iso (ano ai) keine*	⊙	1060 172
Covellin(it) cove ⬤ *vv, ox* 5.3.2., 5.4.2., 5.5.2.	CuS *hx*	o: *dbl-blvi* e: *bll/ws* o: *viro* e: *blgr → rs*	*ex:* s. *Fa* s. *Fa*	7,2 ⊥ 24,3	92 ... 110 59 ... 129	*ex: roor keine*	# ××	726 54

7. Tabellen der erzbildenden und -begleitenden Minerale

Mineral	Formel			R_0				
Covellin, blaubleibend cobb ○ ox	$Cu_{1+x}S$		$o: bl$ $e: blws$ $o: dbl \to vi$ $e: blws$	$st:$ s. Fa	$R_0: 14{,}0$	≈ 100	$st: rol$ keine		728 54
Crednerit cred ○ ox	$CuMnO_2$	hx	$ws\text{-}cr$ $hcrws$	$st:$ $gews/gr$	$23{,}6 \ldots 35{,}0$	$327 \ldots 357$	$st: fa$ keine	# ××	962 356
Crichtonit cric ○ mg, pg zu davi!	$(U, SE)(Fe^{2+}, Fe^{3+})(Ti, Fe)_6O_{12}$	hx	hgr (wechselnd)	iso	≈ 17	na	iso bnl		1061 175
Crookesit croo ○ hy	$(Cu, Tl, Ag)_2Se$	mk	$grws\text{-}crrs$	gg $\ddot{O} > L$	≈ 35 $(33 \ldots 34)$	$102 \ldots 141$	$dt: gr \sim$ keine	Ⓢ	516 218
Csiklovait csik ○ hy	$Bi_2Te(S, Se)_2$	hx	$bllgr\text{-}gr$	ns/L $gg/\ddot{O}$	≈ 45	na	$L: gr\text{-}grbn$ $\ddot{O}: hgr\text{-}dblgr$ keine		— 244
Cubanit cuba ● vv 5.3.2.	$CuFe_2S_3$	rh	$hgebn$ $crgr\text{-}hbn$	$dt:$ s. Fa	$39{,}2 \ldots 40{,}4$ $(33{,}4 \perp 39{,}6)$	$150 \ldots 264$	$st: bn\text{-}bl$ keine	Ⓢ	677 96
Cuprit cupr ● ox	Cu_2O	kb	$hgr \to bll$ $grbl \to gnl$	$ns\text{-}sg$	$25 \ldots 30$ $(27{,}3)$	$195 \ldots 218$ $179 \ldots 218$	$st: vi/gn$ dro	$\times \times \ldots erd$	951 118
Cuprobismuthit cupb ○ hy	$CuBiS_2$	mk	keine optischen Daten erhältlich; Begleiter von chal, wolf, cass u. a.						771 294
Cuprostibit cups ○ hy?	$Cu_2(Sb, Te)$	te	$gr \to vi$	$st:$ $rsvi$	$41 \ldots 47$	na	st keine	na	431 —
Dadsonit dads ○ hy	$(11\, PbS, 6\, Sb_2S_3)$ $Pb_2Sb_{2+x}S_5$	mk	$ws \to gnl$	ns	$34{,}9 \ldots 40{,}0$	na	$dt\text{-}st: fa$ dro		— 272
Daubreélith daub ✯	$FeCr_2S_4$	kb	$grgnbn$	iso	na	na	iso keine		755 —

Tabelle 7.4. (Fortsetzung)

1	2	3	4	5	6	7	8	9
a) Mineralname Minerale b) kurz ⓢ gs/hami PN	a) Mineralformeln Mineralcharakteristik b) Kristallsysteme KS	a) in Luft Farben b) in Öl	a) I BR b) B	a) in Luft Reflektanz b) in Öl	a) VHN 50 Härte b) (<50) >50	a) AE +Polare b) IR	a) c) Gefüge b) d)	a) R Seite b) U
Davidit davi ⓞ mg, pg	(SE, U)$_x$(U, Fe) (Ti, Fe)$_6$O$_{13-x}$ tg	gr $gr \to bnl$	ns	15...20	693...890	mkt, $gg?$ dbn	na	1061 147
Delafossit	CuFeO$_2$	$o: rsbn\text{-}crbn$ $e: rsbm$	$st:$ s. Fa	20 $\perp$ 25	na	$st: bl/gr$	(#)	963
dela ⓞ ox	tg	$o: rsgr\text{-}gegr$ $e: bn\text{-}rsbngr$				keine	($koll$)	116
Descloizit desc ⓞ ox	Pb(Zn, Cu)] [OH/VO$_4$] rh	$gr\text{-}grbl$ $gr\text{-}grbl$	$st:$ s. Fa	15,4 $\perp$ 17,6	(310...491)	$stst$ $fl\text{-}bnl$	($\times\times$)	– 144
Diaphorit diap ⓞ hy	(4PbS · 3Ag$_2$S · 3Sb$_2$S$_3$) Pb$_2$Ag$_3$Sb$_3$S$_8$ mk	$grws$ $ws \to ol$	gg (Kg, Zw)	≈ 40	197...242	$gg\text{-}dt: fa$ keine	□	800 264
Dienerit dien ⓞ $hy?$	Ni$_3$As kb	keine optischen Daten erhältlich					na	432 151
Digenit dige ⓞ hy 5.3.2.	Cu$_9$S$_5$ (Cu$_{1,76}$S...Cu$_{1,79}$S) kb	hbl $grbl \sim$	iso	21,3 (23,7)	30...83	iso keine	#	475 60
Dimorphin dimo ⓞ $hy?$	As$_4$S$_3$ rh	keine optischen Daten erhältlich					na	949 41
Djerfisherit djer ⓞ $mg?$	K$_3$(Cu, Na) (Fe, Ni)$_{12}$S$_{14}$ kb	$grolbn$	iso	≈ 24	na	iso keine	na	582 –
Djurleit djur ⓞ hy mit chan	Cu$_{15,75}$S$_8$ rh	$ws \to bll$	sg	≈ 30	74...83	$dt: rs/gn$ keine		475 60

7. Tabellen der erzbildenden und -begleitenden Minerale 341

Dolomit dolo ○ hy	$CaMg[CO_3]_2$	tg	dgr	st: gr	<10	na	$st \times IR$ st: ws	#	1169 —
Doloresit dolr ○ ox	$V_3O_4(OH)_4$	mk	gr	dt	na	na	stst keine	# (koll)	— 100
Domeykit dome ○ hy, sd?	Cu_3As	α: kb α: crge β: hx β: bllgr		α: iso β: dt	47,5...48,7	206...250	β: dt: or keine		427 114
Donathit dona ○ mg	(Fe, Mg, Zn) (Cr, Fe)$_2O_4$	te	gr gr → bnl	gg: bn/bll	≈13	na < chro	dt: ge/bn keine	□	1010 172
Dufrenoysit dufr ○ hy	$Pb_8As_8S_{20}$	mk	ws	gg (KG, Zw)	36,5...40,5	145...156	st: bn/gn dro	▦ × ×	809 302
Dyskrasit dysk ● hy 5.3.3./5.	Ag_3Sb	rh	ws hgrws	gg: wsl	61,5...65,2 (70,4)	152...178	gg-dt keine	(#) (× ×)	441 84
Dzhalindit dzha ○ ox	$In(OH)_3$	kb	gr dgr	iso	≈8	na	iso keine	sek	— 136
Dzhezkazganit dzhe ○ hy	$CuReS_4$	kb?	bn/gr grbn	iso	15...30	(230)	iso? keine	koll	⊙	— 86
Eisen eisn ● vv 5.4.1.	Fe	kb	ws	iso	≈65 (59,5)	116...288	iso keine	⊙	387 128
Elektrum elek ● hy M/gold 5.3.1.	Au (mit 25...28% Ag)	kb	crws-hge	iso	*71,6...89,4 Au < Ag	34...44	iso keine		349 72
Emplektit empl ○ hy 5.2.2.	$CuBiS_2$	rh	hgews crws-bnlws	nur Ö: s. Fa	36,2...42,2 (40,1 ⊥ 47,3)	158...249 168...238	st: bn/bl keine	(#)	□	721 294
Empressit empr ○ hy mit stüt	AgTe	rh	wsgr ws-bnlgr	st: s. Fa	34,1 ⊥ 49,9 (32 ⊥ 34,3)	108...133	st: fl keine		459 244

Tabelle 7.4. (Fortsetzung)

1	2	3	4	5	6	7	8	9
a) Mineralname Minerale b) kurz ⓢ gs/hami PN	a) Mineralformeln Mineralcharakteristik b) Kristallsysteme KS	a) in Luft Farben b) in Öl	a) I BR b) B	a) in Luft Reflektanz b) in Öl	a) VHN 50 Härte b) (<50) > 50	a) AE +Polare b) IR	a) c) Gefüge b) d)	a) R Seite b) U
Enargit enar ● hy 5.3.2., 5.5.2.	Cu_3AsS_4 rh	rsgr-hrsbn vigr-bngr	dt: s. Fa	$25{,}2 \perp 28{,}7$	$133 \ldots 383$	st: stfa (dro)	# (□)	624 110
Eskebornit eske ○ hy 5.3.4.	$CuFeSe_2$ kb (hx)	grbnrs gel-bnl	dt: s. Fa	$24{,}4 \perp 34{,}6$	$141 \ldots 165$ $(144 \ldots 202)$	st: gnl/gr keine	# ⦀ ⓢ	658 222
Eskolait esko ○ mg?	Cr_2O_3 tg	$gr \to bll$ bllgr	ns/L; gg/Ö	$18{,}6 \perp 20{,}0$	$2077 \ldots 3200$	st: gn/gr gn	× ×	1023 212
Eukairit euka ○ hy 5.3.4.	$(\alpha\text{-}Cu_2Se \cdot Ag_2Se)$ rh	wsge gel	sg/L dt/Ö	$30\ (46{,}2)$	$54 \ldots 94$	st: bn/bl	ⓢ	520 224
Feldspäte feld ◐ mg, pg M Tab. 7.5	$K(Na)[AlSi_3O_8]$ mk $Ca[Al_2Si_2O_8]$ tk	dgr	ns	na wechselnd	na	ns ws, fl	#	1181 –
Feitknechtit feit ○ ox mit haus, pyrc	$\beta\text{-}MnOOH$ hx	keine optischen Daten erhältlich					na	– 341
Ferberit ferb ○ pn M/wolf	$FeWO_4$ mk	grws crgr $\to$ gegr	ns	≈ 18	$387 \ldots 418$	dt: gnl/gr keine	× ×	1150 186
Fergusonit ferg ○ mg, pg	$YNbO_4$ $\alpha: te\ gr$ $\beta: mk\ grws\text{-}crgr$		ns	$11 \ldots 14$	$683 \ldots 897$	ns: mkt (sg)		– 202
Ferroplatin fept ○ mg M/plat	$Pt\ (+16 \ldots 21\%\ Fe)$ kb	$ws \to gel$	iso	≈ 70	$329 \ldots 397$	iso keine	na	369 327

7. Tabellen der erzbildenden und -begleitenden Minerale

Ferroselit fers ○ $hy?$	$FeSe_2$	rh	ws-gll $rscr$-$crws$	$dt:$ s. Fa	$47 \ldots 50$ $(43,8 \perp 47,8)$	$700 \ldots 861$	dt-$st: fa$ keine	# ××	☐ ⊙	903 228
Fluorit fluo ● hy, vv Tab. 7.5.	CaF_2	kb	dgr	iso	<10 $\ll 10$	na	iso $st: ws$			1174 —
Formanit form ○ $pg?$	$YTaO_4$	te	$grws$	ns	≈ 14	$772 \ldots 870$	gg bnl	××		— 202
Franckeit frac ○ hy 5.2.2.	$(5 PbS \cdot 3 SnS_2 \cdot Sb_2S_3)$ $Pb_5Su_3Sb_2S_{14}$	mk	hgr gr	gg-dt	≈ 30 $(35,1 \perp 38,9)$	na	$st: fa$ $orbn$	(#) ××		802 316
Franklinit fran ○ mm	Fe_2ZnO_4	kb	gr-gnl	iso	$18,4$	$667 \ldots 847$	$iso/ano\ ai$ dro	#	☐ ⊙	995 342
Freboldit freb ○ hy	γ-$CoSe$	hx	hrs-$rsvi$	sg $(KG, \ddot{O})$	na	na	$st: fa$ keine			660 226
Freibergit frei ● hy 5.3.3.	$(Cu, Ag)_3$ $(As, Sb)S_{3,25}$	kb	$olgebnl$ $(gebn)$	iso	30	$252 \ldots 310$ $272 \ldots 375$	iso $bnlro$			603 106
Freieslebenit frel ○ hy 5.3.3.	$PbAgSbS_3$	mk	ws $grws$	gg	≈ 35 $(36,3 \ldots 39,7)$	$(85 \ldots 140)$	$dt: fl$ keine	#	▦	799 264
Freudenbergit freu ○ mg	$NaFe(Ti, Nb)_3$ $O_7(O, OH)_2$	mk	hgr $gr \to bll$	gg	$15 \ldots 20$	na	gg $bngel$			— 182
Fri(e)seit frie ○ hy mit argp		rh	keine optischen Daten erhältlich					na		687 269
Frohbergit froh ○ hy	$Ag_2Fe_5S_8$	rh	$wsbllrs$ $rsvi$	ns-$sg/\ddot{O}$	$45,3 (51,3)$	$250 \ldots 297$	$st: rolbl$ keine		⊙	916 244
Froodit froo ○ hy	α-$PdBi_2$	mk	$grws$ hgr	ns	≈ 50	na	$st: fl$ keine			884 330

Tabelle 7.4. (Fortsetzung)

1	2	3	4	5	6	7	8	9
a) Mineralname **Minerale** b) kurz ⊚ gs/hami PN	a) Mineralformeln **Mineralcharakteristik** b) Kristallsysteme KS	a) in Luft **Farben** b) in Öl	a) I **BR** b) B	a) in Luft **Reflektanz** b) in Öl	a) $VHN\,50$ **Härte** b) (<50) >50	a) AE **+Polare** b) IR	a) c) **Gefüge** b) d)	a) R **Seite** b) U
Füllöppit füll ○ hy	$(3\,PbS \cdot 4\,Ab_2S_3)$ $PbSb_{3-x}S_5$ mk	ws	ns	$30\ldots35$	na	$gg: fa$ keine	(⊙)	818 272
Gahnit gahn ○ mg, mm	Al_2ZnO_4 kb	dgr	iso	$6,8$	$1910\ldots2420$	iso $fl\text{-}gel$	⫽ ××	965 210
Galaxit gala ○ $mg?$	Al_2MnO_4 kb	dgr	iso	≈ 7	$860\ldots1650$	iso $fl\text{-}gel$	⫽ ××	996 210
Galenit gale ● hy, sd Tab. 7.5	PbS kb	$ws \rightarrow bll$ $ws \rightarrow blrs$	iso	$43,8$	$56\ldots116$	iso keine	# ▲	693 64
Galenobismutit galb ○ hy, mn	$(PbS \cdot Bi_2S_3)$ $PbBi_2S_4$ rh	$ws\text{-}rsgr$ $crws$	$st:$ s. Fa	≈ 42 $(45,8\ldots50,1)$	$90\ldots150$	$st: ge/bn$ keine	⫽ #	834 286
Gallit gall ○ hy	$CuGaS_2$ te	gr	$dt/Ö:$ gr	$21,9$	$(440\ldots470)$	$dt: bll/gr$ keine	⫽ ⊙	581 112
Gaudefroyit gaud ○ ox	Ca_4Mn_3 $[O_3/CO_3/(BO_3)_3]$ hx	gr $dgr\text{-}hbrgr$	$stst:$ s. Fa	$10,2 \perp 13,1$	≈ 840	$st: gr/ws$ geor	# ××	– 338
Geikielith geik ○ mg M/ilme	$MgTiO_3$ tg	$grws\text{-}bnl$ $bngr$	$dt:$ $bngr$	$11,9 \perp 14,5$	$560\ldots930$	$st: fa$ roor		1036 176
Geokronit geok ○ hy	$(5\,PbS \cdot AsSbS_3)$ Pb_5AsSbS_8 mk	ws $ws \rightarrow blgn$	$gg:$ $Ö > L$	$38,0\ldots41,6$	$134\ldots160$ $119\ldots206$	$gg\text{-}dt: fa$ keine	⫽ #	830 274
Germanit germ ○ hy 5.3.2.	$Cu_3(Ge, Fe)S_4$ kb	$hbnrs$ $rsvigr$	iso	$19,7\ldots25,5$	$372\ldots450$	iso keine	□	612 106

7. Tabellen der erzbildenden und -begleitenden Minerale

Gersdorffit gers ○ *hy* 5.3.5., 5.5.2.	NiAsS	*kb*	*ws* *ws → rscr*	*iso*	46,7 ... 53,8	520 ... 907	*iso (ano ai)* keine	# × ×	⊠ ⊝	890 158
Getchellit getc ○ *hy*	AsSbS$_2$	*mk*	*bl/ws* *grws → bll*	*dt/Ö*	25,9 ... 27,3	(30 ... 50)	$gg \times IR$ *dro*		⊙	756 42
Geversit geve ○ *mg*	PtSb$_2$	*kb*	*ws* *hgr*	*iso*	≈65	*na*	*iso* keine		ⓢ	– 326
Giessenit gies ○ *hy*	(PbS · 3 Bi$_2$S$_3$) Pb$_8$Bi$_6$S$_{17}$	*rh*	*ws* *ws → bnl*	*ns*	≈35	*na*	*sg-gg/Ö* keine			– 290
Glaukodot glau ○ *hy*	(Co, Fe)AsS	*rh*	*ws* *ws-hcr*	*sg*	45 ... 50 (54,7)	840 ... 1280	*dt* keine	# × ×	⊖	929 190
Glimmer glim ● *mg* ... *pn* M 5.2.2.	(Gruppe)	*mk*	*dgr* *ns*	*gg*	<10 ≤10	*na*	*gg* *dt*	#		1176 –
Goethit goet ● *vv* 5.5.3.	α-FeOOH	*rh*	*hgr-dgr*	*gg* (*Ö × IR*)	15 ... 20 (14,4 ⊥ 16,8)	525 ... 1010	*dt-st × IR* *bnl-rol*	*koll*		1132 160
Gold gold ● *hy* (*sd*) 5.3.1., 5.5.1./2.	Au	*kb*	*hge* Ag > Pd > Cu	*iso*	66 ... 89 Ag 0 ... 50%	40 ... 90	*iso* keine		(⊙)	349 70
Goldfieldit golf ○ *hy*	Cu$_3$(Te, Sb)S$_4$	*kb*	*grws-bnl*	*iso*	32,0	*na*	*iso* keine		▫	611 106
Graphit grap ● *mm* (*mg*) 5.5.1., 5.5.3.	C (2 H) (3 R)	*hx* *tg*	o: *bnlgr* e: *bllgr* o: *bnl* e: *dgr*	*ex:* s. Fa	5 ⊥ 20 (7 ... 12)		*stst: ge/bn* keine	#		419 104
Gratonit grat ○ *hy*	(9 PbS · 2 As$_2$S$_3$) Pb$_9$As$_4$S$_{15}$	*tg*	*ws* *ws → rs*	*sg* (*KG, Ö*)	33,4 ⊥ 34,4	123 ... 156	*dt* (*rol*)	× ×		913 298

Tabelle 7.4. (Fortsetzung)

1	2	3	4	5	6	7	8	9
a) Mineralname **Minerale** b) kurz ⓢ gs/hami PN	a) Mineralformeln **Mineralcharakteristik** b) Kristallsysteme KS	a) in Luft **Farben** b) in Öl	a) I **BR** b) B	a) in Luft **Reflektanz** b) in Öl	a) VHN 50 **Härte** b) (<50) > 50	a) AE **+Polare** b) IR	a) **Gefüge** b) c) d)	a) R **Seite** b) U
Greenockit gree ○ ox (hy) in spha 5.4.2.	β-CdS	hgr-bll hgr-gnlbll	ns	≈ 20	(52 … 91)	ns Ö: gr-ro	sch	623 124
Greigit grei ○ hy M/linn	Fe₃S₄	ws → crrs crgrws	iso	≈ 45	50 … 310	iso keine	(× ×)	748 140
Groutit grou ○ ox	α-MnOOH	gr grws-bngr	dt: s. Fa.	12,4 ⊥ 20,0	610 … 810	stst: bnlgr Ö: robn	# (× × ×)	1143 340
Guadalcazarit guad ○ hy zu metc	(Hg, Zn)(S, Se)	grws bnlgr	iso	na	66 … 90	iso keine		560 78
Guanajuatit guan ○ hy	Bi₂(Se, S)₃	ws → cr gelws-hblgr	st: s. Fa.	≈ 55	50 … 210	st: fl keine	# (× × ×)	767 230
Gudmundit gudm ○ hy 5.3.6.	FeSbS	ws-rs hgnlws-rsws	st: s. Fa.	41 … 54 ⊥ 50 … 75	570 400 … 590	st: stfa keine	x x	930 130
Guettardit guet ○ hy	(9 PbS · 8 (Sb, As)₂S₃) Pb₉(As, Sb)₁₆S₃₃ mk	ws	st: wsl-gr	34,8 ⊥ 42,0	180 … 200	st keine	#	– 274
Gustavit gust ○ pg	Pb₅Ag₃Bi₁₁S₂₄ rh	ws → gel	na	42 … 45	na	na	na (× ×)	839 –
Guyanit guya ○ ox mit esko	CrOOH	keine eigenen optischen Daten					na	– 213

7. Tabellen der erzbildenden und -begleitenden Minerale

Mineral	Formel									
Hämatit häma ● vv Tab 7.5	Fe_2O_3		$ws \rightarrow bllgr$ $grws$-$bllws$	gg-dt	$30,0 \perp 26,0$	$740 \ldots 1110$	$st: gr \sim$ dro	# ××	▦ ⊙	1025 198
Hastit hast ○ hy	$CoSe_2$	tg	$bnlro$-$rolvi$ $bnro$-$rovi$	dt-st	na	na	$st: ro \sim$ keine	××	▦	903 226
Hauchecornit hauc ○ zm?	$(Ni, Co)_9(Bi, Sb)_2S_8$	rh	$hbnrs$ $grbn$-$crge$	gg-dt	≈ 40	na	dt-$st: fa$ keine			437 122
Hauerit haue ○ ox, sd	MnS_2	te	$grws$-bnl $bnlgr$	iso	25	$485 \ldots 510$	iso ro-bn	#	□	884 162
Hausmannit haus ○ sd, mm 5.4.1., 5.6.1.	Mn_2MnO_4	kb	$grws$ $grwsbll$-$bngr$	$st/\ddot{O}$	$17,2 \perp 20,5$	$465 \ldots 725$	$st: ge$-bn ro $(\ddot{O}!)$			1010 346
Heazlewoodit heaz ○ ox	Ni_3S_2	te	ws-$gecr$ $gelcr$	sg $(KG, \ddot{O})$	$52,5$	$230 \ldots 320$ $220 \ldots 275$	$st: vi/gn$ keine	(#)	(▦) ⊙	439 122
Hedleyit hedl ○ hy M/wehr	Bi_7Te_3	tg	$ws \rightarrow cr$ ws-$gelgr$	$sg:$ s. Fa	$48 \ldots 51$	$30 \ldots 90$	$st: bnl$ keine			473 246
Hercynit herc ● mg, pn M/spin	Al_2FeO_4	kb	dgr	iso	≈ 8	$1400 \ldots 1560$	iso fl-bnl	××	▦	965 210
Herzenbergit herz ○ hy	SnS	rh	ws $gelgrws$-$grws$	$gg/\ddot{O}:$ s. Fa	$42,1 \perp 44,3$ (46)	$50 \ldots 115$	$st: rol/bll$ $robn$		▣	718 318
Hessit hess ○ hy 5.3.1.	Ag_2Te	mk	$grws$ $grws \rightarrow bnl$	sg- $dt/\ddot{O}$	$38,7 \ldots 40,9$	$24 \ldots 44$	$st: bnl/bll$ keine		▦	455 242
Hetairolith heta ○ hy	Mn_2ZnO_4	te	gr dgr	gg-dt	$13,4 \ldots 17,5$	$585 \ldots 815$	$st \times IR$ $rolbn$	××		1013 338
Heterogenit hete ○ ox	$CoOOH$	tg	$o: crws$ $e: bnlgr$ $o: dcrws$ $e: bnl$-dbn	$st:$ s. Fa	$10 \perp 25$	na	$st: bn/gr$ keine	#		1144 162

Tabelle 7.4. (Fortsetzung)

1	2	3	4	5	6	7	8	9
a) Mineralname **Minerale** b) kurz ⓢ gs/hami PN	a) Mineralformeln **Mineralcharakteristik** b) Kristallsysteme KS	a) in Luft **Farben** b) in Öl	a) I **BR** b) B	a) in Luft **Reflektanz** b) in Öl	a) $VHN\,50$ **Härte** b) (<50) >50	a) AE +**Polare** b) IR	a) c) **Gefüge** b) d)	a) R **Seite** b) U
Heteromorphit hetm ○ hy	$(11\,PbS \cdot 6\,Sb_2S_3)$ $Pb_{11}Sb_{12}S_{29}$ mk	ws-gnl	dt-st	37,0 ... 41,0	(137 ... 187)	st keine		819 274
Hocartit hoca ○ hy	Ag_2FeSnS_4 te	bnlgr-vigr	gg: s. Fa	22,6 ⊥ 24,3	na	st: or/gn keine	▦ ⊙	601 308
Högbomit högb ○ mg	$Na_x(Al, Fe, Ti)_{24-x}$ O_{36-x} hx	grbn dgr	gg-dt/Ö	≈10	1050 ... 1215	$dt \times IR/Ö$ gelbn	□ ××	1055 182
Hollandit holl ○ mm, pg? 5.6.1.	$Ba_2Mn_8O_{16}$ te	grws gelws-hgr	gg-dt/Ö	25,6 ⊥ 32,3	270 ... 1050	st: gegr/bll keine	# ×× ...koll	1095 356
Hollingworthit holw ○ mg	$(Rh, Pd)AsS$ kb	ws grws	iso	40 ... 52,5 Pt < Ru < Ir	Ir < Ru < Pt 655 ... 975	ns iso keine	○	895 322
Hornblenden horn ○ mg, pn U 5.1.2.	Gruppe von Bandsilikaten rh	dgr	ns	<10 ≪10	na	ns gg-dt	#	1181 —
Horobetsuit horo ○ hy M/stib	$(Sb, Bi)_2S_3$ rh	ws-grws bnlgr-bllgr	gg	≈40 ... 45	na	dt: gelbm keine	(××)	759 52
Horsfordit hors ○ hy	Cu_6Sb (derb) ?	ws → cr	na	na	na	na na	na	432 115
Hübnerit hübn ○ pn, hy M/wolf	$MnWO_4$ mk	gr	dt: gr	≈15	250 ... 650	st ro (Mn > Fe)		1150 186

7. Tabellen der erzbildenden und -begleitenden Minerale

Mineral	Formel									
Hutchinsonit hutc ○ hy	(Tl, AgPb)$_2$As$_5$S$_9$	rh	grws blhws-blgnws	dt: s. Fa	30 … 31		st: bl/vi dro	#		795 298
Hydrohetairolit hydh ○ mm?	HZnMn$_2$O$_4$	te	gr crgr ~	dt: s. Fa	15 … 20	≈ 170	dt: gr robn		⊖	1013 340
Idait idai ○ ox 5.5.2.	Cu$_5$FeS$_6$	hx	o: roor-robn e: hgegr	st: s. Fa	23,6 ⊥ 31,2 (14,9 ⊥ 23,8)	na	ex: gn ~ keine		⊙	742 56
Ikunolith ikun ○ hy zu jose	Bi$_4$(S, Se)$_3$	tg	ws crws	ns	≈ 50		dt: gr ~ keine	#		473 230
Ilmenit ilme ● mg 5.1.2./3.	FeTiO$_3$	tg	grws → bnl hrsbn-vibnl	dt: s. Fa	19,5 … 20,1 ⊥ 16,5 … 17,4	na	st: gr/bn dbn		▥ ⊖	1036 176
Ilmenorutil	TiO$_2$ + (Fe, Mn) (Nb, Ta)$_2$O$_6$ (5:1)		gr	gg	18 … 20	500 … 750	gg	#	▥	1067
ilmr ○ pn? s. nior		te	gr → rs	(KG, Ö)			(fl-rol)	× ×		180
Ilvait (»Lievrit«)	CaFe$_2$Fe [OH/O/Si$_2$O$_7$]	rh	‖ c: bll ⊥ c: gr ‖ c: dgrro ⊥ c: gr-blgr	st: s. Fa	7,8 ⊥ 9,2	800 … 1200	st: rol/bll hro		(▥)	1159
ilva ○ pn, mg?						700 … 1055	or-bn/Ö	(× ×)		198
Imhofit imho ○ hy	Tl-As-Sulfosalz	mk	ws	ns	28 … 31	(38)	st hro			795 44
Indit indt ○ pn?	FeIn$_2$S$_4$	kb	ws	iso	29	290 … 325	iso keine		⊙	755 136
Indium indi ○ pn?	In	te	ws → rs rsws	ns	90 … 95	(130 … 160)	gg keine			– 104
Irarsit irar ○ mg?	(Ir, Ru, Rh, Pt)AsS	kb	ws grws → bll	iso	47,8	970?	iso keine		⊙	895 322

Tabelle 7.4. (Fortsetzung)

1	2	3	4	5	6	7	8	9
a) Mineralname **Minerale** b) kurz ⓢ gs/hami PN	a) Mineralformeln **Mineralcharakteristik** b) Kristallsysteme *KS*	a) in Luft **Farben** b) in Öl	a) *I* **BR** b) *B*	a) in Luft **Reflektanz** b) in Öl	a) *VHN* 50 **Härte** b) (<50) > 50	a) *AE* +**Polare** b) *IR*	a) c) **Gefüge** b) d)	a) *R* **Seite** b) *U*
Iridium irid ○ *mg*	Ir *kb*	*ws* *ws → cr*	*iso*	82,1	*na*	*iso* keine	⊙	370 328
Iridosmium irio ○ *mg*	(Os, Ir ...) *hx*	*ws → bl/gr*	*gg-dt*	65,1 (60,5)	*na*	*gg-st: fa* keine	□ ⊙	382 334
Ixiolith ixio ○ *pn?*	(Ta, Nb, Sn, Mn, Fe)$_2$O$_4$ *rh*	*gr*	*mkt*	13 ... 14	860 ... 950	*mkt* *ge-ro*	(#) (× ×)	– 200
Jaipurit jaip ○ *hy?*	γ-CoS *hx*	keine optischen Daten; als Mineral zweifelhaft					*na*	660 139
Jakobsit jako ○ *mm?* 5.6.1.	Fe$_2$MnO$_4$ *kb*	*rsbn → bngr* *gr → ol*	*iso*	19,6	575 ... 875	*iso* *dro*	(× ×)	997 348
Jalpait jalp ○ *zn, hy*	Ag$_3$CuS$_2$ *te*	*grws* *hgr-bnlgr*	*sg/Ö*	≈30	23 ... 30	*dt: bl/gn* keine	# ⊙	522 38
Jamesonit jame ◐ *hy* 5.3.3.	Pb$_4$FeSb$_5$S$_{14}$ *mk*	*ws* ∼ ∥ *c: ws-gegn* ⊥ *c: gegn-ol*	*st:* s. Fa	36,5 ⊥ 40,6	65 ... 125	*st: stfa* (*rol*)	# |||	821 48
Jarosit jaro ○ *ox*	KFe$_3$[(OH)$_6$/(SO$_4$)$_2$] *tg*	*gr*	*st*	*na*	*na*	*st-dt* *fl*		1175 –
Jordanit jord ○ *hy, mm*	(5 PbS · As$_2$S$_3$) Pb$_5$As$_2$S$_8$ *mk*	*ws* *ws → gnl*	*dt/Ö:* s. Fa	38 ... 39,5 (35,6 ... 39,3)	172 ... 204 149 ... 198	*st: stfa* keine	□ *koll*	810 302

7. Tabellen der erzbildenden und -begleitenden Minerale

				kaum optische Daten					
Jordisit	MoS$_2$	(a)				iso		937	
jors ○ pn zu moly				gr-dgr		iso		103	
5.2.1./2.						keine			
Joseit	Bi$_{4+x}$Te$_{1-x}$S$_2$ (A)	hx	sg-dt	ws	A: (40 … 90)	gg: bnl	#	473	
jose ○ hy	Bi$_{4-x}$Te$_{2-x}$S (B)			ws → gel	A: 48,8 … 53,1	keine	× ×	236	⊙
					B: 51,5 … 58,1 B: (30 … 65)				
Kalllilith	Ni(Sb, Bi)S	kb	iso	ws	≈ 44	iso	na	894	
kall ○ hy zu ullm				ws → blgr	460 … 560	keine		159	
Karelianit	V$_2$O$_3$	hx	gg	bnol-gr	≈ 18	dt: bnlgr	× ×	1024	
kare ○ mg, hy					1790	keine		212	
Kassiterit	SnO$_2$	te	dt:	hgr	10,9 … 11,1 ⊥	st: gr, fl	#	1071	☐
kass ● pn, sd 5.2.1./2.			gr-bnl	hgr-grbn	12,2 … 12,6	hgel-bnl	× ×	208	
					Fe, W < Ta				
					811 … 1532				
Kennedyit	Fe$_2$MgTi$_3$O$_{10}$	rh	ns/Ö	gr	na	gg: gr/bn	na	1110	
kenn ○ mg						bnl		179	
Kermesit	Sb$_2$S$_2$O	tk	dt:	ws → bllgr	≈ 25 (35,5)	st × IR/Ö		768	
kerm ● ox			s. Fa	bngr-gnlgr		viro		42	
Kitkait	NiSeTe	tg	ns-sg	gllgr	58,3 ⊥ 55,8	dt: gr/rol	#	455	⊙
kitk ○ hy?				hge → rol	110 … 120	keine		230	
Klaprothit (+)	CuBiS$_2$	?	gg-dt/Ö	gr → cr	na	st: bl/ge	#	775	
klap ○ hy 5.3.5.			32,7 … 40,2	crgr → o/gn		keine	(× × ×)	294	
Klockmannit	CuSe	hx	st:	hblgngr	11,9 ⊥ 35,6	st: stfa		732	
kloc ○ hy 5.3.4.			s. Fa	gngr → bll	(16,7 ⊥ 38,7)	keine		222	
Kobaltpentlandit	(Co, Ni, Fe)$_9$S$_8$	kb	iso	gelws	53,7	iso		–	⊖
koba ○ hy						keine		136	
Kobellit	(5PbS 4 (Bi, Sb)$_2$S$_3$)	rh	dt:	ws	36,6 ⊥ 45,4	st: gr/bn	#	837	(☐)
kobe ○ hy M/tint	Pb$_5$(Bi, Sb)$_8$S$_{17}$		s. Fa	gnlws-hvigr	(41,2 ⊥ 50,7)	keine		290	
					124 … 168				
					70 … 170				
					245 … 365				
					(57 … 86)				
					(35 … 100)				

Tabelle 7.4. (Fortsetzung)

1	2	3	4	5	6	7	8	9
a) Mineralname **Minerale** b) kurz ⓢ gs/hami PN	a) Mineralformeln **Mineralcharakteristik** b) Kristallsysteme KS	a) in Luft **Farben** b) in Öl	a) *I* **BR** b) *B*	a) in Luft **Reflektanz** b) in Öl	a) *VHN* 50 **Härte** b) (<50) > 50	a) *AE* **+Polare** b) *IR*	a) c) **Gefüge** b) d)	a) *R* **Seite** b) *U*
Kongsbergit kong ○ *hy* M/mosc	α-(Ag, Hg) *kb*	keine optischen Daten			48 … 80		*na*	367 75
Koppit kopp ○ *mg, pg* M/pyrc	(Ca, Ce)$_2$(**Nb**, Fe)$_2$ O$_6$(O, OH, F) *kb*	*gr*	*iso*	12 … 16	255 … 825	*iso* (*fl-bn*)	(□) ××	1107 189
Korund koru ◐ *mg, mm*	Al$_2$O$_3$ *tg*	*gr*	*ns*	≈ 10	*na*	*ns* *dt: w*	□ ××	1177 –
Kösterit köst ○ *hy* zu stan	Cu$_2$ZnSnS$_4$ *te*	*gr*	*ns*	24,8 … 26,2	320 … 322	*gg* keine	⊙	587 310
Kostovit kost ○ *hy*	CuAuTe$_4$ *mk*	*ws → grge* *crws-bnlws*	*dt-* *st/Ö*	54,9 ⊥ 60,1 (60,6 ⊥ 75,6)	35 … 45	*st: st,fa* keine	▦	465 250
Kotulskit kotu ○ *mg* M? mont	Pd(Te, Bi) *hx*	*hcr-crgr* *crge-crgr*	*dt:* s. Fa	58,7 … 64,4	(≈ 240)	*st: bnl/bll* keine	⊙	896 332
Koutekit kout ○ *hy*	Cu$_5$As$_2$ *hx*	*ws → blgr* *hblgr-dblgr*	*dt:* s. Fa	42 … 45	110 … 150	*st: bl/bn* keine	(▦) ⊙	432 112
Krennerit kren ○ *hy* zu cala 5.3.1.	(Au, Ag)Te$_2$ *rh*	*ws → cr* *crws-gecr*	*gg:* s. Fa	72 (57,7 ⊥ 73,4)	(117 … 130)	*st: gr/bn* keine	□ #	464 252
Kryptomelan	(K, Na, Ba)$_2$ (Mn, Zn, Fe …)$_8$O$_{16}$	*hgr*	*dt:*	26,7		*st: gr ~*		1089
kryp ● *ox*	*te?/mk*	*grws-hblgr*	s. Fa		525 … 1050	keine	*koll/rad*	354

7. Tabellen der erzbildenden und -begleitenden Minerale

Mineral	Formel									
Kullerudit kull ○ hy? ox	NiSe₂	rh	hgr → bnl holgr	dt: s. Fa	na	na	st: gel/gr keine		(▦) ⊙	904 226
Kupfer kupf ● vv, zm 5.3.2., 5.5.2.	Cu	kb	wsrs rs → bnl	iso	43 (61)	48 ... 145	iso keine	≪	▦ ⊙	335 116
Kylindrit kyli ○ hy 5.2.2.	(6 PbS · 6 SnS₂ · Sb₂S₃) Pb₆Sn₆Sb₂S₂₁	rh	ws grws-crws	dt: s. Fa	28,2 ⊥ 30,9 (34,7 ⊥ 38,8)	(30 ... 130)	dt: bl/ge keine		▦ ⊙	804 316
Laitakarit lait ○ hy	Bi₄Se₂S	tg	ws → cr ws	gg	≈ 50	36 ... 50	dt: gr/bnl keine			470 228
Langisit lang ○ hy	(Co, Ni)As	hx	wsrs rs	sg	46,1 ... 47,4	780 ... 857	dt: gr/bn keine		⊙	670 148
Launayit laun ○ hy	(22 PbS · 13 Sb₂S₃) Pb₂₂Sb₂₆S₆₁	mk	ws ws-gr	st: fl s. Fa	36,9 ⊥ 43,8	171 ... 197	st: fl keine	#		– 274
Laurit laur ○ mg, hy	RuS₂	kb	ws → bll ws → blgr	iso	41,8 ... 42,5	1390 ... 2170	iso keine		⊙	879 322
Lautit laut ○ hy	CuAsS	rh	grws → bnrs	sg (KG, Ö)	32 ... 32,5	142 ... 147	dt: bll/bnl keine	× ×	(☐) ⊙	563 68
Lengenbachit leng ○ hy	(6 PbS · (Ag, Cu)₂S · 2 As₂S₃) Pb₆(Ag, Cu)₂ As₄S₁₃	mk	ws	ns	34 ... 37		gg/L; dt/Ö keine		(▦)	809
Lepidokrokit lepi ● ox zu limo 5.3.3.	γ-FeOOH	rh	grws	gg- dt/Ö	15 ... 20	(30 ... 40)	keine			300
Lillianit lill ○ hy	(3 PbS · Bi₂S₃) Pb₃Bi₂S₆	rh	ws → cr crws → grws	gg- dt/Ö	≈ 45 (38,2 ⊥ 52,1)	145 ... 780	st: gr ~ rol		⊖	1132 160
Limonit limo ● ox, vv 5.5.3., 5.6.1.	α-FeOOH	ko	wasserhaltige Eisenoxid- und -oxidhydratmasse mit unterschiedlichen Anteilen an goet > lepi > akag ...		120 ... 195		dt: fa keine	#	⊖	838 286
							koll			1133 –

23 Auflichtmikroskopie

7. Tabellen der erzbildenden und -begleitenden Minerale

Tabelle 7.4. (Fortsetzung)

1	2	3	4	5	6	7	8	9
a) Mineralname **Minerale** b) kurz ⊙ gs/hami PN	a) Mineralformeln **Mineralcharakteristik** b) Kristallsysteme KS	a) in Luft **Farben** b) in Öl	a) I **BR** b) B	a) in Luft **Reflektanz** b) in Öl	a) VHN 50 **Härte** b) (<50) >50	a) AE **+Polare** b) IR	a) c) **Gefüge** b) d)	a) R **Seite** b) U
Linneit(-aeit) linn ⊙ hy M 5.5.2.	$Co_3S_4 \to R^{II}R_2^{III}S_4$ R^{II}: Fe, Ni, Co ...; R^{III}: Co, Ni, Fe kb	$ws \to cr$	iso	45...50	350...565	iso keine	# ××	748 146
Lithargit lith ○ ox	α-PbO te	grws	ns	≈20	na	$dt \times IR$ dro		– 50
Lithiophorit litp ○ ox	$LiMn_3Al_2O_9 \cdot 3H_2O$ mk	ws-gr o: ws e: dgr	ex: gr ws	$10 \perp 20$	60...100	ex: ws/dgr keine	# koll	1098 344
Liveingit live ○ hy	$Pb_9As_{13}S_{28}$ mk	$ws \to gnl$ ws	ns	34...36	170...185	$dt : \ddot{O} > L$ (ro)	# ××	808 300
Livingstonit livi ○ hy	$HgSb_4S_8$ mk	ws crgr-bnlcr	dt: s. Fa	35...40 (31,2...43,8)	(74...131)	st: vi/gr ro	# ××	787 80
Löllingit löll ⊙ hy 5.2.2., 5.3.5.	$FeAs_2$ rh	$ws \to gel$	gg- dt:/Ö	≈55 (54,0 ⊥ 57,4)	370...1050	st: or/bn/gn keine	⊠ (⊙)	912 156
Loparit lopa ○ mg M/pero	(Na, **Ca**, Ca)TiO$_3$ rh	gr dgr	ns	≈16	650...895	ns fl-bn	⊞ ××	1060 183
Lorandit lora ○ hy	$TlAsS_2$ mk	$grws \to bll$	sg-gg	31,4...32,6	(40...55)	$st \times IR$ dro!	#	786 44
Ludwigit ludw ○ pm	$(Mg, Fe)_2Fe$ $[O_2/BO_3]$ rh	bnlgr-bllgr Mg> grbn-blgr	st: s. Fa	$8 \perp 10$	535...1485	st: stfa (robn)	⊞	1157 164

7. Tabellen der erzbildenden und -begleitenden Minerale

Mineral	Formel		Farbe						
Luzonit luzo ○ hy M/stil 5.3.2.	Cu$_3$AsS$_4$		hgror rsor-grvi		st: s. Fa	24,8 ... 25,6 ⊥ 26,1 ... 28,9	205 ... 400	st: bn/gn keine	▥ ⊙	630 110
Mackinawit mack ○ mg, ox?	FeS (mit Ni, Co, Cu, Cr)te	te	ws → cr stark ~ rsgr-rolgr		dt-st: s. Fa	21,8 ... 44,5 28,9	52 ... 58 (95 ... 180)	st: gr/bn keine	×× ⊖⊕	734 140
Madocit mado ○ hy	(17 PbS · 8 Sb$_2$S$_3$) Pb$_{17}$Sb$_{18}$S$_{41}$	rh	ws		st: ws-gr	42 ~	141 ... 171	st: fa(Ö) keine	#	– 274
Maghemit magh ○ ox 5.1.3.	γ-Fe$_2$O$_3$	kb	ws → bllgr blgr		iso	≈26	357 ... 988	iso rolbnl	⊙	1057 170
Magnesioferrit magf ○ pn, mm	(FeMg)FeO$_4$	kb	gr → bnl bnl		iso	17,5	625 ... 925	iso keine	××	969 170
Magnetit magn ● mg, vv Tab. 7.5	Fe$_3$O$_4$(Fe$_2$FeO$_4$)	kb	gr ~ gr-bnl ~		iso	20,8	440 ... 1100	iso (ano ai) keine	××	969 168
Magnetoplumbit magp ○ hy?	(PbO · 2 Fe$_2$O$_3$) PbFe$_4$S$_7$	tg	hgr gr		sg	15 ... 20	840 ... 870	gg-dt/Ö keine	××	1022 184
Mäkinenit mäki ○ hy	β-NiSe	tg	ge-orge ge-gnlge		st: s. Fa	na	na	st-ex: fa keine	⊙	– 226
Malachit mala ● ox 5.5.2.	Cu[(OH)$_2$/(CO$_3$)]	mk	dgr		st: gr	na	na	st × IR st: gn	koll/rad	1173 –
Maldonit mald ○ hy	Au$_2$Bi	kb	gr-gnl gr-bll		iso	50 ... 60	na	iso keine	▥ ◎	366 72
Manganit mang ○ hy? 5.5.3.	γ-MnOOH	mk	gr → bnl gr-bnlgr		gg- st/Ö	14,8 ⊥ 21,4	195 ... 800	st: st, fa ro/Ö!	# ×× rad	1141 342
Manganosit mans ○ mm?	MnO	kb	gr gr → gnl		iso	14,4	315 ... 325	iso gnl	⊖	957 338

Tabelle 7.4. (Fortsetzung)

1	2	3	4	5	6	7	8	9
a) Mineralname **Minerale** b) kurz ⓢ gs/hami PN	a) Mineralformeln **Mineralcharakteristik** b) Kristallsysteme *KS*	a) in Luft **Farben** b) in Öl	a) *I* **BR** b) *B*	a) in Luft **Reflektanz** b) in Öl	a) *VHN* 50 **Härte** b) (<50) > 50	a) *AE* +**Polare** b) *IR*	a) c) **Gefüge** b) d)	a) *R* **Seite** b) *U*
Manjiroit manj ○ *ox* zu kryp	$Na_{<2}Mn_8O_{16}$ *te*	*gr* *gr-gnl* ~	*gg*	≈26		*dt* keine		1091 355
Markasit mark ● *hy, sd* Tab. 7.5	FeS_2 *rh*	*gews → gnl*	*st:* s. Fa	47,6 ⊥ 53,2 (50 ⊥ 58)	760 ... 1560	*st: gnl/rol* keine	(#) *koll* ⊠	896 204
Marokit maro ○ *ox*	$CaMn_2O_4$ *rh*	*grws* *grbn-gegr*	*st:* s. Fa	16,3 ⊥ 19,4	≈800	*st: ge/gn/ro dro*	××	1014 340
Marrit marr ○ *hy*	$PbAgAsS_3$ *mk*	*ws → bnl*	*ns*	31,5 ... 34,0	160 ... 170	*dt-st: bll ro*	|||	798 298
Massicot(it) mass ○ *ox*	β-PbO *rh*	*grws*	*ns*	≈20	na	*dt* × *IR ws*		— 50
Maucherit mauc ○ *hy* 5.3.5.	$Ni_{<3}As_2$ *te*	*ws → gel ws → bllgr*	*ns* *ns*	48 (50)	600 ... 720	*gg-dt/Ö: gr* keine	(|||) ××	434 148
Mawsonit maws ○ *hy*	$Cu_3(Fe, Sn)S_4$ *te*	*bnor* *or-bnor*	*st:* *or-bn*	24,3 ⊥ 24,8 23,7 ⊥ 26,6	165 ... 210	*st: ge/bl* keine	⊙	615 90
McKinstryit mcki ○ *hy*	$Cu_{0,8}Ag_{1,2}S$ *rh*	*grws* *grws-lgrws*	*dt:* *gr* ~	30 ... 35	≈60	*st: gr/bll* keine		519 44
Melonit melo ○ *hy*	$NiTe_2$ *tg*	*hrsws* *hrs-crrs*	*gg:* s. Fa	57,0 ⊥ 60,6	63 ... 156	*dt: bll/gel* keine	# ×× ⊖	454 252
Meneghinit mene ○ *hy*	$CuPb_{13}Sb_7S_{24}$ *rh*	*ws → bll* *bnlws-grws*	*gg-dt:* s. Fa	40,0 ⊥ 45,9 (46,7 ⊥ 55,0)	115 ... 180	*st: gr/bn* (*rol*)	# (××) ⊙	829 50

7. Tabellen der erzbildenden und -begleitenden Minerale

Mineral	Formel								
Merenskyit mere ○ mg? M? mont	(Pd, Pt)(Te, Bi)$_2$		ws-grws hgr-crgr	gg-dt/ Ö-Fa	63,2 ⊥ 65,2	na	st: bn/gnl keine	⊙	896 332
Metacinnabarit metc ○ hy? 5.3.6.	HgS	tg	grws gr → bnl	iso	≈25	(70 ... 160)	iso (ano ai) keine	(× × ×)	560 78
Metastibnit mets ○ hy?	Sb$_2$S$_3$	kb	ws → bll	ns	na	na	dt × IR/Ö dro!	koll	762 44
Miargyrit miar ○ hy 5.3.3.	AgSbS$_2$	(ko)	ws gr → bll	st: s. Fa	30 ... 35	102 ... 130 90 ... 125	st: gr/bn dro	⊙	711 262
Michenerit mich ○ hy	PdBi$_2$	mk	grws	iso	≈56	na	iso keine		883 324
Mikrolith mikr ○ pg, pn M/pyre	(Ca, Na)$_2$(**Ta**, Nb)$_2$O$_6$(O, OH, F)	kb	gr dgr ~	iso	12 ... 16	340 ... 915	iso fl-bnl	× ×	1107 189
Millerit mill ○ ox, zm 5.5.2.	β-NiS	tg	wscr ge-grge	dt: s. Fa	51,5 ⊥ 56,2	190 ... 375	st: ge/vi keine	# rad	673 122
Minium mini ○ ox	Pb$_3$O$_4$	te	hgr blgr-rsgegr	dt: Fa, IR	≈20 × IR	na	dt × IR st: ge	kry	– 50
Modderit modd ○ hy?	CoAs	rh	keine optischen Daten erhältlich					na	673 151
Molybdänit moly ● pn Tab. 7.5	MoS$_2$	hx	o: ws e: gr → bll	ex: ws/gr	22,0 ⊥ 41,7 (21,5 ⊥ 46,8)	18 ... 24 ... 32	ex: ws/dgr keine	# (× ×) koll	932 102
Montbrayit monb ○ hy	Au$_2$Te$_3$	tk	ws → cr crws → rs	gg	63,5 (56,0 ⊥ 66,6)	200 ... 230	gg-dt keine	(#)	469 238
Montroseit monr ○ sd 5.5.2.	(V, Fe)OOH	rh	hgr → gel ws-gr	gg	na	(260 ... 300)	st: ge/bn keine		1144 100

Tabelle 7.4. (Fortsetzung)

1	2	3	4	5	6	7	8	9
a) Mineralname **Minerale** b) kurz ⊙ gs/hami PN	a) Mineralformeln **Mineralcharakteristik** b) Kristallsysteme KS	a) in Luft **Farben** b) in Öl	a) I **BR** b) B	a) in Luft **Reflektanz** b) in Öl	a) VHN 50 **Härte** b) ($<$50) $>$ 50	a) AE **+Polare** b) IR	a) c) **Gefüge** b) d)	a) R **Seite** b) U
Montscheit mont ○ mg? M	$(Pb, Pd)(Te, Bi)_2$ hx	$grws$ hgr	$gg/L,$ $dt/Ö$	$53{,}2 \dots 58{,}8$	na	dt-st: bnl keine	# ⊙	896 332
Moschellandsbergit mosc ○ hy M/kong	Ag_5Hg_8 kb	keine optischen Daten			$50 \dots 80$		$(\times \times)$	367 75
Mossit moss ○ pg M/tapi	(Fe, Mn) $(Nb > Ta)_2O_6$ te	hgr grw-$bllgr$	dt: s. Fa	$15{,}5 \perp 17{,}8$	$795 \dots 1130$	st: gr-bn ro-bnl	▦ ⊙	1102 202
Murdochit murd ○ ox	$PbCu_6O_8$ kb	$grbn$ $gr \to gelbn$	iso	≈ 17	$520 \dots 660$	iso keine	# ⊞ $\times \times$	962 166
Nagyagit nagy ○ hy	$Au(Pb, Sb, Fe)_8$ $(S, Te)_{11}$ rh	$grws$ gr-$bnlgr$	gg: s. Fa	$38{,}7$	$40 \dots 130$	dt: gr-bn keine	# ▦	467 236
Naumannit naum ○ hy 5.3.4.	Ag_2Se rh	gr $dgr \to olgr$	$ns/L;$ $gg/Ö$	≈ 35 $(36{,}3 \dots 37{,}3)$	$30 \dots 60$	dt: $gr \sim$ keine	# ⊠	513 224
Niob-Rutil nior ○ pg, pn	$(Fe, Mn)(Nb, Ta)_x$ $Ti_{2-x}O_4$ te	hgr $gr \to bnl$	sg $(KG, Ö)$	$19{,}3 \dots 20{,}2$	$800 \dots 1180$	dt (z. T.)	▦	— 180
Neyit neyi ○ hy	$Pb_7(Cu, Ag)_2Bi_6S_{17}$ mk	$wsgr$	ns	na	na	dt: gr/bnl keine	⊙	839 284
Nickel nick ○ ✿	Ni kb	ws $gers$-$gebnrs$	iso	$63{,}2$	$186 \dots 210$	iso keine	◇ ⊗ $\times \times$	390 122
Nickelin nicn ● hy 5.3.5.	$NiAs$ hx	$wsgers$ $gers$-$gebnrs$	st: s. Fa	$49 \perp 53$ $(45{,}5 \perp 51{,}5)$	$310 \dots 530$	st: gel/bll keine	◇ ⊖ ⊙ $\times \times$	660 150

7. Tabellen der erzbildenden und -begleitenden Minerale

Mineral	Formel									
Nigerit nige ○ pm?	(Sn, Mg, Zn, Fe)(Al, Fe)$_4$(O, OH)$_8$	hx	grbn rsbnl-grbn	gg: s. Fa	7,3...7,5	1205...1560	st/Ö: bnl keine	▣ ⊙	– 210
Niggliit nigg ○ mg	PtSn	hx	crws-wsbl hcrrs-bll	ex: s. Fa	25 ⊥ 65	305...540	ex: or/bl keine	⊙	396 330
Niningerit nini ✿	MgS	kb	gr	na	≈13	na	na		689 –
Nolanit nola ○ ox	(V, Fe, Al, Ti)$_9$O$_{18}$	hx	hbn-blgr	st: s. Fa	na	717...766	st: ro/bl keine	× × ⊙	1098 192
Novakit nova ○ hy	Cu$_4$As$_3$	te	ws → cr hcr	ns	na	385...400	dt: gr/bn keine	⟨s⟩	432 112
Nowackiit nowa ○ hy zu tetr? sinn?	Cu$_6$Zn$_3$As$_4$S$_{12}$	tg	keine optischen Daten erhältlich						611 69
Nsutit nsut ○ ox	(Mn^{+4}, Mn^{+2})(O, OH)$_2$	hx	ws → cr	dt-st: s. Fa	30...40 Mn >	350...1290	st: gr ~ keine	rad	1088 358
Nuffieldit nuff ○ hy	Pb$_{10}$Bi$_{10}$Cu$_4$S$_{27}$	rh	crws	ns	39...45	(150...180)	sg: gr ~ keine	# × ×	– 292
Oldhamit oldh ✿ te	CaS	kb	gr	iso	≈13	na	iso st: fl		689 –
Olivin oliv ● mg M 5.11./3.	(Mg, Fe)$_2$[SiO$_4$]	rh	dgr	ns	na	na	ns × IR st		1176 –
Onofrit onof ○ hy zu metc	Hg(S, Se)	kb	grws gr → bnl	iso	na	na	iso keine	(□)	560 76
Oosterboschit oost ○ hy?	(Pd, Cu)$_7$Se$_5$	rh	wsge → cr	dt: ws/bn	45...50	na	st keine	(▦)	513 –

Tabelle 7.4. (Fortsetzung)

1	2	3	4	5	6	7	8	9
a) Mineralname **Minerale** b) kurz ⓖ gs/hami PN	a) Mineralformeln **Mineralcharakteristik** b) Kristallsysteme KS	a) in Luft **Farben** b) in Öl	a) I **BR** b) B	a) in Luft **Reflektanz** b) in Öl	a) $VHN\,50$ **Härte** b) (<50) >50	a) AE +**Polare** b) IR	a) **Gefüge** b) c) d)	a) R **Seite** b) U
Orcelit orce ○ mg	$Ni_{<5}As_2$ hx	rsbnl	dt: bnl	44 … 48	na	st: gr/vi keine	⊙	432 148
Oregonit oreg ○ pn?	Ni_2FeAs_2 hx	ws	gg	49 … 50	605 … 635	gg (KG) keine	⊙	433 142
Osmiridium osmd ○ mg 5.5.1.	OsIr kb	crws → rs	iso	80,0	300 … 645	iso keine	(⊙)	382 328
Osmium osmi ○ mg	Os kb	ws-hgr	ns	60,9 … 62,8 Ir >	na	st: or/ro keine	⊖	– 334
Ottemannit otte ○ hy	Sn_2S_3 rh	hgr	gg-dt: fl	≈30	na	st: bn/gr orbn	□	756 316
Owyheeit owyh ○ hy	$Pb_5Ag_2Sb_6S_{15}$ rh	hgr → gnol gngrws-olgrws	dt: s. Fa	≈40 (33,3 ⊥ 44,1)	70 … 210	st: st.fa keine	(#) □	801 266
Palladium pall ○ mg	Pd kb	ws → cr	iso	≈70	na	iso keine	××	367 326
Palladiumbismuthin palb ○ hy	$PdBi_3$	ws ws-cr	gg: s. Fa	50	105 … 125	dt keine	⊙	– 330
Paradocrasit pard ○ hy?	$Sb_2(Sb, As)_2$ mk	ws-rs hgr-bll	st: s. Fa	na	na	st keine	▦	406 –
Paraguanajuatit parg ○ hy	$Bi_4(Se, S)_5$ hx	crgr crws-bllgr	st: s. Fa	≈45	(30 … 160)	st: fl keine	# ⊙	767 228

7. Tabellen der erzbildenden und -begleitenden Minerale

Parajamesonit parj ○ hy zu jame	Pb$_4$FeSb$_5$S$_{14}$	mk	ws	keine optischen Daten			× ×	821 49
Paramontroseit parm ○ ox	VO$_2$	rh	ws	keine weiteren optischen Daten				– 101
Pararammelsbergit parr ○ hy 5.3.5.	NiAs$_2$	rh	ws	sg- gg/Ö	56,2 ⊥ 57,8	670 ... 820	st: st fa keine	(#) (▥) × × ⊚	917 154
Paratenorit part ○ ox	CuO	te	ws ws → bnrs	gg: s. Fa	na		st keine	× ×	– 118
Parkerit park ○ mg ... hy	α-Ni$_3$(Bi, Pb)$_2$S$_2$	rh	wscr crws-gr	dt: s. Fa	43,5 ⊥ 48,0	(110 ... 140)	st: gr/bn keine	▦ ⊙	438 62
Patronit patr ○ mm	VS$_4$	mk	hgr → bnl hgr → gel-bn	st: s. Fa	17 ... 20	na	# (z. T.)		946 38
Pavonit pavo ○ hy	AgBi$_3$S$_5$	mk	ws → rs ws-rsgrws	st/Ö: s. Fa	≈ 42	na	st: bl/bn keine	#	768 282
Paxit paxi ○ hy	Cu$_2$As$_3$	rh	ws	ns	na	na	st: gr/bn keine	⊙	– 112
Pearceit pear ○ hy M/polb	Ag$_{16}$As$_2$S$_{11}$	mk	gr-gnl	gg/L, dt/Ö	≈ 30	148 ... 155	dt-st: fa dro	# × × ⊙	783 262
Pechblende pech ● vv, sd zu uran Tab. 7.5	UO$_2$ + UO$_3$	kb	gr → bnl gr ~	iso	10 ... 15	315 ... 800	iso bnl	koll rad	1111 194
Penroseit penr ○ hy	(Ni, Cu, Co)Se$_2$	kb	ws → bnl hgr → olgn	iso	≈ 35	407 ... 550	iso keine	(#) □ ⊙	877 218
Pentlandit pent ● mg 5.1.2.	(Ni, Fe)$_9$S$_8$	kb	crws → bnl gel/ws	iso	44,1 (51,8)	195 ... 303	iso keine	# (× × ×) ⊖	534 130

Tabelle 7.4. (Fortsetzung)

1	2	3	4	5	6	7	8	9
a) Mineralname **Minerale** b) kurz ⓢ gs/hami PN	a) Mineralformeln **Mineralcharakteristik** b) Kristallsysteme KS	a) in Luft **Farben** b) in Öl	a) *I* **BR** b) *B*	a) in Luft **Reflektanz** b) in Öl	a) *VHN* 50 **Härte** b) (<50) > 50	a) *AE* +**Polare** b) *IR*	a) c) **Gefüge** b) d)	a) *R* **Seite** b) *U*
Perowskit pero ⃝ *mg* M	$CaTiO_3$ *rh*	$gr \sim$ Chemismus	*ns*	≈ 15		*ns* $fl\text{-}bn$	⚎ ××	1060 182
Petzit petz ⃝ *hy* 5.3.1.	Ag_3AuTe_2 *kb*	*ws* $grws \to virs$	*iso*	37,1 ($39 \perp 40,5$)	925 ... 1130	*iso* keine	# ⊙	457 234
Plagionit plag ⃝ *hy*	$Pb_5Sb_8S_{17}$ *mk*	$ws \sim$ $ws\text{-}bnlgrws$	*dt:* s. Fa	34,5 ... 38,0 ($33,1 \perp 43,1$)	35 ... 75	*dt: bn/bl* (*ro*)	×× ○	818 276
Platin plat ⬣ *mg* 5.1.1./2.	Pt (mit Fe, Ir, Pd, Rh, Ru) *kb*	*ws*	*iso*	≈ 70 (78,3)	145 ... 165	*iso* keine		370 326
Plattnerit plan ⃝ *ox*	PbO_2 *te*	*grws* $gr\text{-}bllgr$	*gg* (*KG*, *Ö*)	17,2 ... 17,9	114 ... 274	*dt: bl/gn* *robn*	▣ ⊙	1070 162
Platynit plai ⃝ *hy?*	$Pb_4Bi_7Se_7S_4$ *hx*	*ws*	*ns*	≈ 40	490 ... 642	*st: gr/bn* keine	#	725 228
Playfairit play ⃝ *hy*	19 PbS · 9 (Sb, As)$_2$S$_3$ $Pb_{1,9}(Sb, As)_{1,8}S_{4,6}$ *mk*	*wsgr* *ws-bngr*	*st:* s. Fa	$36,4 \perp 40,3$	*na*	*st* keine	# ⊙	– 276
Plumboferrit plum ○ *mm?*	$PbFe_4O_7$ *hx*	*gr*	*ns*	15 ... 20	150 ... 171	*gg* keine	# ⊙	1022 184
Polybasit polb ⃝ *hy* M/pear 5.3.3./5.	$Ag_{16}Sb_2S_{11}$ *mk*	$grws \to gnl$ $gr \to gnl$	*gg/L*, *dt/Ö*	≈ 35 ($27,7 \perp 32,9$)	*na*	*dt: st.fa* *dro*	# ×× ⊙	783 262
Polydymit pold ⃝ *hy* M/linn	Ni_3S_4 *kb*	$ws \to cr$ *hge*	*iso*	46	116 ... 141	*iso* keine		748 146

7. Tabellen der erzbildenden und -begleitenden Minerale

Polyxen polx ○ mg M/plat	Pt (mit **Fe**, Ir, Os, Pd)		ws	iso	≈70	329...397	iso (nicht d) keine		370 327
Porpezit porp ○ hy	AuPd	kb	crws	iso	≈66	40...90	iso (nicht d) keine	⊙	349 71
Potarit pota ○ hy	PdHg	te	ws	iso	≈60	na	iso keine	rad	395 324
Proustit prou ● hy M/pyra 5.3.3./5.	Ag₃AsS₃	tg	o: ws-gel e: gr-bll o: grbl-bnl e: grbl	st: s. Fa	25...28		st × IR ro	⊙	840 258
Pseudobrookit pseu ○ mg, vu	Fe₂TiO₅	rh	gr	gg	≈15	na	dt or	×× ⊙	1108 178
Psilomelan psil ● ox 5.4.1., 5.5.3., 5.6.1	(Ba, Mn)₃(O, OH)₆ Mn₈O₁₆	rh	grws ~ ws-bllgr	st: s. Fa	15...30	200...810	st: ws/gr (bnl)	koll rad	1089 354
Pyrargyrit pyra ● hy M/prou 5.3.3.	Ag₃SbS₃	tg	ws → blgr bllgr ~	dt: s. Fa	28...31	50...160	st × IR dro	⌸ ×× ⊙	843 258
Pyrit pyri ● vv Tab. 7.5	FeS₂	kb	wsge gews	iso	53,6	910...2060	iso (ano ai) keine	(#) ××	848 206
Pyrochlor pyrc ● mg ... hy M	(Ca, Na)₂(Nb, Ta)₂ O₆(O, OH, F)	kb	gr ~ gr-dgr	iso	12...16 chem.!	255...830	iso fl-bnl	(⌸) ×× (mkt)	1107 188
Pyrochroit pyrh ○ ox	Mn(OH)₂	tg	hbl	gg-dt	15,2...17,9	225...245	gg × IR rol	#	— 340
Pyrolusit/Polianit pyro ○ ox, sd 5.4.1., 5.5.3.	β-MnO₂	te	ws-crws	dt: s. Fa	27,2 ⊥ 40,8	532...575 75...1500	st: st fa keine	# (□) ×× ...rad	1080 358

Tabelle 7.4. (Fortsetzung)

1	2	3	4	5	6	7	8	9
a) Mineralname **Minerale** b) kurz ⓢ gs/hami PN	a) Mineralformeln **Mineralcharakteristik** b) Kristallsysteme KS	a) in Luft **Farben** b) in Öl	a) I **BR** b) B	a) in Luft **Reflektanz** b) in Öl	a) VHN 50 **Härte** b) ($<$50) $>$ 50	a) AE **+Polare** b) IR	a) c) **Gefüge** b) d)	a) R **Seite** b) U
Pyrophanit pyrp ○ mg, vv M/ilme	$MnTiO_3$ tg	$grws \to bnl$ bnlgr	gg	≈ 18		dt keine	$a)$ $c)$	1036 177
Pyrostilpnit pyrs ○ hy (M/xant)	Ag_3SbS_3 mk	$gr \to bll$	dt	(≈ 28)	na	$dt \times IR$ ge-bnl	# ($\times \times$)	846 258
Pyroxene pyrx ◐ mg ... pn M 5.1.1/2., 5.6.1.	$AB[Si_2O_6]$ A: Na, Ca u.a. B: Fe, Mg u.a. mk rh	dgr ns	ns	<10	na	ns ns	(#)	1181 –
Pyrrhotin pyrr ● mg ... hy Tab. 7.5	FeS bis Fe_7S_8 hx (mk)	hge-bnrs bnlcr-crbrrs	dt: s. Fa	$34{,}0 \perp 39{,}2$	$230 ... 390$	$st:$ grl/bll keine	(#) ($\times \times$) ⊙	634 138
Quarz quar ● vv	α, β-SiO_2 β: tg α: hx	dgr ns	ns	≈ 5	na	ns $st:$ ws, fa	$\times \times$	1166 –
Quenselit quen ○ mm?	$Pb_2Mn_2O_5 \cdot H_2O$ mk	ws-bnlgr blgr $\sim$	dt: blgr	$17{,}8 ... 20{,}8$	$150 ... 190$	$dt: gr \sim$ ro-bnl	# ▯	1023 348
Raguinit ragu ○ hy	$TlFeS_2$ rh	ws-crgr rs-crgr	$st:$ s. Fa	$25{,}4 \perp 31{,}9$	na	$st: or/bn$ keine	⊖	601 46
Rammelsbergit ramm ○ hy 5.3.5.	$NiAs_2$ rh	ws gelws-bl/ws	$gg/L,$ $dt/Ö$	≈ 60 ($53 \perp 60{,}8$)	$460 ... 830$	$st: st\,fa$ keine	(#) ⇑ rad	909 154
Ramsdellit rams ○ ox	γ-MnO_2 rh	$hgr \to gel$ gelws-hgr	$gg/L,$ $dt/Ö$	$11{,}7 \perp 33$	$300 ... 1200$	$st: bn/gr$ viro	# ▯	1088 352

7. Tabellen der erzbildenden und -begleitenden Minerale

Mineral	Formel		Farbe		Wert 1	Wert 2		Symbol	Nr.
Rancieit ranc ○ ox	(Ca, Mn)Mn$_4$O$_9$ · 3 H$_2$O	?	hgr grws-crgr	dt: s. Fa	12,5 ⊥ 15	na	st: gr/bl keine	(#) × ×	1091 338
Rasvumit rasv ○ mg	K$_3$(Fe, Mg)$_9$S$_{14}$	rh	grbnl ~	st: s. Fa	34 ... 32 ⊥ 14 ... 18	na	st: fa keine	#	582 —
Rathit rath ○ hy	Pb$_6$As$_{10}$S$_{20}$	mk	ws	gg/L, dt/Ö	34,0 ... 38,5	160 ... 165	st/Ö: gnl keine	#	808 300
Realgar real ○ hy, ox 5.3.5.	AsS(As$_4$S$_4$)	mk	hgr-grws rsgr-vigr	dt: s. Fa	20,0 ... 21,1	na	st × IR gero	⊙	948 40
Renierit reni ○ hy	Cu$_3$(Fe, Ge)S$_4$	te	bnlge orbn-vibn	dt: s. Fa	23 ... 25 ⊥ 25 ... 26	47 ... 60	st: bn/gr keine	(▦) ⊗	614 90
Rhodochrosit rhod ○ hy, ox 5.4.1., 5.5.3., 5.6.1	MnCO$_3$	tg	dgr	dt × IR	< 10	na	dt × IR st: ws/rs		1171 —
Rhodostannit rhos ○ hy M/stan	Cu$_2$FeSn$_3$S$_8$	hx	lgrbnl rolgr	ns	≈ 28	245 ... 265	dt: bn/gr keine	▦	587 314
Rickardit rick ○ hy	Cu$_3$Te$_2$	te	rol-grvi hviro-vi	st: s. Fa	≈ 25 (12 ⊥ 20,3)	(130 ... 170)	st: st/fa keine	▦ ⊖	451 242
Robinsonit robi ○ hy	Pb$_7$Sb$_{12}$S$_{25}$	tk	ws → bll ws → bllgnl	ns	≈ 40 (32,3 ⊥ 45)	120 ... 125	st: gr/bn keine	⊙	819 276
Roquésit roqu ○ hy	CuInS$_2$	te	hgr gr → bll	ns	22,3 ... 23,4 (25,2)	≈ 240	gg: KG keine	⊙	582 98
Rutil ruti ● mg, mm 5.5.1.	TiO$_2$		hgr 5.5.1ge → bll	dt: s. Fa	20 ⊥ 23,5	935 ... 1280	st × IR fl-bnl	# × ×	1062 180
Safflorit saff ● hy (M/löll) 5.3.5.	CoAs$_2$	mk	ws-bll bll/ws-hgr	sg: s. Fa	55 ⊥ 60 (52,2 ⊥ 54,2)	430 ... 990	st keine	⊠ ⊙	905 156

7. Tabellen der erzbildenden und -begleitenden Minerale

Tabelle 7.4. (Fortsetzung)

1	2	3	4	5	6	7	8	9
a) Mineralname **Minerale** b) kurz ⊚ gs/hami PN	a) Mineralformeln **Mineralcharakteristik** b) Kristallsysteme KS	a) in Luft **Farben** b) in Öl	a) I **BR** b) B	a) in Luft **Reflektanz** b) in Öl	a) VHN 50 **Härte** b) (<50) > 50	a) AE **+Polare** b) IR	a) c) **Gefüge** b) d)	a) R **Seite** b) U
Sakuraiit saku ○ hy	$(Cu, Zn, Fe)_3InS_4$ te	grol-rol bnolgr	ns	≈20	na	gg keine	⊙	616 308
Samsonit sams ○ hy	$Ag_4MnSb_2S_6$ mk	bllws blgr-olgr	dt: s. Fa	≈28	na	$gg: gr/ro$ dro	× × rad	848 260
Sanmartinit sanm ○ ox?	$(Zn, Fe, Ca)WO_4$ mk	keine optischen Daten					na	1157 187
Sartorit sart ○ hy	$PbAs_2S_4$ mk	ws	ns	35...39	195...200	$dt: bl/gr$ dro	|||||	807 302
Schapbachit/Matildit scha ○ hy M/gale 5.3.3.	$AgBiS_2$ kb	ws gelws-gnlws	gg: s. Fa	43,8 ⊥ 44,9	60...90	$st: gr \sim$ keine	||||| ⊕	714 282
Scheelit sche ⦿ ox, ms 5.2.1./2., 5.6.2.	$CaWO_4$ te	grws dgr	ns	≈10	281...464	$dt \times IR$ ws	⊙	1157 184
Schirmerit schi ○ hy zu scha	$PbAg_4Bi_4Sg$ rh	ws-grrs hgr-rsgrws	dt/L $st/Ö$	≈42	na	$st: bl/bn$ keine	⊙	801 282
Schreibersit schr ✿ mg	$(Fe, Ni, Co)_3P$ te	ws $ws \to bnrs$	$dt/Ö$: s. Fa	na	na	$gg-dt$ keine	⊙	394 142
Schwazit schz ○ hy M/tetr 5.3.2.	$(Cu, \mathbf{Hg})_3(\mathbf{Sb}, As)S_{3,25}$ kb	hgrcr grws → gebn	iso	≈30	260...375	iso ns		603 106
Schwefel schw ⦿ vv	α, γ-S	$\alpha: rh$ hgr $\gamma: mk$ dgr	$dt,$ $Ö \times IR$	10...15	25...65	$dt, Ö \times IR$ ws-ge	kry	415 40

7. Tabellen der erzbildenden und -begleitenden Minerale

Mineral	Formel		Farbe		Dichte	VHN	Anisotropie / Spaltbarkeit		Struktur	Seite
Sederholmit $\circ$ hy	γ-NiSe	hx	orge-gegr (chem.!)	dt: s. Fa	na	na	st: gr/rs keine		$\odot$	– / 226
Selen sele $\circ$ ox	γ-Se	tg	crws-bnlws hbllgr-bnl	st: s. Fa	25 ... 35	na	st: gn/gr keine	koll rad		416 / 224
Seligmannit seli $\circ$ hy	$CuPbAsS_3$	rh	$grws \rightarrow rs$ grws-rs	gg/L, st/Ö	36 ... 42	150 ... 170	st: bn/bl keine		▦ ⊇◯	788 / 304
Semseyit sems $\circ$ hy	$Pb_9Sb_8S_{21}$	mk	$ws \rightarrow gnl$ gegnws-gnge	dt: s. Fa	≈ 40	116 ... 153	st: gr/bn keine	#	◯	820 / 276
Shandit shan $\circ$ mg?	β-$Ni_3Pb_2S_2$	tg	$ws \rightarrow cr$ crws-bllgr	st: s. Fa	na	na	st: bl/bn keine		⊖	439 / 62
Siderit side ● hy, sd (M/rhod) Tab. 7.5	$FeCO_3$	tg	gr	st: gr	na	na	$st \times IR$ st: bnl	$(\times \times)$	▦	1170 / –
Siegenit sieg $\circ$ hy M/linn	$(Co, Ni)_3S_4$	kb	$ws \rightarrow cr$ $crws \rightarrow rs$	iso	44,9 ... 45,4	335 ... 580	iso keine	(#) $(\times \times)$	$\odot$	748 / 146
Silber silb ● hy, sd 5.3.3./5., 5.5.2.	Ag	kb	ws $ws \rightarrow cr$	iso	90 ... 95	40 ... 120	iso keine	⋘	(☒) $\odot$	341 / 74
Sinnerit sinn $\circ$ hy	$Cu_6As_4S_9$	tk	$ws \rightarrow cr$ $ws \rightarrow gebnl$	ns	29,5 ... 31,5	355 ... 390	dt: bl/bn keine		□	616 / 68
Skutterudit skut ● hy M 5.3.5.	$(Co, Ni, Fe)As_3$	kb	$ws \rightarrow gel$ (chem.!) crws-blws	iso	53,4 (55)	268 ... 974 (ano ai)	iso (ano ai) keine	# $\times \times$	(▢) $\odot$	940 / 152
Smithit smit $\circ$ hy	$AgAsS_2$	mk	ws $ws \rightarrow bll$	gg: s. Fa	≈ 40	na	$dt \times IR$ or			779 / 266
Smithsonit smis $\circ$ ox	$ZnCO_3$	tg	dgr	ns	na	na	$ns \times IR$ st: ws		koll rad	1171 / –

7. Tabellen der erzbildenden und -begleitenden Minerale

Tabelle 7.4. (Fortsetzung)

1	2	3	4	5	6	7	8	9
a) Mineralname Minerale b) kurz ⓢ gs/hami PN b) Kristallsysteme KS	a) Mineralformeln Mineralcharakteristik	a) in Luft Farben b) in Öl	a) I BR b) B	a) in Luft Reflektanz b) in Öl	a) VHN 50 Härte b) (<50) > 50	a) AE +Polare b) IR	a) Gefüge b)	a) R Seite b) U
Smythit smyt ○ hy	Fe_3S_4 tg	$hbngr$ $gegr$-$rsbn$	st: s. Fa	(≈ 35)	na	st: ge/bl keine	#	657 140
Sorbyit sorb ○ hy	$17 PbS \cdot 11(Sb, As)_2 S_3$ $Pb_{17}(Sb, As)_{22}S_{50}$ mk	ws	na	$37 \perp 43$	$172 \ldots 186$	st keine	□	– 276
Sperrylith sper ○ mg, pg 5.1.1.	$PtAs_2$ kb	ws $crws$-$bllws$	iso	$55,5$	$960 \ldots 1280$	iso keine	(#) ××	879 324
Sphalerit spha ● hy, sd Tab. 7.5	α-ZnS kb	gr dgr	iso	$17,3 \ldots 19,6$ <Fe	<Fe $130 \ldots 280$	iso ge-bnl	⊠ ⊙	543 126
Spinelle spin ● $mg \ldots pn$ M 5.1.3.	A_2BO_4 A: Al, Fe, Cr, ... B: Mg, Fe, Mn kb	gr dgr	iso	$6 \ldots 8$	$860 \ldots 2420$ (chem.!)	iso fl-bnl	▦ ⊖	965 210
Stannin(it) stan ● hy M 5.2.2., 5.3.3.	Cu_2FeSnS_4 te	$gr \rightarrow olgn \sim$ hbn-$bnolgn$	dt: s. Fa	$28 \perp 27 \ldots 29$	$140 \ldots 330$	st: st/fa keine	(#)	587 312
Stannin, gelb stag ○ hy	$Cu_{2+x}Sn_{1-x}FeS_4$ $(x = 0 - 0,44)$ te	$bnrs$ $gebn$-$orbn$	st: s. Fa	$23 \ldots 25 \perp$ $25 \ldots 27,5$	na	st: ro/gn keine	⊜ ⊖	597 310
Stannin III sta3 ○ hy M	$MR CuSnS_2 -$ $AgSnS_2$ hx	$hgrbn$ $bnlgr$-$rsgr$	$gg/Ö$	na	na	gg-dt keine	▦ ⊙	599 314
Stannin IV sta4 ○ hy M	$Sn-Ag-Zn-$ Tetraedrit kb	hgr-bnl	ns	na	na	$sg/Ö$ keine	▦ ××	599 314

7. Tabellen der erzbildenden und -begleitenden Minerale

Mineral	Formel		Farbe		R (%)		Bem.		Lit.
Stannoidit stao ○ hy	$Cu_5(Fe, Zn)_2SnS_8$	rh	grbnl / hbn-bn	dt: s. Fa	24,4 ... 26,4	232 ... 271	st: bn/gr / keine	⊙	602 / 310
Staringit star ○ pn? 5.3.3./5.	$(Fe, Mn)(Sn, Ti)_9$ $(Nb, Ta)_2O_{24}$	te	gr / dgr-hgr	st: s. Fa	12,1 ⊥ 13,9	1030 ... 1190	dt: gr / or-bnl	⊙	– / 208
Stephanit step ○ hy	Ag_5SbS_4	rh	wsgr / hgr-bnrsgr	dt: s. Fa	25 ⊥ 30	40 ... 125	st: vi/gn / keine	(× ×) ⊞ ⊝⊙	780 / 256
Sternbergit ster ○ hy zu argp	$AgFe_2S_3$	rh	hbn-dbn / bn-rolbn	st: s. Fa	≈ 45 (25 ⊥ 36)	30 ... 75	st: ro/vi / keine	# ⊠ (× ×) ⊙	687 / 268
Sterryit stey ○ hy	$12\,PbS \cdot 5\,(Sb, As)_2S_3$ $Pb_{12}(Sb, As)_{10}S_{27}$	rh	ws ~ / ws-gr	st: s. Fa	36,0 ⊥ 38,7	na	st / keine	⊞ (× ×)	– / 278
Stibarsen stia ○ hy	$AsSb$	tg	ws ~	gg-dt ws ~	45 ... 70	170 ... 200	st: gr/bn / keine	ⓢ	404 / 84
Stibioenargit stib ○ hy M/enar	Cu_3SbS_4	rh	rsgr-hrsbn / grrs-grvi	dt: s. Fa	25 ⊥ 28,7	130 ... 380	st: st fa / dro	# ⊙	630 / 110
Stibioluzonit stil ○ hy M/luzo	Cu_3SbS_4	te	hbnge-rs / rs-rsgr	st: s. Fa	23,8 ⊥ 25 ... 26	205 ... 400	st: bn/gn / keine	⊞ ⊙	630 / 110
Stibiopalladinit stip ○ mg	Pd_3Sb	rh	ws → gelrs / ws → rs	ns	54,6	na	gg: KG / keine	(#) (□)	448 / 324
Stibiotantalit stit ○ pn?	$Sb(Ta, Nb)O_4$	rh	hgr / gr	gg: gr	≈ 20	440 ... 605	dt / ws-gel	# ⊙	– / 200
Stilleit stll ○ hy	$ZnSe$	kb	hgrbm / gr	iso	≈ 30	na	iso (gr)	(⊞) ⊙	559 / 216
Stromeyerit stro ○ hy 5.3.3., 5.5.2.	$CuAgS$	rh	grws / grws-rsgr	dt: s. Fa	25,8 ... 29,6	30 ... 60	st: bn/ge / keine	⊙	517 / 52

Tabelle 7.4. (Fortsetzung)

1	2	3	4	5	6	7	8	9
a) Mineralname **Minerale** b) kurz ⓢ gs/hami PN	a) Mineralformeln **Mineralcharakteristik** b) Kristallsysteme *KS*	a) in Luft **Farben** b) in Öl	a) *I* **BR** b) *B*	a) in Luft **Reflektanz** b) in Öl	a) *VHN* 50 **Härte** b) (<50) > 50	a) *AE* **+Polare** b) *IR*	a) c) **Gefüge** b) d)	a) *R* **Seite** b) *U*
Stützit stüt ⓞ *hy*	Ag_5Te_3 *hx*	$hgr \to bll$ $hgr \sim$	gg-dt	37,2 ... 38,9	75 ... 90	*st*: *bn/bl* keine	(#) ××	459 242
Sukulait suku ⓞ *pn*	$Sn_2Ta_2O_7$ *kb*	hgr $hgr \to virol$	*iso*	≈11 ... 13	*na*	*iso* *robn*	⊙	– 208
Sulvanit sulv ⓞ *hy*	Cu_3VS_4 *kb*	hge-$crge$ $gebn$-$crbn$	*iso*	29,2 ... 31,2	152 ... 165	*iso* keine		617 100
Sylvanit sylv ⓞ *hy* 5.3.1.	$AgAuTe_4$ *mk*	$crws$ $crws$-$crbn$	*dt*. s. Fa	49,7 ⊥ 58,2 (44,9 ⊥ 57)	193 ... 250 100 ... 220	*st*: *bll/bn* keine	# ⋘	460 248
Talnakhit taln ⓞ *mg*	$Cu(Fe, Ni)S_2$ *kb*	$bnlge$ $dge \to rs$	*iso*	38,6	*na*	*iso* keine	⊖	– 94
Tantalit tant ⓞ *pn* 5.1.2.	(Fe > Mn) $(Ta > Nb)_2O_6$ *rh*	$grws$-bnl	gg (*KG*, Ö)	15,3 ... 17,7	240 ... 1020	*dt* (*bnl*)	(#) ××	1099 202
Tantalrutil tanr ⓞ *pg*, *pn*	(Fe, Mn)(Ta > Nb)$_x$ $Ti_{2-x}O_4$ *te*	$gr \sim$	sg (*KG*)	18,1 ... 19,9	910 ... 1240	*dt* (z. T.)	⫴ ⊙	– 180
Tapalpit tapa ⓞ *hy*	$Ag_3Bi(S, Te)_3$?	$crws \sim$	gg (*KG*, Ö)	*na*	*na*	*st*: *gr/or* keine	(××) ⊙	779 –
Tapiolit tapi ⓞ *pg*, *pn* M/moss 5.2.2.	(Fe, Mn)(Ta > Nb)$_2O_6$ *te*	hgr grw-$bllgr$	*dt*: s. Fa	15,5 ⊥ 17,8	795 ... 1130	*st*: *gr/bn* *ro*-*bnl*	⫴ ⋛ ⊙	1102 202

7. Tabellen der erzbildenden und -begleitenden Minerale

Name	Formel	Tab.-Ref.	Kristall	Farbe			Werte		Optik			Symbol	Nr.
Teallit teal ○ hy 5.2.2.	PbSnS$_2$	rh	ws	ws-crrsws	dt: s. Fa	40,2 ⊥ 46,6 (50,6)	30 ... 125	dt: gr/bl keine	(#) rad	⊞ Ⓢ	719 318
Tellur tell ○ hy	Te	tg	ws-bn/ws ws-hgr	dt: s. Fa	43,4 ⊥ 53,5 (59 ⊥ 67,5)	(25 ... 90)	st: bll/bnl keine	(× ×)	⊙	417 246
Tellurobismutit telb ○ hy	Bi$_2$Te$_3$	tg	ws → gel crws-rsws	sg: s. Fa	63,6 (61 ⊥ 65)	(30 ... 90)	dt: bll/gr keine	#	(⊞) ⊗	470 250
Temnantit tenn ● hy M/tetr 5.3.2.	Cu$_3$AsS$_{3,25}$	kb	gr-blgn	iso	27,3 ... 31,4	250 ... 425	iso rol			602 108
Tenorit teno ● ox, vw	CuO	mk	wsgr-grgel gr-dgrbn	dt: s. Fa	20 ⊥ 25 (14,3 ⊥ 18)	200 ... 250	st: bl/gr keine	sch	(⊞)	958 118
Tetradymit tetd ○ hy 5.3.1.	Bi$_2$Te$_2$S	hx	ws → gel crws-gegrws	gg: s. Fa	50 ⊥ 51,7 (52,5 ⊥ 61,2)	30 ... 75	dt: gr ~ keine	# (× ×)	(⊞) ⊕	470 248
Tetraedrit tetr ● hy M/tenn Tab. 7.5	Cu$_3$SbS$_{3,25}$	kb	grws → bnl gr-olbn	iso	31,4 ... 33,1	250 ... 425	iso bnro		(□) Ⓢ	602 108
Thoreaulith thol ○ pg, pm	Sn[(Nb, Ta)$_2$O$_7$]	mk	hgr gr-bngr	dt/Ö: s. Fa	16 ⊥ 18	470 ... 800	st: gr/bn gebnl	# × ×		– 200
Thorianit thor ○ mg, pg	ThO$_2$: (Th, U, Ce)O$_2$	kb	gr ~	iso	≈15	920 ... 1235	iso bnl	# × ×	□	1131 196
Thucholith thuc ⚔ 5.5.1./2.	org. mit U, Th, SE	am	gr ~		≈15		sehr stark wechselnd	koll		1185 –
Tiemannit tiem ○ hy 5.3.4.	HgSe	kb	wsgr → bnl grbn	iso	≈30 (28,5)	25 ... 40	iso (ano ai) keine	#	⊙	561 216
Tintinait tint ○ hy M/kobe	5 PbS · 4 (Sb, Bi)$_2$S$_3$ Pb$_5$(Sb, Bi)$_8$S$_{17}$	rh	hgr grws-vigr	dt: s. Fa	36 ⊥ 43	149 ... 157	dt: gr/bn keine	# rad	Ⓢ	– 290

Tabelle 7.4. (Fortsetzung)

1	2	3	4	5	6	7	8	9
a) Mineralname **Minerale** b) kurz ⓢ gs/hami PN	a) Mineralformeln **Mineralcharakteristik** b) Kristallsysteme KS	a) in Luft **Farben** b) in Öl	a) I **BR** b) B	a) in Luft **Reflektanz** b) in Öl	a) VHN 50 **Härte** b) (<50) >50	a) AE +**Polare** b) IR	a) c) **Gefüge** b) d)	a) R **Seite** b) U
Titanit tita ◐ ox	$CaTi[O/SiO_4]$ mk	gr	$dt/Ö$	≈10	na	$dt \times IR$ $st: ge/bn$	□ ××	1180 –
Titanomagnetit titm ○ mg 5.1.2./3.	$Fe^{II}_{1+x}Fe^{III}_{2-2x}Ti_xO_4$ kb	$ws \to bnl$ grbn	iso	≈17	715...735	iso (ano ai) keine	⊕	1036 168
Todorokit todo ○ ox	$(H_2O...)_{\leq 2}(Mn...)^{\leq 8}_{16}$ $(O, OH)_{16}$ mk	hgr bnlgr ~	gg: s. Fa	20...23	na	$st: ws/gr$ keine	# rad	1147 350
Trechmannit trec ○ hy	$AgAsS_2$ tg	ws bl/ws-bllgr	dt: s. Fa	≈40	na	$dt \times IR$ orro	(××) ⊙	– 266
Trevorit trev ○ mg	$(Fe, Ni)FeO_4$ kb	gr	iso	≈21	≈770	iso keine	⊙	969 172
Trogtalit trog ○ hy	CoSe kb	rsvi	iso	na	na	iso keine	⊗	878 218
Troilit troi ✿	FeS hx	hrsbn-crbn crbn-rolbn	dt: s. Fa	34 ⊥ 39	230...390	$st: gr/bl$ keine	⊙	635 138
Trüstedtit trüs ○ hy	Ni_3Se_4 kb	ge	iso	na	na	iso keine	⊗	755 220
Tungstenit tung ○ pn...hy	WS_2 hx	ws-bllgr	ex: s. Fa	50 (18,6 ⊥ 38,2)	(≈15)	$st: ws/gr$ keine	⊙	939 102

7. Tabellen der erzbildenden und -begleitenden Minerale

Mineral	Formel		Farbe		Reflexion %	Anisotropie	Härte		Sonstiges		Seite
Twinnit twin ○ hy	Pb(Sb, As)₂S₄	mk	ws	st: ws ~	37 … 43	131 … 152	st: keine	#	▥	⊙	– 278
Tyrrellit tyrr ○ hy	(Cu, Co, Ni)₃Se₄	kb	rolbn	iso	35 … 45		iso keine			⊙	755 220
Ullmannit ullm ○ hy	NiSbS	kb	ws → gel ws → bllgr	iso	44,6	340 … 470	iso (ano ai) keine	# × ×	▭	⊙	849 158
Ulvit ulvi ○ mg 5.1.3.	Fe₂TiO₄	kb	grbnl bn-robn	iso	na		iso keine			⊕	980 170
Umangit uman ○ hy 5.3.4.	Cu₃Se₂	rh	hbnvi rovi-blvigr	st: s. Fa	12 ⊥ 16	80 … 100	st: gel/ro keine	(#)	(▥)	⊙	503 222
Uraninit uran ● vv Tab. 7.5	UO₂	kb	gr → bnl dgr-bngr	iso	≈17 (15,2 ⊥ 16,7)	625 … 930	iso (ano ai) bnl	# × ×	▨		1111 194
Ustarasit usta ○ hy	PbS · 3 Bi₂S₃ PbBi₆S₄		ws	ns	≈42	na	st keine			⊙	– 290
Vaesit vaes ○ ox, hy? M/brav	NiS₂	kb	hgr dgr	iso	≈31	(770 … 860)	iso keine	# × ×		⊙	867 134
Vallerit vall ○ mg 5.1.2., 5.4.2.	CuFeS₂	hx	o: crbn-vigr e: blgr-dgr	st: s. Fa	14,2 ⊥ 20,2	≈30	ex: ws/bnl keine			⊙	734 98
Veenit veen ○ hy	2 PbS · (Sb, As)₂S₃ Pb₂(Sb, As)₂S₅	rh	ws-rsgr	gg: s. Fa	37,6 ⊥ 43,2	156 … 172	dt: gr ~ keine		▦	⊙	– 278
Villamaninit vill ○ hy	(Cu, Ni, Co, Fe) (S, Se)₂	kb	bllgr ~ rovigr-bngr	iso	25 … 30	440 … 710	iso (ano ai) keine	(#)	(▥)	⊙	875 144

7. Tabellen der erzbildenden und -begleitenden Minerale

Tabelle 7.4. (Fortsetzung)

1	2	3	4	5	6	7	8	9
a) Mineralname **Minerale** b) kurz ⊚ gs/hami PN	a) Mineralformeln **Mineralcharakteristik** b) KS	a) in Luft **Farben** b) in Öl	a) I **BR** b) B	a) in Luft **Reflektanz** b) in Öl	a) VHN 50 **Härte** b) (<50) > 50	a) AE **+Polare** b) IR	a) c) **Gefüge** b) d)	a) R **Seite** b) U
Violarit viol ○ hy M/linn	$FeNi_2S_4$ kb	$ws \rightarrow crrs$ $ws \rightarrow vi$	iso	42,3	458 240…370	iso keine	#	748 132
Volynskit voly ○ hy	$AgBiTe_2$ rh	$ws \rightarrow rol$	sg	54,3 (52,6 ⊥ 54,4)	55…100	$gg: fl$ keine	▲ # ⊙	– 238
Vonsenit vons ○ pn?	$(Fe, Mg)_2Fe[O_2/BO_3]$ rh	$blgr-bnl$ $grbl-robn$	$st:$ s. Fa	10 ⊥ 15	705…1000	$st: bl/ro$ (selten)	▦	– 164
Vrbait vrba ○ hy	$Tl_4Hg_3Sb_2As_8S_{20}$ rh	bl/ws $grws \rightarrow bll$	na	30…33,4	na	$dt: bl/or$ rol	⊙	787 46
Vredenburgit vred ○ mn	$(Mn, Fe)_3O_4$ te	$grwsol$ $gr \sim$	$sg:$ $gr \sim$	18…20	na	$dt: gr \sim$ keine	⊙	997 346
Vulcanit vulc ○ hy	$CuTe$ rh	$hge-grbl-bl$ $hgews-hbl$	$st:$ s. Fa	35 ⊥ 60	na	$st: ge/gr$ keine	# ⊙	453 244
Vysotskyit vyso ○ mg	$(Pd, Ni)S$ te	$grws-bll$ $grbl-grvi$	$gg/Ö:$ s. Fa	≈45 (52,3)	na	$dt: bl/bn$ keine	× ×	746 330
Wairauit wair ○ ox	$CoFe$ kb	$ws \rightarrow gln$	iso	≈54	185…330	iso keine	◻ × ×	389 128
Wallisit wall ○ hy	$PbTlCuAs_2S_5$ tk	na	na	≈38	110…165	na na	na	795 299
Wehrlit wehr ○ hy	$BiTe$ hx	$ws \sim$	$gg-dt/Ö$ ≈55	≈80		$gg: bnl$ keine	# ⊙	473 238

7. Tabellen der erzbildenden und -begleitenden Minerale

Mineral	Formel		Farbe	Härte	Dichte	Spaltbarkeit/Bruch	Strich	Sonstiges		Referenz
Weibullit weib ○ hy?	PbS · Bi₂Se₃ PbBi₂Se₃S	mk	ws → rs	na	na	na	na		835 —
Weissit weis ○ hy	Cu₂Te	kb	hgr-bll crws-dbl	sg-ns	≈30 (32,4)	na	gg: gr/bl keine	⊕	453 234
Whitneyit zu dome whit ○ hy	(Cu, As) ... (Cu₉As)	kb	crws	iso	≈63 (65)	na	iso keine	⊙	427 114
Wilkmanit wilk ○ hy	Ni₃Se₄	mk	hgrge ~ hge-grge	dt: s. Fa	na	na	st: rs/gn keine		755 224
Willyamit zu ullm will ○ hy	(Co, Ni)SbS	kb	na	iso	na	na	iso keine	⊙	895 159
Wittichenit 5.3.5. witt ○ hy	3 Cu₂S · Bi₂S₃ Cu₃BiS₃	rh	crgrws crgr → ol	gg (KG, Ö)	35 ⊥ 40 (32,7 ⊥ 36,1)	167 ... 216	dt: bnl keine	⊙	774 292
Wodginit wodg ○ pg, pn	(Ta, Nb, Sn, Mn, Fe)₂O₄	mk	gr ~	sg: gr	14,3 ⊥ 15,4	765 ... 1080	dt: gr ~ roor	(□)	— 200
Wolframit M wolf ● pg, pn 5.2.1./2.	(Fe, Mn)WO₄	mk	gr-grws gr-bnlgr	gg-dt: s. Fa	16 ⊥ 18,7 (14,7 ⊥ 17,8)	260 ... 660	gg-dt: gr ~ dro	# × × □ ⊗	1150 186
Woodruffit wood ○ ox	(Zn, H₂O)≦₂ (Mn, Zn)₈ (O, OH)₁₆	mk	gr · gr-gelgr	dt: s. Fa	≈26	≈740	dt keine	⊙	1146 352
Wulfenit wulf ○ ox	PbMoO₄	te	hgr gr-ws	gg: s. Fa	17,7 ⊥ 16,5	(210 ... 330)	dt × IR ws-or	(× ×)	— 144
Wurtzit wurt ○ hy, sd 5.4.2.	β-ZnS	hx	gr → bll dgr	ns	≈18	141 ... 260	ns ge-bn	# sch	618 126
Wüstit wüst ○ vu	FeO	kb	gr ~ gr → gnl	iso	≈20	na	iso keine	⊙	956 166

Tabelle 7.4. (Fortsetzung)

1	2	3	4	5	6	7	8	9
a) Mineralname **Minerale** b) kurz ⊚ gs/hami PN	a) Mineralformeln **Mineralcharakteristik** b) Kristallsysteme *KS*	a) in Luft **Farben** b) in Öl	a) *I* **BR** b) *B*	a) in Luft **Reflektanz** b) in Öl	a) *VHN* 50 **Härte** b) (<50) > 50	a) *AE* **+Polare** b) *IR*	a) c) **Gefüge** b) d)	a) *R* **Seite** b) *U*
Xanthochroit xanc ○ *ox* zu gree	CdS *am*	keine optischen Daten erhältlich					*na*	624 —
Xanthokon xant ○ *hy* zu pyrs	Ag$_3$AsS$_3$ *mk*	bllgr ~	*dt:* s. Fa	≈ 28	50 ... 150	*st: gr* ~ *bnl*	(⊠) ⊙	846 258
Zink zink ○ *ox*	Zn *hx*	keine optischen Daten erhältlich					*na*	398 74
Zinkenit zini ○ *hy*	6 PbS · Sb$_2$S$_3$ Pb$_6$Sb$_{14}$S$_{27}$ *rh*	ws-grws	*gg:* s. Fa	37,7 ⊥ 42,7 22,2 ⊥ 27,1	125 ... 205	*dt: gr* ~ (*dro*)	*rad* ⊙	817 278
Zinkit zint ○ *vu*	ZnO *hx*	rsbn	gg × IR	≈ 10	150 ... 320	gg × IR ge-ro	⊙	955 162
Zinn zinn ○ *hy*?	β-Sn *te*	ws crws-bngr	ns/L, dt/Ö	*na*	(10 ... 15)	gg: bn/gr keine	⊠	396 34
Zinntantalit zina ○ *pn*	Mn(Ta, Nb, Sn)$_2$O$_6$ *mk*?	gr ~	*dt: gr*	≈ 15	≈ 660	*st* gebn	# × ×	— 200
Zirkon zirk ● *mg, sd*	ZrSiO$_4$ *te*	hgr ~	gg ns	≈ 10	*na*	dt × IR dt: ver	(× ×) mkt	1177 —
Zvyagintsevit zvya ○ *mg*	(Pd, Pt)$_3$(Pb, Sn) *kb*	ws ws → cr	iso	63,6	240 ... 320	iso keine	⊙	395 326

7. Tabellen der erzbildenden und -begleitenden Minerale

Tabelle 7.5. Auftreten häufiger Erz- und Begleitminerale in den wichtigsten Paragenesen (entsprechend der Gliederung in Kap. 5)

Mineralname	Abschnitt in Kapitel 5
Argentit	5.3.3., 5.3.5., 5.4.2., 5.5.2.
Arsenopyrit	5.2.2., 5.3.3., 5.5.1., 5.6.2.
Baryt	5.3.1., 5.3.2., 5.3.3., 5.3.4., 5.3.5., 5.3.6., 5.4.1., 5.4.2., 5.6.2.
Chalkopyrit	5.1.2., 5.1.3., 5.2.1., 5.2.2., 5.3.1., 5.3.2., 5.3.3., 5.3.5., 5.4.1., 5.4.2., 5.5.1., 5.5.2., 5.5.3., 5.6.2.
Chalkosin	5.3.2., 5.4.2., 5.5.2., 5.6.2.
Feldspäte	5.1.2., 5.2.1., 5.2.2., 5.3.1., 5.3.4.
Fluorit	5.2.1., 5.2.2., 5.3.1., 5.3.3., 5.3.4., 5.3.5., 5.3.6., 5.4.2., 5.6.2.
Galenit	5.3.3., 5.3.5., 5.4.1., 5.4.2., 5.5.1., 5.5.2., 5.5.3., 5.6.2.
Hämatit	5.1.3., 5.2.1., 5.2.2., 5.3.2., 5.3.4., 5.4.1., 5.5.2., 5.5.3., 5.6.1.
Karbonspäte	5.2.1., 5.3.1., 5.3.2., 5.3.3., 5.3.4., 5.3.5., 5.3.6., 5.4.1., 5.4.2., 5.5.3., 5.6.1., 5.6.2.
Magnetit	5.1.1., 5.1.2., 5.1.3., 5.2.2., 5.3.2., 5.4.1., 5.4.2., 5.5.1., 5.5.2., 5.5.3., 5.6.1., 5.6.2.
Markasit	5.1.2., 5.3.3., 5.3.5., 5.3.6., 5.4.1., 5.4.2., 5.5.1., 5.5.2., 5.6.2.
Molybdänit	5.2.1., 5.2.2., 5.3.2., 5.5.2., 5.6.2.
Pechblende	s. Uraninit
Pyrit	5.1.3., 5.3.1., 5.3.2., 5.3.3., 5.3.5., 5.3.6., 5.4.1., 5.4.2., 5.5.1., 5.5.2., 5.5.3., 5.6.1., 5.6.2.
Pyrrhotin	5.1.1., 5.1.2., 5.1.3., 5.2.2., 5.3.1., 5.3.3., 5.3.6., 5.4.2., 5.5.2., 5.6.1., 5.6.2.
Quarz	in allen Paragenesen (außer 5.1.) möglich
Sphalerit	5.3.3., 5.3.5., 5.3.6., 5.4.1., 5.4.2., 5.5.1., 5.5.2., 5.5.3., 5.6.2.
Tetraedrit	5.2.2., 5.3.5., 5.3.6., 5.4.2., 5.5.2.
Uraninit	5.3.4., 5.3.5., 5.5.1., 5.5.2., 5.5.3.

Literaturverzeichnis

[1] ABRAMSKI, C., M.-Th. MACKOWSKY, W. MANTEL und E. STACH: Atlas für angewandte Steinkohlenpetrographie. Essen: Verlag Glückauf GmbH 1951
[2] AMOSOV, I. I.: Kohlenpetrologie und Paragenesen der Brennstoffe (russ.). Moskau: Verlag Nauka 1967
[3] ARAYA, R. A.: Untersuchungen über das Reflexionsvermögen einiger Erzmineralien unter Berücksichtigung unterschiedlicher Versuchsbedingungen für seine Bestimmung. München: Dissertation im Eigenverlag der Universität 1968
[4] ATKIN, B. P., und P. K. HARVEY: The use of quantitative color values for opaque mineral identification. Can. Mineral. 17 (1979) 639–647
[5] BEREK, M.: Optische Meßmethoden im polarisierten Licht, insonderheit zur Bestimmung von Erzmineralen mit einer Theorie der Optik der absorbierenden Kristalle. Fortschr. Min. 22 (1937) 104
[6] BERGMANN-SCHÄFER (Herausgeber: GOBRECHT, H.): Lehrbuch der Experimentalphysik. 6. Aufl., Berlin, New York: Walter de Gruyter-Verlag 1974
[7] BERNDTSEN, N., und F. J. JANSEN: Präparation von Polymeren für die Licht- und Elektronenmikroskopie. Inst. f. Kunststoffverarbeitung der RWTH Aachen, 1980
[8] BEUGNIES, A.: Phénomènes d'optique cristalline observables par réflexion convergente de la lumière sur les surfaces polies. Etude théoretique et experimentale. Bull. Soc. Belg. Geol. 67 (1985) 3
[9] BEYER, H. (Herausgeber): Handbuch der Mikroskopie. Berlin: Verlag Technik 1973
[10] BLANKENBURG, H.-J., und G. NEUHOF: Technische Minerale in Eisen- und Stahlschlacken. Freib. Forsch.-H. C 393. Leipzig: Deutscher Verlag für Grundstoffindustrie 1984, 102–125
[11] BORODAEV, J. S., N. I. EREMIN, F. P. MEL'NIKOV und V. I. STAROSTIN: Labormethoden der Untersuchung von Mineralen, Erzen und Gesteinen (russ.). Izd. Moskovsk. Universiteta 1975
[12] BOWIE, S. H. U., und K. A. TAYLOR: A system of ore minerals identification. Mining. Mag. XCIX (1985) H. 5, 265–277; H. 6, 337–345
[13] BRÜMMER, O. (Herausgeber): Mikroanalyse mit Elektronen- und Ionensonden. Leipzig: Deutscher Verlag für Grundstoffindustrie 1981
[14] BURRI, C.: Das Polarisationsmikroskop. Basel: Verlag Birkhäuser 1950
[15] CAMERON, E. N.: Apparatus and techniques for the measurement of certain optical properties of ore minerals in reflected light. Econ. Geol., Lanc. 52 (1957)
[16] CAMERON, E. A., und L. U. GREEN: Polarization figures and rotation properties in reflected light and their application to the indentification of ore minerals. Econ. Geol., Lanc. 45 (1950)

[17] CRAIG, J. R., und D. J. VAUGHAN: Ore microscopy and ore petrography. New York – Chichester – Brisbane u. a.: Wiley Interscience Publication John Wiley and Sons 1981
[18] ČVILEVA, T. N., V. E. KLEJNBOK und M. S. BEZSMERTNAJA: Die Farbe von Erzmineralen im Auflicht (russ.). Moskva: Izd. Nedra 1977
[19] EMBREY, P. G., und A. J. CRIDDLE: Error problems in the two media method of deriving the optical constants and k from measured reflektance. Am. Mineral., 63 (1978) 853 – 862
[20] FREUND, H.: Handbuch der Mikroskopie in der Technik (8 Bände), Frankfurt a. M.: Umschau-Verlag 1957 ff.
  – Bd. I: Optische Grundlagen
  – Bd. II: Mikroskopie der Bodenschätze
  – Bd. II/1: Mikroskopie der Steinkohle, des Kokses und der Braunkohle
  – Bd. III: Mikroskopie von Metallen
  – Bd. IV: Mikroskopie der Silikate
[21] GALOPIN, R., und N. F. M.: Microskopic study of opaque minerals. Cambridge: Heffer and Sons Ltd. 1972
[22] GORBUNOV, G. I., JU. N. JAKOVLEV, JU. A. ASTAF'EV, JU. V. GONČAROV, I. S. BARTENEV und JU. N. NERADOVSKIJ: Atlas der Texturen und Strukturen sulfidischer Fe – Ni-Erze der Halbinsel Kola (russ.). Leningrad: Izd. Nauka 1973
[23] GRABOVSKIJ, M. A., und O. N. ŽERDENKO: Untersuchung von Erzmineralen mit der Methodik der magmatischen Pulververteilung (russ.). Moskva: Geol. rudn. mestorožd., 5 (1946) H. 1, 99 – 104
[24] HAAS, H.: Polarisationsoptik. Berlin: Verlag Technik 1953
[25] HENRY, N. F. M. (Herausgeber): IMA/COM Quantitative Data File. Commission on Ore Microscopy. London: Applied Mineral. Group. Mineral. Soc. 1977 (s. auch [82])
[26] HENRY, N. E. M.: IMA/COM report on symbols and definitions. Canad. Mineralogist 18 (1980) 549 – 551
[27] HENRY, N. E. M., und R. PHILLIPS: Quantitative Color (1981)
[28] HTEIN, W., und R. PHILLIPS: Quantitative specification of the colours of opaque minerals. Mineral. Mater. New Bull. Quant. Microsc. Methods (1971) H. 1, 2 – 3, H. 2, 5 – 8
[29] HUNGER, J. (Herausgeber): Ausgewählte Untersuchungsverfahren in der Metallkunde. Leipzig: Deutscher Verlag für Grundstoffindustrie 1983
[30] Internationale Kommission für Kohlenpetrologie: Internationales Lexikon für Kohlenpetrologie (I. L. K.)
  – Paris: 1. Ausg., Verlag C. N. R. S. 1957
  – Paris: 2. Ausg., Verlag C. N. R. S. 1963
  – Paris: Ergänzung zur 2. Ausg., Verlag C. N. R. S. 1971
  – Paris: 2. Ergänzung zur 2. Ausg., Verlag C. N. R. S. 1975
[31] ISAENKO, M. P., S. S. BORIŠANSKAJA und E. L. AFANASEVA: Bestimmung der wichtigsten Erzminerale im Auflicht (russ.). Moskva: Izd. Nedra. 1972
[32] JŮSKO, S. A.: Methoden der Laboruntersuchungen vor Erzen (russ.). Moskva: Izd. Nedra 1971
[33] JŮSKO, S. A.: Methoden der mineralogischen Untersuchung oxidierter Erze (russ.). Moskva: Izd. Nedra 1973
[34] JŮSKO, S. A., O. E. JŮSKO-ZACHAROVA und S. I. LEBEDEVA: Diagnostische Eigenschaften von Erzmineralen (russ.). Moskva: Izd. Nedra 1975
[35] JŮSKO, S. A.: Methoden der laborativen Untersuchung von Erzen (russ.). Moskva: Izd. Nedra 1984
[36] KLEJNBOK, V. E., und N. I. ŠUMSKAJA: Tabellen für die Bestimmung der Brechungs- und Absorptionskoeffizienten opaker Minerale anhand ihrer Reflexionseigenschaften (russ.). Moskva: Izd. Nedra 1973

[37] KREVELEN, D. W. VAN: Coal. Typologie — Chemistry — Physics — Constitution. Amsterdam: Elsevier Publishing Company 1951
[38] KUHNEL, R. A., J. J. PRINS und H. J. ROORDA: The Delft system for mineral identification. In: Ore minerals. Mineral. Mater. News Bull., Microscopic Methods (1976) 1
[39] KÜNSTNER, E.: Torf, Braunkohle, Steinkohle und andere brennbare Bildungen (Kaustobiolithe). In: PFEIFFER, L., M. KURZE und G. MATHÉ: Einführung in die Petrologie. Berlin: Akademie-Verlag 1981, 333—361
[40] LEBEDEVA,, S. J.: Untersuchung der Mikrohärte von Mineralen und Abhängigkeit von der Zusammensetzung als Methode der physiko-chemischen Analyse natürlicher Mineralsysteme. In: Redkometal'nye mestorožd., ich genezis i metody issledovanija (russ.). Moskau: 1972, S. 247—252
[41] LEBEDEVA, S. J.: Die Mikrohärte von Mineralen (russ.). Moskva: Izd. Nedra 1977
[42] LEEDER, O., und H.-J. BLANKENBURG: Polarisationsmikroskopie. Leipzig: Deutscher Verlag für Grundstoffindustrie 1989
[43] LEEDER, O., R. THOMAS und W. KLEMM: Einschlüsse in Mineralen. Leipzig: Deutscher Verlag für Grundstoffindustrie 1987
[44] LISSNER, A., und A. THAU: Chemie der Braunkohle. 3. Aufl. Halle/Saale: Wilh. Knapp Verlag 1956
[45] MICHEL, K.: Die Grundlagen der Theorie des Mikrokopes. Stuttgart: Wiss. Verlagsgesellschaft m. b. H. 1950
[46] OELSNER, O.: Atlas of the most important ore mineral parageneses under the microscopes. Leipzig: Edition, Oxford: Pergamon Press 1966
[47] PEPPERHOFF, W., und H. HETTWIG: Interferenzschichtmikroskopie Darmstadt, 1970
[48] PICOT, P., und Z. JOHAN: Atlas of ore minerals. Amsterdam: Elsevier 1982 (B. R. G. M.)
[49] PILLER, H.: Color measurements in ore microscopy. Berlin: Miner. Dep. 1 (1966) 192
[50] PILLER, H.: Microscope photometry. Berlin (W): Springer-Verlag 1977
[51] PUTNIS, A., und J. D. C. MC CONNELL: Principles of mineral behaviour. New York: Elsevier Publ. 1980
[52] RAMDOHR, P.: Die Erzminerale und ihre Verwachsungen. 4. Aufl., Berlin: Akademie-Verlag 1975
[53] RGW-Standard Metalle: Mikroeindruck-Härtemessung nach dem VICKERS-Verfahren. ST RGW 1195—78
[54] RINNE-BEREK: BEREK, M., C. H. CLAUSEN, A. DRIESEN, und S. RÖSCH: Anleitung zu optischen Untersuchungen mit dem Polarisationsmikroskop. 2. Aufl. Stuttgart: E. Schweizerbartsche Verlagsbuchhandlung (Nägele & Obermiller) 1953
[55] RÖSLER, H. J.: Lehrbuch der Mineralogie. Leipzig: Deutscher Verlag für Grundstoffindustrie 1979
[56] SALTYKOV, S. A.: Stereometrische Metallographie. Leipzig: Deutscher Verlag für Grundstoffindustrie 1974
[57] SCHNEIDERHÖHN, H., und P. RAMDOHR: Lehrbuch der Erzmikroskopie. Berlin: Verlag Gebr. Bornträger 1931
[58] SCHNEIDERHÖHN, H.: Erzmikroskopisches Praktikum. Stuttgart: E. Schweizerbartsche Verlagsbuchhandlung E. Nägele 1952
[59] SCHOCHHARDT, M.: Grundlagen und neuere Erkenntnisse der angewandten Braunkohlenpetrographie. Halle/Saale: Wilhelm Knapp Verlag 1943
[60] SCHOUTEN, C.: Determination tables for ore microscopy. Amsterdam—New York: Elsevier Publ. Company 1962
[61] SCHUMANN, H.: Metallographie. 11. Aufl., Leipzig: VEB Deutscher Verlag für Grundstoffindustrie 1983
[62] SONTAG, E.: Gruppe der Kohlen. In: Angewandte Petrographie. 5. Lehrbrief, Bergakademie Freiberg 1971, 75—116

[63] STACH, E.: Lehrbuch der Kohlenpetrographie. Berlin: Verlag Gebr. Borntraeger 1935
[64] STACH, E.: Lehrbuch für Kohlenmikroskopie. Klettwig: Verlag Glückauf 1949
[65] STACH, E.: Die Untersuchung von Kohlenlagerstätten. In: BENTZ, A., und H.-J. MARTINI: Lehrbuch für Angewandte Geologie, Bd. II. Teil 1, Stuttgart: Enke-Verlag 1986, 421−526
[66] STACH, E. (Herausgeber): Stachs Textbook of Coal Petrology. 3. Aufl. Berlin (W), Stuttgart: Verlag Gebr. Borntraeger 1982
[67] STANTON, R. L.: Ore Petrology. New York: MCGRAW-Hill 1972
[68] ŠUMSKAJA, N. J.: Bestimmung von Erzmineralen anhand ihrer Reflexionsspektralkurven (russ.). Leningrad: Izd. Nedra 1985
[69] SÜSS, M., und R. VULPIUS: Geologie und Petrologie der Weichbraunkohlen der DDR. In: KRUG, H., und W. NAUNDORF (Herausgeber): Braunkohlenbrikettierung − Grundlagen und Verfahrenstechnik. Leipzig: Deutscher Verlag für Grundstoffindustrie 1984, 17−106
[70] TAGGART, J. E.: Polishing technique for geologic samples. Am. Mineral. 62 (1977), 824−827
[71] TALDYKIN, S. J., A. F. GONČARIK, G. N. ENIKEEV und B. B. ROSINOJ: Atlas der Strukturen und Texturen von Erzen (russ.). Moskva: Gosgeoltechizdat 1954
[72] TARKIAN, M.: A key diagram für the optical determination of common ore minerals. Mineral. Sci. Eng., 6 (1974) 101
[73] TSCHERMARK, G.: Die mikroskopische Beschaffenheit der Meteorite, erläutert durch photographische Abbildungen, Stuttgart 1855
[74] TREMPLER, J.: Präparationsmethoden zur optischen Untersuchung an Hochpolymeren. Metallographische Arbeitsblätter 2 (1978)
[75] TREMPLER, I.: Mikroskopische Methoden zur Untersuchung Hochpolymerer Werkstoffe (I, II). Metallographische Arbeitsblätter I: (1981) H. 2; II: (1982) H. 1
[76] UHLIG, W.: Schadensanalyse. Berlin: Verlag Technik 1986
[77] UYTENBOGAARDT, W., und E. A. J. BURKE: Tables for microscopic identification of ore minerals. New York: Dover Publication Ind. 1971 (1. Aufl.), 1985 (2. Aufl.)
[78] VJAL'SOV, L. N.: Reflexionsspektren von Erzmineralen (russ.). Moskva: Izd. Akad. Nauk 1973
[79] VJAL'SOV, L. N.: Versuch einer Systematik der Erzminerale auf der Grundlage der Messung von Reflexionskoeffizienten im sichtbaren Spektralbereich (russ.). Moskva: Geol. rudn. mestor 1 (1973) 89−97
[80] VOLYNSKIJ, I. S.: Die Bestimmung der Erzminerale unter dem Mikroskop (russ.). Moskva: Izd. Nedra 1966
[81] YOUNG, B. B., und A. P. MILLMAN: Microhardness and deformation characteristics of ore minerals. Bull. Inst. Mining Metall (1964) N. 74, 437−466
[82] CRIDDLE, A. J., und C. J. STANLEY (Eds.): Commission on Ore Microscopy IMA/COM quantitative data file for ore minerals (second issue). London: Trustees of the British Museum National History, 1986 (s. auch [25])
[83] BENCE, A. E., und W. J. HOLZWARTH: Electron microprobe analysis in mineralogy. Geol. Assoc. Can. − Mineral. Assoc. Can. Program Abst. 11 (1986) 44
[84] BERNHARDT, H.-J.: OPAK, ein Programmsystem zur Unterstützung der mikroskopischen Erzmineral-Diagnose. Fortschr. Mineral. 63 (1985) 22
[85] BERNHARDT, H.-J.: A simple, fully-automated system for ore mineral identification. Mineral. Petrology 36 (1987) 242−245
[86] BERNHARDT, H.-J.: Microscopic identification, and identification schemes, of ore minerals. In: Advanced Microscopic Studies of Ore Minerals (J. L. Jambor & D. J. Vaughan, eds.). MAC/COM Short Course 17 (1990) 189−211
[87] CABRI, L. J., und S. L. CHRYSSOULIS: Advanced Methods of Trace-element Microbeam Analyses. In: Advanced Microscopic Studies of Ore Minerals (J. L. Jambor & D. J. Vaughan, eds.). MAC/COM Short Course 17 (1990) 341−377

[88] CERVELLE, B., und Y. MOELO: Reflected-light optics. In: Advanced Microscopic Studies of Ore Minerals (J. L. Jambor & D. J. Vaughan, eds.). MAC/COM Short Course 17 (1990) 87−108

[89] CERVELLE, B., und Y. MOELO: Advenced Microspectroscopy. In: Advanced Microscopic Studies of Ore Minerals (J. L. Jambor & D. J. Vaughan, eds.). MAC/COM Short Course 17 (1990) 379−408

[90] CRAIG, J. R.: Textures of the ore Minerals. In: Advanced Microscopic Studies of Ore Minerals (J. L. Jambor & D. J. Vaughan, eds.). MAC/COM Short Course 17 (1990) 213−262

[91] COLORIMETRY. CIE No. 15 (E-1.3.1.). Bureau Central de la CIE, 4, Avenue due Recteur-Poincare, 75782 Paris, Cedex 16, France 1971

[92] CRIDDLE, A. J., und C. J. STANLEY: The Quantitative Data File of Ore Minerals of the Commission on Ore Microscopy of the International Mineralogical Association (2nd issue). British Museum (National History), London, England, 1986

[93] CRIDDLE, A. J.: The Reflected-Light Polarizing Microscope and Microscope-Spectrophotometer. In: Advanced Microscopic Studies of Ore Minerals (J. L. Jambor & D. J. Vaughan, eds.). MAC/COM Short Course 17 (1990) 1−36

[94] CRIDDLE, A. J.: Microscope-photometry, reflectance measurement, and quantitative color. In: Advanced Microscopic Studies of Ore Minerals (J. L. Jambor & D. J. Vaughan, eds.). MAC/COM Short Course 17 (1990) 135−169

[95] GERLITZ, C. M., B. F. LEONARD und A. J. CRIDDLE: QDF database system. Reflectance of ore minerals − a search-and-match identification system for IBM compatible microcomputers using the IMA/COM Quantitative Data File for ore minerals, second issue. U.S. Geol. Surv. Open-File Rep. 89-0306A-0306E., 1989

[96] GIERTH, E.: Leitfaden zur Bestimmung von Erzmineralien im Anschliff. Clausthaler Tektonische Hefte 25, Ellen Pilger, Clausthaler-Zellerfeld, BRD, 1988

[97] HARRIS, D. C.: Electron-Microprobe Analysis. In: Advanced Microscopic Studies of Ore Minerals (J. L. Jambor & D. J. Vaughan, eds.). MAC/COM Short Course 17 (1990) 319 to 340

[98] INTERNATIONAL lighting Vocabulary. CIE No. 17 (E-1.1.1.). Bureau Central del a CIE, 4, Avenue du Recteur-Poincare, 75782 Paris, Cedex 16, France, 1970

[99] LAFLAMME, J. H. G.: The preparation of materials for microscopic study. In: Advanced Microscopic Studies of Ore Minerals (J. L. Jambor & D. J. Vaughan, eds.). MAC/COM Short Course 14 (1990) 37−68

[99a] MAUCHER, A., und G. REHWALD: Bildkartei der Erzmikroskopie. Frankfurt a. M.: Umschau Verlag 1961−1962

[100] MÜCKE, A.: Anleitung zur Erzmikroskopie. Ferdinand Enke Verlag, Stuttgart, 1989

[101] PECKET, A.: Quantitative Colours of opaque minerals. Mineral. Mag. 53 (1989) 71−78

[102] PETRUK, W.: Determining Mineralogical Characteristics by Image Analysis. In: Advanced Microscopic Studies of Ore Minerals (J. L. Jambor & D. J. Vaughan, eds.). MAC/COM Short Course 17 (1990) 409−425

[103] TARKIN, M., und W. LEISSMANN: A Guide for Optical and Analytical Identification of Ore Minerals. Clausthaler Geol. Abh., 47, vlg. Sven von Loga, Köln, 1991

[104] TOSSELL, J. A., und D. J. VAUGHAN: Theoretical Geochemistry: Applications of Quantum Mechanics in the Earth and Mineral Sciences. Oxford Univ. Press, Oxford, England, 1990

[105] VAUGHAN, D. J.: Optical properties and chemistry of ore minerals. In: Advanced Microscopic Studies of Ore Minerals (J. L. Jambor & D. J. Vaughan, eds.). MAC/COM Short Course 17 (1990) 109−133

[106] VAUGHAN, D. J.: Microhardness Properties in Characterization. In: Advanced Microscopic Studies of Ore Minerals (J. L. Jambor & D. J. Vaughan, eds.). MAC/COM Short Course 17 (1990) 171−187

Sachwörterverzeichnis

α-Teilchen 142
ABBE 52, B 2.18
Abbildung 54, 56, 71
Abbildungsgesetz 52
Abdruckverfahren 139
Ablenkelemente (s. a. Planglas, Prisma) 69, T 3.1, 73
Ablösungsflächen 110
Absorption, absorbieren 38, 40, 43–46, 54, 76, 89, 91, 97, 107, 110
Absorptionsgleichung 43
Absorptionsindex 43
Absorptionskoeffizient 43, 44, B 2.15, T 2.2, 86, 87, 95, 98, 99, 100, 103–105, 107
Absorptionskonstante 44
Abtrag T 2.1, B 2.8
Achromat B 2.20, T 2.5, T 2.6
achromatisch T 2.8, 78
Achse der Isotropie 48
—, kristallographische 48
—, optische 47, 58, T 2.2
—, X-, Y-, Z- 58
Achsenverhältnis 47, 101, 102, B 3.10
Adaptation T 3.2, 99
Akkomodation 73
Aktivität, optische 104
Alginit 285, 287, 290, 296, 297, 301, 305, 316, 317
Alkohol 29, 70
allothigen 239

allotriomorph T 3.10
Al_2O_3 T 2.1
Alter 16, 123
Alteration 290, 316
Aluminium 26, 30
amorph 38, 131
Amplitude B 2.12, 42, 47, 54, 100, B 3.19, 102
AMS 133
Analysator B 2.20, 58, 95, 99, 105, 106
ANDERSON 229, 235
ANGER 275, 277
Angiospermen 282, 283
Anisotropie, anisotrop 19, 21, 40, 43, 44, 46, 54, 68, 74, T 3.2, 76, 81, 85, 87, 89, B 5.91, 94, 96–98, 104, 105, 128, 284, 307, 314, 319, 321
Anisotropiebestimmung 104
Anisotropieeffekte 18, 49, T 3.2, B 3.8, 95, 98–100, 107, 108
Anisotropiekoeffizient 104
Anlaufen B 2.10
Anregung 57, 62
Anschliff 16, 21, B 2.4, 26, 28–39, 68, 131, 141, 279
Anschliffebene 32
Anschliffherstellung 22, 307, 309, 314
Anthrazit 284, 286, 307, 308, 313, 322

Aperturblende 56, B 2.20, T 3.2, 81, 85, 99
Apertur (numerische) 52, 53, T 2.5, T 2.6, T 2.7 a, b, T 3.1, 99, 108, 112, 117
Apochromat T 2.6
Arbeitsabstand T 2.4
Arbeitsplatz 73
Asche 16, 28, 126
ATKINSON 175
»Atoll-Struktur« 332
Atom, atomar 40, 131
Attrinit 287, 289, 293, 299
Ätzen 19, 39, 133
Ätzmethoden, -verfahren 18, 19, 139, 140
Aufbereitung 28, 32, 120, 121
Aufbereitungsprodukt 16, 24
Aufbewahrung 39
Aufhellung B 3.8, 99, 103
Auflichtpräparat 21, B 2.4, B 2.5
Auflösung, optische 52, 53
Auflösungsvermögen 48, 49, 52, T 2.7 a, T 2.10, T 3.1, 117
Aufpolieren 39
Auflichtmikroskop(ie) 15 bis 19, 22, 43, 47, 52, 54 bis 56, 62, 63, T 2.11, 72, 75, 88, 112, 119, 133, 141
Auflicht-Kamera-Mikroskop 58, 62, B 2.26

Auflichtpräparate 21—26, B 2.5, 91, 124
Aufsetzkamera 58, 62, B 2.28, 68
Auge 39, 40, B 2.17, 48, 49, 52, 66, 73, 78, 94, 98, 99
Augenkreis 55
Augenmuschel 68
Augenpupille 55
Ausbruch 21, B 2.10, 38, 137
Auslöschung 43, 97, 99, T 3.6, 105, 106
Auslöschungslage, -intervall 100
Ausschleifen 21
Ausschwingung 42
Austrittsluke, -pupille 52, 54, 55, 99
authigen 239
Autohydratation T 3.11
Automat, automatisch B 2.6, B 2.8
Azimut, azimutal 46, T 2.11, 77, 99, 101, 105, 106

BADHAM 208, 209, 215
Balligkeit 29
BARNES 190, 202
BAUMANN 159, 165, 166, 192, 195, 196, 198, 202, 212, 214, 215, 217
BAUMHAUER 18
Bearbeitungsstufe T 2.1
BECK 18
BECKEsche Linie s. Lichtlinie
Bedampfung, -smedium 87, 107, 131
Bedienung, -svorschrift 69—72
Begleitmineral 17
BEILBY, -Schicht 18, 22, 38, 39
Beleg 23
Beleuchtung 16, B 2.20, 55, 56, B 2.22, 73, 99
Beleuchtungseinrichtung 56
Beobachtung 16, 39, 72
BEREK 18, 19, B 2.16, 81, 92, 95, 104, 106
BERNHARDT 128
BERTRAND, -Linse B 2.20, 57, 99

BERZELIUS 18
Bestimmung, -stabellen 16, 17, T 3.3, B 3.3, 83, 86, 104, 107, 112, 113, 119, 124, 128—130, 139, 142
Bestrahlung 40, 142
Beugung 52, 53, B 2.18, 107
Beugungsbild 53
Beugungsmaxima 52
Beugungsordnung 52
BEYER 62
BEZSMERTNAJA 90
Bezugsflächen 46, B 2.15
Bild, mikroskopisches 40, 43, 52, 53
Bildanalyse 20, 68, 74, 87, 120, 137—139
Bildentstehung 40, 53—56, 131
Bildpunkt 52
Bildraum 52
Bildschirm 132
Bildverarbeitung 20
Bildverlagerung 55
Bindemittel 25
Bindung 43, 48, 127, 141
Binokular 55
Biowissenschaft 15
»birds-eye«-Struktur 154, 196, 197
Bireflektanz T 3.2, 81, B 3.1, 87, 91—96, B 3.6, T 3.5, B 3.7
Bireflexion s. Bireflektanz
Bitumit 292
Bituminit 289, 290, 299
Blau-Gelb-Schwäche 52
Blei-Antimon-Scheibe 30
Bleischweif 275
Blende 54—56, 69, 73
Blendung 49, 52, 73, 81, 99
Bogenstruktur 291, 303
Bogheadkohlen 281, 301, 305
Bohrkern 23
Bohrklein 24
Borkarbid T 2.1, 30
Bottryococus 296
Boudinbildung 271, 276
BOWIE 19, 128—130
BOWIE-SIMPSON-System 130

BOWIE-TAYLOR-Diagramm 128, B 3.23
BOYLE 178, 182
BRAGG 136
Braunkohle 19, 32
Braunkohlenmikroskopie 279, 288
Brechung s. Lichtbrechung
Brechzahl s. Lichtbrechungsindex
Brennebene 52
Brenner 63
Brennweite 63
BREZINA 18
Brikett 31, 124
bröckelig, bröckeln 24, 36
Bruch, brüchig 25, 133
Bruchstück 22
Buntmetall 26
BURKE 17

CAMERON 19
CAMPBELL 18
Candela 15
Cannelkohle 281
CASTAING 20
Charge 23
Chemismus s. Zusammensetzung
Chlorophyllinit 287, 290, 316, 317
CHRISTOPH 292, 309
chromatisch 78
Chromoxid 32
CISSARZ 19
Clarit 302, 304, 306, 308
Clarodurit 304, 306
Codierung 68
COHEN 18
Collinit 287, 288, 301, 302, 305
Colorimetrie s. Kolorimetrie
COM = Commission of Ore Mineralogy 31, 75, 88, 90, 91, 104, 113, 118, 130, 139
Computer s. Rechner
Corphuminit 287, 289, 293, 297
CRAIG 150, 155, 169, 180, 182, 189, 190, 202, 213, 231, 232, 234, 262, 265, 271

Cutinit 285, 287, 290, 300, 301, 304, 316
ČVILEVA B 3.5, 90

Dämmerungssehen 49
Dämpfung s. Filter
DEBYE-SCHERRER 142
Deckglas T 2.6
Deformation s. Verformung
Dekoration 131
Delft-System 130
Densinit 287, 289, 294, 296, 298, 300
Destruktion 284, 285, 289
Detrit 294, 296, 310
Detritus
—, bituminös 289, 290, 296, 310
—, humos 284, 288, 290, 291, 300, 311
—, inert 291, 296
diablastisch-dialytisch T 3.10, B 3.19
Diagenese, diagenetisch T 3.11, 284
Diagnose, diagnostisch 16, 17, 19, 21, 43, 44, 74, 78, 86, 99, 104, 112, 119, 128, 130, 139
diagnostische Merkmale T 3.2
Diagonalstellung 103, 105
Diamantkörner 28, 30
Diamantpaste 28, T 2.1, 29, 32
Diamantpolitur 29
Diamantpulver T 2.1
Diamantpyramide, -spitze 68, B 2.27, 112
Diamantscheibe 23, 26, 29
Diamantschliff 29
Diamantspray 28, T 2.1, 29
Diamantsuspension 28, T 2.1
Dichroismus 103
dichromatisch 57
Dicke 43
Dickschliff, poliert, s. Plättchen
Dielektrizitätskonstante 40, 43

differientieller Interferenzkontrast 62
Diffusion 141
digital 138
Dilatation 138
Dispersion, dispergieren 40, 44, 47, T 2.2, 54, 78, 83, 91, 92, 97, 98, 104, 110
Dispersionskurve 83, B 3.2, B 3.3, 84, 88, 128
Dokumentation, -tiert 23, 72, 74
Doppelbrechung 40, 43, 48, 97, 103
Doppelreflektanz 95
Drehsinn 100—102
Drehtisch 69, 85, 99
Drehung (Präparat) 56, 92, 95, 97, 103, 105, 115
Drehung (Polarisationsebene) 104, 106
Drehvermögen, optisches T 3.6
Drehwinkel 57, 78
Drehzahl 26, 30, 31
dreidimensional 38, 52, 134
Dreieck, Farb- s. Farbdreieck
—, sphärisches 102, B 3.12
Dreifarbensystem 89
Druck, drücken 25, 29, 30, 38, 39, 110, 115, 118
Druckschatten 270, 271, 274, 276
DRUDE 19, 106
Druse, drusig T 3.10
Dunkelfeld B 2.9, 56, B 2.22, 62, T 2.5, T 2.6, 108, 140
Dunkelheit, Verdunkelung 99, 105, 106
Dunkelstellung B 3.8, 100, 105
Dünnschliff 17, 31
—, poliert 19, 31
DUPARQUE 18
Durchlässigkeit B 2.17b
Durchlicht 17, 31, 47, 60, 97, 131
durchscheinend 96
durchsichtig 44, 46, 96, 108
Durit 199, 306, 308
Duroclarit 306

Eben, -heit 22
Edukt, pflanzlich 281, 288
Eh-pH-Diagramm 245, 246, 255
EHRENBERG 19, 231, 232, 234, 235
Eigenfarbe 87, 110
Eigenschaften 22, 43, 44, 74, 119, 128
Einbetten 24, B 2.4, B 2.5
Einbettungsmittel 32
Einfallsebene 40, 106
Einfallswinkel B 2.13, 47, 132
Einfarbigkeit 67
Einfluß, chemisch 21
—, mechanisch 21, 119
—, thermisch 21, 119, T 3.11
Eingießen 32
Einkristall 84
Einschluß 21, 31, 74, 86, 110, 123, B 4.1, 133, 139, B 4.7, 140
Eintrittsluke 54
Eintrittspupille 55, 85
Elektrolyse, elektrolytisch 27, 139
elektromagnetisch 39, 40
Elektron 44, 131, 132
Elektronenmikroskop 31, 121, 131, 136, 139
Elektronenspektroskopie 133
Elektronenstrahl- 19, 131, 132
Elektronenstrahl-Mikrosonde s. Mikrosonde
Elektronik 15, 88
Element, -analyse 132, 134, 136, 141
Elementarwelle 52
Ellipse, elliptisch 44—47, 77, 89, 100—105, B 3.10, B 3.11, 106
elliptisch polarisiert s. polarisiert
Ellipsoid T 2.2
Elliptizität 47, 95, 100, 103, 106
Elongation 42
Email 15
Empfindlichkeit 49, B 2.17, 52, 99

Energie 40, 41, 44, 63
energiedispersiv = EDS 133, 134, 136
Entmischung 21, 86, T 3.10, 123, B 3.19, 133
Entstehung 16, 17, 22, 72, 119, 121
epigenetisch 123
Epoxidharz 24, 25
ergonomisch 73
Ericipites 298
Erosion 138
Erregung 49, B 2.17
Erz 15–17, 21, 26, 28, 74, 75, 86, 91, 120, 124, B 3.19, 128, 141, 142
Erzanschliff B 2.5, B 2.10
Erzformation 17
Erzgefüge 19, 120, 122
Erzlagerstätte 18
Erzmikroskopie 15, 18, 19, 52, 59, 60, 72, 74, 81
Erzmineral 16, 17, 18, 43, T 3.3, 88, T 3.5, T 3.7, T 3.8, B 3.23
ESMA = Elektronenstrahl-Mikroanalysator s. Mikrosonde
Eßkohle 285, 286, 306, 307
Ethylenglykol 32
»Exicut«-Prinzip B 2.1
Exinit 280, 284, 300, 301, 306, 320
Exsikkator 39
Exsudat 290, 302
Extinktion B 2.17b

Fadenkreuz 115
Fadingeffekt 290, 315
Farbanalyse 87, 88, 91, 128
Farbanteil 88
Farbdreieck 89, B 3.4, B 3.5
Farbe 21, 39, 40, 49, 52, 73–75, T 3.2, 78, T 3.3, 83, 87–92, 94, 95, 97, 99, 128
–, Grund- 88
–, Körper- 89
–, Spektral- 88, 89
Farbeffekt 139

Farbeindruck, -empfinden 49, 72, 75, 81, 88, 89, 92, 94, 99
Farbenblindheit 52
Farben dünner Blättchen 110
Farbfilter s. Filter
Farbgemisch 88
Farbgraphik 89
farbig, Farbigkeit 88, 89, 94, 98
Farbkoordinaten 89, 90
Farbmessung, -metrik 20, 83, 88–90, 95
Farbmodulator 49
Farbnuancen 49, T 3.2, 78, 91, 94
Farbpunkt B 3.5
Farbreaktion 128
Farbreinheit 49, 88, 89
Farbschwelle 89
Farbstich 78
Farbstoff, pflanzlich 290
Farbtemperatur T 2.4, 67, 89, 95, 99
Farbton 49, 81, 88, 89
Farbunterschied 49
Farbverfälschung 99
Farbvergleich 99
Farbwechsel 89, 92
Farbwert 89
Faseroptik 62
Faunenrest 300
Faziesdiagnose 311
Fehler 39, 86, 87, 125
Fehlsichtigkeit 73
Feinschleifen 26, 29, 30, 32, 33, B 2.9, 36, 38, 39
Feintrieb 56
Feld, elektrisches 44
Feldzahl T 2.8
Fernseh- 19, 63, 73, 138
Festkörper, -stoff 41, 43, 131
Fetten 70
Fettkohle 286, 302, 306, 308, 313, 320
feuerfest 28
Filmmaterial T 2.10
Filmtransport 68
Filter 58, 63, 67, T 2.10, 68, 69, 73, T 3.2, 88, 89, 130

–, Dämpfungs- T 2.10, 66, 95, 99
–, Glas- 67
–, Kontrast- T 2.10
–, Konversions- T 2.10, 89
–, Metallinterferenz- 67, 68, 88
–, Monochromat- 67
–, Neutralgrau- 81
–, Spektral- B 2.17b, 88, 89, 115
–, Sperr- 58, 67
–, Wärmeschutz- 67
Filtergehäuse 67, 68
FISCHER 18
fission tracks s. Spaltspur
Flächenmessung 16, 68, 136, 137, B 4.4
Flammkohle 286, 300, 303, 305
Flöz 23, 32
Fluoreszenz, -mikroskopie 19, 32, 56, 58, 62, T 2.10, 133, 280, 284, 289, 290, 291, 309, 311
Fluoreszenzphotometrie 315–317
Fokus, Fokussierung 56, 81, 112
FOLINSBEE 19
förderliche Vergrößerung 52, T 2.7 a, b
Form 16, 23, 119, 124, 130, 137
Format 23
Formatierung 26
Formfaktor 137
Fortpflanzungsgeschwindigkeit 44
Fortpflanzungsrichtung 40, B 2.11, 100
Fossilien 15
FRAUENHOFER, -sche Linien B 2.17, 88
Frequenz 40, 42–44
FRESNEL, -Gleichung 44, 75, 81, 107
FREUND 15
Füllstoff 74, 127, B 3.22
Fusit 306
Fusinit 287, 291, 293, 296, 303

Sachwörterverzeichnis

GALOPIN 90, B 3.9
Gangart, -mineral 17, T 3.3, T 3.5, T 3.7
Gangprofil 23
Gangunterschied T 2.11, 68
Gasentladungs-Lampe T 2.4
Gasflammkohle 286, 302, 306
Gaskohle 305, 308
GAUSS 18, 52
Gefüge 16–19, 21, 24, 29, 33, 52, 72, 74, 75, 91, 119, 120, 124, 128, 137, 139, 142
—, formal 120, T 3.10, 122, B 3.19
—, genetisch 120, T 3.11, 122
—, Mikro- 33
—, Primär- T 3.11
—, Verformungs- T 3.11
—, Umbildungs- T 3.11
—, zusammengesetzte T 3.10
Gefügeanalyse, -untersuchung 19, 72, 74, 91, 124, 127
Gefügeelement, -merkmal 52, 137, 138
Gefügeveränderungen 16, 29, 124
Gegenfarben-Effekt 49
Gegenstand s. Objekt
v. GEHLEN 19, 20
gekreuzt s. Polare
gelber Fleck 49
Gelifikation 284, 289, 291, 296
Gelit 294, 309, 310, 319
Gelinit 287, 293–295
Genauigkeit 72, 86, 87, 100, 115, 133, 136
Genese, genetisch s. Entstehung
geometrisch 40, 52, 55, 63, 68, 102, 138
Geowissenschaften 15, 28
Gerät, gerätetechnisch 16–19, 62, 73, 74, 86, 87, 91, 98, 131
Gerbstoff 287
geringreflektierend 81
Gesamtvergrößerung 53
Geschichte 17
Gestein 15–18, 26, 28, 74

GF s. Großfeld (Objektiv, Okular)
Gitter s. Kristallgitter
Glanzbraunkohle 284, 286, 306, 318
Glas 15, B 2.13, B 3.22, B 4.8
Glasscheibe 29
Gleitmittel 29
Glimmerkompensator, -platte 105, 106
Glühlampe 39, T 2.4, 63, 89
GRANIGG 18
Graphit 19, B 3.22, 286, 319
—, Kugel- B 3.20
—, Lamellen- B 3.20
Graphitisierung 319, 320
GRATON 18
Grausehen 49
Grauwert 138
Gravur s. Objektivgravur
Grenzwinkel 49, 53
Grobschliff 29
Grobtrieb 56, 115
Großfeld-Objektiv T 2.5, T 2.6
Großfeld-Okular T 2.8
GROVES 166, 172
Gummibindung 26
Gußeisen 30, B 3.20
Gußform 23
Gymnospermen 282
Gyttja 300

HAIDINGER 18
Halbachse, -messer 101, 102, 105
Halbleiter 43, 75, 131, 136, 141
Halbschattenplatte T 2.11, 104
Haliseritenkohle 281
Halogen-Lampe 63, T 2.4, 99
Handpolitur 29
Handstück 121
HANEMANN 19, 113
HD s. Hellfeld
Hartbraunkohle 284, 286
Härte (s. a. Mikrohärte) 21, 22, 26, 29, 31, 38, 68, T 3.2, 84, 110, 115, B 3.14, B 3.18, 128, 130

Härteabschätzung 110, 112, B 3.15
Härteanisotropie 112, 115, 118
Härteeindruck 68, 115, 118, B 3.16, B 3.17
Härtekurve 118
Härtemessung 19, 68, 110, 115
Härteunterschied 22, 110, 112
HARTIG 18
Hauptabsorptionskoeffizient 44
Hauptachse 48
Hauptazimut 46
Hauptbrechungsindex 44
Hauptdoppelbrechung 48
Haupteinfallwinkel 46, 106
Hauptemission 32
Hauptreflexionsebene 92
Hauptschwingungsrichtung 85
Hauptsymmetrieebene 48
HAWLEY 149, 155
Hellempfindlichkeit B 2.17
Hellfeld B 2.3, B 2.9, 56, B 2.21, 62, T 2.5, T 2.6, 140
Helligkeit 39, 40, 49, 52, 73, T 3.2, 75, 78, 81, 88, 89, 92, 95, 97–99, 103, 138
Helligkeitsumkehr 49
HELMHOLTZ 88
HENRY 90
Herstellerfirmen 58, 59
Heterogenität, heterogen 21, 24, 29
HEWITT 18
hexagonal 48, T 2.2, 103
H–H–H-Regel 112
HI s. Immersion
HOFFMANN 19, 279
HOHMANN 315, 316
Holzscheibe 19, 29, 32
homogen 85, 119
homöopolar 43
HSIEH 19
HTEIN 20, 90
Humifikation 284
Huminit 287–289
Humocollinit 288
Humodetrinit 288

Hussak 18
Hüttenprodukt 18
Huygens, -sche Welle 52, 54
hydrothermal T 3.11

ICCP = International Commission of Coal Petrography 31, 280
Identifikation s. Bestimmung
idioblastisch 123
idiomorph, hyp-, pan- T 3.10, 123, B 3.19
Illuminator s. Opakilluminator
Immersion 19, 32, 39, T 2.5, T 2.6, B 3.1, T 3.4, B 3.5, B 3.6, 108, 130, 279, 283, 314
—, homogene (HI) T 2.6
—, variable (VI) T 2.6
Immersionsmedium, -mittel 32, 39, 68, 70, 75, 81, 99, 103
Immersionsobjektiv 70, 73, 78, 81, T 3.4, 95, 99, 108
Imprägnation 25, 38
Indexfläche B 2.15
Indikatrix T 2.2
indirekt 57, 99
Inertit 310
Inertinit 287, 288, 291, 300, 301, 320
Inertodetrinit 287, 291, 296, 301, 303
Infrarot 44, 87
Inhomogenität, inhomogen 86, 110, 137
inkohärent 40
Inkohlungsgrad s. Rang (Kohlen)
Inkohlungsprozeß 281, 284
—, biochemisch 284
—, geochemisch 284
—, klimatische Einflüsse auf 280, 281
Inkohlungsprodukt, thermisch 287, 291, 318, 319
—, bituminös 280, 289, 290
Inkohlungssprung 284, 285, 306, 314
Innenreflex T 3.2, 85, 87, 107, 108, 110, T 3.7, B 3.13

Integration 16, 91, 138
Intensität 43, B 2.17b, 76, T 3.2, 81, 88, 92, 94, 98, 103, 108, 136
Intergranularfilm 21
Interferenz B 2.12, 43, 47, 52, 53, 87, 97, 98, B 3.9, B 3.11, 107, 110, 131
Interferenzbild B 2.9
Interferenzeinrichtung, universell 62
Interferenzkontrast, differentiell 62, 112
—, homogen 62
Interferenzmikroskopie 19, 58
Interferenzstreifen 58, 62
Interpretation 72, 74
Ionen, ionar 44, 131, 133
Ionenstrahl-Mikrosonde s. SIMS
irreversibel 29
Isaenko 128
Irvine 143, 148
Isomorphie, isomorph 78, 110
Isotropie, isotrop 48, 49, 75, 99, 103, 107

Jamin 106
Jenker 279
Jurasky 19
Justierung 53, 69, 71, 73, 85, 86, 99, 100, 115

k s. Absorptionskoeffizient (kappa) s. Absorptionsindex
Kameramikroskop 58, 62, 63, B 2.26
Kanadabalsam 32
Karborundscheibe 23
Karnaubawachs 31, 32
Karussellprinzip B 2.8
Kataklase T 3.11
Kaustobiolith 280
Kelly 165, 172
Keramik, keramisch 15, 26, 28, 74, 75, 120, 124, B 3.21, 131
Kerze 39

Kimberley 208, 246, 254
Kippung 56
KL = Katodolumineszenz 133
Klejnbok 90
Klockmann 18
Kluft, klüftig 110, 123
Knight 18
Knoop 19
Knop 18
Koagulat 209, 222, 225, 230, 248, 249, 251, 255
Kohärenz, kohärent 40, 42, 58
Kohle 18, 21, 26, 31, 32, 58, 74, 124, B 3.22
—, anthrazitisiert 319
—, hohen Ranges 286, 291, 300, 307
—, mittleren Ranges 285, 291, 300, 307, 312
—, niederen Ranges 280, 285, 286, 288, 300
—, Rohstoffeigenschaften von 284, 291, 309, 318, 319
Kohlenmikropetrographie 280, 285, 307, 309, 311
Kohlenmikroskopie 19, 59, 60, 62, 279, 306
Kohlenpetrographie 15, 16, 18, 31, 119, 279, 280, 282
Kohlensorten 310
Kohlenwasserstoffdiagenese 317
Kohlenwasserstoffmuttergestein 280
Kohlenwasserstoffprospektion 285, 313, 314
Köhler, -sches Beleuchtungsprinzip s. Beleuchtung
Kohleschicht 31
Kohleschliff 18, 31, B 2.5, 31
Kohleveredlung 15, 18, 26, 62, 124, 290, 307—310, 313, 318
Koks 19, 31, 124, 279, 280, 318—322
—, Braunkohlenhochtemperatur- (BHT-) 291, 310, 321
—, Extrakt- 318

—, Natur- 280, 318, 319
—, Petrol- 318, 321
—, Schwel- 318
—, Steinkohlen- 321
—, Stengel- 213
—, technischer 280, 318, 319
—, Tieftemperatur 211
Koksfusit 320, 322
Koksgefüge 308, 318, 319 bis 321
Kokskohlen 310, 311, 318
Kokskohlenpetrographie 318
Koksmikroskopie 318
Kolk 254
Kollektor B 2.20, 56
Kolloid, kolloidal T 3.11
Kolorimetrie, kolorimetrisch (s. a. Farbanalyse) 20, 49, 78, 86, 88, 89, 90, 128, 130
kompakt T 3.10
Kompatibilität 59, 70
Kompensator, Meß-K. 56, 57, 58, 63, T 2.11, 68, 104 bis 106
Kompensatoraufnahme B 2.20, 70
komplementär 49, 81, 89
komplex 44, T 2.2, T 3.11
Kondensor 55, 56
KÖNIGSBERGER 18, 19, 106
konjugiert 55
Konkretion, konkretionär T 3.10
Konoskopie, konoskopisch 19, 52, 57, T 3.2, 85, 99, 105
Konstanten, optische 19, 100, 103, 104
Konstanz 86
Kontaktierung 31
Kontrast 52, 58, 73, 81, 132
Konversion s. Filter
konzentrisch-schalig T 3.10, B 3.19
Koordinaten, -system 57, 74, 89, 138
Korn, körnig 24, 29, 31, 52, 95, 112, 115, T 3.10, 139
—, gebunden 26
Korngefüge 26, 140
Korngrenzen 21, 94, 95, 110, 115, 119, 131, 137, 140, 141

Korngröße 16, 21, 22, 26, T 2.1, 29, 30, 32, 95, 120, 137, 141
Kornform 119, 120
Kornklasse 16
Körnung s. Korngröße
Körnerpräparat B 2.3, 24, 25, B 2.5, 32
Korrektion 63, T 2.5, T 2.8, 66, 70
Korrektur 117
Korrosion, korrosiv 119, 123, 124, 133
Kratzer s. Schleifkratzer
KRAUME 232, 234, 235
kreisähnlich 95
Kreisfrequenz 42, 43
Kreuztisch s. Objektführer
Kristall, kristallin 38, B 2.15, 89, 97, 100, 103, 106, 119, 123, 131
Kristallgitter 33, 38, 43, 44, 97, 131, 136, 142
Kristallgitterbausteine 44
Kristallisation T 3.11, 139
Kristallit 140, 142
kristalloblastische Reihe 270, 272
kristallographisch 47, T 2.2, 48, 86, 95
kristalloptisch T 2.2, 86, 100, 104
Kristallsymmetrie 47, T 2.2, 104
Kristallsystem 47, 48
Krümmung 137
Kryptomaceral 288, 291, 299, 315
kubisch T 2.2, 47
Kühlung, -wasser 23, 26, 29
Kunstharz 25, 31, 32
Kunststoff 24, 26, 30
Kutikularleiste 290, 300

Lambda s. Wellenlänge
Ladung 44
Lagerstätte 15—19, 119, 121
Lagerung 23, 39
LAMBERT, -sche Absorptionsgleichung 43
LAMMA 141

Lampe B 2.20, 73, 95, 99
Lampenhelligkeit s. Helligkeit
Lampentyp T 2.4, 73
Lampenwendel 55
Läppen 22, 26, 29
Läppmittel 29, T 2.1, 29
Laser 133, 141, 142
LEBEDEV 19
LEBEDEVA B 3.14, T 3.9
LE CHATELIER 18
Levigelinit 289, 294
LD (long distance) s. Schnittweite
Leder 15
Legierung 15, 18, 26, B 3.20, 141
Lehrbuch 18, 19
Leiter 43, 141
Leitfähigkeit 27, 43, 141
Leuchtdichte 39, 49, T 2.4
Leuchte 63, 69
Leuchtfeld 55
Leuchtfeldblende 55, B 2.20, 56, 81
Leuchtstärke 39
Licht 39, 40, 43, 49, 52, 54, 57, 74, 75, 85, 87, 91, 95, 98, 100, 103, 104, 107
—, natürliches 74, 99, 108
—, polarisiertes 57, 100, 140
—, sichtbares 43, 44
—, weißes (Ursprung) 68, 89, B 3.4
Lichtätzung 141, 290, 291, 315, 316
Lichtaufspaltung 44
Lichtbrechung 40, 41, 44, 54, 75, 86, 87, 89, 91, 107
Lichtbrechungsindex, -koeffizient 41, 44, 48, B 2.15, T 2.2, 87, 98—100, 103 bis 107, 314
Lichteinfall, senkrecht 44, 75
—, schräg 47, B 2.22, 81
Lichtfilter s. Filter, Farb-F.
Lichtgeschwindigkeit 44
Lichtleistung 99
Lichtleiter 57
Lichtlinie 31, T 3.2, 112, B 3.15
Lichtmikroskop s. Mikroskop

Lichtquanten 40, 44
Lichtquelle 39, 52, 55, 58, 63, 68
Lichtreiz 49
Lichtrezeptor 49
Lichtschwingung 44, 95, 100
Lichtsensor 68
Lichtsonde 133
Lichtstrahl 40, 43, 52
Lichtstrom 39, 85, 89
Lichtvektor 40, 41
LIMA 141
LIMS 141
LINDGREN 18
Linearanalyse 134, 136—138
linear polarisiert s. polarisiert
Linse 52, 69, 131
Linsenfassung 54
Linsensystem 54
Liptinit 280, 289, 291, 309, 317, 320
Liptit 306
Liptodetrinit 287, 289, 290, 296
liquidmagmatisch T 3.11
Lockermaterial 24
Lösung, lösen 21, 25, 139
Lösungsmittel 68
LPMS 141
Luft s. Trockenobjektiv
Luftblase 73
Lumen 39
Lumineszenz s. Fluoreszenz
Lupe 53
LUTHER 88

Mäander 73
MACADAM, -Ellipsen 89, 90
MACCULLAGH 19, 106
Maceral 74, 124, 279, 285, 287, 288, 300
Maceralanalytik 280, 307, 308
Maceralgruppe 284, 288, 300
Maceralparagenese 288, 291, 307
Maceralsubgruppe 288
Maceraltyp 288
Maceralvarietät 288
Maceralverwachsung 307
Macrinit 287, 291, 295, 302

Magerkohle 286, 306, 308, 313
magmatogen 17
Magnesia usta, Magnesiumoxid 29, 30, 39
Magnet, magnetisch 40, 141
Magnetfeld 131
Makrosporen 304, 306
Mandelstein T 3.10
manuell 26
MARTENS 18
Martitisierung 265, 266
—, Rand-, Strain-, Zonar- 265, 266
Massenspektrometer 133, 134, 141
materialspezifisch 21, 22, 40, 44, 78, 119
Matrix 81
Mattbraunkohle 284, 318
MAXWELL, -sche Gleichung 40, 88
Megasporen 306
Mehrfachreflexion 107
Merkmale s. diagnostische M.
Meßblende 68
Meßfehler s. Fehler
Meßkompensator s. Kompensator
Meßmethode 39, 72, 74, T 3.2, 75, 81, 86, 87, 92, 98, 99, 100, 104, 107, 112, 115, 120, 138
Meßplatte s. Okular-M.
Meßschraubenokular T 2.8, 68, 115
Meßtrommel 115
Meßwellenlänge B 3.2, T 3.4, 88
Metall, metallisch 15, 17, 18, 21, 22, 26, 27, B 2.5, 29, 43, 44, 46, 59, 60, 74, 87, 88, 91, 118, 124, 131, 132, 139, 141
Metallanschliff 26
Metall-Interferenzfilter B 2.17b, 67, 68, 88
metallogenetisch 17
Metallographie, -graphisch 16, 26, 28, 74, 110, 120, B 3.20, 139
Metallring 31

Metallscheibe 29
Metallurgie, metallurgisch 15, 75
metamorphe Blastese 269, 270
metamorphe Temperung 269
Metamorphose, metamorph 17, 123, 284
Meteorit 15, 17
Methode, methodisch 16—20, 22, 26, 72; s. a. Meßmethoden
miarolithisch T 3.10
Micrinit 287, 302, 304
mikrochemisch 139
Mikrohärte 16, 74, 110, 112, B 3.14, 119
Mikrohärte-Meßgerät, -prüfer 19, 68, B 2.27, 115, 117
mikroheterogen 21
Mikrolithanalytik 307, 308
Mikrolithgruppe, -klasse 292, 310
Mikrolithotypen 288, 291, 300, 301, 307, 309, 310
Mikropetrographie, -graphisch 31
Mikrophotographie 19, 62, T 2.10, B 2.28, 68
Mikroprozessor B 2.6
Mikroriß 33
Mikroskop, mikroskopisch 16, 22, 40, 46, 49, B 2.17b, 52, 53, B 2.18, 54, 57—59, T 2.3, 68, 72, 77, 81, 85, 87, 92, 95, 97, 99, 106, 107, 110, 112, 115, 119, 121, 131, 136, 138, 139, 141
—, Arbeits- 59, B 2.23
—, Forschungs- B 2.23, B 2.24, 60, 62, B 2.25, B 2.28
—, Kurs- B 2.20, 59, B 2.23, B 2.24
—, Polarisations- 57, T 2.3, 68
—, umgekehrtes 18, B 2.26
—, zusammengesetztes 53, B 2.19

Sachwörterverzeichnis

Mikroskopphotometer
  s. Photometer
Mikrosonde 19, 20, B 2.5, 31, 133, B 4.2, B 4.3, 136, 139, 141
Mikrosporen 304, 305
Mineral, mineralisch 15—19, 22, 25, 26, 28, 31, 38, 44, 52, 57, 58, 74, T 3.2, 76, 78, 81, 85, 86, 87, 89, B 3.5, 90, 92, 96, 97, T 3.6, 103—108, B 3.13, 110, 112, 118, B 3.16, T 3.9, B 3.18, 122 bis 125, 127—130, 140, 141, 142
—, Test-, Vergleichs-M. 99, 106
Mineralbestimmung, -diagnose 17, 44, T 3.2, B 3.3, 86
Minerale in Kohlen 288, 292, 293, 310, 320
Mineraleigenschaften 72, 87
Mineralfarbe 52
Mineralgitter s. Kristallgitter
Mineralisationsfolge 204, 205
Mineralisationsschema 253
Mineralkartei 87
Mineralmikroskopie 59, 60
Mineralogie, mineralogisch 110
Mineralparagenese 17, 23, 81, 120, 122, 130
mineralspezifisch 43, 104
Mischungsreihe 78, 110
Mittelpunkt 88, 89
Mittelwert 87
Modifikationswechsel 21
Modulbauweise 62
MOHS 110
Molekül, molekular 40
monochromatisch (Licht, s. a. Filter) 68, 88, 95, 104—106, 142
Monochromator 68, 88
monoklin 48, T 2.2, 106
monokular 73, 113
monomineralisch 84
Moorfazies 282, 283, 312
MOSES 19
MÖSSBAUER, -Spektroskop 141

Mullit B 3.21
MUNSELL 90
MURDOCH 18
Myrmekit, myrmekitisch B 3.19, 262

n s. Lichtbrechungsindex
Nachbar(schaft) s. Umgebung
NACHET 18
Nachtsehen B 2.17
Nachweis, -grenze 136
NAKHLA 19
natürlich 16, 22, 74, 87, 108, 119, 120
Netzhaut 49, 53, 55
Netzhautbild 55
Netzhautüberreizung 49
Neuron 40, 142
Neutronenbeugung 142
nichtabsorbierend 75, 107
Nichterz 15, 17, B 2.5
Nichtleiter 31, 132, 136
»Nicol« 57
n-k-Diagramm 107
NOMARSKI 62
Normalstellung 103
Nosimi-System 130
numerisch s. Apertur

Oberfläche 21, 29, 31, 32, 36, 38, 39, 40, 43, 47, 58, 68, 69, 75, 85—87, 107, 110, 112, 124, 125, 131, 133, 134, 139—141
Oberflächenfilm, -schicht 22, 87, 107, 133
Objekt 39, 52, 53, 55, 56, 58, 74, 85, 95, 139
Objektebene, -feld 55, 63, 68
Objektführer 56, 68, 73
Objektiv 39, 52, B 2.18, 53—56, 63, 64, T 2.5, T 2.7a, b, 68—70, 73, T 3.2, 85, 99, 110, 112, 115
—, »pol« B 2.20
—, spannungsarm T 2.5
—, Spezial- 115, 117
Objektivbrennfläche 57
Objektivgravur 52, 63, T 2.6
Objektiv-Okular-Kombination 53, 70, 73

Objektivrevolver 56, 70
Objektivschlitten 56
Objektivwechsel 56, 81, 99
Objektivwechseleinrichtung 56
Objektmarkierer 68
Objektmikrometer 68
Objektpunkt 52
Objektschutz T 2.6
Objektstruktur 53
Objekttisch 56, 57, 70, 92, 115
Objekttreue 52, 54
OELSNER 17, 143, 148, 152, 155, 159, 162, 165, 166, 172, 190, 202, 207, 209, 217, 220, 221, 225, 228, 229, 234, 239, 240, 241, 250, 259, 260, 261, 262
Öffnungsblende 54
Okular 53, 54—56, 63, B 2.20, T 2.7b, 66, T 2.8, 69, 70, 81
—, Brillenträger- T 2.8
—, Kompensations- T 2.6
—, Meßschrauben- T 2.7, 115
—, RAMSDEN-Typ 66
—, stellbar 66, T 2.8, 66, 73, 138
Okularmeßplatte T 2.9, 66, 138
Öl 29
Ölimmersion s. Immersion
opak 15—17, 19, 21, B 2.3, 31, 46, 54, 72, T 3.2, 84, 96, 131
Opakilluminator 18, 56, B 2.21, 73
Opazität s. opak
ophitisch T 3.10
Optik, optisch 39, 43, 52, 53, 54, 55, 57, 62, 63, 68, 85, 138
optisch zweiachsig 103, 106
Oolith, oolithisch T 3.10, B 3.19
ORCEL 19
Ordnungszahl 132, 136
Ordnungszustand 43, 141
orientiert, Orientierung 24, 86, B 3.8, 140

orthorhombisch B 2.15,
   T 2.2, B 2.16, 48, 106
orthoskopisch 57, 99
OSMOND 18
OSTWALD 88
OTTENJANN 316
Oxid, oxidisch 28, 38, 141
Oxydation 22, B 2.10, 39,
   T 3.11, 124
Oxydationszone 284

Paläotemperatur 314,
   318, 319
Panzerwachs B 2.5, 32
Papier 15, 26
Paraffin 31, 32
Paragenese s. Mineralparagenese
paramorph T 3.11
Pegmatit, pegmatitisch
   T 3.11
Pentaprisma B 2.20
PEPPERHOFF 87, 107
Permeabilität, magnetische
   40
Petrologie 119
Pflege 39, 68, 70
Phase, stofflich 16, 21, 22, 24,
   26, 31, 38, 72, 74, 75, 87,
   119, 124, 137, 138, 141
—, optisch 42, 47, 54
Phasendifferenz 42, 44, 100,
   B 3.11, 102
phasenstarr 44
Phasenwinkel 43, 44
Phasenkontrast 19, 62, 112
PHILIBERT 20
PHILIPPS 20, 90
Phlobaphenit 287, 289
Photoelektronen-
   Spektroskop 133
Photographie (s. a. Mikro-P.)
   31, 32, 58, 62, 66, 74, 142
Photometer 20, 29, 68, 81, 85,
   86, 87, 88, 90, 92, 98, 279,
   315
Photometerokular 19
Photometrie, photometrisch
   16, 20, 29, 31, 32, 78, 88, 91,
   95, 98, 105, 108, 279, 280
—, Reflexions- 312, 314, 315

Photon 49, 133
Phototubus 68
Photozelle 19, 83
Phyllogenese 280, 281
Physik, physikalisch 40, 43,
   142
Physikochemie 17
Physiologie, physiologisch
   40, 49
Physiographie, -graphisch
   16—18, 21
Phyteral 285
Phytozönose 282, 283
PILLER 19, 90
Pilzhyphe 291
Pilzdauerspore 287, 291
Pityosporite 299
PIXE 133
Planachromat T 2.5, T 2.6
Planapochromat T 2.5, T 2.6
Planglas, -plättchen 18,
   B 2.20, 56, B 2.21, T 3.1,
   92, 99, 112
Planheit B 2.7
planimetrisch 137
planparallel 29, 38
Planschleifen 24, 32
Plast 15, 32, 74, 75, B 3.22
Plastbindung 26
plastisch s. Tenazität
Plastographie 16, 120, 127
Plättchen, poliert 31
pneumatolytisch T 3.11
poikilitisch T 3.10
Polar 57, 74, T 3.2, 77, 81
—, gekreuzt 49, 74, T 3.2, 95,
   97, 99, 100, 103, 104, 107
Polarisation 16, 40, 54, 62, 81
Polarisationsebene 40, B 2.11
Polarisationsmikroskop s.
   Mikroskop
Polarisationsoptik, -optisch
   18, 43, 44, 54, T 2.6, T 3.1,
   74, 89
Polarisationsrichtung 40,
   B 2.11
Polarisationswinkel 46
Polarisationszustand 97, 104
Polarisator B 2.20, 57, 58,
   T 3.2, 85, 92, B 3.6, 95, 100,
   106, 108

polarisiert 49, 57, 77
—, elliptisch 44, 45, B 2.14,
   T 2.2, 48, T 3.1, 77, 100,
   B 3.9, B 3.11, 102, 104
—, linear 45, T 2.2, 48, 100,
   B 3.9, B 3.11, 103, 104, 106
—, zirkular 45, 47, 48, B 2.14,
   B 3.11, 102
Polaroid 68
Polieren, poliert 22, 26, 28,
   B 2.4, B 2.6, B 2.7, 29, 30,
   B 2.8, 31, B 2.10, 38, 84, 130
Polierfähigkeit 84
Polierkratzer B 2.10, 38, 39,
   112
Poliermittel T 2.1, 29, 31, 32,
   39
Polierscheibe, -teller 26, 29
Poliertechnik 19
Politur 19, 31, 32, B 2.9,
   B 2.10, 38, 39, 86, 112, 133,
   139
—, Holzstab- 31
polykristallin, -mineralisch,
   -phas 112, 119, 140
polymerisiert 25
polymineralisch 112
polymorph T 3.11
Poren, porös 22, 25, 31,
   T 3.10, 137
Porigelinit 295
Porphyr, porphyrisch T 3.10
Porzellan 15, B 3.21
Präparat 22, 28, 29, 30, 32, 39,
   72, 73, 74, 85, 86, 92, 95, 97,
   103, 105, 106, 112, B 3.20,
   B 3.21, 132, 139, 140, 142
—, Normal- 26
—, Spezial- 26, 29, 31
Präparation, präparativ 21,
   22, 29, B 2.8, 31, 32, 63, 131,
   138
—, manuell 25—29, 32
—, maschinell 25—28, 32
Präparationsfehler B 2.20, 38
Präparator 22, 29, 31
Primärquelle 39
Primärteilchen 142
Prisma 100
—, BEREK- 56

Sachwörterverzeichnis

—, Kompensations- 56,
  B 2.21, T 3.1, T 3.2, 92, 99
—, totalreflektierend 18, 56,
  B 2.21
Probe 22—24, 26, 28, 30—32,
  52, 72, 85, 86, 107, B 3.20,
  B 3.21, 132, 136, 137, 139
Probegut 23, 24, 26, 32
Probenahme 22
Probenandruck 26, 31
Probenform 26
Produkte, technische 21, 31,
  83
Projektionsschirm 63
Projektiv 63, 66, B 2.28, 69
»Prontoreaktion« 241
Provinz, pflanzengeo-
  graphische 282
Prüfkörper 68, 110
Prüfkraft 115, 118, B 3.18
Pseudophlobaphenit 281
Pseudostrukturen 39
Psilophyten 281
Pteridophyten 282
Punktanalyse 134, 136—138,
  141
Pupille 73
Purpur 89

quantitativ 19, 20, 21, 31, 39,
  40, 47, 62, 74, 86, 87, 91, 95,
  98—100, 112, 119, 121, 128,
  133, 136, 137
Quecksilber-Lampe 63, T 2.4

R s. Reflektanz
Radioaktivität, -graphie 142,
  284
Radicelle 298
RAMAN, -Spektroskopie
  87, 142
RAMDOHR 17—19, 119,
  B 3.19, 148, 152, 153, 157,
  158, 159, 163, 186, 187, 188,
  197, 225, 226, 227, 236, 240,
  241, 242, 244, 249, 251, 252,
  266, 268, 269, 275
RAMSDEN, -scher Kreis s. Augenkreis
Rang (Kohlen) 31, 32, 279,
  284, 285, 312, 315, 317

Ranganomalien 284, 317
Rangdiagnose 280, 314, 315
Raster-Elektronenmikroskop
  B 2.5, B 2.9, 131, B 4.1, 139
Rauhigkeit 38, 141
Rauhtiefe 32
Raum, räumlich 24, 119, 137
Raumerfüllung 119, T 3.10
Raumwelle 41
Reaktion 15, 22, 38, 39, 133,
  136, 139
Reaktionsfähigkeit 22, 38
Reaktor, Kern- 142
Rechentechnik 19, 88, 131,
  133, 138
Rechner, rechnergestützt 20,
  88, 91, 119, 120, 128, 130,
  136, 138
Reduktionszone 284
»reef« 236
Reflektanz (R), reflektiert 21,
  38, 40, 44, B 2.13, B 2.15,
  B 2.17, 68, 74, T 3.2, 75, 78,
  T 3.3, 81, 83, B 3.1, 85, 86,
  87, 88—92, 95, 100, 103,
  105, 111, 128, 130, 138, 279,
  284, 291, 301, 306, 307, 312,
  313
—, mittlere 95
—, wellenlängenbezogene 95
Reflektanz-Härte-Diagramm
  19, B 3.23
Reflektanzmessung 19, 81,
  83, 84, 86, 87, 88, T 3.4, 95,
  107
Reflektogramm 314
Reflex 73, 142
Reflexion, reflektiert 18, 19,
  75, 78, 81, 85, 86, 95, 107,
  110, 312, 314, 315
—, uniradiale 95, 105
Reflexionsebene 100
Reflexionsgrad 284, 312
Reflexionsmessung s. Reflek-
  tanz-M.
Reflexionspleochroismus s.
  Bireflektanz
Reflexionsstandard 314
Reflexionsvermögen s.
  Reflektanz
Reflexionswinkel 99

Reinheit s. Farbreinheit
Reinigung 29, 32, 70, 136
Reizempfindlichkeit, -schwel-
  le 49, 99
Reizung 49
Rekristallisation 38, T 3.11
Relativität 81
Relief 30, 31, 32, 39, T 3.2,
  110, 112
REM s. Raster-Elektronenmi-
  kroskop
Remission 75
Repräsentanz 30—32, 115
Reproduzierbarkeit 48, 133
Resinit 287, 295, 297, 305,
  317
Resinittypen 299, 305, 312,
  316, 317
Resonanz, -frequenz 44, 141
Retina 49
REUSS 18
Revolver 56
Rezeptor 49
R—G—B-System 89
R—H-Diagramm B 3.23
Rhodopsin 49
Richtigkeit 74
Richtreihe 121
Richtung 40, 47, 57, 85, 97,
  103, 104, 119, 137
richtungsabhängig 40, 41, 43,
  44, 91
Ringspiegel 56
RINNE 19, B 2.16
Riß 21, 22, 31, 33, 110, 118
Ritzen, -härte 19, 110
Rohstoff 15, 58, 72, 75, 120
»roll«-Struktur 244
Ronde 26
Röntgen, -spektrometer 19,
  130, 132—134, 136, 142
Rotation, rotieren 26, 27, 29,
  31, 142
rotationssymmetrisch
  T 2.2, 48
Rot-Grün-Schwäche 52
Rückstreu-Elektronen
  131—132
Rundungsgrad 137

SALI 141
Sammelkristallisation 269

Sand B 2.3
Sapropelittyp 246
Sapropelkohle 281
scanning 136
Schaden 39, 124, 125, 127
Scharfstellen 56
Schlacke 15, 16, 26, 28, 125
Schlag 110
Schleifautomat 19, B 2.6, B 2.7, B 2.8
Schleifen 22, 26, 28–31, 110
Schleiffehler s. Präparationsfehler
Schleifhärte 32, 112, 113, T 3.8
Schleifkratzer 21, 30, B 2.10, 38, 86, 110, 112
Schleifmittel 22, 28–32, T 2.1, 36, 111
Schleifpapier 26, 32
Schleifscheiben 30, 31
Schleifspuren 110, 112
Schleiftechnik 19, 28
Schleifzeiten 30, 31
Schlich 24
Schlifflage s. Schnittlage
Schliff(ober)fläche 18, 39, 86, 137, 141
Schliffqualität 29–32, 74
Schneiden B 2.1
SCHNEIDER 283
SCHNEIDERHÖHN 15, 18, 19, 128, 143, 146, 147, 149, 153, 186, 250
Schnitt 24
—, Naß- 26
—, Serien- 24
—, Trocken- 26
Schnittgeschwindigkeit 26
Schnittlage, -richtung 22, 29, 76, 78, 86, 91, 95, 97, 100, 103, 106, 136, 137, B 4.4
Schnittleistung 26
Schnittweite 25, B 2.19, T 2.6
SCHOCHARDT 19
SCHÖPPE 62
SCHOUTEN 128
v. SCHREIBERS 18
SCHÜLLER 163, 166
Schungit 281
SCHRÖDINGER 88

Schutzlack 39
Schwächung 43
Schwärzung 142
SCHWARTZ 19
Schwarzer Strahler 89
Schwermineral B 2.3
Schwingung 40, B 2.11, B 2.12, 43, 44, B 2.14, 52, 77, 100, B 3.11, 102–104, 142
—, rechte, linke s. Drehsinn
Schwingungsdauer, -zeit B 2.1, 42, 45
Schwingungsebene 40, B 2.11, 92, 100
Schwingungsrichtung 40, 42, B 2.11, 58, 95, 100, 103, 104, 106
Schwingungszustand 54, 100
Sclerotinit 287, 291, 294, 295, 301, 303
Sclerotites brandonianus 295
SCOTT 212, 217, 276, 277
Sediment 32, T 3.11
—, sapropelitisch 317
sedimentogen 17
Sehen 49
Sehfeldblende 54, 81
Sehweite, deutliche 66
Seife 24
Seitenlicht 73
Sekundärelektronen 131, 132
Sekundärelektronenvervielfacher 83, 85, 88
selektiv 31
Semifusinit 287, 291, 301, 303, 304
SENARMONT 106
SEV s. Sekundärelektronenvervielfacher
SEYLER 18
Shearingverfahren 62
SHORT 19
SI-Einheit 115
SiC = Siliciumcarbid 26, 29, 32, T 3.4
Silikat, silikatisch 28, 81, B 3.19, B 4.1
Silikonkautschuk 32
SILLITOE 166, 172
SIMA 133

SIMS 133, 134
singulär 48
Sinter, -material 26, 126
SNELLIUS 44, 48
SONTAG 292, 309
Sonne 39, 89
SORBY 18
Spaltausbrüche B 2.10
Spaltbarkeit 22, 110, 115, 123, 140
Spaltfläche, -riß 38, 86, 110, 118, 141
Spaltphotometer 18, 83
Spaltspuren 31, 140, B 4.8, 142
spannungsfrei s. Objektiv
Spannweite 74, 86, 87
Spektralanalyse 141
Spektralfarbe s. Farbe
Spektralkurve B 2.17b, 88
Spektrallinie 88, 89
Spektral-Verlaufsfilter 88
Spektrometer 91
Spektrum, spektral 39, 49, B 2.17a, b, 63, 68, 86, 87, 89, 130, 136
sperrig T 3.10, B 3.19
Sphäroidation 270
Spiegel 69
—, Parabol- 56
—, Ring- 56
—, Teiler- 57
Sporinit 285, 286, 290, 298, 301, 304, 316, 317
spröd s. Tenazität
Sprossung 123
Sputtern 134, 141
Stäbchen(form) 49
STACH 19, 279
Stahl 26, B 3.20
Standard B 2.17, 68, B 3.2, 83, 85, 86, 87, 89, 110, 118, 130, 314, 315
Standardmineral T 3.4, 83, 111
Standardwellenlänge 68, T 3.4, 130
Statistik 56, 68, 73, 74, 85, 115, 137, 138
Stativ 56
Staub 39, 70

Steinkohle 291
Steinkohlenmikroskopie 300, 306
Steinkohlenpetrographie 280, 281, 284, 300
Stereologie, Stereometrie 68, 74, 120, 121, 137, 138
Stereomikroskop 63
STOKE, -sche Regel 58
STOPES 279, 288, 300
STÜTZER 19
Strahlenbegrenzung 54, B 2.19
Strahlenbündel, -durchmesser 63, 133
Strahlenführung, -verlauf 52, 54, B 2.19, 85
Strahlenfläche 46
Strahlengang B 2.18, B 2.20, 54, 55, B 2.21, 58, 69, 99
Strahlengeschwindigkeit 46
Strahlenkomponente 95
Strahlenrichtung 40, 44
Strahlenschnittpunkt 99
Strahlungsleistung 63
Strain 270
Strainmartitisierung 266
Streß 270
Streuung 86, 87, 107
Strichplatte 66
Struktur 16, 38, 52, 54, T 2.7a, 119, T 3.10, 121, 124, 131, 133, 136, 139
Strukturätzung 139, 140
Suberinit 287, 290, 298, 299, 316, 317
subjektiv 40, 58, 81, 88, 91, 92
subparallel T 2.11
Substanz
—, bituminös 280, 284, 288, 289
—, dispers verteilt 312, 313
—, humos 281, 284, 288, 320
—, inert 281, 284, 288, 320
Substanzanalyse 19
subsyngenetisch 123
Suche 16, 75
Sulfid, sulfidisch 28, 39, 141
ŠUMSKAJA 17, 20, B 3.3, B 3.4, B 3.5, 90, 128
Suspension 29, 31, 32

Suszeptibilität 141
SXRF 133
Symmetrie (s. a. Kristallsymmetrie) 47, T 2.2, 48, 106, 130
—, Dreh- 48
—, Spiegel- 48
Symmetrieachse 48
Symmetrieebene 48
syngenetisch 123
Synthese, synthetisch 87

Tablette 25
Tageslicht 89
Tagessehen B 2.17
TALMAGE 19, 110
Tauchen 31, 32
Täuschung, optische 49
TAYLOR 19, 128
Technik, technisch 16, 22, 75, 119—121, 124, 137
TEICHMÜLLER 291, 316
Teleutospore 294
Telinit 287, 288, 301, 302
TEM = Transmission Electron Microscopy (auch STEM) 131
Tenazität 21, 115, T 3.9, 118
tetragonal T 2.2, 103
Textil 15
Textinit 287, 289, 292, 293
Textit 295, 297, 298, 309, 310
Textur, texturiert 16, B 2.2, 119, 121, 124, 127, T 3.10, 136, 142
Theorie, theoretisch 16, 18
thermisch 21, 29, 124
Thermoorphose 318, 319
TOLANSKY 19
Toluen 70
Tonerde 29, 30, 32
Tonminerale 32
Topographie, Topologie 132 bis 134
Torf 280—284, 318
Totalreflexion, -reflektierend 18, 44, 56
Träger 56
Translation 21, 33, 38
transparent 31, 107
Transport 23

transversal 40
Trennschleifen 26, 29, 32, 124
Trennschleifmaschine 23, 26
»triple-junction«-Gefüge 266, 269, 271, 273
Trockenobjektiv 73, 78, 81, T 3.4, 95, 105, 130
trichromatisch 49
trigonal 48, T 2.2, 103
triklin T 2.2, 48, 106
TROJER 19
TSCHERMAK 18
Tubus 55—57, 68, 73, 115
Tubusfaktor T 2.7b
Tubuslänge, optische 52, T 2.6
—, unendliche 52
Tubuslinse 54, B 2.20, 69
Tuchscheibe 28, 29, 31, 32
Tüpfelanalyse 128, 139
TURNER 229, 262, 268
TV- s. Fernseh-
TZSCHOPPE 292, 309

Überkorn 38
Überlagerung s. Interferenz
UCS = Uniform Chromaticity Scale 90
Ulminit 287, 289, 293, 295, 297
Ultraschall 136
Ultraviolett 58
Umlaufsinn s. Drehsinn
Umlenkelement 56
Umgebung 52, 73, 81, 95
Umwandlung 21, 119, 123
Umwelt 16
Untergrund 52
Unterkorn 32
Untersuchungsmethoden 78, 92, 99, 112, 113, 131, 137, 139
Uran 140, 142
Ursprung s. Licht, weißes
U-Tisch = Universaldrehtisch 19, 56, T 2.6, 106
UV s. Ultraviolett
UYTENBOGAARDT 17, T 7.4

VAN DER VEEN 19
Vakuum 25, 26, 32, 39, 41, 87

VANDERWILT 19, 29
VARENTSOV 229, 262, 268
Vegetationszone 280—283
Vektor, elektrisch 40, 45
—, magnetisch 40
vektoriell 44
Verdopplung 43
Verdrängung T 3.11
Verdrängungsooid 258, 260, 261
Veredlung s. Kohleveredlung
Vergelung s. Gelifikation
Verfälschung s. Farbe
Verfestigung 31
Verformung 29, 33, 36, 38, 115, B 3.17, 124, 127, 131, 140
Vergrößerung 52, 53, 63, T 2.5, T 2.6, T 2.7a, b, T 2.8, 68, 85, 134
—, förderliche 53, T 2.7a, b
»Verschlagen« 100
Verschleierung 81
Verschmieren 21, 38
Versenkungsteufe 314
Verstärkung 43, 99
Verwachsung 120, 123
Verwitterung 22
VHN = VICKERS Hardness Number 113
VI s. Immersion
Vibration 27
VICKERS 19, 112, 113
Video s. Fernseh-
virtuell 53
Visiereinrichtung 68
visuell 49, 52, 78, 81, 99, 136
Vitrinerit 306
Vitrinit 284, 288, 300, 302, 306, 320
Vitrit 302, 306, 308
Vitrodetrinit 287
VJALSOV 20, 128
VOIGT 19

VOLKMANN 311
Volumen, -messung 16, 68, 137, B 4.5
Vorbehandlung, -bereitung 22, 136
Vorblende 85
Vorschleifen 23, 29, 32, B 2.9

Wachstum 119
Waschen T 2.8
Wasser 29, 32
Wechselooid 258, 261
Wechselwirkung 40, 43, 81
WDS = wellenlängendispersiv 133, 134, 136
Wealdenkohle 282
Wegdifferenz 42
Weichbraunkohle 284, 285, 309, 311, 312, 315—317
Weitwinkel-Okular T 2.8
Welle 40, 41, B 2.11, 44, 47
Wellenlänge 39, 40, B 2.12, T 2.2, B 2.17, 52, 57, 58, 68, 75, 83, 85, 87, 88, 95, T 3.6, 105—107, 130
Wellennormale 44, 46
Wellenzug 40, 42, 52, 54
WENHAM(-Spiegel) 18
Werkstoff 58, 59, 72, 74, 75
Wertigkeit 141
Widerstand 110, 141
v. WIDMANNSTÄTTEN 18
WINCHELL 143, 148
WINCHELL-Diagramm 143
»Windrose« 57
Windungsachse 47, T 2.2, 48, B 2.16, 103
Winkel 42, 44, B 3.12, 100, B 3.10, 102—104, 112
Winkeldifferenz 100
Winkelfunktion 41
Winkelsymmetrie 100
Winkelteilung 57
Winkel-Zeit-Differenz 42
WINTER 18

wirtelig 48, T 2.2, 103, 106
Wirtsmineral 123
WOLF 316
WRIGHT, -sches Okular 104, 106

xenomorph 123
Xenon-Höchstdruck-Lampe B 2.17, 63, T 2.4, 141
Xylen 70
X—Y—Z-System 89
X-, Y-, Z-Achse des Mikroskopes 57

YOUNG 88

Zähigkeit, zäh 26
Zäpfchen 49
zellig 25
Zementation T 3.11
Zentralblende 19
Zentrierung 53, 56, 73, 81, 99, 115
Zerfall 21, T 3.11, 142
Zerknitterungslamellierung 270
ZERNICKE 19
Zersetzung 22
zirkular polarisiert s. polarisiert
Zonarbau 140
Zone 48
Zubehör 63, 69, 70, 74
Zusammensetzung 22, 26, 84, 87, 130, 132, 133, 141
Zusatzeinrichtung, -gerät 16, 54, 55, 59, 62, 63, 69, 73, 74, 110
Zuverlässigkeit s. Genauigkeit
zweiachsig 103, 106
Zwilling 21, 33, B 3.7, B 3.8, 110, 131, 140
Zwischenbild 52, 53, 57, 58, 66
Zwischensystem 54, 55

Verzeichnis von Mineralen, Paragenesen und Gesteinen

Das Verzeichnis enthält die im Text aufgeführten Minerale, Paragenesenbezeichnungen und mit diesen verbundene Gesteine sowie Synonyma, veraltete Mineralnamen und englische Mineralnamen, sofern sie von der verbindlichen Schreibweise abweichen. Ein vollständiges Verzeichnis der Erzminerale und Begleiter befindet sich in Tabelle 7.4, auf das auch der Pfeil (→) verweist.

Bemerkungen:
→   Hinweis auf gültige Mineralnamen bei veralteten Bezeichnungen oder englischer Schreibweise
Fettdruck   Seitenzahl der ausführlichen Behandlung des angegebenen Minerals
kursiv   Gesteins-, Formations- oder Erzbezeichnung

Adular 303
Akanthit 201
Alabandin 176, 256, 264
Alaskit → Pavonit
Algoma-Typ (Fe) 263
Allemontit → Arsen, Stibarsen
Alloklas → Glaukodot
Almandin 271
Amphibole 145, 149, 151, 156, 173, 174
Anatas 150, 256
Andradit 173
Anhydrit 203
Anorthositerztyp (Ti) 147, 155, 156
Anosovit → Pseudobrookit
Antamockit → Petzit
Anthraxolit 256
Antimonblende → Kermesit

Antimonenargit → Enargit
Antiomonglanz, Antimonit → Stibnit
Antimonit 176, 177, **181**, 192, 193, **199**, 200, 218, **219**, 220
Antimonnickelglanz → Ullmannit
Antimonpolybasit → Polybasit
Apatit 156, 167, 174
Argentit 141, 176, 183, 192, 194, 200, **201**, 210, 211, 230, 247, 248, **253**
Argyrodit 210
Arit 215 → Nickelin
Armacolit → Pseudobrookit
Arsen, gediegen 210, 211, 216, **217**
Arsenargentit → Dyskrasit

Arsenkies → Arsenopyrit
Arsenopyrit 81, B 3.16, 160, 166, 167, **170**, 173, 176, 177, 178, **179**, 183, 192, 193, **194**, 196, 197, 200, 218, 223, 230, 236, 237, **243**, 247, 272, **276**
Au-(Ag-)-Paragenesen 175
Au-U-Konglomerat-Paragenesen 235
Augit 149
Auripigment 96, B 3.13
Aurosmiridium → Osmiridium
Axinit 173
Azufre → Schwefel
Azurit 189, 247

Bäckströmit → Feitknecht
Baddeleyit B 3.21

»Bakterien, vererzte« 229, 230, 231, 232, 249, 250
Bambollait → Krutait
»banded iron«-Formation (BIF) 263
»Banderz« 232, 269
Baryt 164, 174, 183, 185, 192, 194, 203, 206, 210, 212, 218, 222, 224, 230, 272
Berthierit 192, 193, **199**
Berthonit → Bournonit
Beryll 167
Berzelianit 203
$Bi-Co-Ni-Ag-$ (U-)Paragenesen 209
$Bi-Co-Ni-Ag$-Formation 204, 205
Binnit → Tetraedrit, Fahlerze
Bismuth, gediegen 160, 167, 210, **213**, 214
Bismuthin(it) 160, 161, **165**, 166, 167, **170**, 171, 176, 177, **181**, 210, 211, 214, 230
Bitumen (Kohlenstoff, s. a. Graphit) 223, 229
Bixbyit 223, 264, **266**, 267, 269
Bjelkit → Cosalit
Blauer isotroper Kupferglanz → Digenit
Bleiglanz → Galenit
»Bleischweif« 275 → Galenit
Blockit → Penroseit
Bobrowkit → Awaruit
Bohdanoviczyt → Schapbachit
Bornit B 3.19, 144, 150, 183, 185, 187, **188**, 189, 193, 230, **235**, 247, 248, **249**, 250, 252
—, orange → Stannit, Bornit
Boulangerit 192, 193, **200**
Bournonit 192, 193, **200**, 230
Brannerit 236, 237, 240, 241
Brauneisen → Goethit
»Braunerz« 234
Braunit 222, 223, 226, **228**, 264, **267**, 268
Bravoit 150, 151, **153**, 210, 247, 248, **252**
Breislakit → Ludwigit

Breithauptit 210, 211, 213, **217**
Bröggerit → Uraninit
Bronzit 146
»buck-shot« 240
Buntkupfer, -erz, -kies → Bornit

Cacheutait → Naumannit
Cafetit — Rutil
Calaverit 176, 177, **181**
Calcit 95, B 3.7, 173, 258
Carbargilit (Kohle-Mineral-Verwachsung) 288, 292, 320
Carnotit 247, 248, **251**
Cassiterit(e) → Kassiterit
Cementit → Cohenit
Cerussit 247
Chalcedon 218, 222
Chalkocit → Chalkosin
Chalkopyrit 81, B 3.1, B 3.16, B 3.19, 144, 145, 149, 151, **153**, 154, 156, 160, 167, 169, **171**, 173, 174, 176, 177, 179, **181**, 183, **185**, 186, 187, 189, 192, 193, 196, 198, **199**, 203, 207, 208, 210, 211, 216, 223, 230, 232, **233**, 237, 247, 252, 256, 271, 272, 274, 275
»Chalkopyrrhotin« 190
Chalkopentlandit → Pentlandit
Chalkosin B 3.19, 183, 184, **186**, 187, 188, 189, 193, 230, 247, **249**, 272, **277**
Chalybit(e) → Siderit
Chamosit (-Thuringit) 222, 224, 225, **226**, 256, 257, 258, **260**, 264, 265
»Chert« 263
Chilenit → Silber
Chloanthit → Skutterudit
Chlorargyrit 141, 247
Chlorit 173, 174, 236, 237, 272, 275
Chlorsilber → Chlorargyrit
Christophit → Sphalerit
Chromeisenstein → Chromit
Chromit T 3.2, B 3.21, 144, 145, **146**, 147, 150, 236, 238, 240, **243**

Chromit-Paragenesen 143
»Chromitplatin« 147
Chromrutil → Redledgeit
Chrysokoll 189
Cinnabarit B 3.13, 218, 219, **220**
Cinnabarit-Paragenese 218
Clausthalit 203, 206, 207, **208**
Cleveit → Uraninit
Cobaltin 210, 213, **216**, 272, **276**
Coelestin 203
Coffinit 203, 206, **207**, 237, 247, 248, **251**
Columbit 160, 161, **164**, 167
Cooperit 144, 150
copper → Kupfer
copper glance → Chalkosin
Coronadit 227
Corynit → Gersdorffit
Coulsonit 156
Covellin B 3.6, 96, 183, 185, 188, **189**, 230, 247
Covellit(e) → Covellin
Cryptomelan → Kryptomelan
$Cu-Co/U-V/Pb-Zn-$Paragenesen 244
$Cu-(Fe-As-)Paragenesen$ 182
$Cu-Zn-Pb$-Paragenesen 229
Cubanit B 3.19, 150, 154, 183, 184, **190**, 197
Cummingtonit 176
»Cuproplatin« 147
Cylindrit(e) → Kylindrit

Danait → Arsenopyrit
Derbylit → Pseudobrookit
Diamant 237
Digenit 183, 184, 186, 187, 188
Dimorphit(e) → Dimorphin
Diskrasit → Dyskrasit
Djalindit → Dzhalindit
Dunit 146, 147
Dunkles Rotgültigerz → Pyrargyrit
Dysanalyt → Perowskit
Dyskrasit 193, 200, 210

»eba«-Formation 204, 205, 222
»eb«-Formation 192, 200, 204, 205
Eisen, gediegen 222, 223, **225**
Eisenglanz → Hämatit
Eisenhydroxid → Goethit, Limonit
Eisenkies → Pyrit
Eisennickelkies → Pentlandit
Eisenquarzit 263
Eisenspat → Siderit
Electrum → Elektrum
Embolit → Chlorargyrit
Emplectit(e) → Emplektit
Emplektit 167, 170
Enargit 183, 184, 187, **188**, 189, 247
Epigenit → Arsenopyrit
Epidot 173, 174, 264
Erlichmannit → Laurit(?)
Eskebornit 203, 206, **208**
Eucairit(e) → Eukarait
Eukairit 203

Fahlerz 64 → Tennantit, Tetraedrit
Falkmanit → Boulangerit
Famatinit → Luzonit
Fayalit 224, 264, 265
»fba«-Formation 197, 204, 205
Fe-Chlorit 258, 260
Fe-Jaspilit 263
Fe—Mn-Paragenesen 221
Fe—Mn-Paragenesen, oxidisch 263
Fe—Mn—Oolith-Paragenesen 254
Fe-Quarzit 263
Federerz → Jamesonit
Feldspat B 4.7, 160, 166, 168, 176, 178
Ferberit 161
Ferrit → Eisen
Feuerblende → Pyrostilpnit
Fischesserit → Petzit
Fizelyit → Andorit
Fluorit 166, 168, 173, 176, 178, 192, 194, 203, 206, 207, 210, 212, 214, 218, 230, 272

Flußspat → Fluorit
Franckeit 167, **172**
Freibergit 188, 192, 194, 197, 198
Freieslebenit 193

Gabbroerztyp (Ti) 155, 156
Gahnit 271, 272
Galenit B 2.10, T 3.2, 78, 81, 87, 99, 100, 160, 167, 173, 176, 180, 183, 187, 191, 192, 193, 196, **199**, 203, 210, 211, 216, 223, 230, **233**, 234, 237, 247, 250, **251**, 252, 256, 271, 272, 274, **275**
Galenobornit → Bornit
Gelbeisenerz → Copiapit (auch Jarosit)
»Gelberz« 231, 232
Gelpyrit 191, 195, 234 → Melnikovitpyrit
Geocronit(e) → Geokronit
Germanit 183
Gersdorffit 144, 150, 151, 210, 211, 213, **216**, 247
Gladit → Aikinit
Glanzkobalt → Cobaltin
Glaucodot → Glaukodot
Glaukonit 256, 257, 258
Glimmer B 3.16, 164, 166, 168, 234
Godlevskit → Pentlandit
Goethit 256, 258
Gold, gediegen 176, 177, **178**, 179, 180, 183, 230, 236, 237, **238**, 240, 247, 272
Gondit 263, 264, 267
Goongarrit → Cosalit
Granat 173, 174, 237, 271, 272, 275
Graphit 19, 96, B 3.22, 176, 256
Greenalit 256, 263, 264
Greenockit 230, 233, 252
Grimaldit → Eskolait
Grossular 173
Grunerit 263, 264
Grüner Engargit → Tennantit
Grünlingit → Joseit
Gudmundit 218
Guejarit → Wolfsbergit

Guitermanit → Jordanit
Guyanit → Eskolait

Haapalait → Valleriit
Häggit → Doloresit
Hammarit → Aikinit
Hämatit 144, 156, **158**, 160, 161, **165**, 166, 167, **171**, 173, 174, 183, 184, 187, 193, 202, 203, 206, **207**, 208, 210, 224, 225, 230, **235**, 247, 248, **252**, 256, 257, 263, **264**, 266, 268
Hartmanganerz → Psilomelan
Hatchit → Hutchesonit
Hausmannit 222, 223, **228**, 264, **267**
Hawleyit → Greenockit
Hematite → Hämatit
Hengleinit → Bravoit
Hessit 176, 177, **181**
Hexastannit → Stannin, gelber
Himbeerspat → Rhodochrosit
Hollandit 227, 263, 264, 267
Holzzinn → Kassiterit
Hornsilber → Chlorargyrit
Hornstein 203
Hübnerit 161
Hydrothermale Paragenesen, intrakrustal 175
Hydrothermal-sedimentäre Paragenesen 221

Idait 247, 249
Ilmenit T 3.2, B 3.1, 144, 150, 151, **154**, 156, **157**, 158, 183, 236, 237, 241, **242**, 268, 272
Ilmenit-Magnetit-Paragenesen 155
Imgreit → Melonit
Intramagmatische Paragenesen 143
Iridium 148
Irinit → Perowskit
Iron → Eisen
Iserin → Ilmenit
Isostannit → Kösterit
Itabirrit → Fe-Jaspilit

Jacobsit(e) → Jakobsit
Jakobsit 223, 264, **267**

Jalindit → Djalindit
Jalpait 141
Jamesonit 192, 193, 198, 199
Jaspilit → Fe-Jaspilit
Jordisit 160, 161, 164, 167
Josephinit → Awaruit

Kalksilikat 160, 166, 176
Kalkspat → Calcit
»Kamazit« 187
»Kammquarz« 203
»Karbonat« 176, 191, 197, 200, 208, 258, 264, 272
»Karbonspat« 160, 161, 168, 178, 179, 180, 185, 192, 194, 203, 206, 210, 212, 213, 214, 218, 219, 222, 224, 226, 227, 228, 230, 248, 256, 257
Kassiterit B 2.10, B 3.13, B 3.16, B 4.1, 160, 161, 162, **165**, 166, **168**, 169, 171, 173, 174, 183, 193, 230, 236, **243**
»kb«-*Formation* 191, 204, 205
Kerargyrit → Chlorargyrit
Kermesit 200
Kesterit → Kösterit
Kilbrickenit → Geokronit
Klaprothit 210
Klockmannit 203, 206, **208**
Knopit → Perowskit
Knottenerz 251, 252
Kobaltglanz → Cobaltin
Kobaltkies → Linneit
Kohlenstoff → Bitumen
Kreittonit → Gahnit
Krennerit 176, 177, **180**
Kryptomelan 227 → Psilomelan
Kupfer, gediegen 44, 183, **185**, 247
Kupferglanz → Chalkosin
Kupfergold → Auricoprid
Kupferindig → Covellin
Kupferkies → Chalkopyrit
Kupferlasur → Azurit
Kupferschiefer 250, 253
Küstelit → Silber
Kylindrit 167, 172

»*Lake Superior*«-Typ (Fe) 263

Landauit → Pseudobrookit
Larosit → Betechtinit
Latrappit → Perowskit
Lazarevichit → Arsensulvanit
lead → Blei
»Leberkies« 154, 195, 196, 273
Ledouxit → Domeykit
Lepidocrocit(e) → Lepidokrokit
Lepidokrokit 256, 257, **259**
Leukopyrit → Löllingit
Leukoxen → Rutil, Titanit
Li-Biotit 166
Lichtes Rotgültigerz → Proustit
Limonit 180, 227, 256, 257, 258, 259, 264, 266
Lindströmit → Aikinit
Linneit 247, **251,** 252
Loellingit → Löllingit
Löllingit 166, 167, **170**, 173, 210, **215**, 216
Ludwigit 173
Lueshit → Perowskit
Luzonit 183, 184, **188**

Mackinawit 274
Maghemit 156
Magneteisen → Magnetit
Magnetit 16, 81, B 3.1, 144, 145, 146, 149, 150, 151, 152, **154**, 156, **157**, 158, 160, 167, **170**, 171, 173, 174, 176, 178, **180**, 183, 184, 222, 223, **225**, 230, **235**, 236, 237, **242**, 247, 256, 257, 264, **265**, 266, 267, 268, 271, 272, 274, **276**
Magnetkies → Pyrrhotin
Malachit 185, 247
Malayait 173
Manganblende → Alabandin
Manganit 222, 224, **228**, 256, 257, 260
Manganspat → Rhodochrosit
Marcasit(e) → Markasit
Markasit 150, 151, **154**, 160, 167, 173, 176, 192, 193, **196**, 197, 200, 210, 218, 219, 222, 230, **233**, 237, 247, 272, **273**
Martit 265, 266 → Hämatit

Matildit → Schapbachit
Maucherit 150, 210, 211, 215
McConnellit → Eskolait
Melakonit → Tenorit
Melanostibit → Ilmenit
»Melnikovitmarkasit« 197, 233
Melnikovit(pyrit) B 3.19, 191, 192, 196, 231, 232, 233, 234, 250 → Pyrit, Markasit
Merumit → Eskolait
Metacinnabarit 218, 219, **220**
Metamorphe Paragenesen 262
Miargyrit 192, 194, **201**, 247
Microlit(e) → Mikrolith
Millerit 150, 210, 251
Mindigit → Heterogenit
Minrale in Kohlen 288, 292, 293, 310, 320
»*Minette*«-*Typ* 254, 256
Minnesotait 263, 264
Mispickel → Arsenopyrit
Mn-Granat 264, 268
Mn-Quarzit 263
Mohsit → Davidit
Molybdänglanz → Molybdänit
Molybdänit 96, 160, 161, **163**, 164, 167, 173, 176, 183, 184, 189, **190**, 237, 247, 272
Monazit 237
Moncheit(e) → Montscheit
Montesit → Herzenbergit
Monteponit → Greenockit
Montroseit 247
Mossit → Tapiolit
Müllerin → Krennerit
Mullit B 3.21
Muschketowit 225, 235, 266 → Hämatit
Müsenit → Linneit

Nadelerz → Aikinit
Nadeleisenerz 256, 258, 259 → Goethit
»Nadelzinn« 169
Nakaseit → Andorit
Nasturan 203, 205 → Uraninit
Naumannit 203, 206, 207, **208**

Neodigenit → Digenit
Newjanskit (Nevyanskit) 242
　→ Iridosmium
Niccolit(e) → Nickelin
Nickelin 99, 144, 150, 210,
　211, 213, 215, 216
»Nickelmagnetkies« 153 →
　Pentlandit, Pyrrhotin
Ni-Pyrrhotin-Chalkopyrit-
　Paragenesen 149
Nickelpyrit → Bravoit
Nickelspeise → Maucherit
Niobit → Columbit
Nioboloparit → Perowskit

Obruchevit → Pyrochlor
Olivin B 3.13, 144, 145, 146,
　150, 153
Ooid, Hohl-, Hyatus-,
　Schrumpf-, Zwillings- 260
Orange Bornit → Stannin
Orpiment → Auripigment
Oruetit → Joseit
Osmiridium 236, 237, **242**

Paigeit → Vonsenit
Pandanit → Pyrochlor
Paracostibit → Pararammels-
　bergit
Paradoxit 161
Paramelakonit → Paratenorit
Pararammelsbergit 210, 213
Partridgeit → Bixbyit
Patrinit → Aikinit
Pb−Sb-Sulfosalze 183
Pb−Zn-Paragenesen 190
Pechblende → Uranpecherz
Pegmatitisch-pneumato-
　lytische Paragenesen 159
Pentlandit B 3.1, B 3.15, 144,
　145, 149, 151, **152**, 153
Petzit 176, 177, **181**
Pierceit 141
Pilsenit → Wehrlit
»Pisolith« 263
Pitchblende → Uranpecherz
Plagioklas 149, 174
Platin, gediegen 144, 145,
　147, 148, 150
Plenargyrit → Schapbachit
»Plessit« 187

Polianit → Pyrolusit
Polybasit 141, 192, 194, **201**,
　210
»Prager Mulde«-Typ 254
Priderit → Rutil
Proustit 110, 141, 183, 184,
　193, 194, 201, 203, 210, 212,
　216
Psilomelan 222, 223, 226, **227**,
　256, 257, **261**, 264, **267**, 268
Powellit 160, 173
Pyrargyrit 110, 141, 183, 192,
　194, 197, 198, 200, **201**, 210
Pyrit B 2.3, B 2.9, 78, 81,
　T 3.4, B 3.19, 144, 149, 150,
　154, 156, 160, 161, 163, **165**,
　167, 169, **171**, 173, 176, 177,
　179, 183, 189, 191, 192, 193,
　194, 196, 197, 200, 203, 207,
　210, 211, 218, 219, 222, 223,
　228, 230, **231**, 232, 234, 236,
　237, 238, **239**, 240, 241, 247,
　250, 251, 256, **261**, 264, 265,
　271, **272**, 273, 274, 275, 276
Pyrolusit 222, 223, **226**, 228,
　256, 260, **261**, 263, 264
Pyromorphit 247
Pyroxen 144, 145, 151, 156,
　173, 174, 264
Pyrrhotin B 2.10, 81, B 3.1,
　B 3.8, B 3.15, B 3.19, 144,
　145, 149, **150**, 151, 152, 153,
　154, 156, 160, 161, **165**, 167,
　171, 173, 176, 177, **180**, 183,
　192, 194, **196**, 197, 218, 219,
　230, **234**, 236, 237, **243**, 247,
　264, 265, 271, 272, **273**, 274,
　275, 276

Quarz B 2.3, B 2.9, B 3.13,
　B 3.22, B 4.3, 160, 161, 162,
　163, 164, 166, 168, 169, 171,
　173, 174, 176, 178, 179, 180,
　181, 183, 185, 187, 191, 192,
　194, 196, 197, 198, 200, 203,
　206, 207, 210, 212, 213, 216,
　218, 219, 220, 222, 224, 225,
　227, 230, 232, 234, 236, 238,
　240, 248, 251, 252, 256, 257,
　260, 264, 265, 271, 272, 274,
　275

Quarz-Antimonit-Paragenese
　218
Quarzit 220
Quecksilber, gediegen 218

Ramdohrit → Andorit
Rammelsbergit 210, 213, **215**,
　216
Realgar 210
»red bed«-Typ 244, 246, 251,
　252
Redledgeit → Rutil
»reef« 236
Reinit → Wolframit
Reniformit → Jordanit
Rezbanyit → Aikinit
Rhabdit → Schreibersit
Rhodit → Gold
Rhodochrosit 222, 224, **228**,
　256, 257, 260, **262**, 264
Rhodonit 223, 224, 264, 272
Rhombischer Kupferglanz →
　Chalkosin
Rhombomagnojacobsit →
　Hausmannit
Rijkeboerit → Pyrochlor
Rittingerit → Xanthokon
Romanechit → Psilomelan
Rosagrauer Kupferglanz →
　Chalkosin
Roscoelith 247
Roseit → Iridosmium
Roteisenstein → Hämatit
»Roter Glaskopf« 225
Rotgültigerze → Proustit, Py-
　rargyrit
Rotkupfererz → Cuprit
Rotnickelkies → Nickelin
»Rotspat« 195, 207, 226
Rotspießglanz 200 → Kerme-
　sit
Rotzinkerz → Zinkit
Rozhkovit → Auricuprid
Rubinglimmer →
　Lepidokrokit
Rutil 144, 150, 154, 156, 158,
　159, 167, 183, 187, 189, 236,
　237, 240, 241, **242**, 272

Safflorit 210, 213, 214, **215**
»Salzgitter«-Typ 254, 256

Samtblende → Lepidokrokit
Saukovit → Metacinnabarit
Sb—Hg-Paragenesen 218
Schachnerit → Moschellandsbergit
»Schalenblende« 191, 192, 196, 198, 233, 234, 252 → Sphalerit
Schapbachit 191, 193
Scheelit B 4.3, 160, 161, **163**, 167, 168, **171**, 173, 218, 230, 272
»Scherbenkobalt« 217 → Arsen
Schrifterz → Sylvanit
Schulzit → Geokronit
Schwarzer Glaskopf 261 → Psilomelan
»*Schwarzerz« (Kuroko)* 231, 233, 234
»Schwarzsand« 235
Schwazit 183, 184, 189, 218, 219, 221
Schwefelkies → Pyrit
Schwerspat → Baryt
Sedimentäre Paragenesen 235
Seife, fossil 235
Seifenparagenese 235
Selenidspinell → Tyrrellit
Selenjoseit → Laitakarit
Selenkupfer → Berzelianit
Selenquecksilber → Tiemannit
Senait → Davidit
»Senfgold« 179, 180
Serizit 236, 275
Serpentin 144, 145, 146, 150
Siderit 222, 224, **226**, 256, 257, 258, **259**, 260, 264
Silber, gediegen 141, 183, 192, 193, 200, **201**, 210, **212**, 213, 247, **253**
Silberglanz → Argentit
Silberkies → Sternbergit
Silberschwärze → Argentit
Silbersulfantimonide 230
Silberzinnkies → Stannin
Sitaparit 223, 264, **266**, 269 → Bixbyit
Skapolith 173
Skarnparagenesen 172

Skutterudit 210, 211, 213, **214**, 216, 236, 237
Smaltin (Smaltit) → Skutterudit
Souesit → Nickel
Souxit → Kassiterit
Spatiopyrit → Safflorit
Specularit 171, 263, 208 → Hämatit
Speiskobalt → Skutterudit
Sperrylith 144, 150
Spessartin 194, 244, 263, 264, **267**, 268, 271, 272, **277**
Sphalerit B 2.9, T 3.2, 110, B 3.16, B 3.19, 160, 167, 173, 176, 179, 183, 185, 187, 191, 192, 194, 196, **197**, 198, 210, 212, 216, 218, 219, 223, 230, 231, **233**, 234, 237, 247, 248, **252**, 256, 271, 272, 274, **275**, 276
»Sphärosiderit« 256
Spinell 156, 157, 158, 237, 268, 272
Stainerit → Heterogenit
Stannin 167, 169, 171, **172**, 173, 187, 192, 194, 198, **199**
Stannopalladinit → Stibiopalladinit
Stephanit 141, 192, 194, **201**, 210
Stibiocolumbit → Stibiotantalit
Stibiodufrenoysit → Veenit
Stibioluzonit 188, 189
Stibioniobit → Stibiotantalit
Stilpnomelan 263, 264
Stilpnosiderit → Lepidokrokit
Stromeyerit 141, 188, 193, 201, 247
Strueverit → Rutil
Stuetzit → Stützit
Sudbury (Paragenesenschema) 150
Sulfidische Polymetallparagenesen 269
Sulfoarsenide 237
Sulphur → Schwefel
Sychnodymit 251 → Carrolit
Sylvanit 176, 177, **180**, 181
Syssertskit → Iridosmium

Taconit 263
Taenit → Eisen
»Taktit« 159, 172
Talnakhit 150
Tantalobetafit → Pyrochlor
Tantaloobruchevit → Pyrochlor
Taosit → Högbomit
Tapiolit 167, 243
Teallit 167, 172
Temiskamit → Maucherit
Tennantit 176, 183, 184, 187, **189**, 193, 194, 210, 211, 216, 247, **250**
Teremkovit → Owyheeit
Tetradymit 176, 177, **181**
Tetraedrit 167, 176, 183, 184, 191, 192, 194, **199**, 210, 218, **221**, 230, **235**, 247
Tetrahedrit(e) → Tetraedrit
Thucholith 236, 238, **241**, 242, 247, 248, **250**
Thuringit 222, 224, 256, 257, 260
Tiemannit 203
Tin → Zinn
Titaneisen(erz) → Ilmenit
Titanit 150, 154
Titanobetafit → Pyrochlor
»Titanohämatit« 158
»Titanomagnetit« → Ilmenit, Magnetit
Titanoobruchevit → Pyrochlor
»Toneisenstein« 259 → Siderit
Topas 166, 173
»Tressenerz« 195, 197, 200
Trieuit → Heterogenit
Turgit → Hämatit
Turmalin 160, 167, 169, 173, 176

Ufertit → Davidit
Uhligit → Perowskit
Ulrichit → Uraninit
Ulvit 156, 158
Ulvöspinell 156, 158 → Ulvit
Umangit 203, 206, **208**
»*uqk«-Formation* 204, 205

Verzeichnis von Mineralen, Paragenesen und Gesteinen

*Uran— (Fe—Se-)Para-
genesen* 202
Uraninit 193, **203**, 205, 206,
207, 210, 212, **215**, 216, 236,
237, **239**, 240, 241, 242, 247,
248, **251**, 252, 256
Uranothorit → Coffinit
Uranpechblende →
Uranpecherz
Uranpecherz 193, **203**, 205,
206, 207, 210, 212, **215**, 216,
236, 237, **239**, 240, 241, 242,
247, 248, **251**, 252, 256
»Uranschwärze« 251

Vallerit 160, 197, 183, 186,
230
Varlamoffit → Kassiterit
Vesuvian 173, 174
Violarit 150
Voltzin (-it) → Wurtzit

Vredenburgit 267
Vyssotzkiit → Vysotskit

Wad 226, 227, 261 → Pyro-
lusit
Warthait → Cosalit
Weißeisenerz → Siderit
»Weißerz« 195, 197, 199
»Weißgültigerz« 192
Weißnickelkies → Skutterudit
Weißtellur → Krennerit
Westgrenit → Pyrochlor
Wismut → Bismuth
Wismutglanz → Bismuthinit
Wittichenit 210
Wolframit B 3.19, B 4.3, 160,
161, 162, 163, 167, 168, **170**,
183, 193, 218
*Wolframit-Molybdänit-Para-
genesen* 159
Wollastonit 173, 174

Wuestit → Wüstit
Wurtzit 194, 230, **233**

Xanthosiderit → Limonit

Yenerit → Boulangerit

Zincit → Zinkit
Zinckenit → Zinkenit
Zinkblende → Sphalerit
Zinkspat → Smithsonit
Zinkspinell → Gahnit
Zinnkies → Stannin
Zinnober → Cinnabarit
Zinnstein → Kassiterit
Zirkon 236, 238, **243**, 256
Zirkonolith → Calzirtit
Zundererz → Jamesonit
(u. a.)

Ortsverzeichnis

Alaska 282
Alderley Edge (Cheshire)/England 247
Alexo Mine (Ontario)/Kanada 153
Allard Lake/Kanada 156
Almaden/Spanien 218, 220
Altai/UdSSR 192
Altenberg (Erzgeb.)/BR Deutschland 164, 166
»Alte drei Brüder«, Marienberg (Erzgeb.)/BR Deutschland 213
»Alte Hoffnung Gottes«, Kleinvoigtsberg (Sa.)/BR Deutschland 196
Altenkirchen, Sieg/BR Deutschland 226
Annaberg (Erzgeb.)/BR Deutschland 203, 210
Antarktis 282
Antomok (Luzon)/Philippinen 176
Appalachen-Distrikt/USA 222
Athabasca Sandstone (N-Saskatchewan)/Kanada 247
Atlantis II, Rotes Meer 230
Avoca/Irland 230
Azegour/Marokko 160, 171, 175

Baia de Aries (Karpaten)/Rumänien 180
Baia Mare/Rumänien 192
Baia Sprie/Rumänien 176
Ballarat (Victoria)/Australien 176
Baltischer Schild 281
Barberton (Transvaal)/Südafrika 176
Bäreninsel 282
Bayerland (Bayern)/BR Deutschland 269, 272
Belutschistan/Pakistan 146
Besshi/Japan 230
Bingham (Utah)/USA 183, 189
Bisbee (Arizona)/USA 183

Bishop (Kalifornien)/USA 175
Bleiberg/Österreich 230
Bodenmais (Bayern)/BR Deutschland 272
Bor/Jugoslawien 183
Boulder County (Colorado)/USA 176
Brad/Rumänien 176, 179
Braunfels, Lahn-Dill-Gebiet/BR Deutschland 225
Breitenbrunn (Erzgeb.)/BR Deutschland 175
Broken Hill, N.S.W./Australien 192, 197, 272, 275
Broken Hill/Sambia 192, 197
Bushveld-Komplex/Südafrika 144, 146, 156
Butte (Montana)/USA 183
Bytom (Gorny Ślask)/Polen 234

Camaguey/Kuba 146
Cananea/Mexiko 183
Carlsberg Rücken/Indik 230
Cartagena/Spanien 192, 197
Casapalca/Peru 183, 192
Cerro de Pasco/Peru 183, 192
Chalilovo (Ural)/UdSSR 144
Chichibu/Japan 175
»Churprinz Segen Gottes«, Elterlein (Erzgebirge)/BR Deutschland 274
Chuquicamata/Chile 183
Čiatura/UdSSR 256, 260, 261
Cinovec/ČSFR 166
Clausthal/BR Deutschland 192
Cleveland/Australien 230
Climax (Colorado)/USA 160, 183
Clinton/USA 256, 260
Cobalt City (Ontario)/Kanada 213

Cobalt-Gowganda-Distrikt/Kanada 210
Colorado-Plateau (Colorado, Arizona, Utah, New Mexiko)/USA 247, 252
Coeur d'Alene (Idaho)/USA 192
Comstock Lode (Nevada)/USA 176
Cooktown, Queensland/Australien 180
Copperbelt/Zaire-Sambia 247
Cord Mine (Utah)/USA 251
Cornwall-Distrikt/SW-England 166
Corocoro/Bolivien 247
Cotopaxi (Colorado)/USA 175
Creede (Colorado)/USA 192
Cropple Creek (Colorado)/USA 176
Crouzille/Frankreich 203

Darwin Area/Australien 247
Deister-Gebirge/BR Deutschland 282
Dolny Ślask/Polen 247
Dominion Reef (Klerksdorp)/Südafrika 236, 240
Donezk/UdSSR 230
Ducktown (Tennessee)/USA 272
Duluth-Gabbro (Minnesota)/USA 156

Eastern Gogebic Range (Michigan)/USA 265
Egersund/Norwegen 156, 158
Ehrenfriedersdorf (Erzgeb.)/BR Deutschland 162, 164, 166, 168, 170, 173, 174
Elab/Italien 175
Elbingeröder Komplex (Harz)/BR Deutschland 222
Elliot Lake, Blind River-Distrikt (Ontario)/Kanada 236
El Oro/Mexiko 176
El Teniente/Chile 183
Elterlein (Erzgeb.)/BR Deutschland 272
Eifel-Gebirge/BR Deutschland 281
»Einheit«, Elbingerode (Harz)/BR Deutschland 228
»Einigkeit«, Brand-Erbisdorf (Sa.)/BR Deutschland 192
Eisenbach (Schwarzwald)/BR Deutschland 222
Eisleben (Mansfeld)/BR Deutschland 164
Endako (Britisch Columbia)/Kanada 183
Ergani Maden/Türkei 230
Erzberg/Österreich 222
Eureka (Nevada)/USA 183, 192

Fairfax Co. (Virginia)/USA 180
Falun/Schweden 196, 198, 272

Far East Rand (Witwatersrand-Distrikt)/Südafrika 238, 239, 240, 241
»Fastenberg«, Johanngeorgenstadt (Erzgeb.)/BR Deutschland 272, 273
Felbertal/Österreich 230
Flaatorp, Christiansand/Norwegen 164
Flin-Flon (Manitoba)/Kanada 272
Französisches Zentralmassiv, Frankreich 160, 176
Freiberg (Sa.)/BR Deutschland 192, 200, 214
»Friedrich August«, Frauenstein (Erzgeb.)/BR Deutschland 198
Frood Mine (Sudbury)/Kanada 154

Geyer (Erzgeb.)/BR Deutschland 272
Goldfield (Nevada)/USA 176
Goldküste/Ghana 236
Golzer Berg/Schweiz 266
Gondwana-Kontinent 282
Gonzen/Schweiz 222
Gorny Ślask/Polen 230
Great Dyke/Simbabwe 144, 146
Großer Bärensee/Kanada 203, 210
Grönland 282
Guleman/Türkei 144

Hamersley Becken/W-Australien 264
Henderson (Colorado)/USA 160, 183
»Himmelfahrt«, Freiberg (Sa.)/BR Deutschland 191
»Himmelsfürst«, Brand-Erbisdorf (Sa.)/BR Deutschland 198
Homestake Mine (S-Dakota)/USA 176
Horhausen, Nassau/BR Deutschland 226
Horni Slavkov/ČSFR 166
Huancavalica/Peru 218
Huanuni/Bolivien 171
Huari-Huari/Bolivien 198

Idria/Jugoslawien 218
Iglesias (Sardinien)/Italien 192
Ilfeld (Thür.)/BR Deutschland 222
Ilmenau (Thür.)/BR Deutschland 226
Ilmenau-Elgersburg (Thür.)/BR Deutschland 222
Insizwa (Kapprovinz)/Südafrika 149
Iron Springs (Utah)/USA 175

Jáchymov/ČSFR 203, 210
Jahnsbach (Erzgeb.)/BR Deutschland 272
Jesenik/ČSFR 222, 230

»Johannes«, Börnichen b. Oederan (Sa.)/BR Deutschland 200
Johanngeorgenstadt (Erzgeb.)/BR Deutschland 203, 210, 216, 272

Kadamdzaj/UdSSR 218
Kalgoorlie/W-Australien 176
Kamaishi/Japan 175
Kambalda/W-Australien 149
Kanada 281
Karatau/UdSSR 230
Kaukasus/UdSSR 192
Keban Maden/Türkei 192
Kellerwald/BR Deutschland 222
Kerč/UdSSR 256
Khan-Usina, Arandis/Namibia 188
Kimberley Reef, Witwatersrand/Südafrika 240
Kirkland Lake/Kanada 176
Kitami (Hokkaido)/Japan 176
»Kleiner Fallstein«, Osterwieck/BR Deutschland 256, 258, 259
Klingenthal (Vogtl.)/BR Deutschland 274
Knabengrube/Norwegen 160
Kolar (Mysore)/Indien 176
Kongsberg/Norwegen 210
Kounrad/UdSSR 183
Kowary/Polen 203, 210
Kraslice-Tisovo/ČSFR 272
Kremnica/ČSFR 176
Krivoi Rog/UdSSR 264
»Krönung Fdgr.«, Annaberg (Erzgeb.)/BR Deutschland 216
Kuroko/Japan 230, 231, 232, 234
Kursk/UdSSR 264
Kusa (Ural)/UdSSR 156
Kusnezk-Becken/UdSSR 282
Kutna Hora/ČSFR 192

Lahn-Dill-Distrikt/BR Deutschland 222, 225
Lake Sanford/USA 156
Lake Superior Distrikt (Minnesota-Michigan-Ontario-Quebec)/USA – Kanada 264
Långban/Schweden 264
Larvik/S-Norwegen 157
Laurion/Griechenland 192
Lauterberg (Harz)/BR Deutschland 222
Leadville (Colorado)/USA 192
Leksdal/Norwegen 269, 272
Lillehammer/Norwegen 153
Linares/Spanien 192

Litchfield, Massachusetts/USA 158
Litlabö/Norwegen 275
Llallagua/Bolivien 166
Lost Creek (Montana)/USA 175
Lökken/Norwegen 272

Madan/Bulgarien 192
Madras/Indien 264
Magnitnaja Gora/UdSSR 175
Makri/Türkei 222
Ma Lung Chang, Yünnan/VR China 187
Mansfeld/BR Deutschland 247
Mansfelder Mulde/BR Deutschland 250
Mansfelder Rücken/BR Deutschland 210
Marienberg (Erzgeb.)/BR Deutschland 203, 210
Maubach-Mechernich/BR Deutschland 247
Mazarron/Spanien 192
Mechernich (Eifel)/BR Deutschland 252
Mecklenburg (Dogger)/BR Deutschland 258, 260
Meggen (Sauerland)/BR Deutschland 230, 231, 232, 234
Meinkjär/Norwegen 149
Merensky-Reef (Bushveld-Komplex)/Südafrika 149
Mezilei-Orpus/ČSFR 266
Mina Castanheiro/Portugal 187
Mina Milluni/Bolivien 169
Mina Sabrosa, Valle Gattas 163
Mina Salvadore (Uncia)/Bolivien 171
Minas Geraes/Brasilien 264, 268
Mineral-Distrikt (Virginia)/USA 271
Mississippi Valley-Distrikt/USA 230
Mitate/Japan 175
Mitterberg/Österreich 183
Mončegorsk (Kola)/UdSSR 149
Montalto b. Oporto/Portugal 220
Montserat/Bolivien 166
Morro Velho (Minas Geraes)/Brasilien 176
Mother Lode/USA 176
Moschellandsberg (Pfalz)/BR Deutschland 218
Mt. Amiata (Toskana)/Italien 218
Mt. Isa/Australien 230, 272
Mt. Lyell (Tasmanien)/Australien 230, 252
Mt. Zeehan (Tasmanien)/Australien 166
Muldenhütten b. Freiberg (Sa.)/BR Deutschland 214
Murchison Range/Südafrika 218

Nagpur/Indien 264
Nassau/BR Deutschland 227
»Neue Hoffnung Gottes«, Bräunsdorf (Sa.)/BR Deutschland 200
New Almaden (Kalifornien)/USA 218
New Idria (Kalifornien)/USA 218
Niederlausitz/BR Deutschland 283, 284, 310
Nieder-Ramstadt/BR Deutschland 196
Niederschmiedeberg (Erzgeb.)/BR Deutschland 267
Nikitovka/UdSSR 218
Nikopol/UdSSR 256
Niznij Tagil (Ural)/UdSSR 147, 148
Nordamerika 282
Nordmexiko 282
Norilsk/UdSSR 149

Oaxaca/Mexiko 156
Ore Knob (N-Caroline)/USA 272
Orenburg (Ural)/UdSSR 249
Öhrenstock (Thür.)/BR Deutschland 222
Osttransbaikalien/UdSSR 176, 183, 192
Otanmäki/Finnland 156
Outukumpu/Finnland 272

Passagem (Minas Geraes)/Brasilien 176
Pečenga (Kola)/UdSSR 149
Pechtelsgrün (Vogtl.)/BR Deutschland 160
Peine-Ilsede/BR Deutschland 256
Pei-Sha, Hunan/VR China 187
Perak/Malaysia 175
Perm-Distrikt Džeskasgan (Kasachstan)/UdSSR 247
Pine Point/Kanada 230
Pitkäranta/UdSSR 272
Plohn b. Pechtelsgrün (Vogtl.)/BR Deutschland 162
Porcubine/Kanada 176
Postmasburg/Südafrika 264, 268, 269
Potosi/Bolivien 166
Pöhla (Erzgeb.)/BR Deutschland 160, 175
Požarewo/Bulgarien 222
Příbram/ČSFR 192, 203, 210
Pronto Mine, Blind River Distrikt/Kanada 241, 242
Pulacayo/Bolivien 192

Raduša/Jugoslawien 144
Rammelsberg (Harz)/BR Deutschland 230, 232, 234, 275
Rana Gruber Mine/Norwegen 265

Randeck b. Lichtenberg (Erzgeb.)/BR Deutschland 216
Redjang Lebong (Sumatra)/Indonesien 176
Rheinisches Schiefergebirge/BR Deutschland 281
Richelsdorf/BR Deutschland 247
Rieckensglück b. Harzburg/BR Deutschland 265
Rio Tinto/Spanien 230
Romanche F. Z./Atlantik 230
Rödhammer/Norwegen 272
Röros/Norwegen 269, 272
Routivare/Schweden 268
Rudolf Schacht, Marienberg (Sa.)/BR Deutschland 207
Rustenburg, Bushveld-Komplex/Südafrika 147

Săcărâmb/Rumänien 176, 181
Sadon (Kaukasus)/UdSSR 192
Salair/UdSSR 192
Salzgitter/BR Deutschland 256
San Antonio, Calacalani/Bolivien 163
Saranovsk (Ural)/UdSSR 144
Schlaining/Österreich 218
Schlema (Erzgeb.)/BR Deutschland 203
Schmalkalden (Thür.)/BR Deutschland 222
Schmiedefeld (Thür.)/BR Deutschland 260
Schneeberg (Erzgeb.)/BR Deutschland 210
Schwarzenberg (Erzgeb.)/BR Deutschland 175
Schwaz/Österreich 183
Seinajoki/Finnland 216
Serra de Jacobina/Brasilien 236
Siegerland/BR Deutschland 222
Singhbum-Distrikt/Indien 264
Sitapar/Indien 264
Skellefte-Distrikt/Schweden 272
Sloty Štok/Polen 176
Sohland (Lausitz)/BR Deutschland 149, 152, 154
Spitzbergen 282
Spremberg (Lausitz)/BR Deutschland 250
Spring Hill (Montana)/USA 176
Stawell Mine, Victoria/Australien 178
St. Andreasberg (Harz)/BR Deutschland 210
St. Helena Mine, Witwatersrand/Südafrika 240
Stillwater-Komplex/USA 144
Sudbura (Ontario)/Kanada 149, 150, 152, 153
Südafrika 281

Südamerika 282
Suhl (Thür.)/BR Deutschland 222
Sulitjelma/Norwegen 186, 272
Sullivan (Britisch Kolumbien)/Kanada 269, 272
Sunshine Mine (Idaho)/USA 203

Taberg/Schweden 156, 158
Tannenbergsthal-Mühlleithen (Erzgeb.)/BR Deutschland 169
Tilkenrode (Harz)/BR Deutschland 208
Tintic (Utah)/USA 183, 192
Tirpersdorf (Erzgeb.)/BR Deutschland 160
Tom/Kanada 230
Trebartha Mine (Cornwall)/Großbritannien 163
Trepča/Jugoslawien 192
»Treue Freundschaft«, Johanngeorgenstadt (Erzgeb.)/BR Deutschland 271
Troodos/Zypern 230
Tsumeb/Namibia 187, 189
Tynagh/Irland 230
Tyrny Aus/UdSSR 160, 175

Udokan/UdSSR 247
unbekanntes Vorkommen/VR China 169
»Untere Kiesgrube«, Geyer (Erzgeb.)/BR Deutschland 271
Urup/UdSSR 230
Usinsk/UdSSR 222

Vareš/Jugoslawien 222
Vaskö (Banat)/Rumänien 175
»Vereinigt Feld«, Siebenlehn (Sa.)/BR Deutschland 197

Wittichen (Schwarzwald)/BR Deutschland 203, 210
Witwatersrand-Distrikt/Südafrika 236
Wölsendorf (Bayern)/BR Deutschland 203, 207

Yellowknife (N.W.T.)/Kanada 176
Yxsjöberg/Schweden 160, 175

Zaaiplaats (Transvaal)/Südafrika 166
Zacatecas/Mexiko 183, 192
Zobes (Erzgeb.)/BR Deutschland 160, 175

Leitz LABORLUX® 11 Pol S und 12 Pol S

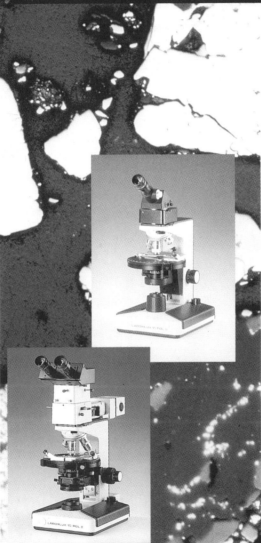

Polarisationsmikroskope für Durch- und Auflicht

- **Umfangreiches Objektivprogramm**

  Trockenobjektive 5x, 10, 20x, 50x, 100x

  Auflichtölimmersionen 20x, 32x, 50x und 125x

- **4 verschiedene Auflichtilluminatoren zur Auswahl**

  Pol Auflichtilluminator SR mit 45° Planglasreflektor für Kurs und Routineaufgaben

  Pol Auflichtilluminator TR mit Pupillenteilung für den Nachweis besonders geringer Anisotropien

  Pol Durch- und Auflichteinrichtung SRB, mit Bertrandlinse und Lochblende für Konoskopie, ausschaltbarer Planglasreflektor für Auflicht

  3 Lambda PLOEMOPAK mit auswechselbaren Filtersystemen für Auflichtfluoreszenz

- **Umfangreiches Zubehör u. a.**

  Mikrohärteprüfer
  Mikroskopphotometer MPV compact
  Heiztische bis 1350° C
  Halbautomatische und automatische Mikrophotosysteme
  Adaption von Fernsehkameras

- **Durch modularen Aufbau optimale Anpassung an ihre individuellen Problemstellungen**

Leica Vertrieb GmbH
Lilienthalstraße 39-45
6140 Bensheim
Tel. (0 62 51) 1 36-0
Fax (0 62 51) 13 61 55

Leica